Jennifer Ackerman

Die Weisheit der Eulen

JENNIFER ACKERMAN

Die WEISHEIT *der* EULEN

DER GEHEIMNISVOLLSTE VOGEL DER WELT
UND SEINE TALENTE

Aus dem Englischen von Sebastian Vogel

dtv

MIX
Papier | Fördert gute Waldnutzung
FSC® C014496

2. Auflage 2024
Deutsche Erstausgabe 2024

Titel der englischsprachigen Originalausgabe:
What an Owl Knows: The New Science of the World's Most Enigmatic Birds,
erschienen 2023 bei Penguin, USA

dtv Verlagsgesellschaft mbH & Co. KG
Tumblingerstraße 21, 80337 München
verlag@dtv.de
Redaktion: Jürgen Bolz
Satz: Fotosatz Amann, Memmingen
Gesetzt aus der Abril Text
Druck und Bindung: GGP Media GmbH, Pößneck
Printed in Germany · ISBN 978-3-423-28439-4

Für meine Schwester Nancy,
in Liebe und Dankbarkeit

INHALT

VORWORT
Wer weiß ... 9

1
Eulen verstehen
Die Geheimnisse werden gelüftet 19

2
Wie es ist, eine Eule zu sein
Geniale Anpassungen 31

3
Eulenkunde
Den scheuesten Vögeln der Welt auf der Spur 69

4
Wenn sie schreien
Von Eule zu Eule 103

5
Wie man eine Eule macht
Balz, Paarung und Brüten 139

6
Bleiben oder gehen?
Standvögel und Zugvögel 195

7
Eine Eule in der Hand
Vögel in Gefangenschaft:
Was wir von ihnen lernen können 237

8
Halb Vogel, halb Geist
Eulen und die Fantasie der Menschen 269

9
Was die Eulen sagen
Wie klug sind Eulen? 293

NACHWORT
Schützt die Eulen
Bewahren, was wir lieben 313

DANK 336
LITERATUR 341
BILDNACHWEIS 357
REGISTER 361

VORWORT

Wer weiß …

Eine Waldohreule

Warum sind wir eigentlich von Eulen so fasziniert? Sie tauchen in den 30000 Jahre alten Malereien der Chauvet-Höhle in Frankreich ebenso auf wie in den Hieroglyphen der alten Ägypter, in der griechischen Mythologie und unter den Gottheiten des Ainu-Volkes in Japan, in Druckgrafiken und Radierungen von Picasso, aber auch als Boten in den Harry-Potter-Geschichten, wo sie zwischen den Domänen der nüchternen Muggels und der Magie hin und her wechseln. Sie sind in unserer Sprache zu Hause und kursieren in Sprichwörtern. So ist ein schrulliger oder halsstarriger Mensch ein »komischer Kauz«. Wer abends lange aufbleibt oder aktiv ist, wird eine »Nachteule« geheißen. Wenn wir alt und klug sind, nennt man uns »weise alte Eulen«.

Mancherorts konkurrieren die Eulen mit den Pinguinen um die größere Beliebtheit. An anderen Stellen werden sie als dämonische Geister geschmäht. Eulen haben eine Doppelnatur. Sie sind sanft und tödlich, niedlich und brutal, wild und lustig. Manchmal spielen sie den boshaften Clown und stehlen Kameraausrüstungen oder schnappen sich Hüte. In ihren runden Köpfen und den großen Augen erkennen wir etwas zutiefst Vertrautes, und gleichzeitig vermitteln sie uns eine Ahnung von einem ganz anderen Dasein, von der dunklen Seite unserer eigenen Existenz. Die meisten Eulen sind Geschöpfe der Nacht: Sie bewegen sich unsichtbar und offenbaren sich nur durch ihr eigenartiges nächtliches Heulen und Schreien. Ihr Flug ist von samtener Stille, und ihre Geschicklichkeit bei der Jagd, die oft in pechschwarzer Dunkelheit stattfindet, lässt uns staunen.

In vielen Kulturkreisen gelten Eulen halb als Vögel und halb als Geister, als eine Mischung aus Realität und Übersinnlichem. Einerseits sind sie Symbole für Wissen und Weisheit, andererseits die Überbringer von Unglück, Krankheit oder sogar Tod. Oft sieht man in ihnen Propheten oder Boten. Die alten Griechen glaubten, eine über ein Schlachtfeld fliegende Eule kündige den Sieg an. In der frühen Folklore Indiens tauchen Eulen als Symbole von Weisheit und Prophezeiung auf. Ebenso bei den Navajo. Deren Mythos vom Schöpfer Nayenezgani erinnert die Menschen daran, dass sie auf die Stimme der Propheteneule hören müssen, wenn sie etwas über ihre Zukunft erfahren wollen. Für die Azteken waren Eulen ein Symbol der Unterwelt, und für die Maya kamen sie als Botschafter von Xibalbá, dem »Ort der Furcht«. In Shakespeares *Julius Caesar* ist Casca entsetzt, als eine Eule am hellen Tag als Omen für den baldigen Tod erscheint: »Gestern saß der Vogel / Der Nacht sogar am Mittag auf dem Markte / Und kreischt' und schrie ...«

EULEN GIBT ES auf allen Kontinenten mit Ausnahme der Antarktis, und in der Fantasie der Menschen existieren sie in allen Formen. Aber obwohl diese Vögel so allgegenwärtig sind und so viel Interesse wecken, hat man in der Wissenschaft erst vor Kurzem begonnen, sie eingehender zu studieren. Eulen sind schwerer zu finden und zu erforschen als andere Vögel. Sie leben versteckt, sind getarnt, scheu und zu einer Tageszeit aktiv, zu der man nur mit Mühe an jene Orte gelangt, an denen sie anzutreffen sind. Dennoch ist es Forschenden in jüngster Zeit mit einer Reihe von leistungsfähigen Methoden und Hilfsmitteln gelungen, sie zu studieren und ihre Geheimnisse zu lüften.

Das vorliegende Buch handelt von neuen wissenschaftlichen Erkenntnissen über diese rätselhaften Vögel – über ihre bemerkenswerten anatomischen und biologischen Eigenschaften, ihr Verhalten, ihre geschickten Jagdmethoden, ihre Heimlichtuerei und Sinneseigenschaften, durch die sie sich von nahezu allen anderen Vögeln unterscheiden. Es beschreibt, wie Wissenschaftler den verhüllenden Vorhang zurückgezogen haben und so ans Licht brachten, wie Eulen kommunizieren, balzen und sich paaren, wie sie ihre Jungen großziehen, ob ihr Handeln mehr auf Instinkt oder auf Lernen beruht, warum sie sich von Ort zu Ort bewegen oder an nur einer Stelle den Jahreszeiten trotzen, und was sie uns über ihre Natur – und unsere eigene – zu sagen haben. Es berichtet von neuen Erkenntnissen über Eulen, ganz gleich, ob sie nun in freier Wildbahn lebten oder aber in Gefangenschaft, sodass wir sie »in der Hand hatten«, meist weil sie verletzt waren. Wenn Experten in enger, partnerschaftlicher Beziehung zu Eulen leben und arbeiten, lernen sie oft Dinge, die sie nur aus unmittelbarer Nähe und von Angesicht zu Angesicht mit ihrem Gegenüber erfahren können. Auf diese Weise bringen sie die Wissenschaft voran in der Frage, was es heißt, für diese Vögel zu sorgen – und die Eulen, die von ihnen geheilt werden, tragen im Gegenzug dazu bei, die Öffentlichkeit aufzuklären; sie offenbaren uns einige der tiefsten Geheimnisse rund um ihre Kommunikation, ihre Individualität und Persönlichkeit, ihre Gefühle und ihre Intelligenz.

Unter anderem haben Forschende das scheinbar »einfache« Kreischen und Rufen der Eulen analysiert und dabei herausgefunden, dass ihre Stimmäußerungen komplizierten Regeln folgen; die Vögel bringen damit nicht nur ihre Wünsche und Bedürfnisse zum Ausdruck, sondern vermitteln auch ganz gezielt Informationen über ihre individuelle Identität, ihr Geschlecht, ihre Größe, ihr Gewicht und ihren psychischen Zustand. Manche Eulen singen im Duett. Andere duellieren sich mit ihren Stimmen. Eulen können einander allein an der Stimme erkennen. Auch ihre Gesichter sind ausdrucksvoll. Es mag vielleicht so aussehen, als trügen sie den gleichen leeren, meditativen Gesichtsausdruck, der so unerschütterlich ist wie der Mond, aber in Wirklichkeit kann ihr Aussehen sich mit ihren Gefühlen verändern – und liefert damit faszinierende Einblicke in ihre »Gedankengänge«, vorausgesetzt, man weiß sie zu lesen.

Manche Eulen wandern, aber nicht wie andere Zugvögel und nicht nach vorhersagbaren Mustern. Andere lagern oder horten ihre Beute in speziellen Vorratskammern. Und wieder andere schmücken ihre Nester aus. Kaninchenkäuze leben – manchmal zusammen mit Präriehunden – in unterirdischen Bauten, und wenn sie bedroht werden, zischen sie wie eine in die Enge getriebene Klapperschlange. Sie verzieren ihre Nester mit Maiskolben, Bisondung, Stofffetzen und sogar Kartoffelstücken. Waldohreulen sitzen in großen Kolonien zusammen, die wie die Kolonien mancher Schwalbenarten als Informationszentren dienen dürften. Bei der Erforschung von Schleiereulen hat man herausgefunden, dass die Eulenbabys wie Menschenbabys schlafen: Der Anteil des REM-Schlafes (in dem wir träumen) ist länger als bei ausgewachsenen Eulen. Warum ist das so? Können Eulen bei der Klärung der Frage helfen, welche Rolle der REM-Schlaf für die Gehirnentwicklung von Vögeln und Menschen spielt? Sprechen Eulen im Schlaf?

Die meisten Eulen sind sozial monogam: Sie bilden Paare und pflanzen sich fort. Neueren Forschungsergebnissen zufolge sind sie aber auch genetisch monogam: Sie kopulieren meist nicht außerhalb ihrer Paarbeziehung, was in der Vogelwelt höchst ungewöhnlich ist. Es mag so sein, aber sind sie deshalb gegenüber ihren Partnern und Partnerinnen wirklich so loyal, wie wir es uns vorstellen?

Eulen sind auch als »Wölfe des Himmels« bekannt. Für diese Charakterisierung gibt es heute mehr gute Gründe als je zuvor. Als wilde

Jäger fangen sie alle möglichen Beutetiere, von Mäusen und Vögeln über Opossums und kleine Hirsche bis hin zu anderen Eulen. Gelegentlich fressen sie aber auch Aas, und zwar alles Mögliche von Stachelschweinen über Krokodile bis zu Grönlandwalen. Elfenkäuze ernähren sich von Skorpionen, denen sie zuvor den Giftstachel entfernt haben, und wie andere Eulen beziehen sie von ihrer Beute sogar den größten Teil des Wassers, das sie brauchen. Styxeulen, deren Beutetiere vor allem Vögel sind, haben gelernt, mit einem einzigen Beutegriff die Mahlzeit für eine ganze Nacht zu finden. Nach Angaben des brasilianischen Ornithologen José Carlos Motta-Junior orientieren sich die Eulen an den Geräuschen lebhafter, Gruppen bildender Vögel wie der Jacarinitangaren, stoßen auf sie herab und holen sich dann die ganze Versammlung einen nach dem anderen. »Ich habe Gewölle mit den Überresten von mindestens fünf Tangaren gefunden; mein Rekord war ein Kügelchen mit elf!«

Bahnbrechende Beobachtungen über die Sinneswahrnehmungen der Eulen werfen ein neues Licht auf die ungeheuren Fähigkeiten, mit denen diese Vögel nachts ihre Beute finden, auf die eigenartigen Aspekte ihres überragenden nächtlichen Seh- und Hörvermögens, ihre außerordentlich gute Fähigkeit, Geräusche zu lokalisieren, und ihren nahezu geräuschlosen Flug – Anpassungen, mit denen die Eulen nicht nur in der Nahrungskette, sondern auch in der ganzen Evolution einen Höhepunkt bilden. Bis zu einem gewissen Grad haben Eulen im Verlauf der Evolution vielleicht die Fähigkeit verloren, zwischen Farben zu unterscheiden, aber sie sprechen unglaublich empfindlich auf Licht und Bewegungen an. Auch ultraviolettes Licht sehen sie dank einer biologischen Ausstattung, die sie drastisch von den meisten anderen Vögeln unterscheidet. Neue Kenntnisse über die Ohren der Eulen, die als »Ferraris der Geräuschempfindlichkeit« bezeichnet wurden, haben unsere Vorstellungen von ihrem übermenschlichen Hörvermögen verändert und sogar zur Gestaltung von Hörtests für Babys beigetragen. Forschende haben herausgefunden, auf welch unerwartete Weise ein Bartkauz im Winter eine verblüffende Leistung erbringt: Er fängt tief unter dem Schnee versteckte Wühlmäuse allein aufgrund des Geräusches. Auch in der Frage, wie Eulen den Schall verarbeiten, gibt es Neuigkeiten: Manche Geräusche, die sie wahrnehmen, werden in den Sehzentren des Gehirns verarbeitet, sodass sie vom Schall eigentlich ein optisches Bild gewinnen – das Rascheln einer Maus blitzt im Dunkel des Waldes auf wie ein Leuchtfeuer. Bei einer weiteren Entdeckung kann es uns wirklich den Atem verschlagen: Das Gehirn einer Eule macht ihre Beute mit mathematischen Methoden ausfindig. Wer hätte das gedacht?

Für mich schmälern solche Erkenntnisse nicht das Staunen über die Eulen, sondern sie machen es nur größer.

EINE EULE IST eine Eule ist eine Eule.

Keineswegs. Zwischen Eulen gibt es krasse Unterschiede, sowohl von einer Spezies zur anderen als auch zwischen den Individuen derselben Art. Das ist einer der Gründe, warum ich über diese Ordnung der Vögel schreiben wollte – ich wollte wissen, welche Eigenarten die einzelnen Eulenarten haben und was wir über ihre Evolution, die Anpassung einzelner Arten und ihr individuelles Wesen wissen.

Viele allgemeine Kenntnisse, die wir über Eulen gewonnen haben, treffen nicht auf alle Arten zu. Nicht alle Eulen sind nachtaktiv. Nicht alle fliegen lautlos. Nicht alle haben asymmetrische Ohren. Nicht alle gehen lebenslange Paarbeziehungen ein. Und nicht alle rasten auf Waldbäumen. Manche Eulen, so die in der australischen Nullarbor-Ebene heimische Neuhollandeule, wohnen in Höhlen, andere auf dem Erdboden oder darunter wie der Kaninchenkauz. Meinen ersten Riesenkauz – einen gefräßigen Jäger, der als einziger australischer Vogel mehr als sein eigenes Körpergewicht an Beutetieren tragen kann – sah ich mitten in Sydney auf einem Stadtbaum sitzen. Manche Eulen wie der Brillenkauz lassen an den tiefsten Regenwald denken. Andere, so die Schnee-Eule und der Raufußkauz, beschwören das Bild eisiger Polarlandschaften herauf. Und warum sind Schnee-Eulen weiß? So einfach, wie es zu sein scheint, ist es nicht.

Eulen sind nicht nur zurückhaltend, wachsam und geheimnistuerisch, sondern auch Dissidenten und Bilderstürmer, die Regeln brechen. Oft stellen wir uns vor, sie seien Einzelgänger, aber manche sitzen auch gruppenweise zusammen – Waldohreulen bilden große Kolonien. In tropischen Gebieten formen Eulen manchmal Gemeinschaften, in denen bis zu sieben Arten zusammenleben. Der in Mittel- und Südamerika heimische Sprenkelkauz veranstaltet nachts bekanntermaßen Besprechungen mit mehreren Individuen – ein echtes Eulenparlament; die Gründe sind immer noch rätselhaft.

Eulen sind zwar für ihr nachtaktives Leben bekannt, in Wirklichkeit geht aber nur ein Drittel aller Eulenarten nachts auf die Jagd. Andere jagen in der Abenddämmerung. Bartkäuze sind vorwiegend nachtaktiv, jagen aber während der Paarungssaison, wenn sie ihre Jungen ernähren müssen, auch tagsüber. Andere Arten wiederum, so Sperbereulen und Kalifornienzwergkäuze, tun das rund ums Jahr bei Tageslicht. Wenn man Glück hat, sieht man im hohen Norden vielleicht eine Sperbereule, die auf Lichtungen der nördlichen Wälder auf Sicht jagt: Sie macht ihre Beute schon aus fast einem Kilometer Entfernung aus, stößt dann von ihrem Sitzbaum herab oder schwebt sogar wie ein Falke in der Luft, um sich einen kleinen Vogel oder eine Spitzmaus zu schnappen.

Kalifornienzwergkäuze sind auch in anderer Hinsicht Rebellen. Die meisten Eulen legen ihre Eier im Laufe mehrerer Tage ab, und die Jungen schlüpfen zu unterschiedlichen Zeiten. Der Kalifornienzwergkauz widersetzt sich dieser Konvention – seine Jungen schlüpfen alle gleichzeitig.

EULEN LASSEN MIR vor lauter Fragen den Kopf schwirren. Warum nehmen sie in der Fantasie der Menschen so einen festen Platz ein? Sie stehen im Ruf, weise zu sein, aber sind sie wirklich schlau? Handeln sie allein aus Instinkt oder sind sie neugierig und erfinderisch? Haben sie Gefühle? Warum weisen die Augen der Eulen als einzige der Vogelwelt in die gleiche Richtung wie unsere, also nach vorn und nicht zur Seite? Warum überschritten die frühen Vorfahren der Eulen die

Grenze zur Nacht? Und warum gehen manche Eulen tagsüber auf die Jagd? Eulen leben rund um den Erdball, aber es gibt Brennpunkte der Artenvielfalt: im Südosten von Arizona, im Westen Mexikos, in Südasien, im südöstlichen Brasilien. Was lockt so viele Arten in diese Regionen? Wie stellen sich Eulen auf Veränderungen ihrer Lebensräume und des Weltklimas ein?

IN DIESEM BUCH wird immer wieder von Entdeckungen die Rede sein, die solche Fragen beantworten und neue aufwerfen. Hier finden sich die Erkenntnisse und Beobachtungen von Tierärzten und Lehrerinnen, die mit dem Leben und den Gewohnheiten der Eulen aufs Innigste vertraut sind, von Fachleuten für Ethnoökologie, die sich mit der Tiefenwirkung dieser Vögel auf unsere Psyche beschäftigen, aber auch von Forschenden aus Biologie und Ökologie, die der Frage nachgehen, welche Bedeutung Eulen für die Natur haben und wie wir sie am besten schützen können. Außerdem finden sich hier Porträts von Menschen, die von Eulen fasziniert waren; manche davon sind berühmt – Florence Nightingale, Theodore »Teddy« Roosevelt, Pablo Picasso –, andere sind unbekannt wie die Bibliothekarin am Metropolitan Museum of Art, die Eulenbilder aus allen Epochen sammelt und ein besonders schönes auf ihrem Körper trägt. Wir werden Forschenden aus der Bürgerwissenschaft begegnen, die unsere Kenntnisse über Eulen vorangebracht haben, ganz normale Männer und Frauen, die keine wissenschaftliche Ausbildung haben und dennoch auf hervorragende Weise zu unseren Kenntnissen beitragen. Eine niederländische Musikerin nutzt ihr fein abgestimmtes musikalisches Gehör, um bei Uhus auf Individualität, Untreue und Ehescheidung zu lauschen. Ein Herzchirurg richtet seine ganze Aufmerksamkeit auf die intimen Gespräche zwischen Paaren von Kalifornienzwergkäuzen – ihr »sanftes Reden«, wie er es nennt – und will so verstehen, wie Balz und Paarung ablaufen. Eine Krankenschwester aus der Notaufnahme beringt nachts Sägekäuze und verschafft sich damit nicht nur Linderung für ihre berufsbedingten Traumata, sondern auch handfeste Daten über die Wanderungen dieser scheuen kleinen Eulen – früher hielt man sie für selten, aber heute wissen wir vor allem durch solche Freiwilligen, dass sie erstaunlich weit verbreitet sind.

Und natürlich werden wir die Forschenden kennenlernen, die ihr Leben der Aufgabe gewidmet haben, diese Vögel besser zu verstehen. David Johnson studiert Eulen seit mehr als vierzig Jahren und leitet das Global Owl Project; als ich ihn fragte, warum er die Eulen liebt, antwortete er: »Ich habe sie mir nicht ausgesucht. Sie haben sich mich ausgesucht.« Das haben sie gut gemacht. Johnson und sein Team von über 450 Forschenden aus der ganzen Welt arbeiten seit zwei Jahrzehnten gemeinsam daran, alle Eulenarten der Erde zu bewahren.

Aber die eigentlichen Helden dieses Buches sind die Eulen selbst. Seit Jahrtausenden sind sie für uns Boten und Zeichen. Was sagen sie uns heute?

»Und wenn irgendwer irgendwas über irgendwas weiß«, sagt Pu der Bär, »dann ist es Eule, die was über was weiß.« Eulen haben uns viel Wahres zu sagen, und das sowohl aus der Ferne – von ihren Sitzplätzen und Nestern tief in alten Wäldern, in Wüsten und der Arktis – als auch aus der Nähe in den Händen von Tierärzten, Naturschützerinnen, Forschenden und Lehrenden. Wir tun gut daran, ihnen zuzuhören.

1

Eulen verstehen

Die Geheimnisse werden gelüftet

Eulen sind mit ihrem aufgerichteten Körper, dem großen runden Kopf und den riesigen, nach vorn weisenden Augen vermutlich die markanteste Vogelordnung der Welt – man kann sie kaum mit irgendeinem anderen Tier verwechseln. Selbst ein kleines Kind erkennt sie mühelos. Dem stehen andere Lebewesen in nichts nach, darunter Vögel wie Meisen, Raben und Krähen: Sie machen die Gestalt einer Eule sofort aus und identifizieren in ihr einen Feind. Aber sehen wir von dieser grundlegenden, charakteristischen Körperform einmal ab: Was macht eine Eule eigentlich zur Eule? Und wie wurden diese außergewöhnlichen Vögel zu dem, was sie sind?

Durch die Erforschung von Eulen aus Vergangenheit und Gegenwart will man diese Vögel bis zu ihren ersten Anfängen zurückverfolgen, ihre Evolution verstehen und ihren Stammbaum aufklären. Zum ersten Mal erschienen Eulen in der Epoche des Paläozäns vor rund 55 bis 65 Millionen Jahren auf der Bildfläche. Einige Zigmillionen Jahre später spalteten sie sich in zwei Familien auf: die Tytonidae oder Schleiereulen und die Strigidae oder Eigentlichen Eulen. Wie alle Vögel entwickelten sie sich ursprünglich aus einer Gruppe kleiner, vorwiegend räuberisch lebender, laufender Dinosaurier, die vor

66 Millionen Jahren neben den größeren Dinosauriern lebten. Aber dann änderte sich alles: Ein riesiger Asteroid schlug auf der Erde ein und löste ein Massensterben aus, bei dem die meisten an Land lebenden Dinosaurier von der Erde verschwanden. Einige Arten überlebten jedoch, darunter auch die Urahnen der heutigen Eulen und aller anderen Vogelarten.

Anfangs glaubte man, die Eulen seien mit den Falken verwandt, denn mit diesen Greifvögeln hatten sie die Lebensweise als Jäger gemeinsam. Später ordnete man sie wegen ihrer großen Augen und des Tarngefieders den nachtaktiven Vögeln wie den Nachtschwalben zu. Neuere Forschungsarbeiten zeigen jedoch, dass die Eulen weder mit den Falken noch mit den Nachtschwalben am engsten verwandt sind, sondern mit einer Gruppe tagaktiver Vögel, zu der Tukane, Trogone, Wiedehopfe, Hornvögel, Spechte, Eisvögel und Spinte gehören. Von dieser Schwestergruppe spalteten sich die Eulen vermutlich während des Paläozäns ab, nachdem die meisten Dinosaurier bereits ausgestorben waren und die Vielfalt der kleinen Säugetiere zunahm. Manche dieser kleinen Säugetiere zogen sich in nächtliche ökologische Nischen zurück, und die Eulen stellten sich darauf ein: Bei ihnen entwickelte sich eine Reihe von Merkmalen, mit denen sie die Nacht für ihre üppigen Mahlzeiten nutzen konnten. Heute ist den meisten Eulen eine Fülle bemerkenswerter Eigenschaften gemeinsam, durch die sie sich von anderen Vögeln unterscheiden und eine einzigartige Fähigkeit erlangt haben, nachts zu jagen; so besitzen sie eine Netzhaut mit vielen Zellen, die auch bei schwachem Licht eine gute Sehfähigkeit verleiht, ein herausragendes Gehör und weiche, getarnte Federn, die für einen geräuschlosen Flug maßgeschneidert sind. Von den rund 11000 heute lebenden Vogelarten besitzen nur drei Prozent solche Anpassungen, mit denen sie ihrer Beute im Dunkeln nachstellen können.

Seit sie zum ersten Mal auf der Erde auftauchten, sind rund 100 Eulenarten gekommen und gegangen; dabei haben sie fossile Spuren hinterlassen. Eine von ihnen war *Primoptynx*, eine eigenartige Eule, die vor 55 Millionen Jahren den Himmel von Wyoming durchstreifte und eher wie ein Falke als wie eine Eule jagte; eine andere war die Schleiereule *Tyto pollens*: Sie war einen vollen Meter groß und versetzte die Säugetiere des Pleistozäns in Angst und Schrecken. Eine andere ausgestorbene Eule, die erst vor relativ kurzer Zeit, nämlich im 18. Jahrhundert, von der Insel Rodrigues im Indischen Ozean verschwand, hatte ein kleineres Gehirn als die meisten heutigen Vertreter ihrer Gruppe, aber einen gut entwickelten Geruchssinn; man kann also vermuten, dass sie ihre Nase stärker zum Jagen und vielleicht sogar zum Aasfressen einsetzte.

Heute kennt man rund 260 Eulenarten, und die Zahl wächst. Sie sind in allen möglichen Lebensräumen und auf nahezu allen Kontinenten zu Hause, in Wüsten und Graslandschaften, tropischen Wäldern, Gebirgen und der schneebedeckten arktischen Tundra; auch in Größe, Aussehen und Verhalten repräsentieren sie ein breites Spektrum, von dem winzigen Elfenkauz, einem kleinen Knäuel von einem Vogel, der an einen Troll erinnert, ungefähr so groß wie ein kleiner Kiefernzapfen ist und rund 25 Gramm wiegt, bis zu dem riesigen Uhu, der einen jungen Hirsch fangen kann; von dem zarten Sägekauz, der nach den Worten von Mary Oliver »wie ein großer weicher Schmetterling fliegt«, bis zu dem komischen Kaninchenkauz mit seinen dünnen Beinen und seinem wippenden Gruß. Es gibt den Schokoladenkauz und die Kubaeule, den Riesenkauz und die Salomoneneule, deren menschenähnlicher, alle zehn Sekunden wiederholter Schrei einem das Blut gerinnen lässt, den Kleinen Brillenkauz, die Bänderkreischeule und den Blassuhu, die größte Eulenart Afrikas mit ihren auffälligen rosa Augenlidern. Manche Eulen, darunter die allgegenwärtigen Schleiereulen, die in zahlreichen Formen auf der ganzen Welt vorkommen, tragen mehrere umgangssprachliche Namen, in denen sich ihre mythische Kraft widerspiegelt: Dämoneneulen, Geistereulen, Todeseulen, Nachteulen, Kircheneulen, Höhleneulen, Steineulen, Koboldeulen, Affengesichtige Eulen, Silber- oder Goldeulen.

Auch heute tauchen – oftmals zur Verblüffung der Forschenden – immer noch neue Eulenarten auf, darunter eine, über die man in Fachkreisen besonders staunte, als sie im Hochgebirge der Anden im Norden Perus entdeckt wurde. Der Perukauz ist eine winzige, bizarre

Der Perukauz

Eule und einer der seltensten Vögel der Welt; mit seinen langen, zarten Tasthaaren im Gesicht und den Stummelflügeln unterscheidet er sich so stark von anderen Eulen, dass die Fachleute ihn in eine eigene Gattung namens *Xenoglaux* einordneten, was auf Griechisch »seltsame Eule« heißt. Der Perukauz singt ein schnelles Lied, das als »leises, abweisendes, gedämpftes *wuuu* oder *harr*« beschrieben wurde, und kommt nur im Hochwald zwischen zwei Flüssen in den Anden vor. Im Jahr 2022 entdeckten Forschende auf der Insel Príncipe vor der Westküste Afrikas eine neue Spezies von Zwergohreulen und tauften sie auf den Namen *Otus bikegila* nach dem Nationalparkranger, der entscheidend dazu beigetragen hatte, sie ans Licht zu bringen. Da manche Eulen in solchen abgelegenen Regionen, in tropischen Regenwäldern oder in Gebirgen und auf Inseln leben, wo die Populationen geografisch getrennt sind und sich genetisch auseinanderentwickeln können, dürfte die Zahl der Arten noch weiter steigen.

Auch umfassendere Kenntnisse über die bereits bekannten Eulenarten treiben die Artenzahl nach oben und verändern ihren Stammbaum. Als Forschende den Körperbau, die Stimmäußerungen und die DNA bekannter Eulenarten untersuchten, fanden sie zwischen den Populationen so viele Unterschiede, dass man sie in zwei oder mehr Arten aufteilen konnte.

Ein Beispiel sind die Schleiereulen, die älteste Abstammungslinie der Eulen. Sie entstand vermutlich ursprünglich in Australien oder Afrika und verbreitete sich über die gesamte Alte Welt; heute leben Schleiereulen auf nahezu allen Kontinenten. Da sie in ihrem gesamten Verbreitungsgebiet gleich aussehen, hielt man sie früher für eine einzige Spezies. Aber die Eulen zeigen uns, dass das Aussehen täuschen kann. Durch DNA-Analysen stellte sich heraus, dass die Tytonidae – so der wissenschaftliche Name der Schleiereulen – in Wirklichkeit ein reichhaltiger Komplex aus mindestens drei Arten mit insgesamt rund 29 Unterarten sind. In abgelegenen Regionen dürfte es noch weitere geben, die man bisher nicht kennt. Ebenso konnten Forschende mit genetischen Untersuchungen zwei neue Arten von Kreischeulen aus Brasilien unterscheiden, die man zuvor mit anderen südamerikanischen Arten zusammengefasst hatte: die Alagoas-Kreischeule aus dem Regenwald am Atlantik und die Xingu-Kreischeule, die im Amazonasgebiet zu Hause ist. Beide sind durch die Abholzung gefährdet und vom Aussterben bedroht.

Neben neuen Arten kommt aus Labors und Freilanduntersuchungen auf der ganzen Welt seit ungefähr zehn Jahren eine Fülle neuer Erkenntnisse über das Wesen der Eulen und wirft ein neues Licht auf viele alte Rätsel dieser Vogelgruppe. Warum macht man diese Entdeckungen gerade jetzt? Wie finden Forschende neue Erklärungen für das verborgene Leben und die Gewohnheiten dieser unergründlichen Vögel?

Zunächst einmal stehen heute neue Hilfsmittel zur Verfügung, mit denen man die Evolution, Anatomie und Biologie der Eulen studieren und sie in freier Wildbahn aufspüren kann, um dann ihren Bewegungsmustern zu folgen und ihr Verhalten zu überwachen. Neuartige Bildgebungsverfahren wie die Röntgen-Computertomografie (CT) schaffen die Möglichkeit, in den Körper lebender Eulen hineinzublicken und die anatomischen Strukturen sichtbar zu machen, die unmittelbar mit ihrem Verhalten zu tun haben; ebenso kann man Gestein durchleuchten und darin die Fossilien erkennen. DNA-Analysen legen Verwandtschaftsbeziehungen im Stammbaum der Eulen offen und stellen damit alte Vorstellungen davon, wer mit wem verwandt ist und wie eng, infrage. Neue »Augen« in freier Wildbahn – Infrarotkameras und andere Nachtsichtgeräte, Funksender und Drohnen über abgelegenen Regionen wie den schneebedeckten Landschaften Sibiriens – ermöglichen neue Erkenntnisse über das Verhalten der Eulen oder bestätigen ältere Beobachtungen, die durch Beringen und andere Feldforschungsmethoden seit Jahrzehnten gewonnen wurden. Satelliten-Telemetrie bringt Licht in die Wanderungsbewegungen von Eulen über kurze und lange Entfernungen. Unter anderem konnte man mit winzigen Satellitensendern, die Schnee-Eulen auf den Rücken gebunden wurden, großartige neue Erkenntnisse über die rätselhaften Wanderungsbewegungen dieser Vögel gewinnen, so über die erstaunlichen Reisen nach Norden, die manche dieser sagenumwobenen Vögel im tiefsten Winter auf sich nehmen.

Nestkameras bieten einen Blick auf den intimen Umgang der Eulen im Nest, den man sonst unmöglich beobachten könnte. Unter anderem sieht man die Fütterung von Partnern und Jungen, aber auch die Streitigkeiten unter Geschwistern. »Nestkameras erzählen uns alles«, sagt der Ornithologe Rob Bierregaard, der Streifenkäuze studiert. »Sie zeigen am besten, was auf dem Speiseplan steht – Flughörnchen, Kardinäle, Salamander, Fische, Krebse, große Insekten – und wie die Fütterung abläuft. Man sieht, wie das Männchen dem Weibchen das Futter übergibt, damit sie damit die Jungen versorgt. Ich habe gesehen, wie Männchen auf Zweigen den Mäusen nachstellen und sogar ein Opossum Stück für Stück abliefern.« Nestkameras legen selbst die manchmal boshafte, manchmal aber auch freundliche Dynamik zwischen Geschwistern offen. Die Jungen aus einem Gelege sind oftmals egoistisch und auf Konkurrenz bedacht; das kann bis zum Geschwistermord gehen. Manche jungen Eulen zeigen aber auch eine bemerkenswerte Form des Altruismus, wie er im Tierreich selten ist. Kürzlich geschlüpfte Schleiereulen zum Beispiel geben bekanntermaßen in jeder Nacht durchschnittlich zweimal Futter an ihre jüngeren Geschwister weiter.

Der Biologe Dave Oleyar, der Ende der 1990er-Jahre im Rahmen seiner Masterarbeit forschte, hätte sich glücklich geschätzt, wenn ihm damals schon die heutigen technischen Möglichkeiten zur Verfügung gestanden hätten. »Was wir heute können, ist schon erstaunlich«, sagt er. »Wir lassen die Nestkameras rund um die Uhr laufen und dokumentieren, wie Beute zum Nest geliefert wird, was die Eltern bringen und wie oft sie es tun; damit sammeln wir eine ungeheure Menge von Daten über die Prinzipien der Nahrungssuche. Bevor wir in der Feldarbeit diese ›Augen‹ hatten, war die Erforschung von Wachstum, Entwicklung und Interaktionen der Jungvögel mit übermächtigen logistischen Schwierigkeiten verbunden.«

Auch dass man den Eulen heute mit hoch entwickelten neuen Tonaufzeichnungsgeräten aus der Ferne zuhören kann, war für die Eulenforschung ein Segen. Jetzt konnte man das Wechselspiel zwischen verschiedenen Eulenarten besser verstehen, ohne die Vögel zu stören. So analysierten Forschende beispielsweise mit akustischer Überwachung in der Sierra Nevada die Dynamik zwischen den Streifenkäuzen und den gefährdeten Kalifornienfleckenkäuzen. Sie brachten Tonaufnahmegeräte in einem gebirgigen Gelände an nahezu 1000 Orten auf fast 6000 Quadratkilometern an und sammelten damit die Rufe der Eulen; dabei entdeckten sie vollkommen unerwartete Wechselbeziehungen zwischen den aggressiven Streifenkäuzen auf der einen Seite und den kleineren, aber überraschend streitsüchtigen Fleckenkäuzen auf der anderen – woraus sich für den Naturschutz bedeutende Folgerungen ergeben.

Eine weitere ungewöhnliche Methode, um Eulen zu verfolgen und zu überwachen, ist deutlich weniger technik- und dafür mehr nasenlastig; Forschende nutzen die olfaktorischen Fähigkeiten von Hunden und machen damit schwer fassbare Eulenarten an abgelegenen Orten ausfindig, so unter anderem in Tasmanien und an der Nordwestküste Nordamerikas. Besonders ausgebildete Hunde schnuppern an dem Gewölle, das die Eulen unter ihren Sitzplätzen und Nestern auf den Boden fallen lassen, zigarrenförmigen Gebilden aus übrig gebliebenem, unverdaulichem Fell und Knochen. Die Brocken zu finden, ist schwierig, aber sie geben Gerüche ab, sodass die Hunde sie schnuppern können und die Forschenden geradewegs zu den Stellen führen, an denen sich die Eulen herumtreiben.

Viele bahnbrechende Erkenntnisse über Eulen wurden auch mit eher traditionellen Methoden gewonnen, so mit Fallen, Messungen, Beringung und langfristiger Überwachung. Die Langzeituntersuchung von Eulen in freier Wildbahn ist eine langwierige, harte Arbeit bei jedem Wetter, zu allen Jahreszeiten und Jahr für Jahr, aber sie liefert wichtige neue Einblicke in das Paarungsverhalten und die Populationsentwicklung. Aus jahrzehntelangen Studien an Waldohreulen, Kaninchenkäuzen, Schnee-Eulen und Waldkäuzen wissen wir, wie Eulen auf Lebensraumzerstörung und Klimawandel reagieren, und damit weisen uns solche Forschungsarbeiten den Weg nicht nur zum Schutz der Eulen, sondern auch zur Bewahrung ganzer Ökosysteme.

WER EULEN VERSTEHEN will, muss sie in ihrem natürlichen Lebensraum in freier Wildbahn beobachten. Aber auch wenn Eulen leicht zu erkennen sind, ist es selbst für Experten nicht einfach, sie zu Gesicht zu bekommen. Tagsüber verstecken sie sich oft unmittelbar vor unserer Nase, indem sie sich vor der Baumrinde tarnen oder in Bodensenken verschwinden; nachts segeln sie unbeobachtet durch die Dunkelheit. »Eulen zu finden, ist schwierig«, sagt der Naturforscher, Fotograf und erfahrene Vogelkenner David Lindo. Er ist auch als »Urban Birder« bekannt, weil er ständig Ausschau nach Vögeln hält. »Oft ist es eine Frage der Sorgfalt. Man muss sich dafür engagieren. Man muss es immer wieder versuchen, herausfinden, wo sie sind, und dann mit religiösem Eifer die Bäume absuchen und Ausschau nach Gewölle halten (den Exkrementen der Eulen).«

Deshalb sind die raffinierten neuen Hilfsmittel, mit denen man Eulen aufspüren und überwachen kann, so wichtig. Aber Eulen in freier Wildbahn ausfindig zu machen, ist selbst mit leistungsfähiger Technik oft eine nervtötende, trügerische Schatzsuche. Der Ornithologe Sergio Córdoba-Córdoba, der die Eulen Amerikas studiert, sagte mir: »Manchmal ist es wirklich frustrierend. Die Technik mit Infrarot-

Eine getarnte Ostkreischeule

kameras und Telemetrie ist eine große Hilfe, aber oft orientieren wir uns immer noch an Geräuschen. Wenn man eine Eule finden will, deren Gesang man gehört hat, fühlt man sich wie ein Entdecker aus alter Zeit. Du folgst dem Geräusch, gehst oder kriechst, um ohne jedes Geräusch näher heranzukommen (was bei trockenem Laub auf dem Waldboden fast unmöglich ist), und wenn du glaubst, du bist nahe genug, schaltest du die Taschenlampe ein und siehst nach, wer da singt. Aber in den meisten Fällen scheuche ich den Sänger auf und finde nie heraus, wer es ist!«

Forschende und Vogelfreunde locken Eulen häufig mit »Playback« an, das heißt mit Aufnahmen der Revier- oder Paarungsrufe ihrer Artgenossen. »Ein Wanderführer spielt vielleicht den Ruf einer bestimmten Spezies ab, zum Beispiel einer Kreischeule«, erklärt Lindo, »und fünf Minuten später erscheint eine auf einem Baum, du schaltest die Taschenlampe ein, machst ein Bild, und schon ist sie wieder weg.« Im Südosten Brasiliens hatte ich das spannende Vergnügen, mit dieser Methode eine Familie von Schreieulen und zwei Arten tropischer Kreischeulen zu Gesicht zu bekommen. Sie ist für Forschende ein wichtiges Hilfsmittel. Aber für Menschen, die nur gelegentlich Vögel beobachten, ist es nach Lindos Worten »ein gewisser Betrug«.

Nichts geht über eine Zufallsbegegnung, bei der einem eine Eule in freier Wildbahn plötzlich über den Weg fliegt. Menschen, die das Privileg der Stille kennen und sich einfach hinsetzen, Ausschau halten und lauschen wie die Eulen selbst, wird dieses Glück manchmal zuteil. Ganz ähnlich lief auch für Lindo eine der denkwürdigsten Begegnungen mit Eulen ab. Vor einigen Jahren leitete er in der finnischen Hauptstadt Helsinki eine Vogelbeobachtungsreise. Einen Tag hatte er für sich, und so mietete er sich im Hotel ein Fahrrad. »Mir fiel auf, dass es ganz in der Nähe auf einer Insel ein grünes Waldgebiet gab«, erzählte er mir. »Also bin ich mit dem Fahrrad über eine Brücke zu der Insel gefahren. Ich weiß noch, wie ich das Rad abgelegt und mich einfach in den Wald gesetzt habe. Als ich dort saß, kam eine Meise ganz in meine Nähe. Sie landete auf meiner Mütze und schoss dann wieder hinauf in den Baum. Das tat sie mehrere Male, was für mich rätselhaft war. Dann bemerkte ich, wie etwas vor mir über die Lichtung fegte. Es war eine junge Waldohreule. Sie war auf der Jagd und nahm mich überhaupt nicht zur Kenntnis. Ich saß einfach da und sah ihr vielleicht 40 Minuten lang zu, wie sie herumflog und manchmal ganz in meiner Nähe verharrte. Ich blieb stocksteif, war durch die Bäume getarnt, und sie hat mich überhaupt nicht bemerkt. Es war ein atemberaubender Augenblick.«

Etwas Ähnliches berichtet Jennifer Hartman, die sich jahrelang mit den Nördlichen Fleckenkäuzen beschäftigt hat: Sie saß still da und beobachtete die bedrohten Vögel bis zu 18 Stunden hintereinander aus nächster Nähe. »Ich hatte nicht geglaubt, dass ein Mensch so lange mit einer wilden Eule zusammen sein kann, ohne dass sie gestresst ist oder wegfliegt«, sagt sie. »Aber sie sind manchmal eingeschlafen, während ich dort war. Ich habe zugesehen, wie Eulen sich auf den Waldboden fallen ließen und Wasser aus einer Pfütze tranken. Ich habe beobachtet, wie sie nach einem Nickerchen aufgewacht sind und auf den Waldboden hinuntergeflattert sind und die Flügel an einer sonnenbeschienenen Stelle ausgebreitet haben – vielleicht damit die Milben aus dem Gefieder fielen oder damit Ameisen auf die Flügel klettern und die Milben fressen konnten. Einmal habe ich gesehen, wie ein Kolibri im Sturzflug auf ein schlafendes Eulenweibchen herabgestoßen ist. Sie ist aufgewacht und hat sich wohl gedacht: ›Was ist denn jetzt los? Ich habe doch überhaupt nichts getan!‹«

»Und sie haben auch ungewöhnliche Geräusche gemacht«, berichtet sie. »Das Männchen hat einen tiefen Ruf ausgestoßen, den ich zuvor noch nie gehört hatte, und damit das Weibchen gewarnt: ›Bleib sitzen, kauere dich zusammen, bewege dich nicht.‹ Ich habe über sie so viele verschiedene Dinge erfahren, die ich aus keinem Buch hätte lernen können. Es war einfach eine intime, ganz stille, fast jenseitige Erfahrung, und die hat mein Leben verändert.«

EULEN VERÄNDERN LEBEN, und unsere Bestrebungen, sie zu verstehen, prägen auch unsere Erfahrung mit der Welt und lassen uns mehr denn je staunen. Sehr deutlich erkannte ich das an einem Frühlingstag im Westen von Montana in einem Straßengraben, der dicht mit Weißdorn und Traubenkirschenbäumen bewachsen war. Ich hielt eine in freier Wildbahn gefangene weibliche Waldohreule in der Hand: Meine Handfläche hatte ich um ihre Füße gelegt, die Krallen verbargen sich zwischen meinen Fingern. Neben mir stand Denver Holt, ein Eulenexperte, der ihre Freilassung beaufsichtigen sollte. »Sieh genau hin, wenn sie wegfliegt«, flüsterte er. Den ganzen Morgen und einen beträchtlichen Teil des Nachmittags hatten wir gebraucht, um sie mit den Japannetzen einzufangen. Es war ein großer Vogel, ausgewachsen, misstrauisch, nicht leicht zu fangen, mit kräftigen Beinen und einem Gefieder, so weich wie Kaninchenfell.

Zuvor hatte ich sie schon mit dem Fernglas entdeckt, als sie rastete und sich ausgestreckt hatte, wie Eulen es tagsüber häufig tun. Anfangs begriff ich nicht, was ich da sah: eine dünne, dunkle Masse im Astgewirr eines Weißdornstrauches, die jedes Mal zu verschwinden schien, wenn ich den Blick abwandte und erneut hinsah. Sie war da und doch nicht da. Ich glaubte, meine Augen würden mir einen Streich spielen. Sie sah weniger wie eine Eule und mehr wie ein abgebrochener Zweig aus: völlig still, aufrecht und steif, senkrecht ausgestreckt mit einer zusammengezogenen Körpermitte wie ein sehr dünner, sehr langer Zylinder. Die langen Federbüschel auf den Ohren, die ihr ihren Namen gaben, waren dicht nebeneinander parallel ausgestreckt und zerstörten die charakteristische Silhouette der Eule, sodass sie sich nahtlos in die Zweige um ihren Sitzplatz einfügte. Sie war warm-graubraun mit einer buntscheckigen Mischung aus horizontalen und vertikalen Streifen, die genau wie Baumrinde aussahen. Wären da nicht ihre leuchtend gelben Augen gewesen, ich hätte den meinen nicht getraut.

Sie einzufangen, war harte Arbeit: Wir mussten uns mehrmals aus verschiedenen Winkeln nähern, um sie in das Netz zu treiben. Als es uns schließlich gelungen war und ich sie in der Hand hielt, hielt sie mich wie eine starrende Katze mit den Blicken fest. Jetzt wurde sie vermessen und gewogen, beringt und für die Freilassung vorbereitet. Ich kroch gebückt in den Tunnel aus Erlen und zeigte ihr eine schmale Öffnung zwischen den dichten, gewundenen Zweigen, winkelte das Handgelenk ein wenig an und öffnete meine Finger. Sie hob ohne das geringste Geräusch ab, breitete die Flügel aus, navigierte mit langsamen, gleichmäßigen Flügelschlägen durch die schmale Öffnung, ohne dass mehr als ein Rauschen zu hören gewesen wäre, und verschwand in dem dunklen Dickicht.

Holt hatte schon Tausende solche Augenblicke mit Eulen erlebt. Für mich war es ein Abenteuer – eindringlich, intensiv, zutiefst berührend. Die Eule schien mir ein Botschafter aus einer anderen Zeit und von einem anderen Ort zu sein, wie Sternenlicht. In ihrer Nähe fühlte ich mich irgendwie kleiner im Körper und größer in der Seele.

Ich fragte Holt, warum er einen großen Teil seines Lebens der Aufgabe gewidmet hat, diese schwer fassbaren Tiere zu studieren. »Deshalb«, sagte er, und machte eine Handbewegung in Richtung des Weges, auf dem sie verschwunden war. Weil sie so wunderschön an ihre Welt angepasst sind, so still, unsichtbar und geheimnisvoll nicht nur in ihrer Färbung, sondern auch im Geräusch, geschickt im Dunkeln, überragende Jäger – Eigenschaften, die sich in Millionen Jahren der Evolution herausgebildet haben. »Und«, so sagte er, »weil sie immer noch voller Überraschungen stecken.«

2

Wie es ist, eine Eule zu sein

Geniale Anpassungen

Wölfe des Himmels

Sanft geht das Dämmerlicht in der Buschlandschaft südlich von Sydney in Dunkelheit über. Über dem australischen Frühling wölbt sich der stille Nachthimmel. Auf den Zweigen eines Feigenbaumes trottet ein Kusu, bleibt stehen, macht sich eifrig an einer reifen Feige zu schaffen, die er fest zwischen seinen kleinen, handähnlichen Pfoten hält. Der Kusu ist ein Beuteltier, ungefähr so groß wie eine Katze, mit spitzer Schnauze, ausgeprägter Nase, großen Ohren und einem buschigen schwarzen Schwanz. Die Frucht ist reif und köstlich; es lohnt sich, in der nahezu vollständigen Dunkelheit innezuhalten und sie zu verzehren. Dann plötzlich, scheinbar aus dem Nichts, ein Flattern von Flügeln, spitze Krallen, ein stahlharter Griff. Ein lautes Quieken, ein wildes Umsichschlagen, ein tödlicher Biss ins Genick. Für den Kusu war es das. Das Tier wird, der Kopf zuerst, an Ort und Stelle verschlungen.

Es war die saubere Arbeit eines Riesenkauzes.

Die größte Eule Australiens ist ein meisterhafter Greifvogel. »Das Wort ›Raubtier‹ ist ausgeleiert vor missbräuchlicher Verwendung«,

Ein Riesenkauz mit einem Kusu

schreibt der Autor J.A. Baker. »Alle Vögel fressen irgendwann in ihrem Leben lebendiges Fleisch. Man denke an die kaltäugige Drossel, diesen drollig hüpfenden Fleischfresser aus dem Vorgarten, der Würmer aufspießt und Schnecken totschlägt.«* Baker hat natürlich recht. Aber Eulen sind anders, Jäger in Reinkultur, erbarmungslos und in ihren Fressgewohnheiten oftmals grausam. Der Riesenkauz, den ich gesehen hatte, saß im botanischen Garten mitten in Sydney hoch oben in einem Eukalyptusbaum. Unter dem Baum lagen cremige Spritzer aus weißer Flüssigkeit und ein großes, graues, längliches Gewölle mit Fellen und Knochen – mehr war von einem Kusu oder einem Flughund nicht übrig geblieben. Eine solche Eule verzehrt im Jahr erstaunliche 250 bis 350 Kusus – fast jeden Tag einen.

Auch ihr Umgang mit der Nahrung ist ein einziges Wunder. Ein Kusu wird oftmals in weniger als 20 Sekunden ausgenommen, und dann wird der Rest der Mahlzeit in großen Stücken verschlungen. Kusus sind Pflanzenfresser; die Eule hat für deren grüne Nahrung keine Verwendung und kann sie vermutlich nicht einmal verdauen. Kleinere

* Baker, J.A.: *Der Wanderfalke*, Berlin: Matthes & Seitz 2014, S. 25.

Beutetiere verschlingt sie im Ganzen. Unverdauliche Teile – Fell, Knochen, Federn, Klauen – werden wie bei allen Eulen im Magen gesammelt und zu einem Gewölle zusammengepresst. Dieses bleibt dort stundenlang liegen, aber dann würgt die Eule es wieder hoch – sie drückt es durch die Speiseröhre nach oben und wirft es über den Mund aus.

Diese bemerkenswerte Fähigkeit, unverdauliche Nahrungsbestandteile gegen die übliche Verdauungsrichtung aufwärts und nach draußen zu befördern, wird als Antiperistaltik bezeichnet. Auch die Pterosaurier, die fliegenden Beutegreifer der Dinosaurierzeit, waren dazu in der Lage. Es ist manchmal eine recht anstrengende Tätigkeit, und deshalb sehen Eulen unter Umständen aus, als würden sie sich winden, wenn sie ein Gewölle hochwürgen. Es ist für sie aber ein lebenswichtiger Teil des Verdauungsprozesses: Das Gewölle blockiert einen Teil des Verdauungstraktes, und deshalb kann die Eule in der Regel erst dann wieder fressen, wenn sie es ausgestoßen hat.

Eulen gehen auf die Jagd und fressen alle möglichen Tiere. Manche Arten sind spezialisiert: Fischuhus zum Beispiel ernähren sich fast ausschließlich von Fischen, und Ponderosaeulen verzehren vorwie-

Ein Kaninchenkauz spuckt ein Gewölle aus

gend Insekten. Manche, darunter die Sumpfohreulen und die Schleiereulen, bevorzugen Mäuse und andere kleine Nagetiere. Aber viele Eulen sind Generalisten und jagen alles – von Spinnen, Fröschen, Salamandern und Mäusen bis hin zu Vögeln und gelegentlich Fledermäusen. Manche Arten, so der Brasilzwergkauz, sind blitzschnelle Beutegreifer: Sie sind so wendig und schnell, dass sie einen schwirrenden Kolibri fangen können, der sich gerade an einer Blüte gütlich tut. Die Sperbereule sitzt still und schlägt dann zu. Sumpfohreulen streifen über einem offenen Feld oder einer Wiese hin und her, wobei sie systematisch den Erdboden mustern und so Mäuse und andere kleine Säugetiere aufspüren. Virginiauhus lassen sich auch von großen Beutetieren nicht abschrecken: Sie fangen bekanntermaßen Waldmurmeltiere, Kaninchen und sogar Hauskatzen, und selbst bei Stinktieren rümpfen sie die Nase nicht. Was Vögel angeht, picken sie Enten nachts vom Wasser, und auch keine Gans ist so groß, dass sie vor einem Angriff sicher wäre. Auch andere Eulen sind für sie leichte Beute, darunter Waldohreulen, Streifenkäuze und all die kleinen Eulenarten aus dem Wald; damit ist der Virginiauhu ein Spitzenprädator, ein Beutegreifer, der andere Beutegreifer frisst.

Selbst die Schnee-Eulen, die in dem Ruf stehen, sich auf die kleinen, als Lemminge bezeichneten arktischen Nagetiere zu konzentrieren, sind in ihrem Appetit durchaus nicht wählerisch. Vieles darüber, was ein Greifvogel frisst, kann man an seinen Füßen ablesen. »Man braucht sich nur die Füße eines Raufußbussards oder eines anderen Spezialisten für kleine Säugetiere anzusehen, diese winzigen, zarten Füße«, sagt der Ornithologe Scott Weidensaul. »Und dann sieht man sich die Schnee-Eule mit ihren mächtigen, kräftigen Füßen an. Die ist kein Spezialist für Lemminge. Die ist ein Spezialist für einfach ›alles, was ich in den Hals kriegen kann‹.« Und dazu gehört auch eine ansehnliche Eiderente oder sogar ein verwesender Delfin.

In der Wissenschaft war man lange überzeugt, Eulen würden kein Aas fressen – und wenn sie es taten, sei es eine Ausnahme. In jüngerer Zeit hat man mit Kamerafallen jedoch festgehalten, wie Eulen sich nach Art von Geiern an Aas aller Arten gütlich tun – Uhus fressen tote

Hirsche und Schafe, Bartkäuze suchen sich ihre Mahlzeit an einem von Wölfen erlegten Huftier, eine Waldohreule bedient sich in Italien an vier toten Stachelschweinen, eine Schnee-Eule schlingt in der Arktis Stücke eines Grönlandwalkadavers hinunter, und für einen Fischuhu ist der Kadaver eines Krokodils ein Festmahl.

Den Löwenanteil ihrer Beute holen sich die Eulen aber in lebendiger Form, und das ist nicht einfach. Die meisten Beutegreifer scheitern bei der Jagd häufiger, als dass sie Erfolg haben. Kusus, Lemminge und Mäuse sitzen nicht einfach auf einem Zweig und warten darauf, gefressen zu werden. Sie verstecken sich, versuchen zu entkommen oder leisten sogar Gegenwehr. Ein Kusu stellt sich dazu auf die Hinterbeine, legt die vorderen Pfoten an die Brust, brüllt und greift dann an. Vögel wehren sich manchmal im Verbund: Ein Schwarm ärgert und belästigt die Eulen so lange, bis diese ihren Sitzplatz verlassen.

Von der Geschicklichkeit der Eulen bei der Jagd zeugt auch die Tatsache, dass sie überschüssige Beute aufbewahren. Sie lagern oder verstecken Nahrungsüberschüsse regelmäßig in einem Nest, einem Loch im Baum oder einer Astgabel, um das Überangebot später zu verzehren. Besonders häufig geschieht dies, wenn das Weibchen oder die Jungen satt sind – dann versteckt das Männchen die Reste. Manchmal, wenn Beute leicht verfügbar ist – beispielsweise in Form einer Gruppe schlafender Jacarinitangare –, töten Eulen mehr, als sie sofort fressen können. Steinkäuze kehren immer wieder zu einem Singvogelnest zurück, bis sie alle Jungen mitgenommen haben. Sägekäuze enthaupten manchmal ihre Beutetiere – meist Mäuse und kleine Vögel – und bewahren den Körper zum späteren Verzehr auf. In Norwegen lagerten Zwergkäuze bekanntermaßen bis zu 100 Objekte (vorwiegend kleine Säugetiere) in einer einzigen »Speisekammer«, um den harten Winter zu überstehen.

Eulen jagen in vielerlei Hinsicht wie andere Greifvögel: Sie stellen ihrer Beute mit starken Krallen und einem scharfen Schnabel nach. Sie besitzen kräftige Bein- und Fußmuskeln sowie große Krallen, die sich gut dazu eignen, Beutetiere zu ergreifen und zu töten. Uns kommen Eulen kurzbeinig vor, weil sie die Beine sowohl beim Sitzen als auch im Flug anziehen. Die meisten Arten haben aber lange, mit großen Muskeln ausgestattete Beine, die manchmal halb so lang sind wie der Körper; auch die Knochen sind insbesondere in den Füßen kräftig. Unmittelbar bevor die Eule ihre Beute berührt, streckt sie die kräftigen Füße zum Angriff nach vorn, sodass sie die Beute durch die Kraft des Aufpralls und mit den scharfen Krallen töten kann. Wie sich in einer neueren Studie gezeigt hat, kann eine Eule, die noch nicht einmal ein halbes Kilo wiegt, auf eine Maus mit einer Kraft herabstoßen, die dem 150-Fachen des Gewichts der Beute entspricht. Größere Beutetiere werden manchmal auch getötet, indem die Eule sie mit dem scharfen Schnabel ins Genick beißt, oder sie übt mit den Füßen so lange Druck aus, bis die Beute erstickt. Dass Eulen ihre Beute mit größtmöglicher Kraft festhalten können, verdanken sie zwei genialen Anpassungen an den Füßen. Sie haben vier Zehen, von denen drei im Flug und manchmal auf dem Sitzplatz nach vorn weisen. Wenn die Eule jedoch ihre Beute greifen muss, kann sie einen hinteren Zeh mit einem besonderen, flexiblen Gelenk nach vorn drehen, sodass die Zehen ein X bilden und kraftvoll zugreifen können. Dass sie diesen Griff aufrechterhalten können, ohne zu ermüden, verdanken sie einem System von Sehnen, mit denen die Zehen sich um die Beute schließen, ohne dass die Muskeln sich anstrengen müssen – die Eule muss also zum Festhalten keine Energie aufwenden. Das nützt auch Arten, die ihre Beute »blind« im Schnee, unter Laub oder in völliger Dunkelheit fangen: Sie können sich selbst dann in ihr Ziel verkrallen, wenn sie seine genaue Form oder Größe nicht kennen.

Die Jagd ist für jeden Beutegreifer eine Herausforderung. Aber jagen in der Nacht? Eulen verfügen über eine einzigartige Fähigkeit, Beute im Dunkeln aufzuspüren und zu fangen.

Ganz Ohr

Einmal hatte ich die Gelegenheit, einen Bartkauz aus nächster Nähe kennenzulernen. Percy war der männliche Teil eines Bartkauzpaares, das im Freilichtmuseum Skansen im schwedischen Stockholm lebte. Der Zoowärter führte mich in das geräumige, mit Bäumen und Felsblöcken ausgestattete Vogelgehege und sagte mir, ich solle ruhig an einem Geländer stehen bleiben. Anfangs blieb der große Vogel in der hintersten Ecke der Einfriedung. Ich konnte ihn vor der Baumrinde kaum erkennen, und seine Partnerin war sogar in dem geschlossenen Raum unsichtbar. Als aber der Zoowärter mit einer Schüssel voller gefrorener Mäuse kam, hob Percy ab, flog mit langsamen, leisen Flügelschlägen zu dem Geländer hinüber und landete geräuschlos nur einen knappen Meter von mir entfernt. Er wirkte riesengroß, und der gewaltige Kopf wandte sich zu mir, bis mich die ganze runde Scheibe seines menschenähnlichen Gesichts anstarrte. Er war so nahe, dass ich seine Pupillen sehen konnte, die dunklen Löcher in der Mitte seiner Augen – Ringelblumen im dunklen Grau seiner Gesichtsscheibe. Als der Zoowärter die Hand in die Schüssel steckte, schienen die Augen sich zu erweitern, und der Kopf drehte sich wieder in Richtung des Gefäßes. Der Zoowärter gab ihm eine gefrorene Maus, und er schlang sie sofort hinunter. Dann eine zweite und dritte; immer schluckte er sie im Ganzen.

Normalerweise bekommen Bartkäuze ihre Mahlzeiten nicht auf diese Weise am helllichten Tag serviert. Sie müssen auf ihre Fähigkeiten als listige nächtliche Jäger zurückgreifen. Einige andere Vogelarten, darunter Nachtschwalben, Tagschläfer und Eulenschwalme, jagen am Nachthimmel große Fluginsekten. Aber kein anderer Vogel macht nach Art der Eulen nachts Jagd auf Säugetiere.

Als zwei Freilandforscher in Kanada vor einigen Jahren beobachteten, wie Bartkäuze in dunklen Winternächten auf die Jagd gingen, fiel ihnen auf, wie die Vögel sich von einem Sitzplatz zum anderen bewegten, bis sie an eine Stelle kamen, wo sie offensichtlich unter dem Schnee etwas wahrnahmen.

»Dann stellte der Vogel die Suche ein und starrte in spitzem Winkel nach unten«, schrieben die Naturforscher. »Es war, als wäre er von der Stelle unter ihm nahezu hypnotisiert, und ihn abzulenken war schwierig ... Oft beobachteten wir ihn aus drei bis sechs Metern Entfernung, aber wir sahen nur sehr selten etwas – die Eulen dagegen fingen fast immer ein Beutetier, nachdem sie auf das hinabgestoßen waren, was für uns nur wie nackter Schnee aussah.«

Sie machen unsichtbare Beute ausfindig? Was für eine magische Fähigkeit ist das?

ALS ERSTER KONNTE Roger Payne nachweisen, dass Schleiereulen ihre Beute auch in völliger Dunkelheit ausschließlich auf akustischem Wege jagen können. Payne ist vor allem bekannt, weil er die Gesänge der Buckelwale entdeckte. Aber bevor er sich mit Walen beschäftigte, leitete er eine Reihe ausgezeichneter Studien über Schleiereulen, in denen er der Frage nachging, wie sie so präzise zuschlagen können und welche Sinneseindrücke sie im Einzelnen nutzen, um ihre Beute ausfindig zu machen. In einem Experiment dunkelte er einen Raum vollkommen ab, sodass es darin pechschwarz war, und setzte eine Eule auf einen Sitzplatz in einer Ecke. Auf dem Fußboden verstreute er Blätter, und dann zog er einen Klumpen aus zerknülltem Papier, der so groß war wie eine Maus, durch das Laub. Die Eule versuchte, das raschelnde Papier zu fangen. Um seine Beute zu lokalisieren, nutzte der Vogel weder den Anblick noch den Geruch oder die Körperwärme. »Der Papierklumpen und die Blätter, durch die er gezogen wurde, hatten die gleiche Temperatur«, schrieb Payne. »Die Eule konnte ihn also nicht anhand des Infrarotkontrastes zu seiner Umgebung ausfindig gemacht haben. Der Papierklumpen verströmte auch keinen Mausgeruch, eine Zielführung aufgrund des Geruchs wäre also nutzlos gewesen. Da das Licht ausgeschaltet war, konnte die Eule den Klumpen auch nicht sehen ... Aus meiner Sicht blieb nur eine Möglichkeit: Die Eule orientierte sich akustisch an den Geräuschen.«

Um sicherzugehen, verstopfte Payne die Ohren der Eule mit kleinen Wattebäuschen – zuerst das eine, dann das andere. Dann ließ er eine Maus frei, die zwischen den Blättern herumhuschte. »In beiden Fällen flog die Eule im Dunkeln unmittelbar auf die Maus zu, landete aber einen knappen halben Meter vor ihr«, schrieb Payne. »Nach jedem Versuch wurde die Watte entfernt, und die Eule durfte in voller Dunkelheit noch einmal versuchen, die Maus zu fangen, die sie gerade verfehlt hatte. In beiden Fällen konnte sie nun erfolgreich zuschlagen.«

Ebenso filmte Payne, wie Eulen in völliger Dunkelheit auf ihre Beute zuflogen. Dabei gelangte er zu unglaublichen Befunden. Wenn eine Maus die Richtung wechselte, drehte die Eule ihr den Kopf zu und änderte mitten im Flug die Angriffsrichtung.

Wie um alles in der Welt schafft der Vogel das?

Mit einem Kopf, der wie der von Percy für das Hören gemacht ist. Die flache graue Gesichtsscheibe eines Bartkauzes gleicht einer großen Ohrmuschel, einer gefiederten Satellitenschüssel zum Auffangen von Geräuschen. Nicht alle Eulen besitzen eine so große, ausgeprägte Gesichtsscheibe wie Bartkäuze, Raufußkäuze und Schleiereulen. Bei Arten, die sich wie Virginiauhus, Steinkäuze und Zwergkäuze bei der Jagd weniger stark an Geräuschen orientieren, ist sie kleiner. Und bei manchen, so bei den Fischuhus, ist sie stark zurückgebildet. Das ist auch sinnvoll. Bachläufe machen Geräusche, Wasser macht Geräusche, und die Grenzfläche von Wasser und Luft wirft Geräusche zurück. Eine Eule, die auf die Jagd geht, kann also vermutlich die Fische nicht hören. Aber nach Ansicht des Fischuhu-Experten Jonathan Slaght nutzen die Vögel den Schall trotzdem stärker, als wir glauben. Er zeigte mir ein Foto von einem Riesenfischuhu an einem Flussufer. Darauf »sieht der Vogel wirklich aus, als würde er seine Gesichtsscheibe nutzen«, sagt er. »Deshalb glaube ich, dass diese ›Eulen-Gesichter‹ zwar zurückgebildet, aber nicht völlig verschwunden sind.«

Bei Eulen, die sich bei der Jagd vorwiegend an Geräuschen orientieren, ist die Gesichtsscheibe von einem Saum aus steifen, ineinandergreifenden Federn umgeben, die Schallwellen einfangen und in

Die Gesichtsscheibe eines Bartkauzes

Richtung der Ohren lenken wie bei einem Menschen, der die Hände hinter die Ohrmuscheln legt.

Federn im hinteren Teil der Scheibe leiten hochfrequente Geräusche zu den Ohren, sodass die Eule weniger Umgebungsgeräusche hört und sich auf die Beute konzentrieren kann. »In der Gesichtsscheibe eines Bartkauzes gibt es eine geradezu phänomenale Vielfalt verschiedener Federn«, sagt Jim Duncan, ein Experte für die Spezies. »Es sind sieben oder acht verschiedene Typen. Diejenigen, die man sieht, sind sehr locker und fadenförmig, sodass der Schall sie leicht durchdringt. Dann gibt es diese gebogenen, festen Federn, die den hinteren Teil der Gesichtsscheibe bilden und wie ein Parabolspiegel wirken. Die Wölbung sorgt wahrscheinlich dafür, dass Schallwellen im optimalen Winkel auf die Scheibe treffen und dann in die Gehörgänge geleitet werden.« Percy kann mit Muskeln, die am unteren Ende der Federn ansetzen, die Form der Scheibe verändern: Dann geht sie von einem Ruhezustand in die Aufmerksamkeit bei der aktiven Jagd über. Einer Eule dabei zuzusehen, ist bemerkenswert: Sobald sie etwas Interessantes hört, stellt sich ihre Gesichtsscheibe darauf ein.

Es ist, als wäre die Scheibe selbst eine Art Öffnung, ein »Auge«, das sich weit öffnet, sodass mehr Schall eintreten und in Richtung der Ohren abgelenkt werden kann.

Dass das Wort »Ohr« in den Trivialnamen mancher Eulen vorkommt, ist verwirrend. Wald- und Sumpfohreulen tragen Federbüschel oben auf dem Kopf, die als »Federohren« bezeichnet werden und ganz ähnlich aussehen wie die Ohren von Säugetieren. Sie haben nichts mit dem Hören zu tun, dafür aber umso mehr mit Tarnung und manchmal mit Imponiergehabe.

Die wirklichen Ohren sind bei einer Eule einfache Öffnungen, die seitlich im Kopf liegen und von besonderen, schalldurchlässigen Federn bedeckt sind. Ihre Größe ist je nach der Spezies unterschiedlich und hängt nicht nur davon ab, ob die Vögel tagsüber oder im Dunkeln jagen, sondern auch ob ihre Beute ganz allgemein unsichtbar ist. Die Waldohreule, die nachts auf die Jagd geht und sich vorwiegend von kleinen Nagetieren ernährt, hat tatsächlich neben den langen Federbüscheln auch lange Ohren, Schlitze, die sich von der Oberseite des Kopfes bis hinunter zum Kieferknochen ziehen. Auch Streifen- und Raufußkäuze, die meist nachtaktiv sind, haben große Ohröffnungen. Das Gleiche gilt aber auch für die Zwergkäuze, die oft tagsüber ihre Beute fangen, denn die kleinen Nagetiere, auf die sie es abgesehen haben, verstecken sich im dichten Gras und müssen ebenfalls aufgrund ihrer Geräusche aufgespürt werden.

Und Percys Beute? Sie ist in freier Wildbahn häufig tief im Schnee versteckt, der alles nicht nur unsichtbar macht, sondern auch eine »akustische Fata Morgana« erzeugt, wie man es nennt: Sie verzerrt den Ausgangspunkt von Geräuschen unter dem Schnee, sodass ein Vogel seine Beute nicht so leicht lokalisieren kann. Wie wir noch genauer erfahren werden, haben Bartkäuze eine Reihe spektakulärer Strategien entwickelt, um dieser Herausforderung gerecht zu werden.

In den Ohren aller Tiere sorgt ein winziges Gebilde, die Hörschnecke oder Cochlea, in Zusammenarbeit mit dem Gehirn für das Hören. Die Hörschnecke enthält Haarzellen, die auf die Schwingungen der Schallwellen ansprechen, und ihre Länge ist bei Tieren ein recht gutes

Maß für die Hörfähigkeit. Bei den meisten Eulen ist die Cochlea im Verhältnis zur Körpergröße riesengroß und enthält im Vergleich zu anderen Vögeln eine gewaltige Zahl von Haarzellen. Die Hörschnecke einer Schleiereule hat beispielsweise mächtige Ausmaße. »Das ist im Innenohr der Vögel die Entsprechung zu einem Rennwagen«, sagt Christine Köppl, die an der Universität Oldenburg die Schleiereulen studiert. In ihren Vorträgen präsentiert Köppl gern ein Bild, das die Hörschnecke einer Schleiereule im Vergleich zu den Organen einer Reihe anderer Vogelarten zeigt – Stärlinge, Krähen, Bussarde, Falken. Die Cochlea der Eule ist drei- bis viermal so lang wie die anderer Vögel und verschafft dem Vogel ein außerordentlich scharfes Gehör.

Darüber hinaus hat das Gehör der Eulen mit dem anderer Vögel eine weitere überlegene Fähigkeit gemeinsam, die wir Säugetiere nicht besitzen: Es altert nicht. Um herauszufinden, ob das Gehör von Schleiereulen sich im Laufe der Zeit verändert, tat Köppl sich mit Ulrike Langemann und Georg Klump zusammen. Die Forschenden trainierten sieben Eulen unterschiedlichen Alters darauf, auf ein akustisches Signal hin von einem Sitzplatz zum anderen zu fliegen, wo sie dann eine Belohnung erhielten. Anschließend teilten sie die Vögel in »junge« und »alte« Gruppen ein und testeten das Gehör, indem sie die Frequenz des Signaltons steigerten oder senkten. Dabei fand die Arbeitsgruppe im Vergleich zwischen jungen und älteren Schleiereulen keinerlei altersbedingten Gehörverlust. Der Star der Studie, ein 23 Jahre alter Methusalem von einem Vogel, der den Namen Weiss trug, hörte das gesamte Tonhöhenspektrum ebenso gut wie die zwei Jahre alten Vögel. Man kann also annehmen, dass Eulen wie andere Vögel in der Lage sind, ihre Haarzellen zu regenerieren und damit während ihres gesamten Lebens ein scharfes Gehör zu behalten.

Dieses Glück haben wir Säugetiere nicht. Wenn Menschen, Mäuse oder Chinchillas älter werden, stellt sich ein altersbedingter Gehörverlust insbesondere im hohen Frequenzbereich ein. Anders als bei Vögeln werden die geschädigten Haarzellen in unseren Ohren nicht ersetzt – wir können die Eulen um die Regenerationsfähigkeit ihrer Ohren nur beneiden.

EIN BARTKAUZ LAUSCHT ständig. Sein Kopf dreht sich und ermittelt die Herkunft von Geräuschen. Die Ohren sind so fein abgestimmt, dass er die leisen Schritte einer Spitzmaus im Wald ebenso heraushören kann wie den Flügelschlag eines Meisenhähers oder das dumpfe Rascheln einer Maus, die tief unter dem Schnee ihre Gänge gräbt. Er fliegt zu der Stelle, schwebt darüber, den Kopf nach unten in Richtung des Geräusches gerichtet, streckt unmittelbar vor dem Auftreffen die Beine nach vorn und stößt durch eine Schneedecke von einem halben Meter, um seine Beute zu ergreifen.

Um allein anhand von Geräuschen jagen zu können, brauchen Eulen nicht nur ungeheuer empfindliche Ohren, sondern sie müssen auch die Herkunft leiser Geräusche im dreidimensionalen Raum ausmachen können – und das manchmal aus der Entfernung oder durch eine dicke Schicht aus Schnee, Boden oder Laub. Mit der Frage, wie eine Eule das schafft, beschäftigte sich der mittlerweile verstorbene Masakazu (Mark) Konishi.

Konishi starb 2020. Ein Jahr später, zum Jahrestag seines Geburtstages, versammelte sich eine große Gruppe von Forschenden – Kolleginnen ebenso wie fortgeschrittene Studierende – zu einer virtuellen Feier; sie wollten den Wissenschaftler und den Menschen ehren, gleichzeitig aber auch neue, durch seine Arbeiten angeregte Forschungsergebnisse präsentieren. In den Titeln der Vorträge spiegelte sich das Staunen wider, das sie mit Konishi gemeinsam hatten: »Die verblüffende Cochlea der Schleiereulen«, »Das verblüffende Mittelhirn der Eulen«, »Der verblüffende Nucleus Laminaris«.

Als Konishi von Roger Payne erfuhr, dass eine Schleiereule allein aufgrund des Geräusches eine Maus fangen kann, wollte er genau wissen, wie der Vogel das macht. Wie kann eine Eule ihre Beute in völliger Dunkelheit verfolgen? Wie findet sie genau heraus, woher ein Geräusch kommt? Was für Schaltkreise im Gehirn machen so etwas möglich? Konishi wusste, dass die Gesichtsscheibe wie auch die Asymmetrie der Ohren dafür hilfreich ist – zumindest bei manchen Eulenarten.

Die Ohren mancher Eulen, darunter der Virginiauhu und die Ostkreischeule, liegen wie bei den meisten anderen Tieren beiderseits des Kopfes auf der gleichen Höhe. Bei anderen, so bei Schleiereulen, Säge- und Bartkäuzen, die sich bei der Jagd stark auf ihr Gehör verlassen, liegt die Ohröffnung jedoch auf einer Kopfseite höher als auf der anderen. Bei Percy ist diese Asymmetrie sehr auffällig. Unter der Masse aus weichen Federn liegt das linke Ohr knapp unterhalb der Augenhöhe, das rechte leicht darüber. Um Beute genau zu lokalisieren, vergleicht Percy die Geräusche, die an den beiden Ohren eintreffen – wie laut sind sie, und welches Ohr nimmt sie zuerst auf? Percys rechtes Ohr reagiert empfindlicher auf Geräusche, die von oberhalb der Gesichtsmitte kommen, das linke ist sensibler für solche, die von unten stammen. Anhand des zeitlichen Unterschiedes, mit dem die Schallwellen an den beiden Ohren eintreffen – auch Laufzeitdifferenz genannt –, kann Percy das genaue Azimut (die horizontale Ausrichtung) der Schallquelle beurteilen. Und der Lautstärkeunterschied zwischen den beiden Ohren hilft ihm, die Höhe der Schallquelle zu ermitteln. Seinen Angriff richtet er dann auf den Schnittpunkt zwischen horizontaler und vertikaler Richtung. Arten wie Riesenkauz, Schleiereule und Sägekauz lokalisieren Schallquellen mit einer Abweichung von nur zwei oder drei Grad.

Und das ist noch nicht alles. Um Beute genau ausfindig zu machen, braucht man zwei Ohren, und die asymmetrische Anordnung ist hilfreich. Letztlich muss aber das Gehirn die Geräusche im Raum lokalisieren, und das tut es auf höchst erfindungsreiche Weise.

Als Konishi 1975 von der Princeton University an das California Institute of Technology (Caltech) wechselte, hatte er 21 Schleiereulen so trainiert, dass sie Lautsprecher angriffen, die alle möglichen Geräusche erzeugten. Eine seiner Eulen trug den Namen Roger nach Roger Payne. (Man sollte anmerken, dass die Eule Roger sich irgendwann als Weibchen erwies und ein Ei legte.) Roger kam in so vielen Veröffentlichungen vor, dass die Forschenden ihn bei der Feier für Konishi als eines der berühmtesten Tiere bezeichneten, die je in Veröffentlichungen genannt wurden – er machte dem Afrikanischen Graupapagei Alex Konkurrenz, von dem die Welt durch die Arbeiten der Wissenschaftlerin Irene Pepperberg von der Harvard University so viel über Gehirn und Intelligenz von Vögeln gelernt hatte.

Einen Schub bekamen Konishis Forschungsarbeiten, als ein Techniker des Caltech, der durch seine Mitarbeit an der Viking-Sonde der ersten Marsmission berühmt geworden war, für seine Studien mit den Eulen einige elegante Gerätschaften entwarf und baute, darunter eine raffinierte, halbkreisförmige Schiene mit einem kleinen Wagen. An dem Wagen war ein kleiner, ferngesteuerter Lautsprecher angebracht, der sowohl in horizontaler als auch in vertikaler Richtung und in gleichbleibendem Abstand um den Kopf einer Eule kreisen konnte. Mithilfe dieser räumlich ausgerichteten Apparatur machten Konishi und sein Doktorand Eric Knudsen eine bemerkenswerte Entdeckung. Bestimmte Hörneuronen im Gehirn einer Eule sprechen nur dann an, wenn ein Geräusch von einer bestimmten Stelle kommt. Das Gehirn vergleicht die Reaktionen der Neuronen in der Schnecke beider Ohren und baut daraus eine Art mehrdimensionale Landkarte des akustischen Raums auf. Auf diese Weise kann die Eule schnell und präzise den Aufenthaltsort eines Beutetieres ausfindig machen.

Das war eine Überraschung. Tiere verfügen in ihrem Gehirn über »Landkarten« für das Sehen und Tasten, aber die werden aus visuellen Bildern und den Signalen von Berührungsrezeptoren aufgebaut, die durch direkte Projektion Punkt für Punkt ins Gehirn übertragen werden. Mit den Ohren liegt die Sache ganz anders. Das Gehirn vergleicht die von den beiden Ohren kommenden Informationen über Zeitpunkt und Lautstärke eines Geräusches und setzt die Unterschiede dann in eine einheitliche Wahrnehmung eines einzelnen Geräusches um, das von einer bestimmten Stelle im Raum ausgeht. Mit der so entstehenden akustischen Landkarte können Eulen die Welt mit den Ohren in zwei Dimensionen »sehen«.

Der Befund erwies sich als großer Sprung in unseren Kenntnissen darüber, wie das Gehirn aller Tiere einschließlich des Menschen lernt, seine Umwelt durch Geräusche zu begreifen. Denken wir einmal genauer darüber nach. Wir stehen im Wald und hören das Knacken eines fallenden Astes oder das Rascheln, wenn ein Hirsch durch das trockene Laub zieht. Unser Gehirn berechnet anhand von Zeit und Lautstärke, woher das Geräusch kommt. Eulen bewältigen diese Aufgabe mit unglaublicher Geschwindigkeit und Präzision. Die Hörschnecken in ihren Ohren liefern dem Gehirn innerhalb von 20 Mikrosekunden die genauen Zeitpunkte, zu denen das Geräusch bei den Ohren eintrifft. Diese Geschwindigkeit bestimmt darüber, wie genau das Gehirn die Laufzeitdifferenz berechnen kann, und das wiederum bestimmt über die Präzision der Lokalisation eines Geräusches in horizontaler Richtung. »In Mikrosekunden ausgedrückt, arbeitet die Hörschnecke der Eulen präziser als bei allen anderen Tieren, die man untersucht hat«, sagt Köppl. »Wir haben einen großen Kopf, deshalb sind die Laufzeitdifferenzen größer, und das macht die Aufgabe für Hörschnecke und Gehirn einfacher. Kurz gesagt, es liegt an der Kombination aus kleinem Kopf und sehr genauer Lokalisation, dass die Eulen so einzigartig sind.«

Ein weiterer Befund lässt uns wirklich den Mund offen stehen. Wie der Neurowissenschaftler José Luis Peña und seine Mitarbeitenden vom Albert Einstein College of Medicine entdeckten, führt das System zur Geräuschlokalisation im Gehirn von Schleiereulen raffinierte mathematische Berechnungen aus, um die Beute dingfest zu machen. Die Raumerfassungsneuronen im spezialisierten Hörzentrum der Eule führen bei ihrer Informationsübermittlung komplizierte mathematische Operationen aus: Sie addieren und multiplizieren die eintreffenden Signale nicht nur, sondern bilden auch Durchschnittswerte und bedienen sich der sogenannten Bayes-Inferenz, eines statistischen Verfahrens, das mit neuen verfügbaren Informationen eine ständige Aktualisierung ermöglicht.

Und das alles läuft schneller ab als ein Blitz. Ich weiß, es ist unglaublich.

EULEN HABEN ABER nicht nur ein scharfes Gehör. Auch ihr Sehvermögen ist außergewöhnlich, und die Erforschung der Frage, wie die beiden Sinne zusammenwirken, hat einige faszinierende neue Erkenntnisse über Eulen wie auch über Menschenbabys geliefert.

Als ich Percy näher komme, sieht er mich an, als würden ihm gleich die Augen aus dem Kopf fallen. Die großen Augen der Eulen sind röhrenförmig, starr und mit Blickrichtung nach vorn in ihren Höhlen befestigt. Für Vögel ist das nicht normal, sie haben in der Regel ovale oder abgeflachte Augen, die seitlich am Kopf stehen.

Warum weisen die Augen einer Eule dann nach vorn?

Graham Martin erforscht seit mehr als 50 Jahren das Sehvermögen von Vögeln. Nach seiner Ansicht gibt es dafür einen ganz einfachen Grund: ihre Größe. Percy ist rund 60 Zentimeter groß und wiegt nur ein gutes Kilo, aber seine Augen machen ungefähr drei Prozent des Körpergewichts aus. Bei mir bringen die Augäpfel nur 0,0003 Prozent meines Körpergewichts auf die Waage. Stünden meine Augen in einem ähnlichen Verhältnis zum Körper wie die von Percy, wären sie groß wie Orangen und würden fast zwei Kilo wiegen. Die Augen der Eulen, so Martin, weisen nach vorn, weil sie so groß sind und der Schädel einer Eule so klein und so voller großer, raffinierter Strukturen zum Hören ist, dass sonst nirgendwo Platz für die Augenhöhlen wäre. Tatsächlich kann man das Auge einer Eule von der Seite sehen, wenn man in die Ohröffnung blickt. »Das ist ein Hinweis, dass Augen und Ohren im Schädel sehr dicht nebeneinanderstehen«, schreibt Martin. »Wo sonst könnten die Augen angeordnet sein?«

Das mag stimmen, aber die nach vorn gerichteten Augen verschaffen den Eulen auch für die Jagd einen lebenswichtigen Vorteil: das räumliche Sehen. Es ist nicht so stark ausgeprägt wie bei uns, aber gut im Vergleich zu den meisten anderen Vögeln. Einem Spatzen und einer Meise, die von einer Eule verfolgt werden, verschaffen die seitlich angeordneten Augen ein großes Gesichtsfeld, sodass sie den Räuber besser kommen sehen. Das Gesichtsfeld der Eulen ist insgesamt schmaler, aber mit den beiden Augen sind sie besser in der Lage, ihre Flugrichtung und die erforderliche Zeit bis zum Erreichen eines Ziels einzuschätzen – alles große Vorteile, wenn sie sich auf die Beute stürzen, insbesondere wenn diese mit Sekundenbruchteil-Genauigkeit gefangen werden muss. Ein schmales Gesichtsfeld hat aber auch andere Auswirkungen. Stellen wir uns in die Nähe einer Eule, hüpft sie unter Umständen, dreht sich und bewegt den Kopf von einer Seite zur anderen, vorwärts und rückwärts, auf und ab, und manchmal dreht sie ihn, bis er fast verkehrt herum steht. Der Vogel bemüht sich, einen guten Blick auf uns zu erhaschen.

Da Percys Augen nach vorn gerichtet und fixiert sind, kann er meine Bewegungen nur verfolgen, indem er den Kopf dreht. Das kann er glücklicherweise gut. Dass Eulen den Kopf von einem vorwärts gerichteten Ausgangspunkt einmal ganz herumdrehen können, ist zwar ein Mythos, aber manche Arten, darunter Riesenkauz und Schleiereule, lassen ihren Kopf um fast drei Viertel einer Umdrehung rotieren, das heißt um 270 Grad – dreimal mehr, als es uns Menschen möglich ist. Die größere Flexibilität entsteht, weil Eulen genau doppelt so viele Halswirbel besitzen wie Menschen. Die gleiche Zahl findet man bei anderen Vögeln, und auch sie können den Kopf um 180 Grad oder mehr drehen, wenn sie sich putzen. Bei ihnen ist der Hals allerdings nicht wie bei einer Eule unter dem Gefieder versteckt, und so erkennt man das Drehen und Wenden besser, wenn sie nach hinten blicken. Dass der Hals einer Eule die Rotation um 270 Grad schnell und reibungslos vollziehen kann, liegt an einigen klugen Anpassungen: Eine lockere S-Form verleiht Flexibilität, und ein besonderes System aus Knochen und Blutgefäßen sorgt dafür, dass die Durchblutung durch den Hals zu Augen und Gehirn kaum beeinträchtigt wird, wenn der Kopf sich dreht.

ALS FORSCHENDE SICH 2016 mit der Evolution des Sehvermögens bei Vögeln beschäftigten, stießen sie bei den Eulen auf ein Geheimnis. Das Team studierte 120 Gene, die bei 26 Vogelarten, von Eulen und Wiedehopfen bis zu Falken und Spechten mit dem Sehen zu tun hatten. Dabei stellte sich heraus, dass Eulen die Königinnen der visuellen Anpassung sind: Bei ihnen enthalten die Gene, die mit dem Sehen zusammenhängen, mehr Abwandlungen als in jeder anderen Vogelgruppe.

»Die nächtliche Aktivität der Eulen ist für Vögel ungewöhnlich und hat ein außergewöhnliches Sehsystem begünstigt, das genau auf die Jagd in der Nacht abgestimmt ist«, schreiben die Forschenden. Es scheint, als hätten die Eulen in den Zeiträumen der Evolution eine Art Sinnes-Tauschhandel betrieben. Sie haben einen Teil der Gene verloren, die am Sehen bei Tageslicht und am Farbensehen beteiligt sind. Dafür wurden aber die Gene für das nächtliche Sehen gestärkt und verfeinert. Wanderfalken und andere Greifvögel haben vielleicht bei Tageslicht ein schärferes Sehvermögen, sodass sie feine Details aus größerer Entfernung unterscheiden können, aber die großen Röhrenaugen der Eulen lassen mehr Licht eindringen und enthalten mehr Zellen, die Photonen verarbeiten, sodass die Vögel selbst bei schlechtem Licht noch scharf sehen. In der Netzhaut der meisten Vögel dominieren die Zapfen, Zellen, die am besten im hellen Licht funktionieren und an der Farbwahrnehmung mitwirken. In der Retina der Eulen dagegen stehen die Stäbchen, die empfindlicher auf Licht und Bewegungen ansprechen, dicht bei dicht. Eulen, die wie Percy nachts auf die Jagd gehen, besitzen ungefähr 93 Prozent Stäbchen und nur sieben Prozent Zapfen; damit sind sie ungefähr hundertmal lichtempfindlicher als eine Taube. In der Nacht sehen sie besser als wir, allerdings nicht so gut wie eine Katze.

Eulen mögen einige Gene für das Sehen bei Tageslicht verloren haben, aber an einer außergewöhnlichen Fähigkeit der meisten tagaktiven Vögel haben sie festgehalten: der Wahrnehmung von ultraviolettem Licht. In der Netzhaut tagaktiver Vögel liegen vier Typen farbempfindlicher Zapfen, darunter einer, der auf ultraviolettes Licht anspricht und es manchen Arten ermöglicht, eine ganz andere Farbdimension wahrzunehmen – Millionen Farbtöne, die wir nicht sehen. Wie sich jetzt in neueren Studien herausgestellt hat, sind die Stäbchen in der Netzhaut mancher Eulen ultraviolettempfindlich. Wozu braucht ein Vogel, der vorwiegend nachts aktiv ist und Farben so gut wie nicht wahrnehmen kann, die UV-Empfindlichkeit? Dafür gibt es, wie wir noch genauer erfahren werden, gute Gründe, die mit der Fütterung der Jungen und der Abwehr von Rivalen zu tun haben.

Für die Augen einer Eule ist Licht alles. Ihre Pupillen können sich fast bis zur gesamten Größe des Auges erweitern und lassen dann ungefähr doppelt so viel Licht ein wie die Pupillen eines Menschen. Und diese Pupillen erweitern sich auch, wenn die Eule ein neues Geräusch hört – eine Verbindung zwischen Sehen und Hören, die ihre Geschicklichkeit bei der Jagd steigert. (Percy machte sogar bei dem Geräusch, als der Zoowärter in die Schüssel mit den Mäusen griff, größere Augen.)

Als der Neurowissenschaftler Avinash Singh Bala vor einigen Jahren auf diesen Zusammenhang stieß, geschah dies vollkommen unerwartet – und wie sich herausgestellt hat, ist er auch nützlich, wenn man das Hörvermögen von Menschenbabys besser verstehen will. Im Rahmen einer Studie, mit der die Geräuschverarbeitung im menschlichen Gehirn aufgeklärt werden sollte, trainierte Bala Schleiereulen darauf, auf unterschiedliche Geräusche zu reagieren. Als er das Experiment in Angriff nahm, stellte er fest, dass die Augen der Eule sich als Reaktion auf ungewöhnliche Geräusche erweiterten – beispielsweise wenn eine Tür zugeknallt wurde oder etwas auf einen Schreibtisch fiel. Später wurde ihm klar, dass es diese unwillkürliche Reaktion der Pupillen auch bei Menschen gibt und dass man mit ihrer Hilfe das Hörvermögen nicht nur bei Eulen, sondern auch bei Babys vermessen kann. Da Babys uns nicht sagen können, was sie hören, ist die Diagnose von Hörstörungen bei ihnen schwierig. Die Entdeckung, dass ihre Pupillen wie die von Eulen auf neue Geräusche ansprechen, und zwar sogar auf geringfügige Abweichungen in Lautstärke oder Inhalt eines Wortes wie *bah* oder *pah*, führte zu einem neuen diagnostischen Untersuchungsverfahren für Hörstörungen bei Säuglingen. Das Ganze ist ein aufschlussreiches Beispiel dafür, wie die Grundlagenforschung an Eulen die Medizin vorangebracht hat – und wie Augen und Ohren einer Eule zusammenarbeiten.

Wie Graham Martin erklärt, koordiniert kein anderer Vogel Sehen und Hören so genau, um Beute aufzuspüren und zu fangen. »Bei den meisten Vögeln erfüllen Sehen und Hören in der Verhaltenssteuerung unterschiedliche Funktionen, aber bei Eulen wirken beide Sinne zusammen, wenn ein Objekt beim Beutefang lokalisiert werden soll. Die beste Hörschärfe haben Eulen in dem Bereich unmittelbar vor dem Kopf in ihrem räumlichen Gesichtsfeld. Wenn sie ein Geräusch nicht nur hören, sondern auch sehen, woher es kommt, können sie damit die Richtung und die Zeit bis zum Kontakt abschätzen, wenn sie herabstoßen.«

In den Niederlanden stieß ein Team von Forschenden, das die Anatomie des Gehirns von Eulen studierte, kürzlich auf eine weitere Verbindung zwischen Auge und Ohr: Von dem Hörnerv, der zum Gehirn führt, zweigt ein Teil auch zu den Sehzentren ab. »Das deutet darauf hin, dass die akustische Information, die Eulen beim Hören aufnehmen, teilweise im Sehzentrum des Gehirns verarbeitet wird, sodass die Eulen ein visuelles Bild des Gehörten aufbauen«, spekuliert Kas Koenraads, ein Morphologe und Ökologe aus den Niederlanden, der die Forschungsarbeiten leitet. »Was das für eine Eule bedeutet, wissen wir nicht. Wenn sie hört, dass sich in einer dunklen, bewaldeten Umwelt etwas bewegt, erhält sie möglicherweise eine Art visuellen Hinweis darauf, woher das akustische Signal kommt, als würde im dunklen Wald ein heller Lichtpunkt auftauchen. Wenn es wirklich so funktioniert, wäre das toll«, sagt er. »Den morphologischen Eigenschaften zufolge wäre es möglich. Aber genau werden wir es wahrscheinlich nie herausfinden – schließlich können wir nicht in den Kopf einer Eule kriechen.«

DOCH ANGENOMMEN, wir könnten es.

Stellen wir uns einmal einen Augenblick lang vor, wir könnten wahrnehmen, was eine Eule wahrnimmt, könnten jedes kleine Geräusch im Wald hören, als wären wir beispielsweise ein Riesenkauz wie Percy, der in pechschwarzer Nacht das Futter für seine Partnerin oder seine Jungen sucht – nicht aus der Schüssel des Zoowärters, sondern in einem dichten, verfilzten Dickicht aus Gras und Sträuchern unter tiefem Schnee. Von seinem Sitzplatz aus mustert Percy die Umgebung mit seinen großen, Licht sammelnden Augen; er starrt in die Dunkelheit, sammelt alle knappen, verstreuten Photonen, die es vielleicht noch gibt, und nimmt sie mit seinen erweiterten Pupillen auf. Er dreht den Kopf, stellt sich noch auf das leiseste Rascheln ein, konzentriert seine ganze Aufmerksamkeit auf ein schwaches Zucken am Boden oder unter dem Schnee. Seine Ohren peilen die Beute an. Dann stößt er auf Flügeln, weich wie eine warme Brise, mit einer solchen Schnelligkeit und Stille auf das Tier herab, dass dieses niemals sieht, was auf es zukommt.

Die großartige Ausstattung der Eulen zielt zum größten Teil darauf ab, schwer auszumachende Beutetiere zu lokalisieren, die ungeheuer schwache, von Augenblick zu Augenblick kommende und gehende Geräusche erzeugen. Wenn wir auf schwache Geräusche lauschen, verhalten wir uns selbst so still wie möglich. Überlegen wir einmal, wie leise eine jagende Eule sein muss. Während Percys mächtiger Körper auf dem Geländer näher kommt, muss ich daran denken, wie er fliegt. Seine Flügel haben fast mein Ohr berührt, und doch war kein Laut zu hören, nicht das leiseste Rauschen der Luft zwischen den Federn oder ein keuchender Atem.

Der lautlose Flug der Eulen ist eines der größten Wunder der Vogelwelt, und erst ganz allmählich gibt er seine Geheimnisse preis.

Lautloser Flug

Nur wer einmal eine nasse Eule gesehen hat, kann ihr Gefieder richtig einschätzen. Vor nicht allzu langer Zeit postete eine neuseeländische Wildtier-Auffangstation in den sozialen Medien das Bild eines in ihrer Obhut befindlichen Kuckuckskauzes vor und nach einem Bad. Die kleine braune Eule (die nach ihrem Zweitonruf in der Maorisprache auch Ruru genannt wird) war vor dem Bad ganz Pose und Flaum. Die Tierärzte hatten auf ihrer Haut aber Bakterien bemerkt und ihr deshalb ein besonderes Bad angedeihen lassen, sodass das flauschige Gefieder vorübergehend vollständig plattgedrückt wurde; jetzt sah der

Ein Virginiauhu nach dem Regen

Vogel zerzaust und ungepflegt aus. Es war ein so krasser Kontrast, dass das Bild in nur zwei Tagen 37000-mal gelikt wurde. Was war das nur für ein stäbchenförmiges Tier?

Ein Bartkauz wirkt beträchtlich kleiner, wenn man unter dem Gefieder nach dem zarten Schädel und den übrigen Knochen tastet. Dass Percy so riesig aussieht, liegt nur an den zehn Zentimeter langen Federn, die seinen Schädel umgeben.

Das Gefieder von Eulen ist zwar nicht wasserabweisend, aber in den Jahrmillionen seiner Evolution hat es sich hervorragend als Tarnung und für den lautlosen Flug angepasst. Allein die Farbe ist ein Wunder der Spezialisierung: Dominiert wird sie von natürlichen Farbtönen, Schattierungen von Braun, Beige und Grau. Die dunklen Oberflächen der Federfahnen (das sind die gefiederten Teile) sind mit Melanin gesättigt, einem Pigment, das ihnen nicht nur zusätzlich Stärke und Härte verleiht, sondern sie auch widerstandsfähig gegen Abnutzung sowie gegen schädliche, Federn abbauende Bakterien und Parasiten macht.

Wenn dunkles Gefieder so viele Vorteile hat, stellt sich die Frage:

Warum sind Eulen nicht einfach einheitlich dunkel gefärbt? Die Antwort: weil die Herstellung dunkler Federteile mehr Material und Energie erfordert; unter anderem müssen dazu Mineralstoffe wie Calcium, Cadmium und Zink eingelagert werden. (Calcium aufzunehmen, ist für Eulen nicht einfach – sie verdauen die Knochen ihrer Beutetiere weniger effizient als andere Greifvögel.) Außerdem sind dunklere Federn schwerer. Die heller gefärbten Teile wiegen bis zu fünf Prozent weniger als benachbarte dunkle Abschnitte. Also sind Eulen sparsam mit der dunklen Färbung: Streifen und Punkte sind oben auf Flügeln und Rücken strategisch angeordnet, auf der Unterseite sowie am Bauch ist das Gefieder blasser. Manche Eulenarten, insbesondere Waldbewohner, tragen an der Vorderseite und den Spitzen der Flügel dunkle, farblich gesättigte Federn, die ihnen Widerstandskraft bei Zusammenstößen und gegen die Abnutzung beim Flug zwischen den Pflanzen verleihen. Schleiereulen und andere große Arten besitzen meist kräftigere Federschäfte und -rippen aus dunklem Material vor einem helleren, blasseren Hintergrund (dessen Wachstum weniger aufwendig ist). Kleinere Eulen dagegen haben schwächere Federschäfte, die durch eine dunklere, mit einem Muster aus hellen ovalen und runden Flecken versehene Federfahne verstärkt werden (auch dies um Energie und Gewicht zu sparen).

Wie andere Vögel, so erneuern auch Eulen bei der Mauser ihr Gefieder: Sie werfen regelmäßig Federn ab, die abgenutzt sind, weil sie im Flug aneinandergerieben haben, durch Zusammenstöße mit Zweigen oder Gras beschädigt wurden oder sich durch die enge Öffnung eines Hohlraums in einen Baum zwängen mussten. Besonders anfällig für die Abnutzung durch Nachbarfedern sind die heller gefärbten Teile der Federfahnen, die nicht durch dunkle Pigmente verstärkt werden. Bei der Mauser erneuert sich das Gefieder eines Vogels, sodass es in gutem Zustand bleibt und sowohl einen effizienten Flug als auch die Wärmeisolation ermöglicht.

Ganz allgemein besitzen Eulen mehr Federn als die meisten anderen Vögel. Vor nicht allzu langer Zeit zählte David Johnson mit einem Team von Freiwilligen jede einzelne Feder eines toten Virginiauhu-

Eine Schleiereule zeigt die Pigmentierung ihres Gefieders

weibchens – eine Arbeit, die 46 Arbeitsstunden erforderte. Sie gelangten zu einer Gesamtzahl von 12230 einzelnen Federn. Bei Adlern und anderen Greifvögeln sind es nur ungefähr halb so viele. Die Waldohreule hat ungefähr viermal so viele Federn wie andere, ähnlich große Vögel, die keine Eulen sind. Am dichtesten stehen die Federn meist rund um das Gesicht. Am Kopf der Eule, die Johnson untersuchte, fanden sich rund 32 Prozent aller Federn, insgesamt fast 4000 Stück; das waren mehr als an jedem anderen einzelnen Körperteil, aber sie machten nur rund sieben Prozent des Gesamtgewichts aller Federn aus. Unter den grauen, leichtgewichtigen Federn der

Gesichtsscheibe eines Virginiauhus stehen andere, die wunderschön orangegelb gefärbt sind. Jim Duncan vermutet, dass diese Eulenart früher farbenprächtiger war, und dann verlieh die Evolution aus Gründen der Tarnung allen frei liegenden Federn ein neutrales Grau, Braun oder Weiß. Bei manchen Eulen stehen rund um den Schnabel sogar borstenähnliche Federn, die als Tastrezeptoren dienen. Und manche, darunter die Schnee-Eulen, haben dicht mit Federn besetzte Füße.

Federn machen beim Fliegen oft kräftige Geräusche, und deshalb ist der lautlose Flug der Eulen umso bemerkenswerter. Einmal wurde ich Zeugin, wie ein Falkner einen frei fliegenden Falken vorführte. Wir waren eine Gruppe von ungefähr 30 Personen und sollten uns nebeneinander auf eine Wiese legen. Als sich unser Gekicher beruhigt hatte, stellte sich die Assistentin des Falkners mit einem Wüstenbussard auf dem Arm an eine Seite der in einer Reihe liegenden Menschen. Am anderen Ende stand der Falkner und sagte uns, wir sollten die Augen schließen. Als ich dort mit geschlossenen Augen und vor Erwartung klopfendem Herz im Gras lag, konnte ich mir leicht vorstellen, wie man sich als Beutetier fühlt: Man achtet auf jedes Geräusch, auf jeden Luftzug, jede Bewegung. Die Assistentin ließ den Vogel frei. Plötzlich hörte ich laut rauschende Flügelschläge, und einen Augenblick lang, während der Vogel tief über uns hinweg zum Falkner flog, spürte ich das Zischen der Flügel und die wirbelnde Luft.

Alle Vögel machen beim Fliegen ein Geräusch. Es entsteht durch den Luftzug am Körper des Vogels, durch die Luftwirbel hinter ihm, die Schallwellen erzeugen, durch die Luft, die sich durch die Schlitze zwischen den Federn zwängt, und durch die aneinanderreibenden Federn. Mit jedem Flügelschlag raschelt und flattert, pfeift, summt und zischt ein Vogel. Die Flügel trommeln und schnippen und klatschen. Eulen aber machen im Flug nur so leise Geräusche, dass sie unter der Hörschwelle eines Menschen bleiben. Im Labor stellte man Messungen mit einem Wüstenbussard und einem Turmfalken auf der einen Seite sowie einer Schleiereule und einem Uhu auf der anderen an; dabei zeigte sich, dass das Geräusch, das die beiden Eulen erzeugten,

Eine Schleiereule im Flug

in seiner Lautstärke um fünf bis zehn Dezibel unter dem der beiden anderen Vogelarten lag.

Der verstohlene Flug der Eulen ist eine biomechanische Tarnungsleistung, die Biologen und Ingenieure trotz jahrzehntelanger Studien immer noch vor Rätsel stellt; und er ist eine jener Fähigkeiten, die Eulen zu einer Meisterleistung der Evolution machen.

Wenn man »owl silent flight« googelt, findet man ein dramatisches Video eines Experiments, das im Rahmen der Fernsehsendung BBC Earth angestellt wurde; darin werden die Fluggeräusche einer Taube, eines Wanderfalken und einer Schleiereule verglichen. Alle drei Vögel wurden in Zeitlupe aufgenommen, während sie einen Flugweg nahmen, der mit sechs hochempfindlichen Mikrofonen ausgestattet war. Es ist ein gespenstisches Bild: Ein Vogel fliegt durch die Dunkelheit, und in der Schwärze über ihm schwebt ein Spektrogramm des dabei entstehenden Geräusches. Die Unterschiede sind dramatisch. Das Flattern von Taube und Falke zeigt sich im Spektrogramm in Form großer Lautstärkespitzen. Bei der Eule ist die Kurve flach.

Christopher Clark ist sich ziemlich sicher, dass der Clip in irgendeiner Form bearbeitet wurde. »Eulen machen beim Fliegen durchaus ein Geräusch«, sagt er.

Clark muss es wissen. Er leitet an der University of California in Riverside das Animal Aeroacoustics Lab, das sich mit den Geräuschen fliegender Tiere beschäftigt. Zusammen mit seiner Doktorandin Krista Le Piane stellte er selbst ein Experiment mit Schleiereulen an, die einen knappen halben Meter über einem Mikrofon hinwegflogen. Das Flattern der Eule wird dabei als niederfrequente Welle erkennbar; die Frequenz ist sehr niedrig, aber sie ist vorhanden. (Ganz schwach hört man auch einen höherfrequenten Geräuschbestandteil, der nach Clarks Vermutung von den Federn stammt.)

Dennoch hat die BBC nicht ganz unrecht. Eulen fliegen vielleicht nicht lautlos, aber doch nahezu. Zum Teil liegt es daran, dass die Tragflächenbelastung bei Eulen gering ist – ihre Flügel sind im Verhältnis zum Körper groß, sodass sie langsam und schwebend fliegen können; eine Schleiereule erreicht oft nur acht Stundenkilometer und ist damit viel leiser. (Eulen müssen langsam fliegen, um auf offenen Flächen ihre Beute zu verfolgen und in Wäldern zwischen Bäumen und anderen Hindernissen zu manövrieren.) Vor allem machen aber die großartigen, einzigartigen Flugfedern und der Körperbau die Eulen so leise.

Chris Clark ist fasziniert von Federn und insbesondere von der Frage, wie Vögel mit ihnen Geräusche erzeugen – oder wie sie bei den Eulen die Geräusche unterdrücken, die Federn von Natur aus produzieren. In jüngster Zeit hat er eingehend studiert, wie die Evolution der Eulenfedern dazu geführt hat, dass Geräusche gedämpft werden, sodass diese Vögel über eine so außerordentliche Begabung zur Heimlichkeit verfügen. Teilweise bestätigen seine Befunde, was wir schon wissen. Andere stellen unsere vermeintlichen Kenntnisse auf den Kopf und werfen faszinierende neue Rätsel auf.

Clark war schon als Kind ein begeisterter Vogelliebhaber; unter anderem fesselte ihn der akrobatische Flug des Annakolibris, den er als Teenager in der Baumschule der University of Washington in Seattle beobachten konnte. Seine Berufslaufbahn begann damit, dass er die Biomechanik des Vogelfluges studierte, insbesondere die dreidimensionalen Bewegungsabläufe beim Flug der Kolibris, mit denen diese winzigen Vögel in der Luft bleiben und die Flügel für den Vorwärtsflug einstellen.

»Für Geräusche habe ich mich damals nicht interessiert, und mir ist nie die Idee gekommen, dass die beim Fliegen entstehenden Geräusche wichtig sein könnten«, sagt er. Das änderte sich, als er den Annakolibri beobachtete. Am Balzverhalten dieser Vögel entdeckte Clark 2008 etwas Erstaunliches: Während der Vogel in atemberaubenden Manövern hinabstößt, um potenzielle Partnerinnen zu beeindrucken, singt er mit den Federn – oder er »zirpt mit dem Schwanz«, wie Clark in seiner Doktorarbeit schrieb. In dem Aufsatz wies er nach, dass das laute Zirpen, das ein Kolibrimännchen am tiefsten Punkt seines Sturzfluges erzeugt, wenn es sich unmittelbar über dem Weibchen befindet, im Gegensatz zu früheren Vermutungen keine Stimmäußerung ist, sondern ein seltsames, kreischendes, mechanisches Geräusch, das durch ein zeitlich genau abgestimmtes, schnelles Flattern spezialisierter Schwanzfedern entsteht. »Danach habe ich ungefähr zehn Jahre lang gemessen, wie die unterschiedliche Form der Federn verschiedener Kolibriarten sich auf die von ihnen erzeugten Geräusche auswirkt«, sagt er. »Ich habe mich gefragt: Wie erzeugen manche Vögel beim Fliegen zusätzliche Geräusche? Dabei ist mir der Gedanke gekommen, dass der lautlose Flug nur die andere Seite derselben Medaille und ebenso erfindungsreich ist.«

»Federn sind erstaunliche Strukturen und vermutlich einer der Gründe, warum die Vögel so unglaublich erfolgreich sind«, sagt er. »Das Keratin, aus dem die Federn bestehen, hält höhere Belastungen aus als Aluminium; das heißt, dass Federn sehr elastisch sind und sich in einem größeren Winkel verbiegen können, bevor sie ermüden oder andere Probleme auftreten.«

Federn haben aber auch Eigenschaften, die für einen heimlich jagenden Vogel ein Nachteil sein können. »Federn sind eigenständige Gebilde und voller Haken und Häkchen im Bruchteil eines Millimeters, das heißt, sie erzeugen beim Fliegen oftmals Reibungsgeräusche«, erklärt Clarke. »Wenn man zwei Schwanzfedern eines Rotschwanzbussards aneinanderreibt, hört man ein deutliches Reibungsgeräusch, als wenn man zwei Seiten eines Klettverschlusses auseinanderzieht oder mit Sandpapier über eine Oberfläche streicht.« Da die meisten Federn so geräuschvoll sind, erzeugen viele Vögel mit jedem Flügelschlag eine »akustische Signatur«, wie Clark es nennt – genau wie der Wanderfalke in dem BBC-Film und der Wüstenbussard, der über uns flog. Geier und Hornvögel machen sogar Geräusche, wenn sie sich im Gleitflug befinden. Eulen nicht.

SCHON 1934 IDENTIFIZIERTE der britische Pilot und Vogelliebhaber Robert Rule Graham drei Merkmale, die bei Eulen die Fluggeräusche dämpfen. Erstens beobachtete er den sogenannten Kamm, eine ungewöhnliche Reihe aus feinen, haarähnlichen Borsten, die sich an der Vorderkante der Flügel (das heißt da, wo die Luft auftrifft) nach vorn erstrecken. Ebenso bemerkte er einen Gürtel aus ausgefransten, faserigen Federrändern am Hinterende der Flügel und schließlich eine weiche, samtartige Schicht, die den ganzen Flügel bedeckte.

Graham hatte größtenteils recht. Diese drei Mechanismen sind entscheidend für den lautlosen Flug. Aber in den Jahrzehnten seit seinen Beobachtungen haben Heerscharen von Biologinnen und Ingenieuren seine Interpretationen verfeinert, die von ihm beschriebenen Merkmale der Flügel genauer analysiert und sogar mit von Eulen inspirierten Konstruktionen leisere Flugzeugtragflächen sowie Ventilator- und Windturbinenlamellen hergestellt.

Die Luftströmung über der Flügeloberfläche erzeugt bei den meisten Vögeln Turbulenzen, Luftwirbel, die Geräusche machen. Ein Team von Forschenden studierte den Kamm an der Flügelvorderseite von Schleiereulen und entdeckte etwas Interessantes: Wenn die Luftströmung auf die kammförmigen Zacken trifft, brechen diese die Turbulenzen und unterdrücken damit sehr wirksam das zischende Geräusch, das ich bei dem Wüstenbussard gehört hatte. Als ein Ingenieur sich mit der Zahl der »Zähne« im Kamm der Flügel eines Uhus beschäftigte, stellte er fest, dass sich mit der Anzahl, die er vorfand – elf Zähne pro Zentimeter –, Turbulenzen sehr effektiv vermindern lassen. Der Kamm dämpft auch die ansonsten lauten Strömungsgeräusche an der Flügelspitze, insbesondere kurz bevor die Eule landet oder im letzten Stadium eines Angriffs in den Sturzflug übergeht. Diese Eigenschaften sind vermutlich die Erklärung für die Befunde, die Ingenieure kürzlich in Experimenten mit fliegenden Boobookkäuzen gewannen: In Computersimulationen der Luftströmungen rund um die Flügel einer flatternden Eule stellte sich heraus, dass die Luft, die vom Flügel abprallt, nicht wie bei anderen, lauter fliegenden Vögeln »organisiert« ist, sondern »gebrochen« wird. Eine andere Arbeitsgruppe analysierte kürzlich die primären Flugfedern von Eulen und stellte dabei fest, dass sie weiche, elastische Spitzen besitzen, was Geräusche, die an einem Flügel mit steifer Kante entstehen könnten, ebenfalls dämpft.

Nach Chris Clarks Ansicht ist der lautlose Flug der Eulen allerdings vorwiegend auf die bemerkenswerte Fähigkeit zurückzuführen, die Reibungsgeräusche zwischen den Federn zu vermindern.

Wenn man zwei Eulenfedern aneinanderreibt, hört man nicht viel. Der Grund: Die Federn sind mit einer dünnen Schicht aus flauschigen Fasern bedeckt, den sogenannten Pennula, die den Schall schlucken und den Eulenflügeln die weiche, samtartige Oberfläche verleihen, die auch Graham beobachtet hatte. Beim Fliegen trennen die Flugfedern der Eule sich geringfügig voneinander, sodass die Luft über jede einzelne Feder strömt, wobei die Pennula eine Lücke zwischen Nachbarfedern bildet, weshalb anders als bei den meisten anderen Vögeln Reibung vermieden wird. Auch die zarten Ränder der Federfahnen an den Flügel- und Schwanzspitzen tragen dazu bei, Luftwirbel zu verhindern. Insgesamt machen die gezackte Kante, die Pennula und die faserigen Flügelspitzen jede Feder zu einer einzigen weichen Oberfläche ohne scharfe, geräuscherzeugende Ränder.

Aber nicht alle Eulen sind so flauschig und fliegen so lautlos. Die Hilfsmittel für den lautlosen Flug sind von Art zu Art unterschiedlich. Eulen, die wie der Gnomenzwergkauz bei der Jagd weniger auf das

Ein schwebender Bartkauz

Gehör angewiesen sind, machen im Flug mehr Geräusche. Die extremsten Eigenschaften, die einen lautlosen Flug ermöglichen, besitzt der Bartkauz. Er hat unter allen Eulen die dickste Samtschicht, einen der längsten Kämme an der Flügelvorderseite und möglicherweise die längsten Fransen an den Flügelfahnen.

Warum ist der Bartkauz ein solch »extremer Leiseflieger«?

Im Jahr 2022 stellten Chris Clark und der Bartkäuzexperte Jim Duncan ein kluges Experiment an. Es legt die Vermutung nahe, dass die Antwort in der Art liegt, wie diese Eule Jagd auf Mäuse unter dem Schnee macht.

Duncan war schon immer fasziniert davon gewesen, wie ein Bartkauz seine Beute unter bis zu 50 Zentimeter tiefem Schnee ausmachen kann. Kurz nachdem er in der kanadischen Provinz Manitoba mit seinen Studien an diesen Eulen begonnen hatte, fiel ihm etwas Ungewöhnliches auf: Die Bartkäuze wurden im Laufe des Winters immer dicker. »Der Winter ist in Manitoba kein Spaziergang«, sagt er. Viele Arten von Wildtieren haben um diese Jahreszeit zu leiden. In einem einzigen Winter kommen manchmal bis zu 40 Prozent des Bestandes an Weißwedelhirschen ums Leben. »Die Bartkäuze gehören anscheinend zu den wenigen Arten, die den Winter geradezu lieben. Deshalb hatte ich immer die naheliegende Frage im Kopf: Wie können sie im Schnee so erfolgreich auf die Jagd gehen?«

Clark und Duncan gingen in Manitoba der Frage nach, wie sich die Schneedecke auf die aufgezeichneten Geräusche von Wühlmäusen auswirkt, die darunter ihre Gänge graben. Dazu benutzten sie eine besondere akustische Kamera, die Geräusche in Bilder umsetzte.

Dass Schnee Geräusche aufnimmt und dämpft, weiß jeder, der schon einmal die Stille über einer schneebedeckten Landschaft erlebt hat. Aber wie die beiden Wissenschaftler mit ihrer Geräuschkamera entdeckten, schafft Schnee auch eine »akustische Fata Morgana«: Er lenkt Geräusche aus tieferen Schichten ab, sodass sie an einer anderen Stelle hörbar werden. Das Ganze ähnelt der Lichtbrechung im Wasser: Ein Fisch, den wir vom Boot aus in einem bestimmten Winkel sehen, befindet sich in Wirklichkeit nicht genau an dieser Stelle, weil das Wasser das Licht bricht. Schnee ist gefrorenes Wasser, und er bricht den Schall. Eine Eule kann den wirklichen Aufenthaltsort einer unter dem Schnee kriechenden Maus nur dann ausfindig machen, wenn sie direkt darüber schwebt. Genau das tut der Bartkauz. Die meisten Eulen fliegen unmittelbar auf ihre Beute zu. Wenn Bartkäuze aber in schneebedeckten Gebieten auf die Jagd gehen, fliegen sie zu einer Stelle über der Beute, schweben dort bis zu zehn Sekunden und stoßen dann geradewegs nach unten. (Mit der gleichen Taktik begegnen Fischadler und Eisvögel auch den Auswirkungen der Lichtbrechung im Wasser: Sie schweben unmittelbar über ihrem Ziel und stoßen dann hinab.)

Und welche Funktion haben die besonders dicke Samtschicht, der lange Kamm und die Federfahnenränder des Bartkauzes? Sie sorgen gezielt dafür, dass die Fluggeräusche, die beim Schweben entstehen, gedämpft werden.

Warum ist der lautlose Flug für Eulen so lebenswichtig? Vermeiden sie damit Geräusche, die sie stören würden, wenn sie selbst nach Beute lauschen – die »Eulenohrhypothese«, wie Clark sie nennt? Oder soll verhindert werden, dass eine Maus sich in Sicherheit bringt, wenn sie die Eule herannahen hört – die »Mausohrhypothese«? Mit anderen Worten: Müssen Eulen lautlos fliegen, damit sie die Beute im Flug aufgrund der Geräusche ausfindig machen können? Oder tarnen sie sich damit, damit sie unbemerkt in die Nähe der Beute kommen?

Clark hat einen Anhaltspunkt für die »Eulenohrhypothese« gefunden: Eulen mit einer großen Gesichtsscheibe haben auch die längsten Zacken an ihrem Kamm, was vermuten lässt, dass Arten, die bei der Lokalisierung von Beute stärker auf das Gehör angewiesen sind, auch leiser fliegen. Er wäre aber auch der Erste, der einräumt, dass die Eulenohr- und die Mausohrhypothese sich nicht gegenseitig ausschließen. »In der Wissenschaft formulieren wir Dinge gern als Gegensätze, aber in Wirklichkeit spielen wahrscheinlich beide Funktionen eine Rolle.«

Wie kann man herausfinden, ob sich der lautlose Flug in der Evolution der Eulen entwickelt hat, um das von ihnen selbst erzeugte Geräusch zu vermindern und ihre Beute besser zu hören, oder damit sie sich an diese Beute mit größerer Heimlichkeit anschleichen können, um sie dann schneller zu erledigen – oder, was am wahrscheinlichsten ist, ob beides stimmt? »Dazu muss man wissen, was eine Eule von ihrem eigenen Flug hört«, sagt Clark. Das ist die große Herausforderung: in den Kopf einer Eule zu blicken. »In welchem Umfang gehen sie in den Tarnmodus über und verändern ihre eigene Kinematik« – die Eigenschaften ihrer Bewegung –, »um leiser zu fliegen? In welchem Umfang verändern sie ihr Verhalten, wenn sie ihre Beute nur schwer hören können? Und was hört die Beute? Was hört eine Maus, wenn eine Eule auf sie herabstößt?«

Clark hat Ideen für eine ganze Reihe kluger Experimente im Kopf, mit denen er solche Fragen klären könnte. Er hat mit dem Gedanken gespielt, ein Mikrofon in einem kleinen Rucksack auf einer Eule anzubringen und aufzuzeichnen, was der Vogel hört, wenn er fliegt und jagt. »Aber ganz so weit ist die Technik noch nicht«, sagt er.

Ein paar Monate vor unserer Unterhaltung hatte Clark in einem Fachartikel gelesen, wie die Autoren auf Fleckenkäuzen kleine Datenaufzeichnungsgeräte angebracht hatten, um die von den Vögeln erzeugten Geräusche zu dokumentieren. »Ich war ganz aufgeregt und habe den Autoren in einer E-Mail geschrieben: ›Das ist ja toll! Das ist erstaunlich. Ich wusste nicht, dass es schon so kleine Datenaufzeichnungsgeräte gibt‹«, erinnert er sich. »Dann haben sie mir ein paar Aufzeichnungen geschickt, und das war wirklich enttäuschend. Die Qualität war entsetzlich. Man hört, wie der Fleckenkauz brüllt. Man hört, wie er nach irgendeinem Nagetier greift. Man hört den Todesschrei des Nagetiers. Aber die Empfindlichkeit der Mikrofone ist so gering, dass man nicht messen kann, welche Geräusche die Eule mit ihren Flügeln erzeugt, wenn sie fliegt.«

»Soweit ich weiß, ist die Technik einfach noch nicht so weit, dass wir tatsächlich messen könnten, was die Eule hört, wenn sie sich der Beute nähert«, sagt er. »Für dieses Experiment bräuchte man kleine Mikrofone in den Ohren der Eule, die aufzeichnen, was die Eule in Abhängigkeit von ihrer Flugmethode hört. Wenn man das weiß, kann man versuchen, die Fragen zu beantworten: Verändern die Eulen ihre Kinematik je nach den jeweiligen Geräuschen, um ihren Flug besser zu tarnen?«

Aufnahmen aus der Perspektive der Eule zu machen, ist nach Clarks Worten wirklich schwierig. Einfacher gestalten sich vielleicht Aufnahmen aus der Sicht der Beute. Daran arbeitet er jetzt mit Hausmäusen aus einer Tierhandlung. »Noch nie hat jemand ein Mikrofon neben eine Maus gestellt und aufgezeichnet, was das Tier akustisch erlebt, wenn es von einer Eule angegriffen wird«, sagt er. Das ist aber wichtig, um zwischen der »Eulenohr-« und der »Mausohrhypothese« zu unterscheiden. Aber auch diese Strategie steckt voller Probleme und ist ein gutes Beispiel dafür, welche Herausforderung solche Studien darstellen.

Clark hat mit der Methode seine Erfahrungen gemacht, und die sind nicht gut verlaufen.

»Draußen in der Wüste haben wir eine Freilandstation«, erklärt er. »Wüsten sind phänomenal stille Umgebungen, insbesondere im Herbst und Winter. Also bin ich im September hingegangen, habe eine Maus in einen Käfig gesetzt und ein Mikrofon danebengestellt. Dann habe ich einige trockene Blätter zu ihr in den Käfig gelegt. So macht man das, wenn man eine Eule fangen will, denn die Maus läuft im Käfig herum und macht ein Geräusch, das die Eule hören kann.« Anschließend rollte er neben dem Käfig seinen Schlafsack aus und legte sich hin. Um fünf Uhr morgens wachte er plötzlich auf und sah einen Virginiauhu unmittelbar neben sich sitzen, aber der Vogel bemerkte ihn und flog davon. »Als ich mir später die Tonaufzeichnung angehört habe, war nichts eingefangen außer der Maus, die durch trockenes Laub läuft«, sagt er. »Dieses wirklich laute Rascheln, und dann der Wumms, als die Eule auf die Falle traf. Aber die Maus selbst hat so viel Lärm gemacht, dass ich nicht aufzeichnen konnte, worum es mir eigentlich ging – die Fluggeräusche der Eule, wie die Maus sie vielleicht hört. Ich habe nur eine Maus gehört, die durch Laub lief.«

Wie lässt sich das Problem umgehen? Auf einem Golfplatz in der Nähe seines Hauses lockte Clark die Eulen, die sich dort regelmäßig herumtrieben, nicht mit einer echten Maus, sondern mit einem Lautsprecher, der die Geräusche einer im Laub raschelnden Maus abspielte. »Innerhalb einer Minute erschien eine Schleiereule und landete auf dem Baum unmittelbar über mir«, sagt er. Aber offensichtlich merkte der Vogel, dass etwas nicht stimmte. »Sie hat zwanzig Minuten dort gesessen und den Lautsprecher angestarrt. Irgendwann ist sie darüber hinweg und an dem Lautsprecher vorübergeflogen, und dann ist sie über dem hohen Gras geschwebt, als ob sie nach der Quelle der Geräusche suchen würde, und das nicht da, wo der Lautsprecher war, sondern dahinter.«

Clark vermutet, dass er die Lautstärke zu hoch eingestellt hatte. »Für die Eule klang es, als würde die größte Maus der Welt zwischen den größten Blättern der Welt herumlaufen.«

Aus einem anderen Blickwinkel beschäftigt sich Jim Duncan mit der Frage, was eine Eule hört. Er will herausfinden, wie die große Gesichtsscheibe von Eulen wie Percy Geräusche verstärkt. Dazu will er in den Ohren von Eulen – toten Eulen – winzige Mikrofone anbringen und dann quantitativ erfassen, welchen Verstärkereffekt die Gesichtsscheibe auf schwache Geräusche hat, die vom Erdboden ausgehen. Bisher hat er fünf Eulenköpfe in seiner Gefriertruhe, die meisten von Vögeln, die durch den Zusammenprall mit Autos ums Leben kamen. »Das hört sich grausig an«, sagt Duncan, aber es könnte faszinierendes neues Licht auf die Frage werfen, was eine Eule hört.

Dass diese Forschenden so gewaltige Anstrengungen auf sich nehmen, um zu hören, was eine Eule – und ihre Beute – hört, ist ein gutes Beispiel dafür, wie schwierig es ist, Eulen zu verstehen, und welche Hartnäckigkeit und Kreativität man braucht, um ihre Geheimnisse zu entschlüsseln.

3

Eulenkunde

Den scheuesten Vögeln der Welt auf der Spur

Eulenangeln

Eulen in freier Wildbahn zu studieren, ist schwierig, und das gerade aus den Gründen, aus denen wir sie lieben. Sie sind leise, argwöhnisch, scheu und oftmals kaum zu fassen. Sie sind Meister der Tarnung – gestreift wie Grashalme, gefleckt, gepunktet, gezeichnet wie Baumrinde oder hell wie Schnee. So täuschen sie die Augen ihrer natürlichen Feinde wie auch der Beutetiere. Sie sehen aus wie die Landschaft um sie herum und gehen in ihr auf, eine Strategie, die auch als Krypsis bezeichnet wird. Die Ponderosaeule trägt in ihrem Gefieder rötlich-orangefarbene Flecken, die ihre Umrisse undeutlicher machen, sodass sie fast nahtlos in die gefleckten Stämme der Gelbkiefern überzugehen scheint. Die Ohrbüschel mancher Arten verzerren die runde, leicht erkennbare Form eines Eulenkopfes und tragen dazu bei, dass er mit seiner Waldumgebung zu verschmelzen scheint. Die Ostkreischeule füllt die Baumhöhle aus, in der sie sitzt, sodass ihre braunen und grauen Federn vom umgebenden Baum kaum zu unterscheiden sind. Selbst ein großer Vogel wie der Bartkauz wird vor der Rinde einer Lärche nahezu unsichtbar und ist der Inbegriff der Zweideutigkeit. Um ihre Tarnung zu vervollständigen, verhalten Eulen sich auch wie der Teil eines Baumes oder Feldes, in dem sie sich verbergen: Sie halten vollkommen still und lassen lediglich ihre Ohrbüschel so im Wind wiegen, dass man sie für Zweige oder Gras halten könnte.

Zur Erforschung der Eulen musste man eine Reihe neuartiger Methoden erfinden, um die Untersuchungsobjekte überhaupt ausfindig zu machen. Man lauscht beispielsweise auf ihre Rufe und versucht, solche Lautäußerungen zu provozieren: Dazu rufen die Forschenden entweder selbst oder sie spielen mit Verstärkungsgeräten aufgezeichnete Revierrufe ab und warten auf Antwort. Eulen sind höchst revierbewusst, und wenn sie in der Nähe sind, antworten sie oft mit eigenen Schreien. Bei solchen Forschungsarbeiten ist es üblich, nicht zuerst die Rufe der größten Eulen abzuspielen. Große Eulen fressen kleine Eulen. Wenn man zu Beginn den donnernden Ruf eines Virginiauhus abspielt, verhalten die kleinen Eulen sich still. Also beginnen Forschende meist mit den Lautäußerungen kleinerer Arten. Und wenn sie nur eine einzige Spezies ausfindig machen wollen, spielen sie auch nur deren Revierrufe ab.

Auf diese Weise nach Eulen zu suchen, ist arbeitsintensiv und auch »ein wenig Kunst und ein wenig Wissenschaft«, so Jennifer Hartman, die mit ihrem Team an der Pazifikküste im Nordwesten der Vereinigten Staaten umfangreiche Übersichtsuntersuchungen an Fleckenkäuzen durchgeführt hat. »Man muss wirklich ganz genau hinhören. Manchmal ist die Eule weit entfernt, und man hört nur ein leises Rufen oder Pfeifen; dann markiert man die Stelle mit dem Kompass, und anschließend geht man an drei oder vier andere Stellen, um den Ort, an dem die Eule ruft, möglichst genau einzugrenzen«, sagt sie. »Es ist eine Art Geheimwissenschaft, und je öfter man es macht, desto besser wird man. Wenn wir das Glück hatten, eine Eule zu finden, hat mein Herz jedes Mal für einen Schlag ausgesetzt. Es war fast wie Magie. Ich mache das jetzt seit drei oder vier Jahren und habe Hunderte von Eulen gefunden, und doch war es für mich jedes Mal zauberhaft, wenn wir eine entdeckt haben, denn sie sind so gut getarnt und so scheu.«

Gut getarnt und scheu sind sie tatsächlich. Und manchmal auch untypisch leise. Hartmans Team hat sich jahrelang bemüht, die Nörd-

Nördlicher Fleckenkauz

lichen Fleckenkäuze genau zu zählen, und dabei ist ihr eine Schwäche der üblichen Bestandserhebung mit Lautäußerungen aufgefallen. Streifenkäuze sind in das Verbreitungsgebiet der Fleckenkäuze vorgedrungen, und seit die aggressiven Eindringlinge da sind, sind die Rufe der kleineren Eulen seltener geworden. Wenn die Fleckenkäuze Geräusche von sich gaben, wurden sie von den Streifenkäuzen angegriffen, und das manchmal mit tödlichen Folgen. Also blieben die kleineren Vögel still, und die traditionelle Methode, Nördliche Fleckenkäuze aufgrund ihrer Rufe zu finden, funktionierte nicht mehr. »Die Verwalter haben gesagt: ›Ach, wir hören sie nicht, also gibt es hier keine Fleckenkäuze mehr‹«, erklärt Hartman. »Aber wir wussten es besser. Ich hatte den Bestand mit der üblichen Methode ermittelt, bin die ganze Nacht zu bestimmten Aufenthaltsorten gefahren, habe von den Bergrücken aus aufgezeichnete Rufe abgespielt. Oft habe ich überhaupt nichts gehört. Aber dann habe ich auf den Wald hinuntergesehen und wusste, dass dort Eulen sind, die sich still verhalten. Wir brauchten einfach eine andere Methode, um sie zu finden.«

Also entschloss sich die Arbeitsgruppe, die Eulen mit einer neuen Technik ausfindig zu machen, dieses Mal mithilfe der Nase.

Hier kommt der Spürhund Max ins Spiel. Hartman trainierte den Treibhundmischling darauf, seine 250 Millionen Geruchszellen (mehr als das Zwanzigfache der Zahl, die wir besitzen) für eine ganz bestimmte Aufgabe einzusetzen: Er sollte die Gewölle finden, die Eulen an Sitz- oder Nistplätzen fallen lassen. Wie andere Spürhunde, so ließ auch Max sich gut durch Spiele motivieren. Sie bezeichneten es als »Suchverrücktheit«. Hartman trainierte den Hund so, dass er die Gewölle sowohl von Flecken- als auch von Bartkäuzen erschnupperte, und das Spiel diente ihr dabei als Belohnung. Der schlaue, feurige, mutige Max stürzte sich in die Arbeit wie eine Ente ins Wasser.

»Alle Kolleginnen und Kollegen haben gesagt: ›Versucht nicht, Eulen mit Hunden zu finden. Wir haben doch schon eine Methode, und sie funktioniert‹«, sagt Hartman. »Nur hat sie leider *nicht* funktioniert.«

Hartman und Max beteiligten sich an einer Studie und konnten zeigen, dass speziell ausgebildete Hunde die Eulen besser ausfindig machen als eine Bestandserhebung der Lautäußerungen, und das auch auf einer viel größeren Fläche. Fleckenkäuze wurden durch sechs Untersuchungen der Stimmäußerungen mit einer Wahrscheinlichkeit von 59 Prozent entdeckt. Nachdem der Hund dreimal gesucht hatte, waren es 87 Prozent.

»Es war eindeutig ein Gemeinschaftsunternehmen«, sagt Hartman. »Ich war in dem Team nur die zweite Beobachterin und habe Max mit meiner Freilanderfahrung in Gebiete geführt, die nach geeigneten Lebensräumen aussahen. Aber der erste Beobachter war Max.«

Hartman hatte in diesen Wäldern schon so viel Zeit zugebracht, dass sie sich hier wie in ihrem eigenen Garten fühlte. Aber als sie begann, mit Max zu arbeiten, sah sie Dinge, die ihr nie zuvor aufgefallen waren. »Er hat mich hier zu einer Feder und dort zu Exkrementen geführt«, sagt sie. »Er hatte diesen langen, buschigen Schwanz, und damit hat er gewedelt, es war so ein ganz leichtes Wedeln, wenn er einem Geruch auf der Spur war. Es war großartig, ihm bei der Arbeit zuzusehen und zu beobachten, wie gründlich er war, wie er sich mit den ganzen Gerüchen beschäftigt hat und ihnen nachgegangen ist. Es war, als wollte er sagen: ›Ich rieche, dass hier eine Menge los ist, und ich brauche nur einen Augenblick, um es einzuordnen.‹ Dann kam er zurück und hat gesagt: ›Das hier!‹, und hat sich ganz lässig neben das Gewölle gelegt.«

Eines Tages fand Max ausschließlich mit seiner Nase eine Familie von vier Eulen. Da wusste Hartman, dass es die richtige Methode war, um die Vögel ausfindig zu machen. Und sie war vollkommen unaufdringlich. »Wir mussten die Eulen nicht sehen und nicht zum Schreien veranlassen, und damit haben wir auch keine unerwünschte Aufmerksamkeit erregt.«

Hartman leitet jetzt eine Organisation namens Rogue Detection Teams, die es sich zur Aufgabe gemacht hat, Hunde aus Tierheimen rund um die ganze Welt für Bestandsaufnahmen empfindlicher Arten zu trainieren (ihr Motto: »Leinen los für den Naturschutz«). Das Aufspüren mit Hunden wird von manchen Forschenden als »Außenseitermethode« für die Suche nach Eulen bezeichnet, aber unter bestimmten Voraussetzungen ist sie höchst effizient. »Wenn man wirklich seltene Tiere finden will, von denen es nur ein paar Exemplare gibt, oder wenn man in kurzer Zeit mit einer begrenzten Zahl von Mitarbeitenden und begrenzten Finanzmitteln ein großes Gebiet abdecken will, kann ein Hund gute Arbeit leisten«, sagt Hartman. »In Fällen, in denen keine Mittel für eine große Menschenmannschaft zur Verfügung stehen, borgen wir uns sozusagen ihre Nasen aus.«

Die Difficult Bird Research Group, eine kleine Gruppe engagierter Forschender, die sich mit den am stärksten gefährdeten Arten Australiens befassen, hat sich kürzlich große Mühe gegeben, Tasmanische Neuhollandeulen zu finden. Diese Vögel sind sehr selten und leben im Verborgenen. Sie lassen sich an Orten nieder, an denen sie am wenigsten gestört werden, so in Hohlräumen an Meeresklippen, in Baumhöhlen oder in den noch verbliebenen alten Waldbeständen Tasmaniens; entsprechend schwer sind sie zu finden. Die Forschenden versuchten, mit aufgezeichneten Rufen eine Reaktion zu provozieren, aber damit hatten sie keinen Erfolg. Nicole Gill, die Spürhunde trainiert und als Freilandökologin mit der Arbeitsgruppe kooperiert, trainierte einen Springerspaniel-Bordercollie-Mischling namens Zorro darauf, Gewölle von Neuhollandeulen zu finden und die Forschenden zu den verborgenen Vögeln zu führen. Der »Sprollie« tut nach Gills Worten fast alles, wenn er mit einem Quietscheball belohnt wird. Da das Gewölle von anderen Vögeln, so beispielsweise von Keilschwanzadlern, ganz ähnlich aussieht wie das von Neuhollandeulen, hat Gill den Hund darauf trainiert, zwischen den Hinterlassenschaften der beiden Arten zu unterscheiden. »Zorro hat es wirklich schnell gelernt«, sagt sie. »Es hat nur Stunden oder eigentlich nur Minuten gedauert. Wenn er auf die Geruchsfahne des Gewölles stößt, verändert sich seine Körpersprache. Er wird sichtlich aufgeregt. Dann wedelt er schneller mit dem Schwanz, und man kann zusehen, wie er sich darauf konzentriert, die Geruchsquelle zu finden. Wenn er sie entdeckt hat, lässt er sich auf den Boden fallen, legt die Nase neben das Gewölle und starrt dich erwartungsvoll an, weil er seinen Ball haben will.«

Das Aufspüren mit Hunden mag eine nachgeordnete Methode sein, wenn man Eulen finden will. Aber die Vorstellung, dass ein Tier sich bemüht, ein anderes zu schützen, ist für mich bewegend und aufschlussreich zugleich. Dass es Max und Zorro regelmäßig gelingt, Eulen allein mit ihrem olfaktorischen Können zu finden, deutet in meinen Augen darauf hin, dass es in der Tierwelt viele Arten des Wissens gibt, die über unseren Horizont hinausgehen.

WENN MAN EULEN in einer weiten Landschaft finden will, eignen sich weder die Aufzeichnung von Lautäußerungen noch die schnuppernden Hunde. Wie also erforscht man die Eulen in einem riesigen Gebiet?

Ein Team von Forschenden, das im Naturschutz tätig war, wurde vor die Aufgabe gestellt, sich in der gesamten nördlichen Sierra Nevada einen Überblick über die Bestände an Streifen- und Fleckenkäuzen zu verschaffen. »Es schien, als wären wir damit überfordert«, sagt Connor Wood, ein Mitglied des Teams. »Wir haben uns gefragt, welche Logistik man dafür braucht, und dabei ist uns klar geworden, dass wir es mit den traditionellen Methoden unmöglich schaffen können.« Also entwickelte das Team ein System zur »passiven akustischen Überwachung«: Es baute auf Tausenden von Quadratmeilen des gebirgigen Geländes insgesamt 200 Tonaufzeichnungsgeräte auf und sammelte damit zwei Jahre lang die Rufe der Eulen.

Es war ein gewaltiges Unternehmen, aber das Ziel war dringlich. Streifenkäuze sind im Osten Nordamerikas heimisch, aber im Lauf der letzten 100 Jahre sind sie auch über die großen Ebenen gezogen und in die Wälder ganz im Westen des Kontinents eingewandert. Dort besiedelten sie mehr oder weniger das gesamte Verbreitungsgebiet der Nördlichen Fleckenkäuze und verdrängten damit diese geringfügig kleineren Vettern.

»Die beiden Arten können einfach nicht zusammenleben«, sagt Wood. »Ökologisch sind sie sich zu ähnlich, aber der Fleckenkauz zieht den Kürzeren: Streifenkäuze sind größer, aggressiver und in ihrer Ernährung vielseitiger – mit alledem sind sie in der Konkurrenz im Vorteil. Den Rückgang der Fleckenkäuze treiben auch andere Faktoren wie der Lebensraumverlust voran, aber die Streifenkäuze sind eine existenzielle Bedrohung.«

Mittlerweile wandern die Streifenkäuze auch nach Süden in die Sierra Nevada, das angestammte Verbreitungsgebiet des Kalifornienfleckenkauzes, der eng mit dem Nördlichen Fleckenkauz verwandt ist. »Und nichts deutet darauf hin, dass die Sache zwischen den Streifenkäuzen und den Kalifornienfleckenkäuzen anders ausgehen würde«, sagt Wood. »Für uns lautete deshalb die große Frage: Wie groß ist die Streifenkauzpopulation in der Sierra Nevada, wie schnell wächst sie, und welche Auswirkungen hat das auf die einheimischen Fleckenkäuze?«

Wood und seine Mitarbeitenden sammelten 200000 Stunden an Audioaufzeichnungen und analysierten sie. Wood hat so gut wie kein musikalisches Gehör, und es schien, als würde das die Analyse der

Eulenrufe noch schwieriger machen. Aber er hat eigene Hilfsmittel entwickelt, mit denen sein Team die Audioaufnahmen nach mutmaßlichen Lautäußerungen von Eulen durchsuchen kann, um sie dann manuell zu überprüfen. Die Verarbeitung dauerte nach seinen Worten pro Spezies bis zu 2000 Stunden, und viele weitere waren notwendig, um die Ergebnisse von Hand zu bestätigen oder zu verwerfen. Außerdem konnte er die Spektrogramme lesen, in denen die Rufe und Lieder der Vögel visuell wiedergegeben wurden. »Ich kann *sehen*, welche Dramen sich in den Audioaufzeichnungen abspielen. Wenn man sich mit den Spektrogrammen vertraut gemacht hat, kann man sie sich ansehen und die Vorgänge miterleben, die sich jede Nacht in einer ganzen Landschaft abspielen und in ihrer Gesamtheit das reale Umfeld der Eulen wiedergeben.«

Über das, was er in den Aufnahmen entdeckte, war Wood zutiefst überrascht: Erstens leben die Streifenkäuze in der Sierra Nevada immer noch in relativ geringer Dichte. Und zweitens stießen die Kalifornienfleckenkäuze dort, wo die großen Eulen anwesend waren, *mehr* Revierrufe aus – ganz im Gegensatz zu dem, was man im Nordwesten an der Pazifikküste festgestellt hatte.

»Grundsätzlich sind Streifenkäuze körperlich richtig aggressiv«, erklärt Wood. »Die Fleckenkäuze lernen sehr schnell: Wenn sie Laute von sich geben, ärgern sie die Streifenkäuze, und die zögern dann nicht, herabzustoßen und sie anzugreifen, um ihr Revier zu behaupten. Wenn die Streifenkäuze also in wirklich hoher Dichte vorhanden sind wie im Nordwesten an der Pazifikküste, verhalten sich die Fleckenkäuze still« – das haben wir bereits erfahren. Aber in der Sierra Nevada, wo die Dichte der Streifenkäuze noch gering ist, stießen Wood und sein Team auf das gegenteilige Verhalten. »Für mich lässt das darauf schließen, dass die Kalifornienfleckenkäuze noch kämpfen«, sagt er. »Die sagen ›nein, nein, das hier ist mein Revier, und ich werde es verteidigen‹. Das ist ziemlich toll und in gewisser Weise rührend.« Daraus ergeben sich aber auch wichtige Folgerungen für den Naturschutz, darunter die Strategie, Streifenkäuze aus der Sierra Nevada zu entfernen, um so die Fleckenkauzpopulation zu stützen.

»Eines finde ich besonders spannend«, sagt Wood. »Die ganze Information – in gewisser Weise die ganze Wahrheit über das Leben dieser Eulen – ist schon da, es steckt alles in den Audiodaten. Man muss nur an diese Wahrheit herankommen, indem man die richtigen Fragen stellt, dann können wir viele offene Fragen über diese Vögel beantworten.«

Aber in den abgelegensten Regionen der Erde, so in den alten Wäldern im Nordosten Asiens und Russlands, der Heimat des Riesenfischuhus, funktioniert auch die passive akustische Überwachung nicht. Dazu ist das Gelände zu unwegsam und zu schwer zugänglich. Also greifen Forschende auf andere Hightech-Überwachungsmethoden zurück: auf Satellitenbilder und Drohnen.

Der Riesenfischuhu ist die größte Eule der Welt. »Er ist so groß wie ein Feuerhydrant und hat eine Flügelspannweite von fast zwei Metern«, sagt Jonathan Slaght, Autor des ausgezeichneten Buches *Die Eulen des östlichen Eises* und einer der wenigen, die sich mit Riesenuhus beschäftigen. Stellen wir uns einmal einen Vogel von der Größe eines Feuerhydranten hoch oben in einem Baum vor. Die Vögel, so Slaght, sind auch komisch: Mit ihren schlaffen, zerzausten Ohrbüscheln und ihrer Gewohnheit, auf dem Erdboden vornübergebeugt zu laufen, wirken sie ein wenig exzentrisch. Aber sie ausfindig zu machen, ist ungeheuer schwierig. Sie sind selten und leben weit verstreut; das Verbreitungsgebiet reicht von den Waldgebieten im Osten der japanischen Insel Hokkaido bis zur Region Primorje in der schneebedeckten russischen Taiga und nach Norden bis in die Subarktis.

Im Gebiet Sichote-Alin im Norden von Primorje gingen Slaghts Kollegin Rada Surmach und ihre Mitarbeitenden der Frage nach, wie man die Eulen in einem Gebiet, das wegen des unwegsamen Geländes und tiefen Schnees nicht zugänglich ist, mit Drohnen ausfindig machen kann. »Es ist ein sehr, sehr urtümliches Gebiet«, sagt Rada, Doktorandin und Wissenschaftlerin am wissenschaftlichen Zentrum für Ostasiatische Terrestrische Biodiversität in Wladiwostok, die häufig mit ihrem Vater, dem Riesenuhuexperten Sergej Surmach, zusammenarbeitet. »Im hohen Norden, wo der Riesenuhu lebt, sind

Ein Riesenfischuhu

die Temperaturen sehr ungemütlich – in wirklich kalten Monaten bis zu minus 20 oder sogar minus 25 Grad«, sagt sie. »Es ist gebirgig. Es gibt keine Wege, und es ist körperlich anspruchsvoll. Um Flüsse zu überqueren, musst du auf einem Baumstamm balancieren, und unter dir ist eiskaltes Wasser.«

Um die Suche nach den Riesenuhus einzugrenzen, sieht Rada sich auf Satellitenbildern an, wo sich im Winter offene Wasserflächen befinden, die den Vögeln einen Lebensraum bieten könnten. »Die Riesenfischuhus nisten an Flüssen, wo das Wasser nicht gefriert«, erklärt sie. »Zuerst lokalisieren wir auf den Satellitenbildern die nicht gefrorenen Gebiete, und dann lassen wir eine Drohne hinfliegen und bestätigen, dass das Wasser dort auch an den kältesten Wintertagen nicht zugefroren ist.« Wenn man zu Fuß unterwegs ist, »kann man am

Fluss vielleicht 300 Meter entlanggehen, selbst wenn er zugefroren ist, die Drohne fliegt aber fünf Kilometer weit«. Die Sache hat allerdings ihre Haken. Die Flüsse fließen zwischen Hügeln hindurch, die das Signal der Drohne blockieren. »Überall sind Berge, Berge, Berge«, sagt sie. »Man kann die Drohne höher fliegen lassen, aber dann sieht man nicht mehr so gut – also entwickeln wir Geräte, mit denen wir die Signale verstärken können.«

Die Drohne ist auch nützlich, wenn man Nester überprüfen will. Wie Rada erklärt, nisten die Uhus in den Löchern an der Spitze abgebrochener Bäume und nutzen dann häufig denselben Baum immer und immer wieder. Aber herauszufinden, ob ein Nest gerade besetzt ist, ist schwierig. »Wir können einen dicken Stock nehmen und damit an den Baum schlagen und dann hoffen, dass der nistende Vogel aufgeschreckt wird. Aber wenn die Eule auf den Eiern sitzt, bewegt sie sich nicht. Oder man klettert zu dem Nest hinauf, aber das befindet sich oft in mindestens zehn Metern Höhe.«

Die Drohne macht diese anstrengende, gefährliche Arbeit überflüssig. »Schwupps, schon ist sie oben. Man kann das Nest aus der Entfernung überprüfen, und wenn nichts darin ist, zieht man weiter.« Ebenso entfällt damit das Problem, dass Menschen eine Duftspur zum Nest hinterlassen, der Bären oder andere Beutegreifer folgen können.

Als Nächstes wollen Rada und ihre Mitarbeitenden im Rahmen eines Gemeinschaftsprojekts mit der Wildlife Conservation Society und der Russischen Akademie der Wissenschaften eine neue Technik einsetzen, um auf der abgelegenen Insel Sachalin zwischen Japan und der Kamtschatka nach Riesenfischuhus zu suchen. Früher lebten solche Eulen auf der Insel, aber jetzt scheinen sie verschwunden zu sein. An ein paar Stellen traf man sie früher zuverlässig an, jetzt aber nicht mehr; gründlich hat allerdings noch nie jemand nachgesehen. Das Team hat vor, diesem Zustand mit Satellitenbildern und Drohnen ein Ende zu setzen; letztlich haben sich die Forschenden zum Ziel gesetzt, die Uhus dort wieder heimisch zu machen.

AUCH WENN WISSENSCHAFTLER die Eulen gefunden haben, bedarf es oft besonderer Kunstgriffe, um sie für eine Studie einzufangen. Eulen sind argwöhnisch, und Forschende müssen vielfach sehr erfindungsreich sein.

Um große, schwer greifbare australische Arten wie den Riesenkauz und die Rußeule einzufangen, entwickelten der Ornithologe Rod Kavanagh und seine Mitarbeitenden ein kompliziertes, hoch oben in den Bäumen angebrachtes System von Fallen. Mit Seilzügen zieht das Team die Netze sechs bis acht Meter in die Höhe. Dann baut es zwei Lautsprecher beiderseits des Netzes auf und spielt den Eulen abwechselnd von beiden Seiten die Rufe vor. »Die Eule fliegt hin und her, und wenn man Glück hat, trifft sie auf das Netz«, sagt der Eulenforscher Steve Debus, der die Methode bei Kläfferkäuzen verwendet hat. »Sobald das geschieht, lässt du das Netz fallen, und der Vogel ist gefangen. Wir mussten ganz schön viel herumprobieren, bevor das System funktioniert hat.«

Mit ähnlichen Schwierigkeiten hat der Biologe Dave Oleyar zu kämpfen, der in den Wäldern im Südwesten Nordamerikas kleine Eulen mit Netzen fängt. Um die Netze in der Nähe der Baumkronen aufzuspannen, benutzen er und sein Team die bis zu acht Meter langen Verlängerungsgriffe von Malerrollen. »Einige aus unserem Team spielen die Audioaufnahmen ab und bewegen sich dabei rund um unsere Netze hin und her, um so das Bild einer eingedrungenen, herumfliegenden Eule nachzuzeichnen. Dabei hoffen wir darauf, dass wir die echten Eulen ins Netz locken können«, sagt er. »Zu sehen oder zu hören, wie die Eulen auf unsere Bewegungen mit dem akustischen Köder reagieren, ist ein zauberhaftes Erlebnis. Eigentlich angeln wir im Dunkeln mit dem Geräusch nach Eulen, und die Vögel fliegen über unsere Netze und um unsere Netze herum und unter unseren Netzen hindurch. Aber hin und wieder haben wir Glück, und es klappt.«

Manche Forschende versuchen, Eulen mit echten Fischernetzen einzufangen, die an langen Stangen angebracht sind, oder sie verwenden Netze mit einem Federmechanismus, die dazu konstruiert sind, Vögel am Erdboden einzufangen. Manche benutzen auch Bal-Chatri-Fallen, was wörtlich so viel wie »Regenschirm eines Jungen« bedeutet – eine Abwandlung einer uralten Methode, die in Ostindien von Falknern entwickelt wurde. In alter Zeit benutzte man dazu einen Käfig aus gespaltenen Bambusstangen, in dem sich ein lebender Köder – eine Maus oder ein Vogel – befand, und Schlingen aus Pferdehaaren dienten dazu, die Füße des Vogels festzuhalten. Heute besteht der Käfig aus Maschendraht oder feinem Drahtgeflecht, und die Schlingen sind Nylonfäden, aber das Konstruktionsprinzip ist gleich geblieben.

»Das weiß jeder, der mit Vögeln arbeitet: Manche Fallen funktionieren bei bestimmten Arten, andere nicht«, sagt Jonathan Slaght. Mit dem Riesenfischuhu wollte Slaght einen Vogel einfangen, dessen man noch nie zuvor für wissenschaftliche Zwecke habhaft geworden war. »Wir wussten wirklich nicht, wie wir es anstellen sollen«, sagt er. Greifvogelspezialisten hatten verschiedene Möglichkeiten vorgeschlagen, aber keine funktionierte. »Das war ein Tiefpunkt in meinem Leben«, erinnert er sich. »Wir sind draußen im Wald und übernachten in einem Zelt. Die Eulen sind da, sie stoßen Rufe aus, wir bauen die Fallen auf. Aber sie gehen nicht hinein. Sie lassen sich einfach nicht fangen.« Wochenlang ging das so, bis Slaght auf die Idee kam, in dem Fluss, in dem die Eulen nach Fischen jagen, einen Käfig mit einem Beutetier aufzubauen. Eigentlich war es eine Gitterbox voller Fische, die im Wasser stand. »Nachdem die Eulen den Käfig entdeckt hatten, trieben sie sich in der Nähe herum und bewachten ihn eifersüchtig«, sagt er. Dann war es einfach, am Flussufer einen »Schlingenteppich« auszulegen und sie einzufangen, wenn sie zur Beute unterwegs waren. Man muss eben kreativ sein.

Manchmal sind Eulen sogar schlauer als die erfahrensten, erfindungsreichsten Fallensteller. Aber gerade darum geht es: Antworten auf die Frage, warum einzelne Eulen manchmal so schwer zu fangen sind, könnten wichtige Informationen liefern und etwas Entscheidendes über die Spezies aussagen.

Kaninchenkäuzen auf den Grund gehen

Es ist November, auf der Südhalbkugel steht der Sommer vor der Tür. Eine ganz andere Welt als im schneebedeckten nördlichen Primorje. Der Tag war lang, aber wir haben keine Eule gefangen. Unser kleines Team hat auf leeren Grundstücken rund um Jardim Oriental, einen Vorort der Stadt Maringá im Süden Brasiliens mit einem hohen Anteil an Grün, verteilt auf ein halbes Dutzend Stellen insgesamt zehn Fallen an den Bauten von Kaninchenkäuzen aufgebaut.

Ich bin hier, weil ich wissen will, wie David Johnson, einer der weltweit führenden Eulenexperten, im Freiland forscht. Die Sonne brennt. Der Boden ist rot. Wir alle sind in rötlichem Schweiß gebadet, haben wir doch in der Erde gegraben und besondere Fallen in den Eingängen der Bauten verkeilt. Mit dem Projekt soll der Stammbaum der Kaninchenkäuze genauer erforscht werden. Es steht im Rahmen von Johnsons umfassenderen Bestrebungen, alles nur Erdenkliche über diese charismatischen kleinen Eulen herauszufinden.

Ein Kaninchenkauz ist kaum mit irgendeiner anderen Art zu verwechseln. Es sind Vögel wie aus dem Comic: Sie sehen aus wie ein Kopf auf zwei langen stelzenartigen Beinen mit einem kurzen Schwanz. Der kompakte, ausdrucksvolle Kopf ist oft schräg gelegt oder so gedreht, dass es wirkt, als sei der Vogel neugierig oder wolle eine andere Perspektive einnehmen. Ihnen zuzusehen, macht Spaß: Sie sind natürliche Clowns und haben die Gewohnheit, auf und ab zu hüpfen, wenn man sie aufscheucht. Das schrieb schon James Bond in seinem Buch über die Vögel der westindischen Inseln. (Ja, dieser James Bond. Das Vorbild für Ian Flemings Agenten war Ornithologe und veröffentlichte 1936 ein Handbuch über die Vögel der Karibik.) Im Gegensatz zu einer verbreiteten Auffassung sind sie keine Tiere des Tages, sondern dämmerungs- und nachtaktive Jäger. Sie fressen Insekten, kleine Säugetiere, Reptilien, Amphibien und auch kleine Vögel. Tagsüber flie-

Kaninchenkäuze

gen sie langsam und in Wellen, aber nachts sind sie das Gegenstück zu den Turmfalken: schnelle, wendige Mörder.

Athene cunicularia, der lateinische Name dieser Eulen, bedeutet »Gräber« oder »Bergmann«. In der Regel nutzen Kaninchenkäuze fertige Bauten, die von Präriehunden, Murmeltieren, Stinktieren, Dachsen, Gürteltieren oder anderen Arten – sogar Schildkröten – gegraben wurden. Das erspart ihnen die Mühe, eigene Löcher anzulegen. Ebenso nutzen sie Einrichtungen, die von Menschen gemacht wurden, darunter Betonröhren, Abfallhaufen oder Öffnungen unter asphaltierten Straßen. Hier im Süden Brasiliens graben viele von ihnen jedoch auch eigene Bauten, wo der Boden es zulässt, und das ist an ihren geröteten Federn zu erkennen. Experten aus Museen untersuchten Kaninchenkauzbälge aus dieser Region, und dabei fiel ihnen die Verfärbung auf; sie nahmen an, es handele sich bei den Vögeln um eine rötliche Variante, die sich in der Pigmentierung ihres Gefieders von ihren nördlichen Verwandten unterschied. In Wirklichkeit waren sie einfach nur schmutzig. Auch meine Schuhe sind rostrot gefärbt, genau wie meine Finger und die Seiten meines Notizbuches.

Kaninchenkäuze bevorzugen offene Graslandschaften und Prärien, lassen sich aber auch im städtischen Umfeld auf kleinen Wiesen und grasbewachsenen Flächen nieder. In dieser Region Brasiliens mit ihrem fruchtbaren roten Boden hat sich ihre natürliche Umwelt in Weide- und Ackerland verwandelt, sodass die Eulen gezwungen waren, für das Brüten auch mit weniger angenehmen Umgebungen vorliebzunehmen. Hier in der Vorstadt nisten sie auf einem steilen, grasbewachsenen Ufer hinter einem Universitätsgebäude unter einem schmalen Fahrweg, der zu einer Grundschule mit lärmenden Kindern führt; auch auf mehreren freien Grundstücken in Jardim Oriental haben sie sich angesiedelt, obwohl dort Hunde, Motorräder, laute Musik, Rasenmäher und ein ununterbrochener Strom von Fußgängern und Autos ständig Unruhe verbreiten.

Mit anderen Worten: Sie sind allgegenwärtig. Dennoch ist es derzeit anscheinend unmöglich, sie zu fangen – sie sind misstrauisch und trotzen den üblichen Strategien, ihrer habhaft zu werden. Stattdessen sehen sie uns aus sicherer Entfernung zu: Entweder sitzen sie auf einem Zaunpfahl, auf dem ein Schild mit der Aufschrift ROCADA Werbung für ein Unternehmen zur Rodung von Land macht, oder auf einer kleinen Anhöhe in der Ecke des Grundstückes, von der aus sie uns argwöhnisch anstarren. Später, viel später, als wir in der warmen Nacht schließlich unsere Niederlage einsehen und die Fallen abbauen, verlassen sie ihre Beobachtungsposten und verschwinden in ihren fallenfreien Bauten, als wollten sie uns mit ihren Schnäbeln den hochgereckten Daumen zeigen.

DER SÜDOSTEN BRASILIENS ist eines der eulenreichsten Gebiete der Welt: Hier leben 17 der 26 Arten, die in dem Land vorkommen. Bei Johnson erkundige ich mich, warum gerade in dieser Region und in anderen Brennpunkten auf der ganzen Welt – Südasien, ein Teil von

Arizona und Mexiko, das mittlere und südliche Afrika, China – so viele Eulenarten zu Hause sind. Wie er mir erklärt, kommen dabei zwei Dinge zusammen.

»Diese Gebiete gehören zu denen, deren Umwelt während der längsten Zeit, nämlich seit Jahrmillionen, stabil ist«, sagt er. »Außerdem sind sie geografisch vielgestaltig und bieten unterschiedliche Lebensräume.« Vorwiegend handelt es sich um tropische Regionen, die nie vereist waren. »Eine Eiszeit löscht vieles aus und gestaltet die ganze Landschaft neu, und dann dauert es lange, bis sich so etwas wie Vielgestaltigkeit einstellt. Die Vögel stehen an der Spitze der Nahrungskette, und an der Spitze ist schon von Natur aus nicht viel Platz. Mehr Artenvielfalt ist nur möglich, wenn eine größere Vielfalt ökologischer Nischen zur Verfügung steht. Wegen dieser beiden Voraussetzungen – Stabilität von Klima und Landschaft auf der einen Seite und vielfältige Topografie auf der anderen – konnten die Eulen sich in solchen Regionen besonders gut auseinanderentwickeln.«

Der Südosten Brasiliens bietet ein breites Spektrum verschiedener Lebensräume, von sandigen Küstenebenen und Graslandschaften bis zum Wald am Atlantik (der von Artenvielfalt und vielen verschiedenen Lebensräumen strotzt: Hier leben rund 1000 Vogelarten, von denen viele in Brasilien endemisch sind). Dort gibt es Styxeulen und Brillenkäuze, Sprenkelkäuze und Schreieulen, Gelbbrauen- und Blassstirnkäuze sowie drei Arten von Kreischeulen, darunter die Langohrkreischeule, die man sonst nirgendwo auf der Welt findet; außerdem aber auch die Kaninchenkäuze, die zumindest in der Neuen Welt nahezu überall verbreitet sind.

Kaninchenkäuze kommen in 24 Ländern Amerikas vor, von Kanada bis Chile und von Barbados bis Mexiko. Die Spezies gliedert sich in 23 Unterarten, darunter zwei ausgestorbene. Mit seinem Projekt hier in Brasilien und in ganz Amerika will Johnson die derzeitige Systematik infrage stellen. Sind die Kaninchenkäuze tatsächlich eine einzige Spezies oder sollte man sie in mehrere Arten aufteilen? Wurden einige Unterarten vielleicht nur deshalb (wie früher die Schleiereulen) in einen Topf geworfen, weil sie gleich aussehen, und wäre es angemessen, sie in eigene Spezieskategorien einzuordnen? Gleicht ein Kaninchenkauz in Kanada wirklich genau seinem Vetter im Süden Brasiliens? Verbirgt sich unter den in ganz Amerika heimischen Kaninchenkauz-Unterarten irgendwo eine neue, echte Spezies?

Solche Fragen wollen Johnson und sein Team klären. Dazu sammeln sie Informationen über Verbreitungsgebiet und Verteilung aller 23 Unterarten und entnehmen »Stichproben«: Sie fangen von jeder lebenden Unterart mindestens 30 ausgewachsene Exemplare – 15 Männchen und 15 Weibchen –, stellen morphologische Messungen an und entnehmen Blutproben für DNA-Analysen. Wenn es um ausgestorbene Arten geht, nutzt Johnson Museumsexemplare, vermisst deren Bälge und entnimmt DNA aus den Zehenballen. Bei den lebenden Eulen zeichnet er auch von mindestens zehn männlichen Exemplaren jeder Unterart die Lautäußerungen auf. »Unter anderem kann man Arten aufgrund ihrer Rufe auseinanderhalten«, sagt er. Zwei Arten sehen unter Umständen gleich aus, hören sich aber ganz unterschiedlich an. Insgesamt hat er vor, von 2000 lebenden Eulen und Bälgen aus Museen nützliche Daten zu gewinnen.

Die Fragen, die Johnson beantworten möchte, mögen hergeholt erscheinen, aber sie gehen einer der größten Fragen der Eulenforschung auf den Grund. Ähnliche Fragen stellen sich für alle Eulen der Welt, für Kreischeulen ebenso wie für Zwergkäuze, Zwergohreulen, Sperbereulen, Boobookäuze oder Schleiereulen. Abgrenzungen zwischen Vögeln vorzunehmen, die sich nur geringfügig unterscheiden, ist unter Umständen schwierig. Wie viele Eulenarten gibt es wirklich auf der Welt? Wie unterscheiden wir eine Art von einer Unterart? Wie entwickeln sich die Eulenarten auseinander? Und was können wir von den Eulen lernen, wenn wir eine Spezies definieren wollen, diese grundlegende Einheit des Lebendigen? Die Systematik der Eulen ist schon seit Jahrhunderten ein Problem. Heute stehen neue, moderne Hilfsmittel zur Verfügung, darunter leistungsfähige Methoden zur Genomsequenzierung. Mit ihnen möchte Johnson die Rätsel rund um den Stammbaum der Kaninchenkäuze lüften. Aber dazu müssen wir hier in Maringá noch Dutzende von Eulen einfangen, und die machen uns die Sache nicht gerade leicht.

WENN ES DARUM GEHT, Kaninchenkäuze einzufangen, hat David Johnson mehr Erfahrung als irgendjemand sonst. Nach seiner eigenen Schätzung hat er weltweit schon rund 6000 Exemplare festgesetzt. Viele unserer Kenntnisse über diese Eulen stammen aus seiner Forschung. 15 Jahre lang hat er an der Pazifikküste im Nordwesten Nordamerikas eine Langzeitstudie an Kaninchenkäuzen geleitet und dabei ungewöhnliche, großartige neue Befunde über verschiedene Fragen gewonnen: wie diese Eulen sich ihre Partner aussuchen, ob sie ihre Lautäußerungen erben (indem sie sie von den Urgroßeltern zum Urenkel weitergeben), wie sie ihre Höhlen auswählen und ausschmücken, was sie fressen, wohin sie fliegen, wenn sie auf Wanderschaft gehen – alles in allem waren es etwa 16 verschiedene Aspekte im Zusammenhang mit Ökologie, Biologie und Schutz der Eulen. Im Laufe der Studie verfolgte er die Ergebnisse von über 660 Nistversuchen, und allein an einer Stelle fing er mehr als 2600 Eulen ein und beringte sie.

Wie viele Eulenexperten, so verliebte sich auch Johnson schon in jungen Jahren in diese Vögel. Als er mit elf Jahren allein am Blue Earth River im Süden von Minnesota zeltete, landete eine Ostkreischeule auf seinem Zweimannzelt. »Sie hat gut 20 Minuten lang gerufen«, erinnert er sich. »Ich habe drinnen gesessen, und die Eule war buchstäblich nur ein paar Zentimeter von meinem Gesicht entfernt.« Er konnte ihre Umrisse sehen und beobachtete durch die Zeltbahn, wie ihr Körper beim Schreien vibrierte. »Damals wusste ich nicht, was für eine Spezies es war«, sagt er, »aber sie hat mich sicher beeindruckt. Und dann ist mir klar geworden ... Die Eule hätte irgendwo in der Nähe auf einem Baum sitzen können, aber sie saß auf meinem Zelt. Darin habe ich eine besondere Botschaft gesehen.«

Johnson sagt gern, es gebe im Leben zwei wichtige Tage: den Tag, an dem wir geboren wurden, und den, an dem wir herausgefunden haben, warum. Heute leitet er das Global Owl Project, ein Konsortium von mehr als 450 Forschenden und Naturschutzbegeisterten, die in 66 Ländern an der Erforschung und dem Schutz der Eulen arbeiten. Er reist durch die ganze Welt, arbeitet mit anderen Forschenden zusammen, hält Vorträge, leitet junge Wissenschaftler und Doktorandinnen an; das ist auch ein Grund, warum er sich hier in Brasilien aufhält. Er war ein paar Tage nach einer mehr als 24-stündigen Reise aus den Vereinigten Staaten in Maringá eingetroffen; bei sich hatte er eine große Kiste mit Fallenzubehör. Was die Lokalisierung der Eulenbauten angeht, hatte Priscilla Esclarski bereits vorgearbeitet, die brasilianische Leiterin des Forschungsteams und eine von Johnsons Schützlingen. Esclarski und Gabriela Mendes, die ebenfalls zum Team gehört, hatten die Studie publik gemacht und öffentlich gefragt, ob jemand nistende Kaninchenkäuze gesehen hätte. Darauf erhielten sie eine Fülle von Antworten, sodass sie die Hinweise verfolgen und mehrere Bauten ausfindig machen konnten. Johnson ist hier, weil er ihnen Ratschläge für Strategien geben will, mit denen sie die Vögel einfangen und Daten sammeln können.

Sowohl Esclarski als auch Mendes sind zu dem Fachgebiet gekommen, weil sie sich schon seit Langem für *corujas* – das portugiesische Wort für Eulen – und für die Mythen und Glaubensüberzeugungen interessieren, die manche Menschen in Brasilien in diesem Zusammenhang haben. Esclarski berichtet, sie habe sich schon als Kind sehr für Vögel interessiert. Sie identifizierte sich mit den Eulen – den Vögeln der Nacht – und wollte mehr darüber wissen. »In meinem Leben hat es nicht ein so bemerkenswertes Ereignis gegeben wie bei David«, sagt sie, »aber ich wusste immer, dass ich für sie geboren bin (oder haben sie mich ausgesucht? Ich weiß es nicht!).« In einem ihrer ersten Forschungsprojekte zu Eulen beschäftigte sich Esclarski mit Folkloreelementen, Legenden, Liedern und Traditionen verschiedener indigener Kulturen Brasiliens, darunter die Quilombolas, eine Gruppe afrobrasilianischer Bewohner in den Siedlungen, die von den ersten entflohenen Sklaven im Land gegründet wurden. Später beteiligte sie sich an David Johnsons Global Owl Project und befragte Menschen aller Altersgruppen in allen Regionen des Landes, was sie von Eulen hielten. Mendes stieß im Rahmen ihrer Doktorarbeit zu Esclarski und dem Eulenprojekt. Die gemeinsame Arbeit führte sie in die Schulen ländlicher Gemeinden, und dort »haben die Kinder uns gesagt, ihre Eltern würden immer noch glauben, dass Eulen in den Familien Unheil anrichten«, sagt Mendes. »Sie haben Steine nach den Vögeln geworfen und sie sogar getötet. Sie hatten keinen Zugang zu Informationen. Sie haben die Eulen gehört und sich irgendwelche Dinge ausgemalt.«

Heute beschäftigt sich Mendes mit den Auswirkungen der städtischen Umgebung auf die Kaninchenkäuze, und Esclarski treibt im Rahmen des Projekts die Erforschung der brasilianischen Unterart voran. Beide wollen die Rätsel lüften, die diese Eulen umgeben, und die Öffentlichkeit über die Vögel aufklären. Dank der Vorbereitungsarbeiten sind die Nistplätze der Eulen relativ einfach zu finden. Nachdem wir die Bauten ausfindig gemacht haben, suchen wir nach Hinweisen, ob sie noch bewohnt sind – Gewölle und weiße Exkremente der Eulen, aber auch Fußspuren rund um die Stelle, die darauf schließen lassen, dass Junge im Nest sind. Außerdem verstreute Federn sowie Stückchen von Kunststoff, Stoff, Styropor, Schwämmen und Glas, mit denen die Männchen hier im städtischen Umfeld ihre Bauten verziert haben, manchmal auch verstümmelte Insekten, die der Familie als Futter willkommen waren.

Der männliche Kaninchenkauz hat die Aufgabe, Nahrung zum Bau zu bringen und das Weibchen zu füttern. Sie mag frisches Futter, und deshalb, so Johnson, tötet das Männchen die Insekten nicht, sondern macht sie nur bewegungsunfähig. (Nagetiere lässt der Vogel nicht am Leben, denn die würden weglaufen.) Er bringt Spinnen, Motten und andere Insekten mit und lässt sie in einem Umkreis von 30 Zentimetern um den Eingang des Baues liegen. »Wenn man nachts zum Nistplatz geht, sieht man die Augen der vielen Insekten und Spinnen glänzen«, sagt Johnson. An einem Nest fand er 32 Wolfsspinnen. (»Der Bursche hat sich auf Wolfsspinnen spezialisiert.«) Die Insekten und Spinnen leben noch, können aber nicht fliehen. »Woher wissen die Eulen, wie man das macht?«, fragt er sich selbst. »Das Männchen geht los, fängt irgendetwas, verstümmelt es, bringt es zurück, lässt es fallen und macht sich dann auf, um noch eines zu holen. Das ist schon eindrucksvoll.«

Wenn wir die Bauten finden, bringen wir die von Johnson selbst konstruierten Fallen an. Es sind schwarze, rechteckige Kästen aus Maschendraht, 45 Zentimeter lang und 15 Zentimeter hoch, mit drehbaren Klappen an beiden Schmalseiten. Außerhalb der Falle stellt er ungefähr 50 Zentimeter vom Eingang des Baues entfernt ein kleines Tonaufzeichnungsgerät auf, mit dem er die Lautäußerungen der Eulen einfangen will. Und ins Innere der Falle stellt er einen MP3-Player, der leise den aufgezeichneten Revierruf eines jungen männlichen Kaninchenkauzes aus Oregon abspielt.

Das ist die Geheimwaffe, mit der Johnson diese Eulen einfängt. Wie er die Methode entdeckt hat? Es ist eine bemerkenswerte Geschichte der Eulenforschung und des Versuchs, die Vorgänge im Geist einer Eule zu ergründen.

Das Ganze beginnt in einem Waffendepot der US-Armee – eigentlich nicht der Ort, den man für eine Eulenzuflucht halten würde. Die Geschichte hat einen Hintergrund, der uns zeigt, wie eng Tiergesellschaften, zu denen auch Eulen gehören, aneinander gebunden sind. Zieht man einen einzelnen Faden heraus, zerfällt unter Umständen das ganze Gewebe.

Im Jahr 2007 rief jemand von der Armee bei Johnson an und fragte, ob er bei einem Problem helfen könne. Schauplatz war das Umatilla Army Depot, ein altes Lager für chemische Waffen in einem offenen, 68 Quadratkilometer großen Gelände an der Grenze zwischen den Bundesstaaten Washington und Oregon. »In dem Depot lag ein beträchtlicher Teil aller tödlichen chemischen Waffen unseres Landes, unter anderem auch Sarin und Senfgas«, sagt Johnson. Die Waffen waren in rund 200 igluförmigen Betonbunkern untergebracht. Nachdem die Vereinigten Staaten sich 1997 zusammen mit 192 weiteren Staaten in einem Vertrag verpflichtet hatten, ihre chemischen Waffen zu vernichten, baute die Armee einen Verbrennungsofen und ließ ihn zehn Jahre lang rund um die Uhr laufen, um mehr als 3700 Tonnen

Waffen zu zerstören. Im Jahr 2012 wurde das Depot schließlich aufgegeben. Geblieben waren nur die leeren Betoniglus, die der ganzen Einrichtung das Flair einer verlassenen Mondkolonie gaben.

Schon bevor die Waffen zerstört waren, hatte sich in dem Depot unter ökologischen Gesichtspunkten etwas Interessantes ereignet. Das Fischerei- und Naturschutzministerium von Oregon hatte 1969 insgesamt 14 Gabelantilopen auf dem Gelände angesiedelt, ein dominantes Männchen mit einem Harem von 13 Weibchen. In der Folge ereignete sich eine unangenehme Überraschung. Die Population wuchs schnell auf 200 oder 250 Tiere an, aber dann brach sie plötzlich zusammen. Der Grund? »Die Tiere lebten auf einer eingezäunten Fläche, sodass es zu Übervölkerung und Inzucht kam«, sagt Johnson. »Wegen der Inzucht verloren sie ihre genetische Vielfalt, und die Herde zerfiel.«

Die Verwalter der Einrichtung teilten diese Ansicht nicht. Sie machten Kojoten für den Zusammenbruch der Bestände verantwortlich. »Die haben gesagt: ›Nein, die Kojoten holen sich die Jungtiere, also müssen wir ein Programm zur Kontrolle der Kojotenbestände einführen‹«, erzählt Johnson. Als sie den Kojoten Fallen stellten, fingen sie als Beifang auch die auf dem Gelände lebenden Dachse. »Sie haben sich auf die Dachse eingeschossen, die Dachsbauten beseitigt, und der Mangel an Bauten hat dazu geführt, dass die Zahl der Kaninchenkäuze zurückging, denn die haben darin genistet.« Das wiederum war problematisch, weil die Eulen auf dem Gelände des Depots die Nagetierpopulation in Grenzen hielten.

Als es so weit war, zog man Johnson hinzu. »Die haben mich angerufen und gesagt: ›David, wir verlieren unsere Kaninchenkäuze – was können wir dagegen tun?‹«

Johnson hatte eine Lösung: Zusammen mit seinem Team baute er 2008 insgesamt neun künstliche Bauten, die so konstruiert waren, dass sie einerseits natürlichen Eulenbauten ähnelten, andererseits aber auch für die Forschenden zugänglich waren. Als Nistkammern benutzten sie halbierte 200-Liter-Fässer mit einem Deckel, den die Forschenden abnehmen und sich so Zugang zum Nest verschaffen konnten. Statt der zum Nest führenden Tunnel brachten sie PVC-Röhren mit 15 Zentimetern Durchmesser an, die mit einer Länge von drei Metern den natürlichen Zugängen zu den Bauten ähnelten. Die Eingänge wurden mit Steinen vor Hunden und Kojoten geschützt. Am Ende hatte Johnson 96 solche künstlichen Eulenbauten installiert.

Die Eulen bezogen ihre neuen Wohnungen sofort. Bevor die künstlichen Bauten aufgestellt wurden, hatten hier nur drei oder vier Eulenpaare genistet. Drei Jahre nachdem die künstlichen Höhlen aufgebaut waren, zählte man bereits neun Paare, im folgenden Jahr waren es 32 und dann 61; 2021 erreichte der Bestand schließlich mit 65 Paaren seinen Höhepunkt, und aus manchen Nestern gingen bis zu zehn Jungvögel hervor. Eine wahrhaft beeindruckende Zunahme. »Das Haus war wirklich voll«, sagt Johnson. »Insgesamt hatten wir in diesem Jahr 358 Jungvögel, alle gesund, glücklich und robust.«

Johnson war begeistert. Ihm war von Anfang an klar gewesen, dass sich hier eine maßgeschneiderte Gelegenheit für eine Langzeituntersuchung an einer nennenswerten Kaninchenkauzpopulation bot. »Ich habe begriffen, dass wir diese Eulen beringen und Geolokatoren an ihnen anbringen konnten, um mehr über ihre Partnerwahl, Ernährung, Verbreitung, Wanderungswege, Auswahl bestimmter Bauten und vieles andere zu erfahren«, sagt er. Hier bot sich die Möglichkeit, die Vögel individuell kennenzulernen und Veränderungen der Eulenpopulation über Generationen hinweg zu studieren.

Aber es bedeutete auch, dass er jede Eule einzeln einfangen musste.

Zu der Zeit, als Johnson in Umatilla mit seiner Studie begann, war die wichtigste Methode zum Einfangen von Kaninchenkäuzen eine Kastenfalle aus Edelstahl, Drahtgeflecht und Sackleinen. »Und die Leute haben mir gesagt, mit dieser Strategie könnte ich bis zu 70 Prozent der Weibchen und 30 Prozent der Männchen einfangen«, berichtet er. »Ich habe gedacht: Das ist ja ganz gut. Aber ich will nicht *ein paar* Eulen fangen, ich will *alle* Eulen fangen. Ich möchte in dem Untersuchungsgebiet jede Eule einmal im Jahr fangen. Und an jeder

Kaninchenkauz-Nachwuchs in einem künstlichen Bau im Armeedepot von Umatilla

Stelle, die ich im Rahmen meines Global Owl Project aufsuche, möchte ich die Leute ausbilden, damit sie alle Eulen fangen können.«

Johnson wandelte die Falle ab, strich sie schwarz und stattete sie mit einer leichteren Tür aus Drahtgeflecht aus, sodass sie eher wie ein verlängerter Tunnel aussah und für die Eulen weniger gut zu sehen war. Zusätzlich benutzte er ein Vogelnetz mit einer kleinen, solargetriebenen Heuschrecke oder Küchenschabe, mit dem er die Eulen auch tagsüber einfangen konnte. »Sie haben kleine dünne Beine und summen, wenn sie herumlaufen. Ich habe sie oben auf den Käfig gesetzt, und sie machen einfach *bssss*; das funktioniert hervorragend, wenn die Eulen es sehen können.« Nachts legte er eine tote Maus oder eine Mausattrappe in den Käfig und dazu einen kleinen MP3-Player, der Mäusegeräusche abspielte. Mit den beiden Fallen konnte er die Eulenweibchen und ungefähr 95 Prozent der Männchen fangen. »Aber ich habe immer noch nicht alle gekriegt«, sagt er. »Die alten

Hasen, die wirklich guten Jäger, sind über mein Netz hinweggeflogen und haben gesagt: ›Dankeschön, David, aber allein kann ich es besser. Ich kann Rattenkängurus fangen. Ich muss mich nicht mit einer kleinen Maus abgeben. Ich weiß, dass es ein Spiel ist, und ich spiele nicht mit.‹«

Wie konnte er diese wenigen letzten, schlauen alten Vögel einfangen?

Die Antwort kam mit einem Geistesblitz aus einer unerwarteten Richtung: von den Wanderungsgewohnheiten der Eulen. Um zu verstehen, wie die Vögel wandern, musste Johnson an mehreren Männchen und Weibchen Geolokatoren anbringen. Schon das war eine große Leistung.

Ein Geolokator ist ein winziges Datenaufzeichnungsgerät mit einem Sender und eignet sich großartig dafür, mehrmals am Tag den Standort einer Eule aufzuzeichnen. Damit erhält man eine Fülle von Daten über ihre Aktivität, über Ort und Zeit ihrer Ruhepausen, über Bewegungen, Jagd und Wanderungen. Aber die Geräte sind kostspielig, und manche von ihnen übertragen zwar die Daten an einen Satelliten oder eine Empfangsstation – beispielsweise einen Handymast –, aber andere erfordern, dass man den Vogel wieder einfängt und die Information herunterlädt, und das kann ein Glücksspiel werden. Außerdem finden die Eulen manchmal einfallsreiche Methoden, um das teure Gepäck loszuwerden.

Johnson experimentierte mit verschiedenen Methoden, um einen Sender wie einen kleinen Rucksack so auf dem Rücken eines Kaninchenkauzes zu befestigen, dass er möglichst leicht und wenig sperrig war. »Bei Wanderfalken hat man nylonbeschichtete Edelstahlkabel mit einer Zugkraft von 20 Kilo verwendet«, sagt er. »Also habe ich gedacht, na gut, die Eulen sind härter im Nehmen, also verdoppeln wir das.« Er benutzte Kabel, die 40 Kilo aushalten. »Die Hälfte der Eulen hat es durchgebissen«, sagt er, »die haben das Edelstahlkabel einfach durchgebissen. Da habe ich gedacht: Wow, da hast du Lehrgeld bezahlt.« Er zeigt mir ein Video von der Fluchtaktion. »Hier hilft ein Männchen dem Weibchen, das Kabel durchzubeißen«, erklärt er.

»Und hier lässt sie das Kabel vom Bein abfallen. Die machen es in Teamarbeit – ich brauche eine Pause!« Eine solche gemeinsame »Rettung« wurde auch bei Flötenkrähenstaren dokumentiert und gilt als altruistisches Verhalten: Ein Individuum hilft einem anderen, ohne dafür sofort eine greifbare Belohnung zu erhalten. Ein bemerkenswertes Benehmen, aber einen Wissenschaftler kann es zur Verzweiflung bringen. Schließlich fand Johnson ein widerstandsfähiges Material, das in der Medizin für Nähte verwendet wird. Seither hat kein einziger Vogel mehr seinen Rucksack abgelegt.

Aber die Mühe hat sich gelohnt. Wie sich durch die Geolokatoren zeigte, wandern nur Kaninchenkauzweibchen aus der Region im Winter nach Süden. Sie begeben sich an einen sicheren Ort mit reichlicher Nahrungsversorgung, wo sie Gewicht ansetzen können und die Voraussetzungen für die Eiablage schaffen. Die Männchen dagegen bleiben an Ort und Stelle oder begeben sich in eine nicht weit entfernte Region weiter nördlich.

Sie fliegen im Winter nach *Norden*?

Anfangs glaubte Johnson, mit seinen Daten stimme etwas nicht. Warum sollten sich die Männchen dazu entschließen, in einem kalten Gebiet mit knapper Nahrung zu überwintern? Ihm wurde klar, dass es dafür nur einen Grund geben kann: »Sie wollen als Erste wieder bei ihren Bauten sein! Sie verfolgen die Strategie: ›Wenn ich im Norden überlebe, bin ich als Erster zurück. Und wenn ich als Erster zurück bin, kann ich mir den besten Bau und das beste Revier reservieren.‹ Für ein Männchen lohnt es sich, wegen der Immobilie das Leben aufs Spiel zu setzen.«

Nachdem Johnson begriffen hatte, wie wichtig die Brutstätten für männliche Eulen sind, wurde ihm auch klar, dass er noch den schlauesten Vogel in die Falle locken konnte, wenn er ihn glauben machte, ein Rivale sei in seinen geliebten Bau eingedrungen. Als akustischen Köder verwendet Johnson den Ruf eines untergewichtigen, elf Monate alten Männchens, »eines Halbwüchsigen«, wie er es nennt. »Ich möchte nicht, dass es sich nach dem Ruf eines dominanten Konkurrenten anhört, sondern nur wie ein vorwitziger Eindringling, den man leicht wieder vertreiben kann.« Wenn der Eindringling sich nicht zeigt, lässt der Eigentümer des Baues in der Regel seine eigenen Revierrufe hören, die dann von den Aufzeichnungsgeräten erfasst werden. Locken seine Rufe den Phantomeindringling nicht ins Freie, läuft das Männchen ihm hinterher. »Und bums! Schon habe ich ihn«, sagt Johnson.

»Am längsten dauert es, bis die scheuen jungen Männchen in die Falle gehen, denn die sind nicht so kühn, einem Eindringling nachzustellen«, sagt Johnson. »Sie treiben sich einfach außerhalb des Baues herum und reden darüber. Sie stolzieren herum und rufen. Von solchen Burschen habe ich tolle Aufzeichnungen. Wenn ich eine Stunde weggehe und dann den Recorder abhöre, finde ich fünf- oder sechshundert Revierrufe. Wenn die Burschen dann älter werden, wenn sie fünf, sechs, sieben, acht Jahre alt sind, nehmen sie sich nicht mehr die Zeit, darüber zu reden. Dann bekomme ich sechs Rufe, und sie machen meine Geräte kaputt. Sie treten mit dem Fuß dagegen. Sie laufen herum, treten darauf, springen darauf oder greifen die tote Katze an (den Windschutz über dem Mikrofon), greifen danach, stoßen es weg. Sie wissen, worum es geht, und spielen verrückt. Der Recorder zeichnet das Rauschen vom Sandregen auf, wenn sie ihn aufwirbeln. Dann gehen sie in den Bau und sehen nach, wer darin ist, und ich habe sie.«

Bei seinen Versuchen, Kaninchenkäuze in Oregon mit dieser Methode einzufangen, erzielt Johnson eine Erfolgsquote von fast 100 Prozent. »Entscheidend ist, dass man sich in sie hineinversetzt und sich fragt, was sie motiviert«, sagt er. »Wenn du das machst, gehören sie dir.«

Heute braucht Johnson im Durchschnitt noch 20 Minuten, um ein Männchen zu erwischen. Sein Rekord liegt bei 45 Sekunden. Aber so etwas gelingt ihm in dem Militärdepot in Oregon. Hier in Maringá, 10000 Kilometer weiter südöstlich, bleiben die Fallen leer, obwohl MP3-Player die Revierrufe eines schwächlichen männlichen Kaninchenkauzes von der nordamerikanischen Nordwestküste abspielen.

Warum lassen sich diese Vögel mit den üblichen Kunstgriffen, mit den Rufen der im Norden aufgezeichneten Männchen, nicht anlocken?

Eigentlich sollten sie in ihre Bauten kriechen und sie verteidigen. Jedenfalls wenn es sich um dieselbe Spezies handelt. Aber ist das der Fall?

Im Auto warten wir stundenlang auf die Eulen, die auf unsere List hereinfallen sollen. Die Vögel schlagen alle Richtungen ein, nur nicht die Richtung, in der die Fallen stehen. Sie treiben sich rund um die Eingänge ihrer Bauten herum, sitzen auf Büschen und Zaunpfählen in der Nähe, fliegen kurze Strecken in niedriger Höhe von einem Aussichtsposten zum anderen oder stehen keck aufrecht mitten in ihrem Revier und beobachten uns genau. Wir sehen zu, wie ein Weibchen unter der Falle in ihren Bau kriecht, um drinnen zu den Jungen zu kommen. Wir steigen aus, gehen auf dem roten, unebenen Boden um die Vögel herum, vermeiden Blickkontakt und versuchen, sie in ihre

Zwei Kaninchenkäuze in einer Falle

Baue zu scheuchen. »Sie beobachten unsere Augen«, sagt Johnson. »Wenn man eine Sonnenbrille aufsetzt, verlieren sie schlicht und einfach das Interesse. Augen und Blickkontakt sind entscheidend dafür, wie sie Gefahren beurteilen.«

Dann endlich ist es so weit! Ein leuchtend gelbes Augenpaar glimmt in der Dunkelheit einer Falle wie zwei kleine Willkommensscheinwerfer. Endlich haben wir einen Vogel gefangen – ein bescheidener Start für unsere Sammlung von Anhaltspunkten. Diese Falle haben wir in einem Bau auf einem leeren Grundstück neben einer lauten Straße aufgebaut, und auch aus einem Gebäude gegenüber dringt laute, hämmernde Musik. Wie die Eulen so viel menschliche Aktivität ertragen, kann man kaum begreifen. Das Männchen und das Weibchen wirken misstrauisch; nebeneinander halten sie vor dem Eingang des Baues Wache. Als Johnson näher kommt, verschwindet das Weibchen in dem Tunnel und der Falle. Sie ist gefangen.

Ich erhalte den Auftrag, die Falle mit einer Taschenlampe zu untersuchen. Als ich mich niederkauere, sehe ich die Augen im Dunkeln leuchten und winke Johnson aufgeregt herbei. Er kommt zu mir, greift mit einer Hand in die Falle, hält die zarte Eule fest, dreht sie mit dem Gesicht nach unten und zieht sie heraus. Dann wiegt er sie sanft und zärtlich in den Armen wie ein Baby. Sie kreischt, strampelt und fixiert Johnson mit wütendem Blick.

Im brasilianischen Teil der Studie ist dieses stämmige Weibchen der Kaninchenkauz Nummer 1. Dass es sich um ein Weibchen handelt, weiß Johnson: Sie ist größer und dunkler als ein männlicher Artgenosse. In der Nistsaison bleicht das Gefieder der Männchen in der Sonne aus, während sie vor dem Nest Wache halten.

Hinter Esclarskis Auto haben wir auf umgedrehten Plastikeimern und Pappkisten die Behandlungsstation aufgebaut. Die Teamangehörigen – Johnson, Esclarski, Mendes und zwei weitere Helfer namens Thaís Rafaelli und Vinícius Bonassoli – arbeiten schnell: Sie fotografieren die Eule, messen mit Messschiebern die Krallen am großen Zeh und ermitteln die Länge, Fläche und Spannweite der Flügel, während die Eule laute Klappergeräusche von sich gibt. Anschließend wird der

Umriss beider Flügel nacheinander auf einem weißen Blatt Papier so aufgezeichnet, als würde sie fliegen.

Alles in allem nehmen die Forschenden an Rumpf und Flügeln 25 verschiedene Messungen vor. Es ist eine heikle Arbeit: Man kann dabei keine Handschuhe tragen, und Johnsons Finger bleiben immer wieder zwischen den scharfen kleinen Krallen des Vogels stecken, die dazu gebaut sind, in der Luft nach Beute zu greifen. Er zieht die Eule hoch und untersucht sie genau. »Wow«, sagt er, »du hast ja eine breite Brust.« Ihr Brutfleck, der nackte Hautabschnitt, der die Eier wärmt, ist riesig und reicht bis zum Kinn. Allerdings wachsen die Federn schon nach, was vermuten lässt, dass sie entweder ihre Jungen schon lange versorgt hat oder das Nest leer ist. Esclarski setzt die Eule in einen Stoffbeutel und wiegt sie. Sie ist schwerer als die meisten Kaninchenkäuze aus Oregon. Drei Teammitglieder sind notwendig, um mit einer Spritze aus einer winzigen Vene unter dem Flügel eine Blutprobe zu entnehmen – es sind nur vier oder fünf Tropfen – und in Hämatokritröhrchen fallen zu lassen. Mit den Röhrchen zeichnen sie Blutspiralen auf einen Streifen aus behandeltem Papier, das dazu dient, die DNA zu gewinnen.

Die ganze Prozedur dauert ungefähr 15 bis 30 Minuten. Als alles erledigt ist, trägt Johnson die Eule wieder zu ihrem Nest, schiebt sie durch die Rückseite der Falle und lässt sie in ihrem Bau los. Dann verriegelt er die Hintertür der Falle, damit sie nicht noch einmal gefangen wird. Die Vordertür lässt er offen, um möglichst auch das Männchen zu fangen, das oben auf einem Stoppschild sitzt und uns beäugt.

EIN VOGEL MACHT noch keine Studie. An den nächsten Tagen ändert Johnson seine Strategie. Er hat die Revierrufe der Eulen aufgezeichnet und sich genau angehört. Sie klingen eindeutig anders als die Rufe der Eulen an der Pazifikküste im Nordwesten. Der Ruf der Eulen aus Oregon ist ein monotones *ku-ku* mit zwei Tönen. Hier in Maringá haben die Rufe einen schnellen, auf und ab gehenden Rhythmus und hören sich eher wie *ku-küiija* an; außerdem liegt zwischen zwei Rufen mehr Zeit.

Die Rufe unterscheiden sich so stark, dass die hiesigen Männchen sie nach Johnsons Ansicht vielleicht nicht erkennen. Der Revierruf vom MP3-Player »hört sich vermutlich an wie irgendetwas Seltsames in ihrem Bau. Sie erkennen, dass es ein Vogel ist, das schon, aber es könnte auch ein Spatz oder irgendetwas anderes sein.« Mit anderen Worten: Die hiesigen Kaninchenkäuze sprechen nicht die gleiche Sprache wie ihre Verwandten im Westen von Oregon. »Ihre letzte Unterhaltung hat vielleicht vor vier Millionen Jahren zwischen ihren letzten gemeinsamen Vorfahren stattgefunden. Das ist nur eine Vermutung. Erstaunlich ist aber, dass wir zu Zeugen dessen werden. Wenn es sich in der Analyse bestätigt, werden wir wissen, wie weit diese Eulen in Raum, Zeit und Evolution von ihren nordamerikanischen Vettern entfernt sind.«

Mit einem neu aufgezeichneten Revierruf eines Kauzes aus Maringá, den Johnson auf seinen MP3-Player geladen hatte, konnte das Team schließlich eine Menge Eulen einfangen; manche hatten auf dem Weg zum Bau ihre Mahlzeit im Schnabel – eine Maus oder einen Gecko ohne Schwanz. Innerhalb weniger Tage sammelten sie eine ausreichende Stichprobe aus dieser lokalen Population und konnten in andere Regionen Brasiliens weiterziehen.

Von Maringá reisten die Forschenden kreuz und quer durchs Land und fingen in der Dunkelheit an den verschiedensten Orten die Eulen ein, von den langen, schmalen Stränden des Nationalparks Lagoa do Peixe an der Südostspitze Brasiliens (wo die Eulen ihre Baue mit natürlichen Abfällen schmücken, so mit Kieferknochen kleiner Säugetiere, den Flossen kleiner Schildkröten und Muschelschalen) bis ins rund 4000 Kilometer entfernte Boa Vista ganz im Norden des Amazonasbeckens. Nach ihren Feststellungen sind die Käuze in Maringá (die Unterart *grallaria*) um 20 Prozent größer als die im Westen von Oregon, außerdem sind sie auch schwerer, stämmiger, kräftiger und robuster. Das widerspricht der allgemeinen Vorstellung, dass die Vögel in wärmeren Regionen kleiner sind. Ihren Beobachtungen zufolge reagieren die Kaninchenkäuze im Süden nicht auf die Revierrufe der Männchen an der Nordwestküste Nordamerikas; weiter im Norden, in Boa Vista, tun sie es. Dort findet man die kleinste, als *minor* bezeichnete Unterart in der Nähe einer Region, in der eine größere Variante (vermutlich *grallaria*) zu Hause ist. Wie Esclarski berichtet, »haben wir sogar ein Paar gefunden, bei dem das Männchen vermutlich ein *minor* und das Weibchen eine *grallaria* war. Genauer werden das erst die genetischen Untersuchungen ergeben. Aber spannend ist es in jedem Fall.«

Forschende studieren die Eulen im Rahmen des Projekts von Johnson in ganz Amerika – in Peru, Ecuador, Kolumbien, Venezuela, Mexiko, Aruba und auf den Bahamas. Alle verwenden die gleiche Ausrüstung und Methodik, und alle haben das gleiche Ziel.

Die DNA-Proben, die von den Arbeitsgruppen bei lebend gefangenen Eulen entnommen werden, und auch solche ausgestorbener Unterarten werden am Institut für Naturschutz des Zoos von San Diego analysiert. Das Institut sequenziert die DNA aller Unterarten, ermittelt so ihre Verwandtschaftsverhältnisse und berechnet, wie viel Zeit seit ihrem letzten gemeinsamen Vorfahren vergangen ist.

Als Ergänzung zu den genetischen Analysen wird Johnson alle morphologischen Messungen sowie die Tonaufzeichnungen aller Revierrufe der Eulen vergleichen; die akustischen Unterschiede kann er mit einer besonderen Software analysieren, die zwischen Tonlage und Lautstärke der Rufe, ihren Frequenzen und Harmonien, den zeitlichen Abständen zwischen Tönen und Rufen, der Zahl der hintereinander ausgestoßenen Rufe und anderen Merkmalen unterscheidet.

»Wenn man all diese genetischen, morphologischen und akustischen Daten vergleicht«, sagt Johnson, »stellt sich die Frage: Sind die Unterschiede in allen Aspekten so groß, dass man eine eigene Spezies definieren kann? Sind Gefieder und Verbreitung unterschiedlich genug? Hat die evolutionäre Auseinanderentwicklung der Lautäußerungen einen so breiten Keil zwischen die Populationen getrieben, dass sie sich untereinander nicht mehr kreuzen? Spiegelt sich in den veränderten Lautäußerungen ein genetischer Unterschied wider?«

Ganz gleich, welche Vogelfamilie man untersucht: Um solche Fragen zu beantworten, braucht man große Stichproben, Finanzmittel, viel Zeit und in diesem Fall auch die Zusammenarbeit von zwei Dutzend Ländern. David Johnson ist begeistert. »Ganz plötzlich liegen Antworten auf das Rätsel der amerikanischen Kaninchenkäuze in greifbarer Nähe. Das liegt an der Technik. Und an den Partnern.« Um eine Eule zu studieren, braucht man ein Dorf – oder in diesem Fall eine Welt von Dörfern.

DURCH DIE NEUEN Hilfsmittel der Eulenforschung, die im Rahmen von Johnsons Projekt verwendet werden, dürfte die Zahl der Eulenarten um mindestens eine, vielleicht auch mehrere steigen. Abschließende Befunde gibt es bisher nicht, aber aus den Unterschieden in den Revierrufen der Kaninchenkäuze lassen sich einige faszinierende Anhaltspunkte ableiten. Wenn wir den unterschiedlichen Rufen der einzelnen Unterarten zuhören, werden wir möglicherweise Zeuge eines evolutionären Wandels und erleben etwas ebenso Aufschlussreiches wie Darwin, der an den Schnäbeln der Finken auf den Galapagosinseln neue Arten erkannte.

Und wenn es um die Kommunikation der Eulen geht, sind die Revierrufe nur die Spitze eines Eisbergs. Ihre Lautäußerungen hören sich für uns vielleicht einfach an, aber was teilen sie einer Eule mit? Was hört eine Eule in den wenige Sekunden langen, sorgfältig geformten Geräuschen?

Weitaus mehr, als wir es uns jemals hätten träumen lassen.

4

Wenn sie schreien

Von Eule zu Eule

Alice benahm sich selbst nach Virginiauhu-Maßstäben eindeutig kauzig: Sie war mürrisch, reizbar und griesgrämig. Karla Bloems Bemühungen, sie zu besänftigen, fruchteten nicht im Geringsten. »Sie hat mich angeschrien, und ich habe versucht zurückzuschreien«, sagt Bloem. »Dann ist sie bis zum Ende ihrer Sitzstange gelaufen und hat mir mit dem Schnabel kräftig auf den Kopf gehackt. Und ich habe gedacht: Ich weiß nicht, was ich tun soll. Dabei war sie sichtlich verärgert, weil ich nicht richtig reagiert habe.«

Alice ist eine auf Menschen geprägte Eule, wie man es nennt. Als sie erst drei Wochen alt war, fiel sie in Antigo im US-Bundesstaat Wisconsin aus ihrem Nest im Wipfel einer Kiefer und brach sich schlimm den Ellenbogen. Noch bevor sie richtig sehen konnte, wurde sie in eine Greifvogel-Auffangstation gebracht und dort gepflegt, sodass sie nicht auf andere Eulen, sondern auf Menschen geprägt wurde. Heute hat sie vor Menschen keine Angst und neigt dazu, Beziehungen mit ihnen einzugehen. In Verbindung mit ihrer schlimmen Verletzung hatte das zur Folge, dass sie nicht allein überleben konnte. »In der Auffangstation wussten sie von Anfang an, dass sie nie in freier Wildbahn würde leben können«, sagt Bloem.

Der Virginiauhu Alice schreit

»Eine solche Eule muss eine Aufgabe bekommen, sonst wird sie eingeschläfert.«

Alice bekam eine Aufgabe: Sie arbeitet mit Bloem, der geschäftsführenden Direktorin des International Owl Center. Das Naturschutzzentrum in Minnesota »will die Welt durch Aufklärung und Forschung zu einem angenehmeren Ort für Eulen machen«. Alice spielt dabei die Rolle eines Bildungsbotschafters: Sie soll die Menschen über Eulen aufklären. Aber zuerst musste Bloem verstehen, was Alice sagen wollte. Die Eule war von Menschen großgezogen worden, aber sie hatte nach wie vor alle normalen Euleninstinkte, darunter auch den Drang zur Kommunikation. Nur wendete sie ihn auf Menschen an.

»Sie hat alle diese Geräusche in meine Richtung gemacht und erwartet, dass ich darauf wie ein Virginiauhumännchen reagiere«, sagt Bloem. »Sie ist richtig verrückt geworden, weil ich nicht das Richtige getan habe. In meiner Verzweiflung habe ich in der wissenschaftlichen Literatur nachgesehen, was um alles in der Welt ihr Geschrei zu bedeuten hat. Dabei musste ich feststellen, dass noch nie jemand die Lautäußerungen von Virginiauhus studiert hatte. Was eigentlich seltsam ist. Schließlich ist die Spezies in ganz Nordamerika verbreitet! Warum hatte sie noch nie jemand studiert?«

Das war für sie der Anlass, fast zwei Jahrzehnte lang die Rufe von Virginiauhus zu erforschen – ihren Zweck, ihre Vielfalt und ihre Bedeutung im größeren Zusammenhang der Kommunikation zwischen Eulen. Über die Lautäußerungen von Eulen Bescheid zu wissen, ist nach Bloems Worten entscheidend, wenn man alles andere über sie in Erfahrung bringen will, ihre Identität, ihre Gewohnheiten und Einstellungen, ihre Absichten, ihr Revierverhalten, ihre bevorzugten Lebensräume, aber auch ihre Beziehungen zu Partnern oder Partnerinnen, Familie, Verbündeten und Rivalen. »Eulen sehen die Welt im Wesentlichen mit den Ohren. Sie sind vor allem nachts oder in der Dämmerung aktiv, deshalb sind Lautäußerungen für ihre Kommunikation entscheidend. Sie schreien nicht einfach aus Jux und Tollerei. Dass sie Laute von sich geben, hat einen Grund, und sie vermitteln damit eine Bedeutung.«

DER SCHREI DER Eule ist einer der wenigen Vogelrufe, die den meisten Menschen bekannt sind. Aber ein Schrei ist nicht einfach ein Schrei. Es gibt Begrüßungsschreie, Revierschreie und Begeisterungsschreie. Eulen schreien auch nicht nur einfach. Sie kreischen, zwitschern, piepsen, krächzen, trällern oder heulen traurig, und das meist im Rahmen ihrer Balzgesänge – Liebeslieder aus eigenartigen, wunderlichen Geräuschen, die meist nicht zur Kenntnis genommen werden, außer von den Ohren derer, für die sie bestimmt sind. Manche Eulen singen aus voller Brust, andere gurren leise. Manche zirpen wie eine Heuschrecke. Manche glucksen oder brüllen wie in wahnsinnigem Gelächter. Der indische Mangokauz lässt ein explosives, vibrierendes »Lachen« hören – *chahaawaarrr*. Rußeulen sind bekannt für ihr eigenartiges, rauschendes Pfeifen, das sich anhört wie eine fallende Bombe.

Einmal stand ich auf der Veranda eines Freundes in Italien und lauschte in die Dunkelheit. Aus dem tiefen Wald jenseits der Straße erklangen die Rufe von vier Waldkauzpaaren. Es waren zitternde, tremolierende Schreie aus jeweils zwei Tönen mit absinkender Tonhöhe, gefolgt vom scharfen Schnalzen der Weibchen – erst von dort drüben, dann aus der Ferne in einer Richtung, dann aus der anderen. Die streitlustigen kleinen Eulen patrouillierten an den Grenzen ihrer Reviere und belebten das dunkle Herz des Waldes.

Der Ruf der Schleiereule wurde unterschiedlich beschrieben: als schrilles Kreischen, als nasales Schnarchen, als eine Reihe von Tönen, als *click, click, click, click, click* wie von einer Laubheuschrecke und als raspelndes Zischen wie von einem gerissenen Keilriemen im Auto. Der Kläfferkauz, den ich in Australien im Pilliga Forest hörte, lässt nicht nur ein *wok, wok* oder *wuk, wuk* hören wie ein Hund, sondern er knurrt auch, zuerst leise, dann nachdrücklicher. Manchmal stößt er auch ein leises Niesen aus, auf das ein plötzlicher Schrei und ein zitterndes, mürrisches Heulen folgt. Die Pfiffe, Triller und Zwitscherlaute des Kalifornienzwergkauzes passen zu seinem winzigen Körper. Dagegen straft die tiefe, traurige Stimme der Ponderosaeule ihren schmächtigen Körperbau Lügen. Auch in anderer Hinsicht halten Eulen sich nicht an Regeln. Im Allgemeinen bestimmt die Körpergröße eines Vogels über die Tonlage seiner Lautäußerungen: Je größer er ist, desto tiefer die Stimme. Kleinere Vögel haben in der Regel eine höhere, zwitschernde Stimme. Die winzige Ponderosaeule stellt diese Regel auf den Kopf. Sie verlangsamt die Schwingungen ihrer Rufe, indem sie die Haut rund um den Hals entspannt, und erzeugt so ein tiefes, trauriges Brüllen, das nach Angaben von Brian Linkhart, der sich mit der Spezies beschäftigt, eher zu einem Virginiauhu passen würde. »Das ist ein großer Vogel, eingefangen in einem kleinen Körper.«

Der Ruf der Ostkreischeule JR, die im International Owl Center lebt, hört sich genau wie ein Telefonklingeln an. Und wenn ein echtes Telefon klingelt, so erklärt Bloem, antwortet sie mit einem eigenen

Klingelton. »Es ist wirklich schwierig, mit unbewegtem Gesicht das Telefon abzunehmen, wenn JR im Hintergrund immer weiterklingelt.«

Aber selbst unter den ganzen eigenartigen, wundersamen Rufen und Schreien verdient das empörte Brüllen, Knurren, Brummen, Heulen und Jaulen des Streifenkauzes eine besondere Erwähnung. Als der Ornithologe Rob Bierregaard einmal durch die Wohnviertel von Charlotte in North Carolina spazierte und dabei die Rufe von Streifenkäuzen abspielte, um die Vögel anzulocken, fragte ihn jemand, ob er seinen Hausaffen verloren hätte. Später hörte er tief im Wald unmittelbar über sich das kräftige »Kreischen einer Frau, die ermordet wird«; das Geräusch ließ ihm das Blut gefrieren, und er sprang einen Meter weit.

Eine besondere Begabung, Eulenrufe zu charakterisieren, hat der Tiermusikwissenschaftler Magnus Robb. Er bezeichnet sich selbst als »Musiker, der in den Zoo gegangen ist« und macht nicht nur kristallklare Aufzeichnungen von Eulenrufen, sondern beschreibt sie auch mit brillanten, eindringlichen, anschaulichen Worten. Der Lockruf einer weiblichen Waldohreule, so schreibt er, ist »geformt wie ein schwerer Seufzer. Das *Vvvw* steigt abwärts und verliert sich am Ende. Wer jemals das alte Spiel ausprobiert hat, gegen einen Kamm zu blasen, der mit Zigarettenpapier umhüllt ist (oder auch mit dem knisternden, vielleicht in die Jahre gekommenen Toilettenpapier, das am Hinterteil kratzt) – nun ja, fast genauso hört sich das Timbre an.«

Ich weiß nicht, wie es anderen geht, aber ich selbst würde am liebsten sofort in den Wald laufen und zuhören.

Eulenrufe zu beschreiben, ist nicht einfach, und noch schwieriger ist es, sie nachzuahmen. Beim International Owl Center steht allerdings die Fähigkeit, wie eine Eule zu rufen, in den Stellenbeschreibungen für das Personal. Es ist eine Art Nagelprobe für Eulenbesessenheit, aber auch ein nützliches Hilfsmittel, wenn Menschen in das Zentrum kommen und wissen wollen, was für eine Eule sie gehört haben. »Wir fragen sie, wie es geklungen hat«, sagt Bloem. »Meistens können sie sich nicht erinnern. Wenn man aber eine Reihe verschiedener Eulenrufe durchgeht, können sie sagen: ›Ach ja, die war es!‹«

Am einfachsten ist vielleicht der Revierruf einer männlichen Waldohreule nachzuahmen. Bloem führt uns ein leises, subtiles, von gleichmäßigen Abständen unterbrochenes *Hu, hu, hu* vor. »Das ist der einfachste Eulenruf, den es gibt«, erklärt sie. »Das kann schon ein vierjähriges Kind.«

Der schwierigste Ruf ist vielleicht der des Fischuhus. Er hat eine so tiefe Stimme, dass viele Menschen sie überhaupt nicht nachahmen können. Besonders laut ist sie nicht, aber wegen der tiefen Tonlage ist sie trotz des donnernden Rauschens der Bäche und Flüsse, in denen die Eule auf Fischfang geht, noch zu hören.

Wenn Forschende eingeladen werden, am International Owl Center einen Vortrag zu halten, werden sie immer gebeten, auch ihre schönsten Rufe zum Besten zu geben. Die Anfrage entlarvt häufig entweder Könner oder schlechte Schauspieler. Ein Beispiel ist Brian Linkhart, Professor für Biologie am Colorado College: »Ich werde Ihnen beibringen, was Sie mit dem Mund anstellen müssen, um den Ruf einer Ponderosaeule nachzuahmen«, sagt er. Dieselbe Aufgabe gibt er seinen Studierenden zu Beginn der Freilandsaison. Er nennt es »Freilandruf Nummer 1«. Wenige Wochen später sollen die Studierenden ausschwärmen und eine Bestandsaufnahme der Eulenpopulationen machen, und dazu müssen sie wissen, wie man einen »Ponderosaruf« absetzt, um ein Eulenmännchen zum Rufen zu provozieren. »Ihr müsst mit den Lippen das Wort *buup* bilden«, erklärt Linkhart. »Die Konsonanten dürft ihr aber nicht aussprechen. Bei Menschen kommt dann das Geräusch *uuu* heraus. Gut. Aber diese Eulen sind auch Bauchredner. Sie sind in der Lage, ihre Stimme zu verstellen und hohl klingen zu lassen – was der Verteidigung gegen natürliche Feinde dient. Um diesen hohlen Ton zu erzeugen, müsst ihr den Rachen so weit wie möglich aufblähen. Und die Luft darf nicht geradewegs durch die Zähne strömen, wie wir es machen, wenn wir sprechen. Versucht stattdessen, die Luft zum Gaumen zu lenken. Dann hallt der Klang im Mund ein wenig wider, bevor er herauskommt.«

Puh, einfach ist das nicht. Aber es verschafft uns eine neue Wertschätzung dafür, was es heißt, eine Eule zu sein.

»Wenn ihr das zwei Wochen gewissenhaft übt, könnt ihr irgendwann tatsächlich ein Ponderosaeulenmännchen täuschen«, sagt Linkhart. »Ist das nicht toll, wenn ihr es schafft, dass eine dieser Eulen auf euch reagiert? Das fühlt sich doch an, als würden einem Flügel wachsen. Es ist einfach cool.«

Wieder empfinde ich den Impuls, in den Wald zu laufen, die Ohren zu spitzen und die Lippen zu einem *buup* zu formen.

ABER WARUM SCHREIEN Eulen überhaupt? Sind ihre Rufe eine Art Sprache? Und wenn ja: Was haben sie einander zu sagen? Ihren Verbündeten, Feinden, Partnern, Partnerinnen und Familienangehörigen? Singen Eulen nicht nur gleichzeitig, sondern auch im Duett? Oder duellieren sie sich mit ihren Stimmen? Wann fängt eine junge Eule an zu schreien, und woher weiß sie, dass sie es tun soll?

Um solchen und anderen Fragen nachzugehen, studierte Bloem seit 2004 Alices Lautäußerungen. Später erweiterte sie ihre Beobachtungen auf Virginiauhus in freier Wildbahn und auch auf ein Paar, das in dem Center in Gefangenschaft lebte. »Ich wollte die verschiedenen Lautäußerungen und ihren Zusammenhang mit dem Verhalten verstehen, sodass ich selbst dann etwas darüber sagen kann, was in diesen Vögeln vorgeht, wenn ich sie nicht sehe«, sagt sie. »Wenn man den Kontext der einzelnen Lautäußerungen kennt, kann man Rückschlüsse auf das Verhalten ziehen. Ganz plötzlich eröffnet sich eine neue Welt, und man kann allein mit den Ohren feststellen, was eigentlich los ist.«

Dass sie in eine solche Welt vordringen würde, hatte sie nicht erwartet. Bloem stammt aus dem ländlichen Kreis Houston in Minnesota, und in ihrer Jugend konzentrierte sich ihr Interesse eigenen Angaben zufolge auf Bussarde und Falken. »Ich bin auf einer Farm groß geworden und hatte die Aufgabe, Heu zu machen. Wenn du mit dem Rechen auf dem Feld bist, scheuchst du kleine Tiere auf, und dann kommen die Falken und kreisen über deinem Kopf. Die Rotschwanzbussarde sind mir nachgeflogen, wenn ich mit dem Rechen unterwegs war. Das hat mein Interesse an Vögeln geweckt.« In Iowa auf dem

College belegte sie Biologie im Hauptfach und arbeitete bei einem Ornithologen. Nach ihrem Abschluss wurde sie Falknerin und ließ Turmfalken fliegen. Aber 1997 entschied die Verwaltung der Stadt Houston in Minnesota, ein Naturschutzzentrum einzurichten, und stellte die 25-jährige Falknerin ein. Ihre Aufgabe: Sie sollte aus dem Nichts ein solches Zentrum aufbauen.

Ihr wurde klar, dass sie als Erstes ein Programm brauchte. »Also habe ich nach einem Vogel gesucht, den ich zu Bildungszwecken verwenden kann«, sagt sie. »Ich hatte die Vögel aus meinem Beruf, aber das waren Falken – die eignen sich großartig für die Falknerei, aber nicht zu Unterrichtszwecken. Sie lernen zwar schnell, sind aber sehr anspruchsvoll. Ehrlich gesagt, habe ich nicht nach einem Virginiauhu gesucht, sondern nach einem Rotschwanzbussard. Aber damals war Alice gerade verfügbar. Damit begann buchstäblich die ganze Sache mit den Eulen.«

Ein ganzes Jahr war notwendig, bis Frau und Vogel sich kennengelernt hatten. »Dass Greifvögel ziemlich unnahbar sind, bin ich gewohnt«, sagt sie. »Aber mit Eulen dauert es noch länger. Sie stellen sich nicht gut auf Veränderungen ein. Und Virginiauhus machen dem Wort *kauzig* wirklich alle Ehre. Sie können richtig ekelhaft sein.«

In der ersten Zeit, als Bloem herausfinden wollte, wie sie mit ihrer neuen Eule kommunizieren kann, stellte sie sich in die Nähe von Alices Sitzstange und rief ihr etwas zu. Das war der Augenblick, in dem Alice ihr mit dem Schnabel auf den Kopf hackte. »Ich war begriffsstutzig«, sagt sie, »aber am Ende habe ich mich beim Rufen nach vorn gebeugt, und sie hat mich sichtlich überrascht angeblickt, als wollte sie sagen: ›Da! Endlich hast du es herausgefunden!‹ Danach hat sie nie wieder nach mir gehackt. Offensichtlich muss man sich beim Rufen verbeugen.«

EINES SOLLTE ICH dazusagen: Mit einem Virginiauhu – und übrigens auch mit irgendeiner anderen Eule – zusammenzuleben, ist nicht einfach. Bloems Gefriertruhe ist voll mit Taschenratten,

Mäusen und Ratten, die sie ausnimmt und dann Alice serviert. Während der Paarungssaison ruft der Uhu die ganze Nacht, was zu einem unruhigen Schlaf führt. »Und dann hast du noch diese rasiermesserscharfen Krallen«, sagt sie. »Wenn sie in ihrem Raum einen Futtervorrat angelegt hat, von dem ich nichts weiß, und ich komme ihm zu nahe, läuft sie zu mir und sticht nach meinen Füßen. Normalerweise greift sie nicht hart zu, aber es reicht, um Löcher zu reißen. Außerdem ist sie sehr revierbewusst – wenn jemand in ihr Zimmer kommt, den sie nicht kennt, geht sie sofort in den Angriffsmodus über.«

Das ist keine Nebensächlichkeit. Der Naturforscher Ernest Thompson Seton bezeichnete diese Eulen als »geflügelte Tiger«. Der wissenschaftliche Name für den Virginiauhu lautet *Bubo*, was so viel wie »gehörnte oder brüllende Eule« bedeutet, und *virginianus*, weil er von abendländischen Naturforschern erstmals in den Kolonien von Virginia beobachtet wurde. Der Vogel und seine engen Verwandten haben aber ein großes Verbreitungsgebiet von der Südspitze Südamerikas bis in die Arktis im Norden. Und überall, wo er lebt, von Ackerland und Hochebenen bis zu Wüsten, Regenwäldern, Gebirgen und Feuchtgebieten, ist er ein wilder Beutegreifer, der Vögel von der Größe eines ausgewachsenen Pfauenmännchens töten kann. Forschende, die auf Bäume zu einem Eulennest geklettert sind und die Vögel beringen wollten, wurden bereits heftig von ausgewachsenen Uhus angegriffen.

Bloem ist vorsichtig und achtet genau darauf, wen sie mit Alice bekannt macht; außerdem stellt sie Besucher immer zunächst aus der Entfernung vor.

NACHDEM SICH BLOEM und Alice auf eine herzliche oder zumindest geduldete Beziehung geeinigt hatten, konnte Bloem auf der Grundlage ihres engen Kontakts eingehende Beobachtungen an Alices Lautäußerungen anstellen.

Eine naheliegende Frage lautete: Bringt eine auf Menschen geprägte Eule normale Lautäußerungen hervor?

»Da war ich ziemlich sicher«, sagt Bloem. »Nach einer allgemein anerkannten Meinung sind die Lautäußerungen von Eulen nicht erlernt, sondern genetisch festgelegt.« Demnach waren Alices Schreie und Rufe vermutlich ein vorprogrammierter Teil ihres Verhaltensrepertoires. Während Singvögel ihre Lieder erlernen, so wie wir sprechen lernen – durch Zuhören, Nachahmen und Üben –, sind die Rufe und Lieder der Eulen fest verdrahtet und genetisch fixiert. Wie David Johnson mir erzählte, hat man bereits Euleneier im Brutschrank ausgebrütet und ihnen dann die Lieder von Singammern und anderen Vögeln vorgespielt. Dennoch sangen die kleinen Eulen immer »Eulisch«, sobald sie alt genug waren, um selbst Rufe auszustoßen, das heißt, sie brachten die Lautäußerungen ihrer eigenen Spezies hervor.

Allerdings wusste Bloem nicht genau, ob Alice ihre Rufe im richtigen Verhaltenszusammenhang ausstoßen würde. Also entschloss sie sich, ihre Beobachtungen zu ergänzen und zu bestätigen, indem sie den Rufen wilder Eulen in den Wäldern ihrer Umgebung zuhörte und ihre Verhaltensweisen mit Infrarot-Nachtsichtgeräten beobachtete. Dabei musste sie aber feststellen, dass sie nicht sehen konnte, was rund um die Nester vorging. »Die Virginiauhus nisten in der Regel da, wo Bäume sind«, sagt sie, »und wo Bäume sind, sind auch Äste, und die Infrarotbeleuchtung lässt Äste aufleuchten.« Um die Verhaltensweisen während der Lautäußerungen im Zusammenhang der Paarung zu beobachten, brauchte sie ein gefangenes Vogelpaar.

Hier kommen Rusty und Iris ins Spiel, zwei ausgewachsene Virginiauhus, die verletzt waren und 2010 ins International Owl Center kamen. Beide Vögel hatten Augenprobleme. Bei Iris war die Pupille durchlöchert, und Rusty war bei einem Autounfall blind geworden. Beide waren nicht auf Menschen geprägt. »Sie haben sich in der Rehabilitation kennengelernt und treiben sich immer zusammen herum«, sagt Bloem. »Für uns waren sie also ein gutes potenzielles Brutpaar.« In dem Zentrum wurde eine große Bruteinrichtung mit Sicherheitskameras und Mikrofonen gebaut, und dann wurde das Vogelpaar per Webcam ins Internet gestreamt, sodass jeder zusehen und mit Beobachtungen an dem Paar und seinen Jungen zur Forschung beitragen konnte.

Damit hatte Bloem endlich alles, was sie für ihre Studie brauchte.

DIE RUFE DER Virginiauhus sind »vielfältig und lassen sich nur schwer charakterisieren«, so das Standardwerk *Birds of the World*. Ein Ornithologe schrieb, ein Männchen der Spezies könne »eine unbeschreibliche Zusammenstellung von Geschrei, Glucksen, Kreischen und Quaken hervorbringen, die so schnell und zusammenhanglos geäußert wird, dass sich ein verblüffender und amüsanter Effekt ergibt«. Die Eulen sind bekannt für ihr tiefes, volltönendes Geheul in einer ruhigen Baritonlage, das häufig in Filmen dazu beiträgt, eine nächtliche Stimmung zu erzeugen.

Nach mehreren hundert Stunden eingehender Beobachtungen gelang es Bloem, 15 verschiedene Lautäußerungen zu charakterisieren und zu beschreiben: sechs Arten von Geheul, vier Formen von Zwitschern und fünf Typen von Krächzen, darunter ein Alarmruf, der sich wie ein gespenstisches Kreischen anhört. Außerdem stellte sie fest, dass die Eulen auch über nichtsprachliche Kommunikation verfügen. Wenn sie ängstlich oder aufgeregt sind, zischen sie oder klappern mit dem Schnabel.

Wie die meisten Eulen, so sind auch Virginiauhus sehr revierbewusst. Sie sitzen am Rand ihres Reviers und legen mit ihrer Stimme seine Grenzen fest. Dazu lassen sie ein tiefes, sanftes Geheul in stotterndem Rhythmus hören: *hu-huuu-hu-huu*. Männchen und Weibchen geben eigene Revierrufe ab, singen aber auch gleichzeitig mit dem Partner oder der Partnerin und duellieren sich sogar mit einem Nachbarn oder einer fremden Eule. Das ist weit besser als ein echter, physischer Kampf. »Eulen kämpfen nicht gern, weil ein so hohes Verletzungsrisiko besteht«, sagt David Johnson. »Wenn du eine Kralle ins Auge bekommst, ist die Sache gelaufen, also tust du alles, um so etwas zu vermeiden. Wenn du ein harter Bursche sein willst, schleuderst du den Ruf mit tiefer Stimme hinaus.«

Ein niederfrequentes Heulen trägt in den verschiedensten Lebensräumen über große Entfernungen und ermöglicht eine maximale Reichweite bei minimaler Anstrengung, vorausgesetzt, der Vogel sitzt nicht zu dicht über dem Boden. Als meine Freundin Kinari Webb im Regenwald von Borneo die Orang-Utans erforschte, verständigte sie sich mit ihren Kolleginnen durch eulenähnliche Rufe. »Ein *wuu-wuu* in mittlerer Tonlage trägt weit«, sagt sie; deshalb machen sich auch viele Indonesier im Wald mit dieser Methode bemerkbar. Vom richtigen Sitzplatz aus ist selbst das leise Heulen einer Waldohreule über mehr als 500 Meter zu hören, vorausgesetzt, es geht nicht im Wind oder im Verkehrslärm unter.

Wenn ein Virginiauhu einen richtigen Revierruf ausstößt, beugt er sich nach vorn, bis er eine fast horizontale Position einnimmt, sträubt das Gefieder, bläht den Hals auf wie ein riesiger Frosch und stellt den Schwanz senkrecht. Die Weibchen der Spezies sind beträchtlich größer als die Männchen, haben aber einen kleineren Kehlkopf, sodass ihr Ruf eine höhere Tonlage hat. Bloem widerspricht der hergebrachten Ansicht, die Rufe der Männchen seien raffinierter als die der Weibchen. In Wirklichkeit, so sagt sie, besteht der typische Ruf eines Männchens nur aus vier oder fünf Tönen, beim Weibchen sind es sechs bis neun. Gerechterweise muss man hinzufügen, dass die Männchen gelegentlich auf dem zweiten Ton ein beeindruckendes Vibrato hören lassen. Das ist laut Bloem vielleicht die Erklärung für das Vorurteil, der Ruf des Männchens sei komplexer, aber das Vibrato komme nur selten vor.

Das Gezwitscher kann fürsorglich klingen, wenn der Vogel sich im oder in der Nähe des Nestes befindet oder auf Futter steht, es kann aber auch verärgert sein und sogar zum Kreischen werden. Die Vögel lassen manchmal ein wütendes Zwitschern hören – ein lautes, hohes Kreischen, das manchmal von einem scharfen Biss begleitet ist, wenn sie – nun ja – wütend sind. Dann gibt es noch das richtige Kreischen, wenn sie sehr gereizt sind oder festgehalten werden.

Wenn junge Eulen hungrig sind, betteln sie mit einem scharfen, kreischenden Krächzen um Nahrung. Den gleichen Ruf stoßen auch Weibchen aus, die weit von ihren Jungen entfernt sind. Er ist leicht zu lokalisieren und ermöglicht über kurze Distanzen eine effiziente Kommunikation. Wenn Alice Langeweile hat, »krächzt sie doppelt«, wie Bloem es formuliert, um Aufmerksamkeit zu erzeugen – eine Art *wak-wak*. Eine besondere Lautäußerung ist Bloem auch bei Iris aufgefallen, wenn diese ihre Jungen füttert und zum Fressen veranlassen will. Als Bloem später selbst kleine Eulen großzog, machte sie die gleiche Feststellung: Wenn sie den Kleinen das Futter anbot, während sie gerade nicht interessiert waren, musste sie nur diesen Ruf abspielen, »und ganz plötzlich wollten sie fressen«.

Auf eine andere Form des Kreischens, das sie selbst nie gehört hatte, wurde sie auf einer Tagung von zwei Forschenden aufmerksam gemacht, die in Saskatchewan arbeiteten. Als die beiden Bloems Vortrag über die Lautäußerungen von Eulen hörten, fragten sie, ob sie jemals gehört hätte, welche Rufe nistende Virginiauhus während der »Broken-Wing-Aufführung« ausstoßen.

Virginiauhus täuschen gebrochene Flügel vor? Diese bemerkenswerte Nestverteidigung ist typisch für Regenpfeifer, Schnepfen und andere angreifbare Vögel, die am Boden nisten. Virginiauhus bauen ihre Nester in Bäumen und stehen fast am oberen Ende der Nahrungskette; dass auch sie sich solcher Ablenkungsmanöver bedienen, war Bloem neu. Also reiste sie nach Saskatchewan, um sich die Sache selbst anzusehen. Und tatsächlich: Wenn ein nistender Virginiauhu von einem Hund oder einem anderen Beutegreifer bedroht wird, plustert er das Gefieder auf, lässt sich zu Boden fallen und flattert herum, als wäre ein Flügel gebrochen; gleichzeitig kreischt er ein- oder zweimal, eine höchst riskante Maßnahme, die aber zeigt, wie gut diese Vögel häufig ihre Nester beschützen.

Manche intimeren Lautäußerungen, die sich zwischen Männchen und Weibchen eines Paares abspielen, lernte Bloem erst durch den engen Kontakt mit Alice kennen. So beispielsweise den tiefen »Hallo«-Ruf oder das leise Unterhaltungszwitschern, das sich an ein anderes Individuum in nächster Nähe richtet und in kurzen Wellen ausgestoßen wird, die sich grob als *Hmmm? Hmmm? Hmmm? Hmmm?* umschreiben lassen.

Eine ganze Reihe von Lautäußerungen steht im Zusammenhang mit der Kopulation. Das demonstrierte Rusty pflichtschuldigst immer wieder, bevor er leider 2022 verstarb. »Wenn wir unsere Webcam beobachtet haben, wussten wir immer, wann Rusty Lust hatte, denn dann wurden seine Rufe tiefer und langsamer«, sagt Bloem. »Manchmal hat er auch am Ende Töne weggelassen. Er saß irgendwo im Gehege und starrte Iris an, oder manchmal setzte er sich auch an ihre Seite und schrie ihr leise *hu, hu* ins Ohr; damit machte er so lange weiter, bis sie mit einem kleinen, hohen Ruf antwortete. Dann wurde er richtig aufgeregt, stieß fast wie ein Schimpanse diese Stakkatorufe aus, flog zu ihr und landete auf ihrem Rücken. Sie bewegte den Schwanz zur Seite, und er wickelte seinen Schwanz um sie zum sogenannten ›Kloakenkuss‹, bei dem das Sperma übertragen wird. Wenn er Erfolg hatte – oder auch nur beinahe Erfolg –, ließ er ein hohes ›Kopulationskreischen‹ hören.«

»Man würde glauben, dass das Geräusch vom Weibchen kommt, denn sie hat immerhin acht Krallen im Rücken«, sagt Bloem. »Aber sie ist mit diesem Belästigungszwitschern beschäftigt. Ich musste unzählige Kopulationsvorgänge beobachten, bevor ich das herausgefunden hatte. Am Ende hat Iris tatsächlich während des Kopulationskreischens ebenfalls geschrien, und da wusste ich, dass das Kreischen von Rusty kam.«

IM LAUFE DER Zeit konnte Bloem das gesamte Stimmrepertoire der Virginiauhus zusammenstellen und die verschiedenen Rufe mit Verhaltensweisen der Vögel in Verbindung bringen. Aber damit war sie noch nicht am Ziel. Als Rusty und Iris zu brüten begannen, wurde ihr klar, dass sie noch etwas anderes studieren konnte: Wie entwickeln sich die Schreie und anderen Rufe der Eulen?

Zu ihrer Begeisterung entdeckte sie, dass junge Eulen schon im Ei vor dem Schlüpfen erste Lautäußerungen ausstoßen. »Wir haben hochempfindliche Mikrofone rund einen Meter von der Ablagestelle der Eier entfernt aufgestellt«, sagt sie. »Damit konnten wir ungefähr zwei Tage vor dem Schlüpfen die Geräusche der jungen Eulen im Ei aufzeichnen. Sie stoßen in die Luftblase im Ei vor und atmen zum ersten Mal Luft. Dann beginnen sie auch mit den Lautäußerungen. Man hört die Jungvögel im Ei leise zwitschern.«

Schon im Alter von weniger als zwei Wochen schrien die kleinen Eulen mit der richtigen Körperhaltung und im richtigen Rhythmus – auch das eine Überraschung. »Jemand hatte das Knäuel aus drei flauschigen Babys in der Webcam gesehen und mir eine Nachricht geschickt: ›Ich glaube, die Babys haben gerade geschrien‹«, berichtet Bloem. »Ich habe gedacht: wie bitte? Dann habe ich mir selbst die Videoaufzeichnung angesehen, und da waren sie: Die drei kleinen Babys hatten die richtige Körperhaltung – Kopf gesenkt, den federlosen Schwanzstummel nach oben gestreckt – und haben im richtigen Vier-Töne-Rhythmus geschrien, wenn auch mit sehr piepsiger Stimme. Heiliger Bimbam, bis dahin hatte niemand eine Ahnung, dass sie schon mit zwei Wochen schreien können!«

Die jungen Eulen ließen einige Wochen lang ihre kleinen Schreie hören, dann verstummten sie. Mit fünf Monaten fingen sie wieder an, und jetzt brach ihre Stimme wie bei einem pubertierenden Teenager. Im Alter von sechs oder sieben Monaten schließlich waren ihre Schreie nicht mehr von denen der ausgewachsenen Vögel zu unterscheiden.

Die kleinen Eulen schrien auch von Anfang an im richtigen Zusammenhang. »Das hat mich total aus den Socken gehauen«, erzählt Bloem. »Ich habe eine Brut beobachtet und konnte sehen, dass die Eulen offensichtlich wegen irgendetwas verärgert und beunruhigt waren. Aber sie waren alle ganz still und blickten nach draußen. Und auf einmal höre ich dieses kleine, plötzliche, hohe Geräusch und denke: Was zum Teufel ist denn das? Dann schwenkt die Kamera und zeigt mir den Rücken einer kleinen Eule namens Patrick, und mir fällt auf, dass seine Schultern sich im Einklang mit dem Geräusch bewegen. Patrick hat mit seiner hohen Quiekstimme einen Alarmruf abgesetzt. Ich hatte keine Ahnung, dass Jungvögel schon Alarmrufe ausstoßen.

Sie haben es auch nicht geübt. Die kleinen Eulen haben einfach von Anfang an Schreie im richtigen Rhythmus, mit der richtigen Körperhaltung und im richtigen Zusammenhang ausgestoßen. Sie haben es von vornherein richtig gemacht.«

DIE LAUTÄUSSERUNGEN VON Eulen scheinen also fest verdrahtet zu sein. Heißt das, dass die Revierrufe einzelner Eulen sich ähnlich anhören? Oder sind ihre Stimmen wie unsere voller Kennzeichen einer individuellen Identität?

Vor einigen Jahren stellten Forschende aus Frankreich ein Experiment an, mit dem sie herausfinden wollten, ob Steinkäuze zwischen den Revierrufen ihrer Nachbarn und fremder Artgenossen unterscheiden konnten.

Wie andere Eulen, so stoßen auch Steinkäuze Rufe aus, um ihr Revier zu verteidigen, und dabei sitzen sie in der Regel auf ihrem angestammten Sitzplatz. Hören sie einen Eindringling in ihrem Revier schreien, antworten sie mit verstärkten Rufen und kampflustigen Flügen. Das Forscherteam spielte die Rufe eines bekannten Nachbarn und eines Fremden von zwei Stellen aus ab – einmal vom üblichen Sitzplatz des Nachbarn, ein anderes Mal von einer ungewöhnlichen Stelle, die ein Stück von diesem Sitzplatz entfernt war. Die Steinkäuze konnten ganz offensichtlich zwischen beiden unterscheiden. Wurden die Rufe des bekannten Nachbarn von dessen üblichem Sitzplatz aus abgespielt, ließen die Eulen kaum eine Reaktion erkennen. Diese verminderte Aggressivität gegenüber Nachbarn ist als Phänomen des »geliebten Feindes« bekannt. Sie spart der Eule Zeit und Energieaufwand für Signalrufe, Patrouillenflüge und Verfolgungsjagden. Wenn die Forschenden dagegen die Rufe eines Fremden von der bekannten Stelle aus abspielten, reagierten die Eulen sofort mit einer Welle schriller, aufgeregter, katzenähnlicher Schreie.

»Das Gleiche beobachten wir auch in Gefangenschaft bei unseren Eulen, wenn neue wilde Eulen in der Umgebung auftauchen«, sagt Bloem. »Zuerst sind die gefangenen Eulen still und lauschen ein wenig, aber dann kommen sie richtig in die Gänge und schreien und sind ganz offensichtlich sehr aufgeregt. Anhand der Schreie unserer gefangenen Eulen konnte ich feststellen, ob der Vogel, den ich höre, neu ist oder bereits in der Gegend war.« Sie konnte die einzelnen wilden Eulen in den Wäldern ihrer Umgebung an ihren Revierrufen unterscheiden, denn die sind bei jedem Vogel einheitlich und unterscheiden sich voneinander wie »Fingerabdrücke« der einzelnen Individuen. Der typische Unterschied zwischen verschiedenen Virginiauhus liegt in der Zahl der Töne je Ruf und ihren Abständen. Eine Eule, der sie den Namen Scarlett Owl'Hara gegeben hat (Eulenforscher lieben offenbar Wortspiele), ließ in Teilen ihres Rufes immer die gleichen zwei Töne hören. Wheezy sang Dreiergruppen, und die Tonhöhe von Rubys Ruf stieg und fiel. Victor hatte ein sexy Vibrato.

Als Bloem die Stimmen der einzelnen Eulen kannte, erhielt sie intime Einblicke in ihr »Liebesleben«. Victor tat sich mit Virginia zusammen, Wendell mit Wheezy, Jack mit Jill, Haggar mit Helga und Scarlett – schließlich – mit ihrem Rhett, der sich später mit einer Eule namens Delilah paarte. Zu Bloems Überraschung entwickelten sich die Paarbindungen ständig weiter, und die Partner wechselten so schnell, dass es schwer war, auf dem Laufenden zu bleiben. »Das sollte eigentlich nicht passieren!«, erklärt sie.

Selbst Alice ist gegen die Unwägbarkeiten der Zuneigung nicht immun. Als Bloem zum zweiten Mal heiratete, wechselte Alice mit ihrer Bindung zu Hein, dem neuen Ehemann. »Hein ist jetzt Nummer eins, und ich bin eindeutig Nummer zwei«, sagt sie. »Für mich ist sie damit ein wenig eine Betrügerin. Aber mit einem Virginiauhuweibchen diskutiert man nicht. Sie ist der Boss.«

JEDER EINZELNE VIRGINIAUHU hat seinen individuellen Schrei. In wechselndem Ausmaß gilt das für alle Eulenarten, von Zwerg- und Waldkäuzen bis zu Sperlingskäuzen und Kreischeulen.

Warum haben Eulen so unterschiedliche Stimmen? Eine gewisse Individualität in Rufen und Liedern findet man bei den meisten Vogelarten. Sie ist nützlich, um Verwandte zu erkennen und mit Partnern, Verbündeten und Rivalen zu kommunizieren. »Bei Eulen hat das einen sehr guten Grund«, sagt Bloem. »Schließlich interagieren sie zu verschiedenen Jahreszeiten und über Jahre hinweg vorwiegend durch stimmliche Kommunikation.« Deshalb ist es sinnvoll, dass ihre Stimmen charakteristisch und konstant sind: So können sie einander erkennen, langfristige Paarbeziehungen aufrechterhalten, sich in der nächsten Brutsaison wiederfinden und ihre Nachbarn kennenlernen. »Solange eine schreiende Eule bekannt ist und in ihrem eigenen Revier bleibt, besteht keine Notwendigkeit, sich übermäßig zu verausgaben«, sagt sie. »Aber wenn du wissen willst, ob ein Fremder aufgetaucht ist, kannst du den Schrei verstärken und ihn wissen lassen, dass dieser Platz schon besetzt ist; dann wird er hoffentlich verschwinden, bevor es zur körperlichen Auseinandersetzung kommt. Auf der Grundlage dieser individuellen Erkennung entscheiden Eulen, wie sie auf andere Eulen reagieren, die in der Nähe ihres Reviers schreien.«

Wie Eulen sich gegenseitig an der Stimme erkennen, ist noch weitgehend ein Rätsel. Allerdings gab es in jüngster Zeit neue Erkenntnisse; das lag an sorgfältigen Beobachtungen, aber auch an Methoden des maschinellen Lernens und der Informatik, mit denen man erklären wollte, wie der Schrei einer Eule die einzigartige Identität seines Urhebers vermitteln kann.

Der Verhaltensökologe Pavel Linhart von der Südböhmischen Universität in Budweis erforscht die stimmliche Kommunikation verschiedener Tiere von Ferkeln und Piepern bis zu Fitis und Eulen; er möchte herausfinden, welche Informationen ihr Schreien, Kreischen und Zwitschern über Körpergröße, Gefühlszustand und individuelle Identität vermittelt. Wenn Forschende die individuellen Stimmen studieren wollen, suchen und messen sie verschiedene akustische Aspekte der Rufe, darunter Dauer, Frequenz und sogenannte spektrale Merkmale – Tonqualität und »Färbung« einschließlich ihrer Veränderungen im Verlauf eines Rufes. Mit Algorithmen bauen sie dann ein System zur Klassifikation der Rufe auf. Damit können sie berechnen, wie viele einzelne »Signaturen« in einer bestimmten Population oder Spezies möglich sind und wie einfach oder schwierig es ist, einen Ruf auf der Grundlage solcher akustischen Merkmale einem Individuum zuzuordnen. Eulen zeigen insgesamt im Vergleich zu anderen Tieren nach Linharts Worten ein hohes Maß an Individualität. Was angesichts der Bedeutung der akustischen Kommunikation für ihr Leben auch plausibel ist.

Linhart und seine Mitarbeitenden haben eine interaktive Website eingerichtet, auf der sie die individuellen Lautäußerungen von Eulenarten wiedergeben, sodass jeder hören kann, wodurch sich die Individuen einer Spezies unterscheiden (hohe oder tiefe Schreie, Melodie, Rhythmus, glatte oder raue Tonqualität). Außerdem weist er darauf hin, dass die Rufe verschiedener Arten sich stark unterscheiden. Schleiereulen stoßen in der Regel als Revierruf ein breit gefächertes Krächzen aus, das sich von Vogel zu Vogel in der Tonhöhe unterscheidet und unterschiedlich abrupt endet. Bei anderen Eulenarten unterscheiden sich die Rufe einzelner Vögel in Melodie oder Frequenz (höhere oder tiefere Schreie). Bei Kreischeulen und der Eulengattung *Bubo* (zu der die europäischen Uhus und Virginiauhus gehören) ist der Rhythmus der Wiederholungseinheiten das charakteristische Merkmal. Die kompliziertesten Schreie kommen offenbar von Arten der Gattung *Strix* (Streifen-, Wald- und Pagodenkäuze): Sie umfassen mehrere Silbentypen, Modulation und Rhythmus sind höchst individuell. Der Preis für die stärkste Individualität der Revierrufe geht an die Waldkäuze.

Warum die Rufe bei manchen Arten individueller sind als bei anderen, ist nicht geklärt, aber Linhart glaubt, dass Arten mit komplizierteren Rufen eine stärkere Individualität vermitteln und dass solche komplizierten Rufe sich in der Evolution entwickelt haben, weil sie eine bessere individuelle Unterscheidung ermöglichen.

In jüngster Zeit hat Linhart die Variationen der Rufe von Steinkäuzen erforscht. Diese kleinen Eulen leben in offenem Gelände, auf Feldern, Weideflächen und steinigen Bergabhängen Westeuropas sowie im Osten bis nach Russland und im Süden bis nach Mali und Niger. In der Tschechischen Republik waren sie früher weit verbreitet. Heute gilt der Bestand als bedroht. »Für die tschechische Steinkauzpopulation gilt heute mehr als je zuvor, dass jeder einzelne Vogel wichtig ist«, erklärt Linhart. »Und mehr als je zuvor ist es für Überwachung und Naturschutz wichtig, dass wir die einzigartigen Lautäußerungen jedes einzelnen Vogels kennen.«

Da Steinkäuze sesshaft sind – sie wandern nicht – und über lange Zeit ein stabiles Revier besetzen, eignen sie sich ideal dafür, die Erkennung akustischer Signaturen zu studieren. In den letzten zehn Jahren hat Linhart zusammen mit seinem Kollegen Martin Šálek die Revierrufe der Käuze katalogisiert. Heute gehen die beiden zusammen mit der Doktorandin Malavika Madhavan der Frage nach, ob Steinkäuze, die dicht nebeneinander brüten, besonders charakteristische Revierrufe ausstoßen, weil sie für andere besser erkennbar sein müssen. Mit anderen Worten: Haben Individuen mit vielen Nachbarn individuellere Stimmen?

Die Arbeitsgruppe studierte verschiedene Regionen mit unterschiedlich dichten Steinkauzpopulationen. In Ungarn, wo die Männchen auf verstreut gelegenen Bauernhöfen leben, weitab von Nachbarn, haben die Revierrufe nach ihren Feststellungen eine geringere Individualität. Ist die Population dagegen dichter, sodass bis zu fünf Männchen in Abständen von weniger als 100 Metern an einer einzigen Stelle ihre Rufe austauschen, sind die Lautäußerungen charakteristischer und besser zu unterscheiden – wahrscheinlich soll damit die individuelle Erkennung innerhalb der Gemeinschaft verbessert werden.

Um deutlich zu machen, welche Unterschiede es in den Rufen der Steinkäuze gibt und wie schwierig es ist, sie zu erkennen, hat Linhart eine Reihe von Aufnahmen erstellt und online gepostet: Zuerst werden die Rufe von drei Männchen mit normaler Geschwindigkeit abgespielt, dann hört man dieselben Rufe mit einem Drittel der normalen Geschwindigkeit, sodass der Zuhörer die Nuancen erkennt und merkt, auf welch unterschiedliche Weise die einzelnen Vögel die Frequenzen ihrer Rufe modulieren. Außerdem hat Linhart ein Online-Spiel entwickelt, das mit demütigender Effi-

Steinkäuze

zienz zeigt, wie schwierig es ist, die verschiedenen Rufe einzelner Steinkäuze auseinanderzuhalten. Es ist ein Spiel nach dem Motto »Finde die Übereinstimmungen« mit 16 »Karten«, bei denen es sich um Audio-Knöpfe handelt. Jede Karte entspricht dem Ruf eines anderen Steinkauzes. Die Aufgabe besteht darin, zusammenpassende Rufe zu finden. Ich habe das Spiel immer wieder gespielt und jedes Mal entsetzlich versagt. Ich kann die Unterschiede in Frequenz und Tonhöhe der Lautäußerungen einfach nicht hören oder mich nicht daran erinnern. Seither bewundere ich umso mehr die Begabung der Eulen – und mancher Eulenexperten –, die geringfügigen Unterschiede zwischen den Rufen wahrzunehmen.

Wie Linhart mir erklärte, versagen die meisten Menschen in dem Spiel. Steinkäuze zeigen in ihren Rufen eine geringere Individualität als andere Arten. Die Lautäußerungen vieler Männchen sind sich sehr ähnlich. »Höchstwahrscheinlich hören die Eulen geringfügige Unterschiede in Tonhöhe, Frequenzmodulation oder Dauer, aber solche Details sind für uns nicht wahrnehmbar.« Außerdem hören die Rufe von Steinkäuzen sich häufig zu Beginn einer Lautsequenz anders an als am Ende – zuerst sind sie tiefer und langsamer, zum Ende hin schneller und höher; es ist, als würde das Männchen sich aufwärmen oder an Selbstvertrauen gewinnen. Und schließlich haben manche Steinkäuze variable Rufe, die möglicherweise vom Alter oder dem sozialen Umfeld abhängen. (Ältere Männchen rufen möglicherweise einheitlicher und lassen sich weniger von anderen rufenden Männchen einschüchtern.)

Allmählich fühle ich mich ein bisschen weniger gedemütigt.

Das Fazit lautet: Die charakteristischen Rufe einzelner Eulen zu unterscheiden, ist nicht einfach. Man muss dazu ein scharfes Gehör haben, Fachkenntnis besitzen und stundenlang zuhören. Auch ein musikalisches Gehör kann nicht schaden.

Als Karla Bloem die Rufe wilder Virginiauhus studieren wollte, hatte sie Glück: Marjon Savelsberg unterstützte sie ehrenamtlich bei ihren Beobachtungen. Savelsberg war ausgebildete Musikerin und auf Barockmusik spezialisiert, aber dann verliebte sie sich in die Rufe der Eulen. »Sie konnte die wilden Eulen großartig unterscheiden und auch sehr weit entfernte Dinge hören«, sagt Bloem. »Darin war sie großartig, ein echtes Genie. Ihr Bruder ist Raketenforscher. Sie ist etwas ganz Ähnliches in der Welt der Lautäußerungen von Eulen.«

In den letzten Jahren hat Savelsberg ihr Gehör auf die Beobachtung europäischer Uhus in ihrer niederländischen Heimat eingestellt. Ihre Entdeckungen werfen neues Licht auf einige Rätsel, die diese höchst scheuen Eulen umgeben, und auf die faszinierenden (und manchmal auch ein wenig skandalösen) Einzelheiten ihres Familienlebens.

DÄMMERLICHT ÜBER DEM riesigen Kalksteinbruch des Oehoevallei (Uhutal) nicht weit von Maastricht, einer alten römischen Stadt im Süden der Niederlande, die heute eine lebhafte Metropole ist. Rund um den Steinbruch dehnt sich eine grüne, hügelige Landschaft mit Eichen, Buchen, Obstbäumen und unzähligen verborgenen Wundern: Hier in der Kalk- und Graslandschaft gedeihen seltene Pflanzen und

Tiere, Orchideen und andere Wildblumen, aber auch die ungewöhnlichen Insekten, die von ihnen angelockt werden, darunter vom Aussterben bedrohte Schmetterlinge und 24 Arten von Libellen. Der Steinbruch geht auf das 13. Jahrhundert zurück: Damals entdeckte man, dass der Mergel, der gelbe Kalkstein der Region, sich gut zum Bau von Häusern eignet. Unter den hügeligen Gras- und Waldlandschaften liegt ein Netzwerk aus künstlich angelegten Höhlen und Tunnels, in denen Arbeiter früher Kalksteinblöcke abbauten. Wegen seiner besonderen Pflanzenwelt wurde der Steinbruch von der Naturschutzorganisation Natuurmonumenten zum Naturschutzgebiet erklärt. Während der Covid-19-Pandemie wurde der Ort zu einer Zuflucht für Stadtbewohner, die im Grünen ein ungefährliches Naherholungsgebiet suchten.

Aber heute ist es schon spät, Picknickgäste und Wanderer haben ihre Sachen zusammengepackt und kehren zu ihren Autos zurück. Im Steinbruch wird es ruhig. Es beginnt zu nieseln.

Dann plötzlich das tiefe Brummen eines kleinen Motors. Marjon Savelsberg rollt auf einem Elektromobil den Weg entlang bis zu einem verschlossenen Tor, hält an und öffnet mit einem Schlüssel. Sie fährt bis zu einer bestimmten Stelle und setzt dann ihr Elektromobil ins Gebüsch zurück. Die Luft ist von Kräuterduft geschwängert, »wie eine Küche voller Gewürze«, sagt sie. Sie holt ein Mikrofon und ein kleines Aufnahmegerät heraus und macht es sich für eine Nacht mit Beobachtungen und Tonaufnahmen gemütlich.

In ungefähr einer Stunde wird die Sonne untergehen, »genau die Zeit, wenn die Uhus lebendig werden«, sagt sie. »Sie wachen auf und verlassen ihre Sitzplätze; man kann sehen, wie sie die Flügel strecken und die Beine strecken und ihr Gefieder schütteln. Sie bleiben sitzen, während es langsam dunkel wird, und dann rufen oder fliegen sie. Ich sitze einfach hier im Gebüsch, wo sie mich nicht sehen können, und sehe zu und nehme auf.«

Anfangs ist alles still. Man hört nur das Prasseln des Regens, das hohe *Piep-Piep* der Geburtshelferkröten und gelegentlich den Ruf eines Kuckucks wie von der Uhr, die nach ihm benannt ist. Dann aber ertönt über uns in der abendlichen Luft ein tiefes, donnerndes *Uh-huu*. Und aus größerer Ferne ein weiterer tiefer, längerer Ruf: *Uuu-huu-huuuuu*. Zwei Männchen, und der Ruf des einen ist ein wenig höher als der des anderen. Savelsberg kann die beiden Individuen ohne Weiteres auseinanderhalten.

Auf Englisch heißt der Uhu *Eagle Owl* – »Adlereule«. Das lässt an ein mythisches Mischwesen denken, das halb Adler, halb Eule ist, und damit ist man auch nicht weit von der Wahrheit entfernt. Mit rund fünf Kilogramm und einer Flügelspannweite von fast zwei Metern reicht der Vogel in seiner Größe an den Riesenfischuhu heran, und seine Augen starren wie ein flammender Sonnenuntergang gebieterisch auf die gewöhnlichen Sterblichen hinab. Er ist der stärkste Jäger unter allen Eulen und kann praktisch alles fangen, was er möchte: Kaninchen, Gänse, Wasserhühner, Füchse, ja sogar Rehe. Er überrascht seine Beute, indem er dicht über dem Boden oder den Baumwipfeln fliegt, oder er greift mitten im Flug nach Vögeln und Fledermäusen. Außerdem ist er berüchtigt dafür, dass er seine Greifvogelvettern frisst – Falken, Bussarde und andere nächtliche Räuber. Manchmal sucht er systematisch Felsspalten ab und holt einen Habicht oder Baumfalken von seinem nächtlichen Sitzplatz. »Wir haben in ihren Nestern Markierungsringe von Wanderfalken gefunden«, sagt Savelsberg, »aber auch die Überreste von Blässhühnern, Gänsen und Waldohreulen. Die fressen einfach alles.« Sogar einen Igel vertilgen sie, nachdem sie die stachelige Haut abgezogen haben.

Was Kraft und Wildheit angeht, hat dieser Vogel nicht seinesgleichen, und doch lässt er, wie Savelsberg erklärt, ein außerordentliches Maß an Zärtlichkeit erkennen. Als sie zum ersten Mal einen jungen Uhu in der Hand hatte, um ihn zu vermessen, zu wiegen und zu beringen, fielen ihr seine Beine auf. »Ich hatte mir nie Gedanken darüber gemacht, wie ein Eulenbein sich anfühlt«, sagt sie. »Über solche Dinge denkt man nicht nach. Aber schon wenn sie sehr jung sind, erst vier Wochen alt, und eigentlich noch nicht gehen oder fliegen können, sind die Beine bis hinauf zum Hüftgelenk groß und robust. Das sind die reinen Muskeln, mit Samt bedeckte Muskeln, und sie sind weich und stark zur gleichen Zeit. Das macht für mich diesen Vogel aus: Er ist unglaublich weich und stark. Man sieht, wie die großen Mütter, die zwei, drei oder vier Kilo wiegen, sich um die kleinen Küken von knapp 50 Gramm kümmern. Ihre Zärtlichkeit ist großartig, und doch töten sie mit denselben Füßen auch Kaninchen, ohne zu zögern.«

UHUS HABEN EIN riesiges Verbreitungsgebiet. Es erstreckt sich über mehr als 30 Millionen Quadratkilometer von Westeuropa bis in den Fernen Osten. Das liegt vorwiegend daran, dass sie sich an die unterschiedlichsten Klimaverhältnisse, Lebensräume und Höhenlagen anpassen können. Dennoch hat der von Menschen ausgehende Druck – Jagd, Vergiftung, Lebensraumzerstörung, Zusammenstöße mit Autos, Eisenbahnzügen und Hochspannungsleitungen – seinen Tribut gefordert: Im 20. Jahrhundert ist die Zahl dieser großartigen Vögel geschrumpft.

»In meinem Land war der Uhu über 100 Jahre lang verschwunden, ausgerottet durch Verfolgung und Jagd«, sagt Savelsberg. In mehreren europäischen Ländern ist die Zahl so weit gesunken, dass man in Deutschland in den 1970er-Jahren ein umfangreiches Wiederansiedlungsprogramm organisierte. Es war so erfolgreich, dass die Vögel inzwischen auch wieder in die Niederlande eingewandert sind. In der Provinz rund um Maastricht leben heute 23 Paare.

Das erste dieser Uhu-Brutpaare wurde 1997 in dem Steinbruch bei Maastricht entdeckt. Die Vögel nisten gern an geschützten Felsvorsprüngen, in Felsspalten oder in Höhleneingängen; deshalb legte Natuurmonumenten in den Wänden des Steinbruchs eigene Vertiefungen für den Nestbau an. »Dort kommt nichts an das Nest heran, deshalb sind es großartige Stellen«, sagt Savelsberg. »Im Sommer wird es dort heiß, aber das macht den Weibchen offenbar nichts aus. Die Männchen sitzen immer an der gegenüberliegenden Wand des Steinbruchs und behalten alles im Auge.« Heute leben drei Brutpaare in dem Steinbruch – was aber nur bekannt ist, weil Savelsberg ein scharfes Gehör hat und die Vögel anhand der geringfügigen Unterschiede zwischen ihren Rufen auseinanderhalten kann.

Ein Uhuweibchen im Oehoevallei

Die Überwachung dieser Vögel ist allen Berichten zufolge äußerst schwierig. Die Spezies ist nachtaktiv und aufgrund ihres Tarngefieders nur schwer zu sehen; außerdem gibt es kaum sichtbare Unterschiede zwischen den Geschlechtern. Der Schlüssel ist deshalb eine genaue Kenntnis ihrer Rufe.

EINE WISSENSCHAFTLICHE ARBEITSGRUPPE aus Frankreich analysierte 2008 die Lautäußerungen einer kleinen Uhupopulation, die im Loiretal brütete. Dabei stellte sich heraus, dass die Rufe beider Geschlechter individuell unterschiedlich waren und dass man neue Kenntnisse über den Bestand gewinnen konnte, wenn man die verschiedenen stimmlichen Äußerungen untersuchte und damit die Eulen überwachte.

»Die Tonhöhe oder Frequenz sagt viel über das Geschlecht aus«, sagt Savelsberg. »Aber wenn man wissen will, was man eigentlich hört, wenn eine Eule ruft, muss das Gehör die Tonhöhe wahrnehmen, und das Gehirn muss sich daran erinnern; für mich ist das etwas ganz Normales.«

»Die Lautäußerungen von Uhus sind Musik in meinen Ohren«, sagt sie. »Natürlich enthalten sie nicht die melodischen Variationen vieler Singvögel, aber sie haben durchaus ein Repertoire. Kennst du ›Continuum‹ von György Ligeti? Das ist ein Stück für Cembalo, und durch die kleinen Intervalle und Variationen ergibt sich eine atemberaubende musikalische Spannung. Mit den Lautäußerungen der Uhus ist es genauso. Oft bestehen zwischen den Rufen nur geringfügige Unterschiede, aber sie sind da und lassen mich staunen. Sie haben die gleiche Wirkung wie Musik.«

Wie Bloem, so hatte auch Savelsberg eigentlich nicht vor, Eulen zu studieren. Sie ist in klassischer Musik ausgebildet, hat bei Mitgliedern des Johann-Strauss-Orchesters studiert und wollte eigentlich professionelle Blockflötenspielerin werden. Aber unmittelbar vor ihrer Abschlussprüfung im Konservatorium bekam sie eine Erkrankung der Atemwege und der Muskulatur, sodass sie das Instrument nicht eine Stunde lang spielen konnte, wie es verlangt wurde. Also musste sie einen anderen Weg einschlagen.

»Die Musikerlaufbahn musste ich aufgeben«, sagt sie. »Nun ja, jedenfalls konnte ich körperlich keine Musikerin sein. Hier oben« – sie tippt sich an den Kopf – »bin ich für alle Zeiten Musikerin.« Eine Zeit lang machte sie eine Umschulung zur Lehrerin und unterrichtete kleine Kinder mit Behinderungen, aber auch das musste sie aufgeben, weil ihr Zustand sich verschlechterte. Die Ärzte sagten ihr, sie leide an einer idiopathischen Kardiomyopathie – einer Erkrankung des Herzmuskels, durch die das Herz nur mit Mühe das Blut durch den Organismus pumpen kann. Deshalb habe sie vermutlich höchstens noch zehn Jahre zu leben. »Das war heftig. Ich war jahrelang deprimiert«, erinnert sie sich. »Aber dann habe ich gesagt, na gut, noch bin ich da. Also sehen wir mal, was ich tun kann.«

»Die Natur hatte mich immer fasziniert«, sagt sie. »Schon als kleines Kind besaß ich einen kleinen Wagen, angeblich für meine Puppen. Aber einmal in der Woche hat meine Mama ihn umgedreht, und dann fielen Federn und Kiesel und anderes Zeug heraus, was ich gesammelt hatte.« Sie stieß auf eine Webcam, die von der Dutch Little Owl Working

Group betrieben wurde. Die niederländische Organisation suchte nach Zuschauern, die mit der Webcam die von einem Steinkauzpaar ins Nest gelieferte Beute dokumentierten. Sie meldete sich an und half bei der Beobachtung. Später, im Jahr 2012, entdeckte sie die Webcam für die Erforschung der Lautäußerungen von Uhus am International Owl Center, und nun wurde sie auch bei diesem Projekt zu einer führenden Beobachterin.

»Sie war so wissbegierig«, sagt Bloem. »Sie hat von Anfang an die Literatur studiert und die Spektrogramme der Lautäußerungen analysiert und ist wirklich in jeder Hinsicht zu einer Partnerin geworden.«

»Die Spektrogramme zu lesen, hat mich sehr interessiert, denn das sind wirklich die Musikpartituren der Natur«, sagt Savelsberg. »Sie sind fast wie Notenblätter: Dort sind die oberen Töne die Sopranstimme und die unteren die Bassstimme, und die Form der Note sagt etwas darüber aus, wie lange der Ton dauert. In den Spektrogrammen ist es grundsätzlich das Gleiche. Beides sind grafische Darstellungen von Geräuschen. Als Musikerin habe ich oft im Zug gesessen, Partituren gelesen und die Violinen oder andere Instrumente vor meinem inneren Ohr gehört. Das Gleiche mache ich jetzt mit den Spektrogrammen, mit den Lautäußerungen von Vögeln, von Rotkehlchen, Nachtschwalben, Eulen. Ich brauche ihre Lieder und Rufe gar nicht mehr zu hören. Ich weiß, wie sie im Spektrogramm aussehen, und höre sie im Kopf.«

Von ihrer Neugier getrieben, besuchte Savelsberg den Steinbruch in der Nähe von Maastricht. Sie wollte auch dort die Uhus hören. Dass sich ein Paar an der Stelle aufhielt, wusste sie, aber sie hatte die Vögel nie gesehen und fragte sich, ob sie so ähnlich klangen wie die Virginiauhus. Es war für sie der Beginn einer neuen Laufbahn.

»Ich bin von einer Holzflöte zu einem tragbaren Recorder und einem Richtmikrofon gekommen«, sagt sie. »Weit gehen konnte ich nicht, also habe ich mir ein Elektromobil besorgt und bin damit jede Nacht in den Steinbruch gefahren, um Tonaufnahmen zu machen.«

Eines Nachts sah sie ein Förster von Natuurmonumenten und fragte sie, was sie dort im Dunkeln mache. »Ich habe ihm gesagt: ›Ich bin so eine Art Eulenfan und nehme hier ihre Lautäußerungen auf, und tagsüber schreien sie eigentlich nicht.‹ Darauf hat er geantwortet: ›Dann fragen Sie doch unsere Ökologin.‹« Was sie tat. Heute gilt sie als Expertin für Uhus und ihre Lautäußerungen, und in enger Zusammenarbeit mit den Ökologieexperten des Parks beringt sie die Eulen und überwacht den Bestand.

»Unglaublich«, sagt sie. »Von dem Augenblick an durfte ich in Gebiete gehen, die für alle anderen verboten waren. Ich hatte plötzlich wieder Kollegen, und für die war ich viel mehr als nur eine Frau mit einer Behinderung. Nachdem ich die aktive Musik aufgeben musste, war ich ungeheuer deprimiert. Es war die Leidenschaft meines Lebens gewesen. Zehn Jahre konnte ich keine Musik mehr hören. Ich konnte es einfach nicht – es hat weh getan. Und dann habe ich diese Arbeit entdeckt, und mir wurde klar, dass ich immer noch Musikerin bin. Alles, was ich gelernt habe, meine ganze Begabung kann ich immer noch nutzen, nur auf andere Weise. Mit meiner Begeisterung für Klänge kann ich viel für diese Spezies erreichen.«

NAHEZU UNSICHTBAR INS Gebüsch gekauert, sitzt Savelsberg in dem Steinbruch und lauscht in die Dunkelheit.

Männliche und weibliche Uhus stoßen tiefe, klangvolle, dröhnende, zweisilbige Revierrufe aus, ein lautes *uuuu* und ein tieferes, absteigendes *huuu*. Die Töne folgen aber oft so dicht aufeinander, dass sie sich wie ein einziger, gebundener Ruf anhören, der sich ungefähr alle zehn Sekunden wiederholt. »Sie sitzen beim Singen an einer erhöhten Stelle«, sagt Savelsberg. Während sie singen, plustern sie sich auf und lassen ihren kleinen, weißen, rechteckigen Halsfleck sehen, der vermutlich ein Signal für den körperlichen Zustand des Männchens ist. Das Männchen mit dem hellsten Fleck hat oft das beste Revier, und möglicherweise rufen die Eulen auf der Grundlage dieses Status auch in einer strengen Hierarchie. Hier liegt einer der Gründe dafür, dass Eulen Ultraviolettlicht sehen können. Die weißen Federn am Halsfleck reflektieren Ultraviolett und erscheinen anderen Uhus dank ihrer Fähigkeit, dieses Licht zu erkennen, weißer und heller. Ganz ähnliche Flecken tragen auch Jungvögel, allerdings im Mund – sie sind nur sichtbar, wenn die Kleinen den Schnabel aufsperren und um Futter betteln. Beide Flecken leuchten hell auf – am Hals helfen sie dem ausgewachsenen Uhu, eine Partnerin anzulocken oder einen Rivalen vor dem Eindringen ins Revier zu warnen, und im Mund helfen sie den Jungvögeln, den Eltern einen Leckerbissen abzunehmen. Der Halsfleck dürfte auch der Grund sein, warum diese Eulen vorwiegend in der Abenddämmerung rufen: Das Zwielicht verstärkt den visuellen Kontrast des weißen Flecks.

Die Lautäußerungen der europäischen Uhus ähneln denen der Virginiauhus und anderer Arten – sie heulen, krächzen, zwitschern, werben und betteln. Aber wenn man einem Uhunest zu nahe kommt, so erklärt Savelsberg, hört man einen Schrei, der bei dieser Eulenart einzigartig ist und einem die Nackenhaare sträubt: ein beängstigendes, raues »Teufelskrächzen«, das sich wie ein Lachen anhört. Es dient den Eulen manchmal als Alarmruf. »Ich glaube allerdings, dass es auch noch andere Bedeutungen hat«, sagt sie. Unter anderem hat sie beobachtet, wie Weibchen im Herbst, wenn die Jungvögel abwanderten, 45 Minuten hintereinander das Teufelskrächzen hören ließen. Außerdem hat sie einige Lautäußerungen aufgezeichnet, die in der Literatur bisher noch nicht beschrieben waren, darunter ein Kontaktruf, den sowohl Männchen als auch Weibchen nutzen, um in Verbindung zu bleiben.

Früher hätte Savelsberg ein 30 Kilo schweres Batteriepaket mitschleppen müssen. Heute ist die Ausrüstung leichter und lässt sich mit ihrem Elektromobil einfacher transportieren. Sie stellt winzige Aufzeichnungsgeräte in belebten Teilen des Steinbruchs auf und befestigt sie unter Blättern, sodass kein anderer sie findet. Dann fährt sie herum – ihr Elektromobil poltert die Hügel hinauf und hinunter, während sie im Dunkeln die Aktivität der Eulen verfolgt.

Dass sie nachts im Steinbruch allein ist, beunruhigt sie nicht. »Die Leute sagen immer: ›Ach, ich würde es nicht wagen, nach Einbruch der Dunkelheit dorthin zu gehen.‹ Aber ehrlich gesagt, ist das für mich eine zweite Heimat.« Einmal ist sie tatsächlich im Dunkeln jemandem begegnet – ein Mann kletterte ganz in der Nähe der Stelle, an der sie saß, die senkrechte Felswand hinauf. »Aber der hatte vor mir mindestens ebenso viel Angst wie ich vor ihm – vielleicht sogar noch mehr.«

Nur ein einziges Mal verlor sie Ausrüstungsgegenstände durch Diebstahl, aber die Diebe waren keine Menschen.

Sie hatte in einem abgelegenen Winkel des Steinbruchs ein Eulenpaar beobachtet. »Die beiden hatten ein recht kleines Revier, deshalb konnte ich nahe ans Nest kommen«, sagt sie. »Ich habe eine Stelle gefunden, von der ich sie beobachten konnte, ohne sie zu stören. Ich habe stundenlang zugesehen, was da ablief. Sogar die kleinen Eulen, die gerade aus dem Ei geschlüpft waren, konnte ich hören. Es war fantastisch.«

Eines Tages entschloss sie sich, ihre Aufzeichnungsgeräte an Ort und Stelle zu lassen. Am nächsten Tag wollte sie alles wieder abholen. »Es war alles weg, außer dem Stativ. Mikrofon weg, Mikrofonhülle weg, Kabel weg, Powerbank weg, Recorder weg. Ich habe gedacht: ›Oh nein, alles gestohlen‹, und bin ganz traurig weggegangen. Aber in den Tagen danach hat irgendetwas in mir rumort. Warum sollte jemand das Stativ stehen lassen?

Nach ein paar Wochen bin ich wieder zu der Stelle gegangen, und unter dem Lieblingssitzbaum der Eulen sah ich im Gebüsch ein Paket hängen, das wie mein Recorder und meine Powerbank aussah, alles noch in Folie eingewickelt. Das Mikrofon war aus 40 Metern Höhe aus dem Baum auf die Wand des Steinbruchs gefallen, nur die Mikrofonhülle war weg.« Ehrlich gesagt, so erklärt sie, sieht die flauschige Mikrofonhülle ganz ähnlich aus wie ein pelziges Nagetier. »Ja, aber diese Halunken haben meine Ausrüstung gestohlen, also habe ich sie auf die Namen Bonnie und Clyde getauft. Heute stelle ich meine Aufnahmegeräte oft unter einen Regenschirm, aber der bietet keinen großen Schutz. Die kleinen Eulen springen auf den Schirm und zerreißen ihn. Was ich vorfinde, ist jedes Mal eine Überraschung!«

Savelsberg nimmt die kleinen Speicherkarten aus ihren Recordern, steckt sie zu Hause in ihren Computer und analysiert die Aufnahmen. Sie hat eine Geräuschanalysesoftware namens Kaleidoscope darauf trainiert, die Rufe der Uhus in den Aufnahmen zu erkennen. »Am Anfang hat sie auch Rasenmäher, Fußball spielende Kinder oder den Ruf eines Kuckucks ›erkannt‹«, sagt sie. Noch heute lässt sich die Software durch das *kuckuck, kuckuck* des Kuckucks täuschen. Aber sie arbeitet ihre Aufzeichnungen – eine Riesenmenge von acht Terabyte pro Jahr – systematisch durch, trennt die Lautäußerungen der Eulen ab und ordnet sie einzelnen Tieren zu. Dann setzt sie die Lautäußerungen in Beziehung zu den Verhaltensweisen, die sie beobachtet hat.

»Das Tolle an der Erkennung individueller Stimmen und der akustischen Überwachung ist, dass man zählen kann, wie viele Eulen dort leben«, sagt sie. »Wenn eine Eule verschwindet und eine neue hinzukommt, hört man das, und man sieht es im Spektrogramm. Damit hat man einen wissenschaftlichen Beweis und kann bestätigen, was man zu hören glaubt.

Es ist eine sehr lohnende Methode, um Eulen zu überwachen. Wenn man die einzelnen Stimmen kennt, kann man sie genau verfolgen, ohne dass man die Vögel einfangen und mit Sendern ausstatten muss, das heißt, man muss sie nicht stören und ihnen keinen Stress verursachen. Man geht einfach hin, stellt die Mikrofone auf und hört zu. Bei der Aufzeichnung muss man nicht einmal anwesend sein. Man verfolgt einfach die Töne der Eulen in ihrer natürlichen Umwelt und bei ihrem natürlichen Verhalten.«

Zeit, Geduld und musikalisches Gehör – das ist ein Rezept, um tiefe Einblicke in die Lebensweise der Eulen im Tal zu gewinnen; man erfährt, wo die Grenzen ihrer Reviere liegen, von welchen Stellen aus die Männchen sich gegenseitig nachts etwas zurufen, und wo sie sich niederlassen, jagen und Nester bauen. Und natürlich lernt man die Größe ihrer Population und ihr Familienleben kennen.

Bevor Savelsberg auf der Bildfläche erschien, wusste man nur von einem einzigen Uhupaar, das in dem Steinbruch lebte. Heute erkennt sie die einzelnen Vögel aller drei Paare an ihren Rufen; sie weiß, wo ihre Reviere liegen, und hat ihnen Namen gegeben, die sie in ihren Vorträgen benutzt (in der Datenaufzeichnung werden sie mit Zahlen bezeichnet). »Da es sich um einen Steinbruch handelt, ist die Familie Feuerstein das Thema«, sagt sie. »Wir haben Betty und Barney, Fred und Wilma, Pebbles und Bamm-Bamm.«

Mit ihren Entdeckungen über die Eulen, ihre Reviere und ihre Paarbindungen hat sie einige alte Vorstellungen vom Verhalten europäischer Uhus über den Haufen geworfen. Früher glaubte man, die Paare würden das ganze Leben zusammenbleiben. Das stimmt nicht. »Ihre wechselnden Beziehungen zu verfolgen, ist das Tollste, was man durch die individuelle Erkennung erreichen kann«, sagt Savelsberg.

Eine Scheidung hat in der Vogelwelt definitionsgemäß stattgefunden, wenn ein brütendes Individuum sich mit einem neuen Partner zusammentut, während der frühere Partner noch am Leben ist. Einer Studie an Schleiereulen zufolge findet sie statt, wenn die Brut bei einem Paar nicht gut verläuft, sodass neue Paarbeziehungen sowohl dem Partner als auch der Partnerin nützen. Über die Scheidung bei Uhus weiß man noch nicht viel. Savelsberg entdeckte, dass die Vögel in dem Steinbruch ihre Partner ebenso häufig wechseln wie Virginiauhus.

»Leider ist Bamm-Bamm im August eines Jahres gestorben, sodass Pebbles allein war, und dann hat sie gerufen. Im Dezember hatte sie einen neuen Partner gefunden. Er ist bei ihr eingezogen, und – ich habe fast meinen Ohren nicht getraut – es war Barney! Der hatte Betty verlassen und lebte nun mit Pebbles zusammen; die beiden bekamen auch Junge. Am Ende der Brutsaison, als die Jungtiere sich verteilten, verschwand Pebbles – sie hatte nur ein Jahr mit Barney zusammengelebt. Also hat der arme Barney gerufen und gerufen, und wer kam wenig später zu ihm? Betty. Sie hatte Fred verlassen und lebte jetzt wieder bei Barney. Danach dauerte es nicht lange, bis Fred für sich eine Wilma gefunden hatte.

Wenn du auf Seifenopern aus bist, brauchst du nur zu lernen, Uhus an ihrer Stimme zu erkennen«, sagt sie.

Savelsbergs Befunde über die Uhus und ihre Erkenntnisse über einzelne Eulen fließen in ein Projekt zur Entwicklung einer besonderen Software und neuer Algorithmen zum Maschinenlernen ein, wie sie beispielsweise Linhart nutzt, um die charakteristischen individuellen Lautäußerungen bei verschiedenen Tierarten nachzuweisen. Das Projekt unter Federführung des niederländischen Naturalis Biodiversity Center nutzt die Hör- und Rechenfähigkeiten von Maschinen, um die Stimmen einzelner Tiere und die von ihnen unter verschiedenen Bedingungen ausgestoßenen Geräusche zu analysieren. Savelsberg liefert dem Forschungszentrum die Daten von Individuen, die unter verschiedenen Bedingungen (Wind, Regen, raschelnde Blätter an Bäumen) ihre Laute äußern, damit die Programme getestet werden können. Das Ziel besteht darin, neue Kenntnisse über die Rätsel der Lautäußerungen von Tieren zu gewinnen und mithilfe der akustischen Signaturen einzelner Tiere – darunter auch Eulen – Populationen zu überwachen, wie auch Savelsberg es tut. Das Ganze ist potenziell ein leistungsfähiges Hilfsmittel des Naturschutzes.

IN IHREN NÄCHTEN im Steinbruch hat Savelsberg auch andere aufschlussreiche Erkenntnisse über die sozialen Interaktionen der Uhus gewonnen. Anders als man früher geglaubt hatte, verscheuchen Eltern ihre Jungen am Ende der Brutsaison nicht. Die Jungvögel bleiben manchmal noch monatelang in der Nähe. In einem solchen Entwicklungsverlauf – eine lange Jugend vor der Unabhängigkeit von den Eltern – sehen manche Forschenden bei Vögeln eine Voraussetzung für Intelligenz.

Noch überraschender war, dass Savelsberg beobachten konnte, wie ein ausgewachsenes Uhupaar einen sechs Monate alten Jungvogel adoptierte, der überhaupt nicht mit ihnen verwandt war. Die beiden hatten ihr eigenes Junges im Alter von zehn Wochen verloren. »Der Jungvogel stammte von einem anderen Paar, das ihn nicht mehr fütterte, und hat den Weg zu einem benachbarten kinderlosen Paar gefunden«, sagt Savelsberg. »Seine Geschwister waren auf die gegen-

Junge Uhus

überliegende Seite des Steinbruchs gezogen, aber diese junge Eule wanderte immer näher zu dem anderen ausgewachsenen Paar. Plötzlich saß sie mitten in deren Revier. Ich habe gedacht: ›Bist du verrückt?‹ Dann hat sie mit dem Bettelruf begonnen: *raah, raah*. Und das Paar hat den Jungvogel gefüttert! Ich habe meinen Augen nicht getraut. Drei Wochen bin ich jede Nacht hingegangen und habe einfach dort gesessen und zugesehen, wie das Weibchen gekommen ist und ihn gefüttert hat.«

So etwas widerspricht der Intuition, aber in Wirklichkeit ziehen Vögel vieler Arten Junge groß, die nicht ihre eigenen sind. Das gilt insbesondere, wenn sie in Gefangenschaft brüten oder kooperative Brüter sind (das heißt, dass sie ihre Jungen gewöhnlich gemeinsam versorgen). Bei wilden Eulen ist ein solches Verhalten dennoch ungewöhnlich. Junge Schleiereulen wechseln bekanntermaßen das Nest, wenn sie von ihren eigenen Eltern nicht genügend zu fressen bekommen, und oft werden sie in der Adoptivfamilie aufgenommen. Der Eulenforscher Sumio Yamamoto berichtete kürzlich über einen Riesenfischuhu, der mithalf, ein fremdes Junges großzuziehen. Der biologische Vater des Jungvogels war verletzt, und das Männchen, das nicht mit ihm verwandt war, »kannte entweder die Verletzung des ursprünglich ansässigen Männchens oder hatte sie sogar verursacht«, sagt Yamamoto. Jedenfalls fütterte das fremde Männchen den Jungvogel, trug zu seiner Versorgung bei und festigte damit möglicherweise seine Paarbindung zu dem im Nest ansässigen Weibchen.

Manchmal adoptieren Eulen tatsächlich Waisen, wenn sie ihre eigenen Jungen verloren haben. So war es anscheinend auch bei diesen Uhus. Es ist dennoch ein bemerkenswertes Verhalten. »Wenn du vier eigene Junge hast, und dann erscheint ein fünftes auf der Bildfläche, kann ich mir vorstellen, dass es aufgenommen wird«, sagt Savelsberg. »Aber wenn du keine eigenen Nachkommen hast, und das schon seit zweieinhalb Monaten, weil deine es nicht geschafft haben, und dann kommt dieser große Jungvogel und bettelt – dann fütterst du ihn?«

Eulen richten sich nicht nach unseren Erwartungen. Sie zeigen uns, dass ihr Familienleben – ihre Paarbindungen und deren Auflösung, ihr Elternverhalten und die Brutpflege – weitaus reichhaltiger und komplizierter sind, als wir geglaubt hatten. Manchmal kann man es nur sehen, wenn man zuhört.

5

Wie man eine Eule macht

Balz, Paarung und Brüten

Junge Kalifornienzwergkäuze, einen oder zwei Tage nachdem sie das Nest verlassen haben

Ein schöner Junimorgen auf einer Farm in Linville, Virginia. Der Himmel ist blau, das Gras ist grün, und überall nisten Vögel: Hüttensänger und Sumpfschwalben in Nistkästen, Wanderdrosseln in einem Kirschbaum voller reifer Früchte, und tief in den hängenden Zweigen einer großartigen grünen Trauerweide sitzen Gartentrupiale in ihrem tropfenförmigen Nest, das sie aus getrocknetem Gras perfekt geflochten, mit weichem Pflanzenmaterial und Federn ausgepolstert und mit

Junge Schleiereulen in einem Silo auf der Farm von Linville

drei großen Jungvögeln ausgestattet haben. Das Nest ist vom Licht gesprenkelt und schwingt im Wind sanft hin und her. Von den Zweigen über ihnen ertönt das hohe Pfeifen und gelegentlich ein *psssht* der Mutter. Ein junger Braunkopf-Kuhstärling ist bereits aus seinem kleinen Nest abgeflogen. Als seine Mutter, ein Brutparasit, ihr Ei dort abgelegt hat, hat sie eine gute Wahl getroffen.

Den Weg hinauf, in einer Scheune aus der Zeit des Bürgerkrieges, nistet eine Familie von Schleiereulen unter ganz anderen Bedingungen: Sie sitzen im schwachen Licht auf dem harten Fußboden des alten Silos, die Wände sind mit weißen Exkrementen bedeckt, auf dem Boden liegen mehrere Zentimeter hoch schmuddelige schwarze Eulengewölle, nennenswertes Material für den Nestbau gibt es nicht.

Es fällt schwer, sich nicht über die so unterschiedlichen Kinderstuben zu wundern. In Wirklichkeit ist das hier aber eine hervorragende Heimat für Eulen. In diesem Silo nisten Schleiereulen mindestens seit 25 Jahren, vermutlich auch noch länger. Derzeit sitzen fünf Jungvögel zusammengedrängt auf dem Fußboden, kreisen mit den Köpfen und zischen. Der jüngste ist nur ein Bündel aus weichen weißen Daunenfedern und sieht aus wie zwei große aneinanderklebende Flauschbälle. Drei sind im Übergang begriffen, an ihnen hängen noch Stücke des Daunengefieders. Der fünfte hockt auf einem Wandvorsprung über den anderen und blickt mit vollem Gefieder und voller Unternehmungslust in die Welt wie ein Wasserspeier mit herzförmigem Gesicht. Das älteste der sechs Jungtiere ist bereits flügge, hat den Weg in 15 oder 20 Meter Höhe auf die Oberseite des Silos gefunden und ist von dort in die Welt gestartet. Es wirkt fast wie ein Wunder.

Was muss geschehen, damit eine junge Eule entsteht? Das ist das Geheimnis und das Ziel, für das alle Eulen leben. Die verschiedenen Arten erfüllen die Aufgabe jeweils auf ihre eigene Weise, aber für alle ist es harte Arbeit mit schlechten Erfolgschancen. Und für alle beginnt es damit, dass sie einen Partner oder eine Partnerin finden müssen.

Rufen, pfeifen, klatschen – alles wegen der Liebe

Der Pattee Canyon im Westen von Montana: Bis zum Sonnenaufgang wird es nicht mehr lange dauern, aber jetzt, Ende März, ist es noch kalt und dunkel. Im Larch Camp, einem wunderschönen Mischwald aus Gelbkiefern, Lärchen und Tannen, sitzt Steve Hiro am Fuß eines Baumes und lauscht in die Dunkelheit. Fünf oder sechs Meter über ihm, in einer winzigen Höhlung im Stamm, befindet sich ein Eulennest. Aus der Dunkelheit dringt das sanfte Trillern und ein einzelner Pfiff einer Eule – ein Männchen, das kann Hiro hören. Dann ist alles still. Einen Augenblick später antwortet das Weibchen mit einem kreischenden doppelten Pfeifen in höherer Tonlage. Stille. Wenige Minuten später wieder der gleiche Austausch.

Das sind nicht die »Werbungsrufe« eines Vogels, der nach einer Partnerin sucht. Zwischen diesen beiden besteht bereits eine Bindung. Das sanfte Rufen und Krächzen ist eine »nette Unterhaltung«, wie Hiro es nennt, ein leises, intimes Zwiegespräch eines bereits aneinander gebundenen Paares von Kalifornienzwergkäuzen. Es ist das Ergebnis eines langen, rätselhaften Balzrituals, das Hiro gern genauer kennenlernen möchte; er möchte alle Geheimnisse zweier Eulen verstehen, die zusammentreffen und die nächste Generation ihrer Spezies hervorbringen: Wie finden sie sich zu Paaren zusammen, welche Unterhaltungen führen sie, wie wählen sie in gemeinsamer Arbeit einen Nistplatz aus, und wie ziehen sie letztlich ihre Jungen groß? Um ihr Balzverhalten zu verstehen, lauscht er den Vögeln in der Dunkelheit und verfolgt dann die Entwicklung der Paarbindung anhand ihrer Lautäußerungen.

Als Hiro 2009 mit seinen Forschungsarbeiten an den Kalifornienzwergkäuzen begann, wusste man so gut wie nichts darüber, wie die Eulen balzen und Paare bilden, oder auch nur, wann sie damit beginnen. »Wir haben gedacht, diese Eulen würden sich im April zu Paaren zusammentun«, sagt er. »Aber dann bin ich immer früher im Jahr in den Wald gegangen, habe ihnen zugehört und bin ihnen gefolgt. Dabei habe ich festgestellt, dass sie schon im Februar Partnerwerbung betreiben.«

Kalifornienzwergkäuze sind kleine braune Waldeulen mit rundem Kopf, scheue Einzelgänger und in der Regel still; nur zur Paarungssaison werden ihre Lautäußerungen lebendig. Ihr Revierruf ist im Vergleich zu dem anderer Eulen musikalischer. Als Theodore Roosevelt und der Naturforscher John Burroughs ihn zum ersten Mal hörten, mochten sie nicht glauben, dass der »seltsam un-eulenhafte Schrei« tatsächlich von einer Eule kam. Burroughs schrieb: »Es war ein Geräusch, wie ein Junge es macht, wenn er in den Hals einer leeren Flasche bläst.«

Der erste Kalifornienzwergkauz, den ich zu Gesicht bekam, flog heran und ließ sich hoch oben auf dem Zweig einer Kiefer nieder. Der stämmige kleine Vogel war nicht größer als eine Ammer; wie ein Knoten saß er auf dem Ast und war nur mit dem Spektiv zu sehen, aber offensichtlich war er sehr stimmgewaltig: Bei jedem rollenden Ton blähte er seinen Hals auf. Mary Oliver schreibt: »Nicht die Größe, sondern das Anschwellen sagt uns, ob wir es mit etwas Echtem zu tun haben.«

Später stand ich einem Kalifornienzwergkauz fast von Angesicht zu Angesicht gegenüber: Er schrie und trällerte nur wenige Meter entfernt auf einer Kiefer. Ich wurde auf ihn durch eine Welle spöttischer Alarmrufe und die hektische Aktivität einer Gruppe von Kleibern und Meisen aufmerksam. Dies ist immer eine gute Methode, wenn man eine Eule ausfindig machen will. Man muss nach dem Alarmruf von Rotkehlchen, Kleibern und Meisen lauschen. Die kleinen Vögel haben allen Grund, sich aufzuregen. Der Kalifornienzwergkauz ist ein wilder Jäger und verschmäht Singvögel nicht. Häufig fängt er auch Vögel und Säugetiere, die doppelt so groß sind wie er selbst; selbst größere Vögel wie Seidenschwänze, Haarspechte und Spornammern sind vor ihm nicht sicher. Sogar mit Backen- und Eichhörnchen nimmt er es auf.

Warum diese Eulen als »starrende Zwerge« bekannt sind, ist leicht zu erkennen. Sie starren sogar von hinten – so scheint es jedenfalls. Der Kalifornienzwergkauz trägt auf dem Rücken zwei dunkle, mit weißen Ringen eingerahmte, gefiederte Augenflecken, und diese »falschen Augen« wirken durchaus überzeugend. Jahrelang glaubte man, sie hätten nur die Aufgabe, natürliche Feinde zu verwirren, neuere Forschungsergebnisse lassen aber darauf schließen, dass sie auch lästige Singvögel abschrecken sollen.

Aber was man über die Wildheit dieser Eulen auch sagen mag, niemand kann ihnen vorwerfen, sie seien zu ihren Partnern und Partnerinnen nicht zärtlich.

Im Spätwinter, zu Beginn der Paarungssaison, lassen die Männchen von einem hochgelegenen Sitzplatz aus ihr seltsames, lautes, sich wiederholendes Rufen hören, mit dem sie Partnerinnen anlocken wollen. Zeigt sich das Weibchen interessiert, folgt ein Duett aus wechselseitigen, einzelnen Rufen aus der Entfernung, die beim Männchen eine tiefere, beim Weibchen eine höhere Tonlage haben.

»Im weiteren Verlauf der Paarung kommt es zu einer tollen Veränderung der Lautäußerungen«, sagt Hiro. »Nach dem Duett hört man manchmal, wie sie kopulieren. Das ist ein ganz bestimmtes Zwitschern, dann weißt du, was los ist, ein Trillern, aber weicher und schneller, und es dauert nur ein paar Sekunden.«

Wenn das Paar seine Bindung eingegangen ist, jagen beide tagsüber getrennt, aber sie tauschen Rufe und Gegenrufe aus, sodass sie immer wissen, wo der andere ist. Und wenn sie einen Nistplatz gefunden haben, beginnt die sanfte Unterhaltung – ein leises, intimes Rufen rund um die ausgewählte Stelle, aber auch gegenseitiges Putzen und Hätscheln, und die Nahrung wird geteilt. »Das Männchen zeigt sich beim ersten Tageslicht, und als Erstes hörst du seinen sanften doppelten Ruf«, sagt Hiro. »Sitzt das Weibchen in der Nisthöhle, ist es für sie vielleicht ein Zeichen herauszukommen und sich vom Brüten auszuruhen. Dann kopulieren sie oder auch nicht. Es ist sehr intim, und es ist faszinierend. Man hört es nur, wenn man ganz dicht beim Nest sitzt und lauscht.«

Das Zuhören ist entscheidend, wenn man die Paarung bei diesen winzigen Eulen verfolgen will. Sie bewegen sich so schnell, dass man schon mit einem Augenzwinkern unter Umständen den Augenblick verpasst, in dem das Weibchen eine Nisthöhle verlässt oder betritt. Wenn sie drin ist, steckt sie kaum einmal den Kopf heraus und hält so die Stelle geheim. Deshalb sind Hiros aufmerksame Ohren so wichtig.

Hiro arbeitet ehrenamtlich für das Owl Research Institute, eine Organisation, die Langzeitbeobachtungen an Eulen anstellt. Gegründet wurde sie 1987/88 von Denver Holt im Flathead-Indianerreservat, heute ist sie in einem Farmhaus nicht weit von der kleinen Ortschaft Charlo in Montana im Schatten der Mission Mountains untergebracht. In diesem Teil von Montana leben 15 Eulenarten, und 14 davon brüten auch hier. Sumpfohreulen nisten in den Graslandschaften und kommen im Spätwinter abends zu Dutzenden zum Vorschein, um Jagd auf Wühlmäuse zu machen. Waldohreulen nisten und rasten im dichten Gebüsch von Weißdorn, Schmalblättriger Ölweide und Virginischer Traubenkirsche, Raufußkäuze brüten in großer Höhe in den Wäldern auf Engelmann- und anderen Fichten, deren Wälder sich über das Gebirge ziehen. Auch Bartkäuze nisten hier in den Bäumen und bevölkern am frühen Morgen die Zaunpfähle an abgeholzten Flächen mit Baumstümpfen, wo sie Mäuse, Wühlmäuse und Ratten jagen. Selbst Schnee-Eulen zeigen sich im Winter, sitzen auf den Dächern oder rund um Charlo und südlich des Flathead Lake auf den Feldern.

Holts Leidenschaft für Eulen erwachte, als er Studienanfänger war und sich an der University of Montana in dem Studiengang für Wildtierbiologie eingeschrieben hatte. Ein Freund hatte nicht weit von der Universität ein Nest von Kalifornienzwergkäuzen entdeckt, und zusammen mit seinem Kommilitonen Bill Norton gelangte Holt zu der Entscheidung, lieber aus erster Hand etwas über diese Eulen zu erfahren, als Vorlesungen zu besuchen. Damals gab es aus ganz Nordamerika nur eine einzige belegte Beobachtung von nistenden Kalifornienzwergkäuzen, und die stammte aus dem Jahr 1926. Die beiden jungen Studenten schwänzten den Unterricht und überwachten das Nest mit Ferngläsern und Spektiven. Sie sammelten Gewölle und die Überreste von Mäusen, Wühlmäusen und verschiedenen Vögeln: Meisen, Tyrannen, Kleiber. Sie hielten fest, wann Futter zum Nest gebracht wurde, und zeichneten die Rufe und Lieder der Eulen auf. Dabei fiel ihnen auf, dass das Männchen niemals die Nisthöhle betritt, sondern bei Einbrechen der Dunkelheit ein langsames, hohles *tut-tut* ausstößt, damit das Weibchen zum Fressen herauskommt. Dabei beobachteten sie, dass die Vögel den Schwanz in einem auffälligen Winkel ausstrecken und wie Stelzenvögel von einer Seite zur anderen schwenken, wenn sie aufgeregt sind oder eine Drohgebärde ausführen wollen.

Die beiden veröffentlichten zwei Fachartikel, und seitdem gab es für Holt kein Zurück mehr. Heute, fast 40 Jahre später, ist er einer der besten Eulenkenner der Welt. Als ich Ornithologen bat, mir Experten für diese Vogelgruppe zu nennen, hörte ich immer wieder seinen Namen. Für John Fitzpatrick vom Cornell Lab of Ornithology ist er »Mister Eule«. In der Gegend von Charlo kennt man ihn einfach als »den Eulentypen«, und er hat um sich herum ein ganzes Gefolge von eifrigen Unterstützern und Mitarbeitenden gesammelt, darunter Rancher, Farmer, Radsportler, Hockey- und Football-Profis, aber auch angehende Wildtierbiologen. Saisonarbeitskräfte, Praktikantinnen und zahlreiche Ehrenamtliche tragen jedes Jahr mit Hunderten von Arbeitsstunden zu den ORI-Projekten bei. »Seine Begeisterung ist ansteckend«, sagte mir ein ehrenamtlicher Mitarbeiter. Auf Holts Baseballkappe steht UMIAQ – in der Sprache der Inuit das Wort für ein großes, offenes, mit Fell bespanntes Boot, das von einer ganzen Mannschaft gerudert werden muss.

Im Laufe der letzten vier Jahrzehnte haben Holt und sein Team hier in Montana nistende Kalifornienzwergkäuze, Sägekäuze, Raufußkäuze, Westkreischeulen, Bartkäuze, Ponderosaeulen, Sumpfohreulen, Waldohreulen, Sperbereulen, Kaninchenkäuze und Schleiereulen studiert. Jeden Sommer reist er in die Arktis und erforscht dort die brütenden Schnee-Eulen. Mit allen seinen Forschungsarbeiten will er herausfinden, welche Voraussetzungen – Nahrung, Lebensraum, Nistplätze – Eulen für ihren Fortpflanzungserfolg brauchen; auf diese Weise können Wildhüter und Landverwalter sie besser schützen.

Ich habe mich während der Nestsaison dem ORI-Team angeschlossen, um seine Arbeit zu beobachten und zu erfahren, was für die Entstehung einer jungen Eule nötig ist. Die Bestrebungen des Instituts, die Fortpflanzung der Eulen zu verstehen, beginnt mit Forschungsarbeiten, wie Hiro sie leistet: Man muss balzende Vögel finden. Daran arbeitet Hiro seit 1995, und seine Anregung hat er von Holt bezogen. Der pensionierte Herzchirurg war früher ein Spezialist für komplizierte, hochmoderne Operationen an den Mitral- und Aortenklappen; auf die Eulen stieß er, als er bei einer Wohltätigkeitsauktion im Krankenhaus auf ein Versteigerungsobjekt bot. »Ein Tag im Freiland« mit Denver Holt. »Meiner Frau Terry habe ich gesagt: ›Das will ich machen, ganz gleich, was es kostet.‹« Hiro gab das höchste Gebot ab, und im November desselben Jahres fuhr er mit dem ORI-Team ins Freiland, um Waldohreulen zu beringen. Irgendwann im Laufe des Tages sagte Holt zu ihm: »Hey, du hast geschickte Hände. Was machst du beruflich?«

Hiro entdeckte seine Liebe zu den Eulen. Er liebte die Freilandforschung und die Arbeit mit der ORI-Mannschaft. Von jetzt an meldete er sich als Freiwilliger, sobald er Zeit hatte. Die Arbeit mit den Eulen war eine willkommene Abwechslung von den Tagen im Krankenhaus. »Im Operationssaal ist alles vollständig unter Kontrolle«, sagt er. »Die Luftfeuchtigkeit wird kontrolliert, die Temperatur wird kontrolliert. Man redet nicht. Es ist steril. Du bist steril. Und dann kommst du plötzlich in eine Umgebung, in der du dir blutige Finger holst. Du frierst. Du wirst schmutzig. Du schneist ein. Es war der vollständige Gegenpol zum Operationssaal, und das gefiel mir.« Nachdem er im Ruhestand war, ging er während der Paarungssaison der Zwergkäuze jeden Tag mehrere Stunden nach draußen, um Paare und ihre Nester zu finden und ihr Brutverhalten zu dokumentieren. Heute ist er in den Vereinigten Staaten einer der führenden Experten für die Fortpflanzungsbiologie dieser schwer greifbaren kleinen Spezies.

»Steve weiß über das Balzverhalten der Kalifornienzwergkäuze mehr als jeder andere im Land«, sagt Holt. »Er reißt sich den Arsch auf, um ins Freiland zu gehen und es zu machen.«

NACH HIROS FESTSTELLUNGEN singen Zwergkäuze während der Balz in der Regel am Morgen, manchmal aber auch den ganzen Tag über; dabei rufen sie sich gegenseitig mit ihrem Paarungstriller.

Die Balz besteht bei Eulen nicht darin, herumzustolzieren oder ein auffälliges, farbenfrohes Gefieder vorzuzeigen. Vorwiegend ist sie ein gegenseitiges Rufen. »Als Eule muss man singen, um eine Partnerin anzulocken«, sagt Holt. »Große Eulen schreien. Kleine Eulen pfeifen. Lautäußerungen, das ist bei ihnen alles.« Es kann aber auch alles sein: die allerfeinste, überzeugende Eulensprache.

Stellen wir uns einmal vor, wir stünden allein in einem kalten, dunklen Wald. Plötzlich donnert zwischen den Zweigen das tiefe, kehlige *Huuu-uu-uu-uu* eines Uhus und lässt unsere Brust vibrieren. Männchen suchen ihre Partnerinnen häufig schon im Spätwinter, indem sie in der Nachmittags- und Abendluft rufen; dabei betören sie das Weibchen nicht mit zwitschernden Gesängen, sondern mit ständig wiederholten, tiefen Tönen, die ihr sagen, dass sie kommen soll: *vvvuuh...vvvuh...vvvuh...vvvuh* – wie Steine, die durch die Luft stürzen. Die nächtlichen stimmlichen Kunststücke der Zwergkäuze sind so volltönend und nervtötend, dass sie den Bewohnern von Einfamilienhaussiedlungen den Schlaf rauben können. Thoreau verglich den Balzgesang der Ostkreischeule mit den gegenseitigen Tröstungen eines selbstmordgefährdeten Liebespaares: »Oh-o-o-o, wäre ich doch nie gebo-o-o-o-o-ren« von der einen Seite des Teiches, und als Echo ein zitterndes »gebo-o-o-o-ren« von der anderen. Männliche und weibliche Riesenfischuhus singen so nahtlos im Duett, dass es sich anhört wie der Gesang eines einzigen Vogels.

Der Sägekauz treibt den Balzgesang ins Extrem. Während der Paarungssaison fliegen die Männchen schnell durch ihr Revier, wo eine Fülle von Nistplätzen zur Auswahl steht, und locken mit ihren Schreien die Weibchen an. Das Männchen setzt sich an einen sicheren Ort mit dem Rücken zu einem Baumstamm und ruft während der Nacht ständig, um auf sich aufmerksam zu machen – 112 Rufe in der Minute –, von einer halben Stunde nach Sonnenuntergang bis zu einer halben Stunde vor Sonnenaufgang. (David Johnson hat die Zeiten genau aufgezeichnet.) Am Morgen ist der Kauz heiser. Kommt ein Weibchen in sein Revier, steigert er das Tempo der Rufe auf bis zu 260 pro Minute. Dann zeigt er ihr die Nistplätze und gibt ihr eine Maus, um zu zeigen, dass er ein guter Versorger ist. Wenn seine Nistplätze der Geruchsprüfung standhalten und seine Nahrungsgeschenke Anklang finden, bleibt sie bei ihm. Wenn nicht, fliegt sie davon, und er folgt ihr, wobei er leidenschaftlich 160 Rufe pro Minute ausstößt. Kann er sie damit nicht zurücklocken, begibt er sich wieder an seinen Sitzplatz, und alles beginnt von vorn. Dominante oder »gewinnende« Männchen müssen nur während weniger Nächte rufen, bis sie eine Partnerin gefunden haben. Die »Verlierer« rufen manchmal wochenlang ohne Ende.

Hat ein Eulenmännchen erst einmal das Interesse eines Weibchens geweckt, versucht er auch auf andere Weise, ihr zu imponieren. Er zeigt vielleicht sein Gefieder vor und sträubt dazu die Federn. Oder er streckt den Kopf nach vorn, sodass der Hals in voller Länge zu sehen ist, schwingt ihn dann zur Seite, lässt ihn bis zu den Füßen fallen, schwingt nach der anderen Seite und hebt ihn wieder. Die Einzelheiten sind von einer Spezies zur nächsten unterschiedlich. Der Ornithologe Edward Howe Forbush beschrieb das »groteske Liebeswerben« der Zwergkäuze als »lächerlich bis zum Extrem. Sie saßen auf ziemlich niedrigen Zweigen ... nickten und verbeugten sich mit halb ausgebreiteten Flügeln, wackelten mit dem Kopf und drehten ihn von einer Seite zur anderen, während sie gleichzeitig Laute äußerten, wie man sie sich seltsamer und unflätiger kaum vorstellen kann.« Auch Schleiereulen betreiben manchmal eine seltsam energische Balz. Der Wissenschaftler Motti Charter vom Shamir Research Institute hielt vor nicht allzu langer Zeit die seltsamen, scheinbar feindseligen Paarungsrituale zweier Schleiereulen in einem großen Nistkasten auf Video fest. In dem Film hört man im Hintergrund lautes Kreischen und Zischen, und dabei ist keineswegs klar, ob die Vögel sich paaren oder sich zanken. »Sie kämpfen weiter und springen aufeinander und tun alle möglichen seltsamen Dinge«, sagt Charter. »Anfangs habe ich gedacht, da sei ein Männchen in den Kasten eingedrungen, und die beiden Männchen würden kämpfen, aber dann stellte sich heraus, dass es ein Weibchen war. Also ein höchst interessantes Paarungsritual.«

Es steht ganz im Gegensatz zu den sanften Liebesgesängen und dem Schnäbeln der Kaninchenkäuze, die in ihrem Bau so dicht wie möglich nebeneinandersitzen und sich mit den Schnäbeln oder aneinanderreibenden Köpfen liebkosen.

Wie die Sägekäuze, so locken auch Bartkäuze ihre Partnerinnen häufig mit Futter. Das Männchen lässt in der Nähe eines Nistplatzes seinen Werberuf ertönen. »Er hat den Nistplatz natürlich nicht selbst gebaut«, erklärt der Eulenforscher Jim Duncan, »denn Eulen bauen keine eigenen Nester, aber er will damit ein Weibchen anlocken, damit sie kommt und ihn und auch die Immobilie überprüft.« Das Weibchen lauscht auf einen Ruf, den sie interessant findet, und wenn sie ihn hört, sucht sie sich den Weg durch den Wald und landet auf einem Ast in seiner Nähe. »Dann sieht sie ihn an und gibt ihm zu verstehen: ›He, du bist ja ein gut aussehender Bartkauzmann‹«, sagt Duncan. »›Und du hast ein hübsches Nest, auch wenn du es nicht selbst gebaut hast. Aber kannst du auch jagen?‹ Sie will überprüfen, ob er ein guter Versorger ist, also fordert sie ihn auf, etwas zu fressen zu liefern; dazu stößt sie ein leises nasales *wuup* aus.« Diese Eulen haben den ganzen Winter über um Nahrung konkurriert. Aber irgendwann zu Beginn der Paarungssaison verändert sich in dem Männchen etwas. Er verschlingt die gefangene Wühlmaus nicht mehr, sondern trägt sie zu einem Sitzplatz in der Nähe und bleibt still sitzen. Auf die Wühlmaus, die aus seinem Schnabel hängt, reagiert das Weibchen seinerseits nicht mit Aggressionen, sondern indem sie zwitschert und um Futter bittet. »Sie stößt das aus, was man in den 1970er-Jahren als ›Nahrungsbettelruf‹ bezeichnet hat«, sagt Duncan. »Aber dann hat eine Biologin gesagt: ›Moment mal, Bartkauzweibchen sind doch größer als die Männchen. Die betteln nicht um Futter. Sie *fordern* es.‹ Deshalb spricht man heute zutreffender vom ›Futterforderungsruf‹. Er fliegt weg und fängt eine Wühlmaus und kommt damit wieder. Wenn er wieder da ist, stößt er eine Art beschleunigte Version seines Balzrufes aus und sagt damit: ›Sieh mal, was ich habe, magst du mich jetzt?‹«

Wenn männliche Waldohreulen einem Weibchen das Futter zeigen, heben sie beide Flügel, sodass die Flügelspitzen die Form einer Lyra bilden. In einer ähnlichen Position hat Duncan auch ein Weibchen, das die Beute vom Männchen in Empfang nehmen will, mit der Kamera eingefangen. Anschließend dreht das Weibchen den Kopf zur Seite und nimmt das Futter entgegen. »Es ist ein wenig so, als wenn Menschen sich küssen«, sagt Duncan. »Wir haben diesen großen Zinken im Gesicht, und den müssen wir zur Seite drehen.«

Rufen, Gefieder sträuben, gegenseitiges Putzen, Fütterung. Das sind die wesentlichen Vorgänge bei der Paarung von Eulen. Eine Spezies treibt die Balz aber in noch größere Höhen. Der Ruf einer Sumpfohreule hört sich nach der Beschreibung des Naturforschers

Mark Cocker wie ein asthmatischer Hund an, aber ihre werbende Luftakrobatik lässt uns den Atem stocken.

IN DER OFFENEN Graslandschaft am Fuß der schneebedeckten Mission Mountains wird bald die Sonne untergehen. Es ist Mitte April, und die ganze Natur bereitet sich auf den Frühling vor: Pelikane, Stelzen, Grasammern, Fischadler, Hudsonweihen. Aus der Ferne ruft ein Brachvogel, und über uns ziehen Kanadakraniche, deren Bäuche in der untergehenden Sonne rosa leuchten.

Ich bin hier, um Sumpfohreulen zu beobachten, die Tänzerinnen des Himmels. Wie so oft bei Begegnungen mit Eulen hört man den Vogel, bevor man ihn sieht – *tut, tut, tut, tut*, fünfzehn- oder zwanzigmal hintereinander. Blickt man nach oben, sieht man die Eule in großer Höhe schweben. Die Sumpfohreule ist die einzige Eulenart, die so etwas macht – die sich bei Tageslicht in die Luft erhebt wie ein Rotschwanzbussard –, und sie tut es auch nur während eines kurzen Zeitraums am Ende des Tages. Wie hoch kommt sie? 75 Meter, 90 Meter? Chloe Hernandez vom ORI-Team lässt eine Drohne steigen, um es herauszufinden, aber das Gerät schwebt in rund 60 Metern Höhe und damit weit unterhalb der Eule. Der Vogel schlägt langsam und lässig mit den Flügeln, unregelmäßig wie ein großer Nachtfalter. Dann plötzlich geht er seitlich in einen kurzen Sturzflug über, gefolgt von einem dramatischen Steigflug. Wenige Minuten später noch einmal das Gleiche. Hört man genau hin, bemerkt man auch das Geräusch des Sturzfluges – es hört sich an wie eine kleine Fahne, die im starken Wind flattert. Während das Eulenmännchen sich fallen lässt, legt er die langen Flügel unter dem Körper an und schlägt sie mit kurzen, klatschenden Bewegungen gegeneinander, acht-, zehn-, elfmal in schneller Folge, als würde er seiner eigenen Show applaudieren. Dann steigt er wieder in die Höhe und hängt im Wind, während die Welt silbrigrosa und schließlich grau wird. Unter Umständen wiederholt er den gleichen Tanz mehrere Male, um ein Weibchen zu beeindrucken oder gegenüber konkurrierenden Männchen sein Revier zu

Eine Sumpfohreule

verteidigen. Zwischen den Vorführungen raufen die Männchen für kurze Zeit in der Luft oder unmittelbar über dem Boden, kämpfen um Reviere oder potenzielle Partnerinnen. Jedenfalls ist es ein großartiges Schauspiel.

Auch die Waldohreule, eine enge Verwandte, steigt manchmal nach Art eines Schmetterlings hoch in die Luft, um ihr Revier zu verteidigen, aber das tut sie nur selten bei Tageslicht. Andere Eulen vollziehen nachts eine Art gemeinsamen Paarungsflug. David Johnson erinnert sich noch an eine Nacht im Vorfrühling vor Jahren: Damals ging er beim Licht des drei viertel vollen Mondes im Norden von Minnesota an einem zugefrorenen See entlang. »Ein Streifenkauzpärchen rief hin und her«, erzählt er. »Dann sah ich sie plötzlich zu zweit über dem Eis fliegen und im Mondlicht ihre Kreise ziehen. Es war zauberhaft.« Wenn Eulen balzen, so Johnson, hören wir oft ihr Jaulen und ihre Konversation, aber den Balzflug sehen wir nur selten, obwohl er ständig stattfindet.

Die Sumpfohreule dagegen vollzieht ihre Vorführung ganz offen bei Tageslicht und hoch in der Luft. Wenn sie dabei stillsteht, herabstößt und unter sich mit den Flügeln klatscht, sieht sie so – nun ja – *verletzlich* aus.

Und all das, um ein Weibchen zu beeindrucken. Nach welchen Kriterien sucht sie ihr Männchen aus? Wie wählt eine Eule eine andere als Partner? Das ist weitgehend ein Rätsel, aber bei manchen Arten kristallisieren sich faszinierende Anhaltspunkte und Theorien heraus; eine davon liefert eine Erklärung für das Gefieder der Schnee-Eulen, das im Reich der Eulen eine seltsame Abweichung darstellt.

Die Schnee-Eule ist die einzige Eulenart, die in Färbung und Muster des Gefieders bei den erwachsenen Tieren einen ausgeprägten Geschlechtsdimorphismus aufweist. Bei den meisten Eulen kann man die Geschlechter anhand des Gefieders nicht unterscheiden. Ausgewachsene Schnee-Eulenmännchen sind rein und fast leuchtend weiß, was für einen Vogel zur Tarnung sinnvoll ist, der den größten Teil seines Lebens im hohen Norden verbringt, wo es im Sommer nahezu 24 Stunden taghell ist. Die Weibchen sind dunkler; sie tragen dunkle Flecken und braune Streifen auf einem weißen Hintergrund. »Das steht im Einklang mit allen Eulenarten, die in offenem Gelände leben: Ihre Weibchen haben im Gefieder mehr Markierungen als die Männchen«, sagt Holt. »In der Regel sind sie insgesamt ein wenig dunkler, was während der Nistsaison vielleicht die Tarnung verbessert.« Die Weibchen der Schnee-Eulen sind aber erheblich dunkler als die reinweißen Männchen.

Die Schnee-Eulen haben nach heutiger Kenntnis einen gemeinsamen Vorfahren mit den Virginiauhus; die beiden Arten entwickeln sich seit rund vier Millionen Jahren auseinander. Als die Schnee-Eulen sich in ihren arktischen Lebensräumen verbreiteten, begünstigte die natürliche Selektion die Evolution des weißen Gefieders. Holt ist allerdings der Ansicht, dass auch Partnerwahl und sexuelle Selektion die Entwicklung des reinweißen Gefieders der Männchen vorangetrieben haben. »Schnee-Eulenweibchen paaren sich in der Regel nur mit Männchen, die wirklich weiß, fast leuchtend weiß sind«, sagt er. »In den 285 Nestern, die wir gefunden haben, brüteten ausschließlich reinweiße Männchen. Bis sich diese Färbung entwickelt hat, vergehen drei bis vier Jahre. Jüngere Männchen sehen in ihrem Gefieder eher aus wie Weibchen: Sie haben die gleichen braunen Flecken und kein eigenes Revier. Sie sehen nur zu und paaren sich nicht.« Das Weibchen kann also am Gefieder das Alter, die soziale Stellung und die Genqualität eines potenziellen Partners abschätzen. »Sie kann sagen: ›Hey, ich habe einen ausgewachsenen Partner, und der kann etwas beisteuern‹«, sagt Holt. (Leuchtend buntes Gefieder ist in der Vogelwelt unter Umständen ein »ehrliches Signal«: Es deutet auf hochwertige Gene und gute Ernährung hin.) »›Mit ihm habe ich bessere Chancen, eine Familie zu gründen, als mit dem jungen Burschen dort drüben – der könnte zwar in Zukunft noch toll werden, aber jetzt hat er noch nichts zu bieten.‹«

Bei Kreischeulen und Kaninchenkäuzen findet offenbar »assortative Paarung« statt, wie man es nennt: Ein Individuum sucht sich als Partner einen Vogel, der ihm selbst in wichtigen Aspekten ähnelt. David Johnson vermaß in Oregon die Körpergröße und Flügelfläche von 75 Kaninchenkauz-Brutpaaren und stellte dabei fest, dass es bei Flügelgröße und Gewicht von Männchen und Weibchen eine positive lineare Beziehung gab, das heißt, große Weibchen suchten sich große Partner, bei kleinen Weibchen waren die Partner ebenfalls klein. »Das scheint ungewöhnlich zu sein«, sagt er. »Wir haben uns an den Gedanken gewöhnt, dass die Weibchen sich am liebsten mit den großen Kerlen paaren. Bei den Kaninchenkäuzen ist das aber nicht der Fall. Und nach unseren Feststellungen gilt es auch für andere Eulenarten nicht.«

Warum suchen sich Eulen Partner, die so groß sind wie sie selbst?

Nach Johnsons Angaben hat das mit dem Energiehaushalt zu tun. »Größe ist nur in Jahren mit gutem Nahrungsangebot von Vorteil. Bei Futterknappheit ist es besser, kleiner zu sein, denn dann kann man mit weniger Energie Erfolg haben.« Die assortative, zielgerichtete Paarung sorgt in der Population für Variabilität, und das ist wichtig, wenn das Nahrungsangebot unberechenbar ist. »So ist gewährleistet, dass immer einige Vögel in der Population erfolgreich sind und nicht alle zugrunde gehen. Für Eulen besteht also ein echter Evolutionsdruck, klein zu bleiben. Das haben wir nicht gewusst oder erwartet.«

Und es ist auch noch nicht alles. Weibchen suchen sich in der Regel auch Männchen in ihrem eigenen Alter. Woran erkennen sie das Alter eines potenziellen Partners? »An leicht erkennbaren Statussymbolen der Männchen«, sagt Johnson – an der Lautstärke und Höhenlage der Lautäußerungen, der Geschicklichkeit bei der Jagd, dem Erfolg beim Nisten. »Die Eulen hatten Millionen Jahre Zeit, das alles herauszufinden. Wir unterschätzen ihre Fähigkeiten. Sie sind viel klüger, als wir ihnen zugestehen.«

Wohnungssuche

Eulen mögen geschickte Jäger sein und leicht Partner oder Partnerinnen finden, aber geübte Nestbauer sind sie nicht. Dem Bau eines eigenen Nestes kommen Schnee-Eulen und Sumpfohreulen noch am nächsten: Sie scharren eine einfache runde Vertiefung in den Boden. Sumpfohreulen kauern sich meist einfach ins Gras, scharren, bis sich eine schüsselförmige Grube gebildet hat, und polstern sie mit Gras und Daunenfedern aus. Schnee-Eulen graben ihre flachen Nistgruben auf kleinen Hügeln der arktischen Tundra. In einer Langzeitstudie an 280 Schnee-Eulennestern stellte Denver Holt fest, dass sie sich gehäuft an Brennpunkten mit bestimmten geografischen Eigenschaften finden: an höheren Hügeln auf Bergrücken, die den Jungvögeln einen höher gelegenen, trockenen Untergrund bieten, stärker dem kühlenden Wind ausgesetzt sind, von Mücken stärker verschont bleiben und – vielleicht am wichtigsten – einen Panoramablick auf die umgebende Landschaft und potenzielle natürliche Feinde ermöglichen.

Die meisten Eulen bauen überhaupt keine eigenen Nester, sondern besetzen geeignete Bauwerke, die von anderen Tieren errichtet wurden. In der Regel findet das Männchen ein Revier mit reichlich

Beutetieren und einigen guten Nistmöglichkeiten, aber die eigentliche Auswahl des Nistplatzes trifft das Weibchen.

Sie erkennt eine gute Stelle, sobald sie sie sieht. Manche Arten, darunter Waldohreulen und Virginiauhus, lassen sich in alten Nestern aus Stöckchen nieder, die von Hähern, Krähen oder Falken verlassen wurden. Schleiereulen nisten in der Regel im Dachstuhl von Scheunen, in leeren Gebäuden oder Silos wie die Eulenfamilie von Linville oder in Höhlen an Klippen. Kaninchenkäuze machen ihrem Namen Ehre und nisten in unterirdischen Tunnels, die von Eichhörnchen, Präriehunden, Dachsen oder anderen grabenden Tieren gebaut wurden. Die kleineren Arten – Kalifornienzwergkäuze, Sägekäuze, Ponderosaeulen, Kreischeulen – finden natürliche Hohlräume in Bäumen oder fertige Löcher, die von Spechten geschaffen wurden und sich manchmal auch in Baumstümpfen oder den noch stehenden Stämmen toter Bäume befinden, nachdem diese ihre Wipfel und den größten Teil ihrer Äste verloren haben.

In einem vorgefertigten Nest Quartier zu beziehen, ist keine schlechte Strategie. Ein brütender Vogel muss auf diese Weise keine Energie für einen eigenen Nestbau aufwenden. Oft sind aber gute Behausungen insgesamt knapp, und es herrscht Konkurrenz durch Eichhörnchen und andere Nestmieter.

Die Übernahme der Bauwerke anderer Tiere ist einer der Gründe, warum Eulennester für Forschende so schwer zu finden sind. »Dass es schwierig und zeitaufwendig ist, Nester ausfindig zu machen, steht außer Frage«, sagt Holt, »aber es ist unbedingt notwendig, wenn wir verstehen wollen, welche Einflüsse auf den Bruterfolg wirken, wie sich ihre Population entwickelt – und wie man durch gute Bewirtschaftung reagieren kann, wenn der Bestand zurückgeht.« Kürzlich fand Holts Arbeitsgruppe während einer Brutsaison neun Nester von Sumpfohreulen. Aber alle Brutversuche blieben mit einer Ausnahme erfolglos. »Wir müssen unbedingt herausfinden, warum das Brüten scheitert, denn nur dann wissen wir, welche Schritte wir unternehmen müssen, um die Spezies zu schützen.«

Wenn die Teams ein Nest gefunden haben, notieren sie seine Lage und seine Eigenschaften; manchmal beringen sie sowohl die ausgewachsenen Vögel als auch die Jungtiere. Sie arbeiten schnell, um die Belästigung so gering wie möglich zu halten, und fassen die Vögel möglichst wenig an.

DIE SUCHE NACH Nestern beginnt damit, dass man die Vögel ausfindig macht. Zu Beginn der Brutsaison, wenn Eulen ihre Reviere einrichten oder verteidigen, macht Holts Arbeitsgruppe sich mit einem Abspielgerät voller aufgezeichneter Eulenrufe auf den Weg ins Freiland. »Wenn die Männchen im Revierverteidigungsmodus sind, bekommt man von manchen Arten leichter eine Antwort«, sagt Holt. »Für die Männchen ist das eine Herausforderung. ›Wer ist da gerade in meinem Revier?‹ Sie machen sich Sorgen, dass ein neuer Ruf ein anderes, in ihr Revier eingedrungenes Männchen ankündigt. In der Regel fliegen sie dann zu einem höheren Sitzplatz und rufen ein paar Minuten lang. Hören sie den ›Eindringling‹ nicht noch einmal, machen sie sich davon. Wenn die Paare sich gefunden haben und das Nisten beginnt, werden alle Eulenarten leiser; deshalb ist es wichtig, sie in diesem frühen Stadium zu lokalisieren. Wenn man nur gelegentlich nachsieht, findet man sie nicht«, sagt Holt. »Außerdem muss man systematisch vorgehen, und man muss sich viel im Freien aufhalten.«

Ein abgekürztes Verfahren gibt es bei Eulen nicht, das können die ORI-Wissenschaftlerinnen Beth Mendelsohn und Chloe Hernandez bestätigen. Die beiden ziehen sich häufig in eisigen Winternächten warm an, begeben sich tief in den Wald und erforschen in abgelegenen Regionen auf der Westseite der Mission Mountains die Bestände der Bartkäuze. Es ist das Land der Grizzlybären. Stichprobenartig untersuchen sie in tiefster Dunkelheit die Wälder, manchmal zu Fuß im Schnee, manchmal im Geländewagen. Immer wieder halten sie an und spielen von ihrem Abspielgerät den donnernden Revierruf des Bartkauzes ab. Ihre Arbeit beginnt eine halbe Stunde nach Sonnenuntergang und endet gegen ein oder zwei Uhr morgens; ungefähr jeden halben Kilometer halten sie an, spielen die Eulenrufe ab, lauschen zehn Minuten und fahren dann weiter.

Nachtarbeit im Bärenland: Die Suche nach Eulen ist nichts für Feiglinge. »Dass man Bären rund um Bartkauznester findet, ist nichts Ungewöhnliches«, sagt Mendelsohn. »Sie bevorzugen die gleichen Lebensräume, und manchmal fressen sie auch Eier und Jungvögel.« Aber wie sie erklärt, hat sie sich damit abgefunden. »Je öfter du abseits der Wege im Bärenland unterwegs bist, desto stärker bekommst du ein Gefühl dafür. Ich gebe nicht der Angst nach, sondern bemühe mich, mehr Aufmerksamkeit zu entwickeln. Wenn du nach Eulen suchst, musst du still sein, denn du bist darauf angewiesen, dass du sie rufen hörst. Wir versuchen also, nicht viel Lärm zu machen, aber alle unsere Sinne sind hellwach, und wir sind uns unserer Umgebung genau bewusst.«

»Wenn du dann tatsächlich einen Ruf hörst, ist es fast, als würdest du ihn spüren«, sagt sie. »Solche Erlebnisse sind selten, selbst für uns, die wir in so vielen Nächten draußen sind. Der tiefe Ruf beginnt in der Ferne und ist so leise, dass du oft nicht genau weißt, ob du etwas gehört hast. Du wirst ganz still und bemühst dich, noch stiller zu sein. Und schließlich wird dir klar: Ja, das ist ein Bartkauz, vielleicht sogar ein Pärchen. Dann bleibt dir die Luft weg.«

HAT MAN DIE VÖGEL in einem Gebiet entdeckt – ob in den Graslandschaften der Täler oder tief im Bergwald –, folgt eine tagelange Suche nach den Nestern: Felder und Wälder werden nach Anzeichen für eine Besiedelung durch Eulen durchforstet.

Sumpfohreulen nisten häufig in offenen Graslandschaften, aber ihre kleinen, in den Boden gescharrten Nester sind im hohen Gras und Gestrüpp gut verborgen und nicht einfach zu finden. »Außerdem besteht die wichtigste Verteidigungsstrategie der Weibchen darin, vollkommen still zu halten, bis man praktisch auf sie tritt; sie verlassen sich darauf, dass potenzielle natürliche Feinde wegen ihrer Tarnung einfach vorübergehen«, sagt Mendelsohn. Deshalb »harkt« Holts Team die Felder im Mai und Anfang Juni mit 60 Meter langen Kletterseilen, die aneinandergebunden und mit den Enden an einem Geländewagen befestigt oder von einem Fußgänger in der Hand gehalten werden. Die Fahrer oder Wanderer gehen langsam in parallelen Linien, wobei sie das Seil gerade so stark gespannt halten, dass es hoch über die Vegetation streift und keine Eier zerbricht. Fliegt eine Eule auf, halten alle an, und das Team sucht nach Eiern oder Spuren eines Nestes, das dann markiert und mit seinen GPS-Koordinaten aufgezeichnet wird.

Das alles ist harte Arbeit. Die Felder sind uneben und dicht bewachsen, und die Seile lassen sich häufig nicht durch das dichte Gestrüpp der Karden ziehen, invasive Pflanzen, die wie Disteln mit kurzen, kräftigen Aststummeln aussehen. Und natürlich kann man auch Nester übersehen. Zweimal hatte die Suchmannschaft eine weibliche Sumpfohreule gesehen, die schnell über das vorübergezogene Seil sprang und sofort zu ihren Eiern zurückkehrte. Das Nest selbst fanden sie nur durch eingehende Beobachtung.

Nicht alle Eulennester sind so schwer zu lokalisieren. Ich muss an die Kaninchenkäuze in dem Militärdepot in Oregon und überall in Amerika denken: Sie verzieren ihre Nestbauten mit raffinierten Schmuckstücken, sodass sie wie Reklametafeln wirken. David Johnson fand Nistlöcher mit Maisstängeln, Maiskolben, den Wirbelknochen von Maultierhirschen, Moos, Grasbüscheln (an einem Nest entdeckte er 105 Graswurzelklumpen), Stoffstücken (sie bevorzugen rot, weiß, blau und grün in dieser Reihenfolge), Rinderdung, Bisondung, dem Dung von Gabelböcken, Exkrementen von Kojoten, Betonstücken, alten Handschuhen, ja sogar mit getrockneten Stücken von Saatgutkartoffeln – die Stücke aus der Knolle mit einem Auge. In einer Saison hatte ein Bauer in der Nähe des Depots seine Saatkartoffeln ausgebracht und eine Lastwagenladung, die übrig geblieben war, ungefähr zwei Kilometer von dem Depot entfernt abgekippt. »Die Eulenmännchen haben sich darum herum versammelt«, sagt Johnson, »und alle haben Saatkartoffeln als Verzierung für den Bau mit nach Hause genommen und sie über die ganze Strecke transportiert. Die Weibchen haben sicher ungefähr gesagt: ›Echt, Bob, wirklich? Saatgutkartoffeln?‹

Sind sie tatsächlich so sehr hinter Verzierungen her?«, grübelt Johnson. »Oder wollen sie einfach nur eine Aussage machen? Sie müssen doch sicher eine Menge Energie dafür aufwenden.«

Nach Johnsons Feststellungen geht es bei dem ganzen Zierrat nicht darum, Partnerinnen anzulocken oder zu balzen. Das Männchen schmückt sein Nest erst aus, nachdem das Weibchen bereits mit der Eiablage begonnen hat. Teilweise liefert er damit weiches Nestmaterial, das sie zerreißen und zum Auspolstern des Nestes verwenden kann, aber es geht auch darüber hinaus. Einen Maiskolben oder eine Saatgutkartoffel kann man eigentlich nicht zerkleinern. Einen Anhaltspunkt, so Johnson, liefert die Beobachtung, dass die Männchen sehr wählerisch sind, welche Dinge sie mitbringen und wohin sie sie legen, und sie behalten das Material auch im Auge. Eines Tages legte er in einem Experiment einige zufällig ausgewählte Gegenstände in die Nähe eines Nestes. Dann ging er eine Stunde zum Mittagessen. »Als ich zurückkam, hat der Bursche laute Revierrufe ausgestoßen. Er wusste, dass jemand anderes Verzierungen vor seinem Bau abgelegt hatte, und wollte sie dort nicht haben. Er selbst bringt Gegenstände mit, damit das Weibchen das Nest auspolstern kann, aber gleichzeitig demonstriert er damit auch gegenüber anderen Männchen seine Dominanz und betreibt Werbung für zukünftige Partnerinnen: ›Ich bin ein toller Hecht. Seht nur, was ich alles gesammelt habe.‹ Wenn du in der Welt der Kaninchenkäuze zeigen willst, dass du ein ganzer Kerl bist, musst du Verzierungen anbringen! Am besten Betonbrocken. Die zeigen besser als alles andere, was du für ein toller Bursche bist. Die Männchen ›liefern zu viel‹, um ihren Geschlechtsgenossen mitzuteilen, dass dieser Platz besetzt ist.«

Es ist für ihre Spezies – und auch für uns – ein unübersehbares Zeichen, dass der Bau besetzt ist. Ein Männchen hatte seine Nisthöhle mit 122 Exkrementbrocken von Kojoten verziert. »Er hatte eine richtige Landebahn angelegt«, sagt Johnson. »Nur ein Streifen in der Mitte war noch frei für die Landung. Auf beiden Seiten war er mehrere Zentimeter hoch mit Kojotenkot gesäumt.«

So etwas ist kaum zu übersehen.

UND DIE NISTHÖHLEN der Kalifornienzwergkäuze? Die erkennt man nicht so leicht.

Bei einem hübschen Espengehölz nördlich von Polson in Montana, nicht weit vom Flathead Lake, demonstrieren mir Denver Holt und Jon Barlow, ein ehrenamtlicher ORI-Mitarbeiter, die Suchstrategie. Das Gehölz bezeichnet Holt als Tribal Aspen Grove, denn das Land, auf dem es steht, gehört den konföderierten Stämmen der Salish und Kootenai. Von der Ladefläche des Transporters nehmen wir uns jeder einen »Knüppel«, einen kräftigen, ungefähr 45 Zentimeter langen Stock aus Hickoryholz. Anfangs glaube ich, wir sollten damit die Grizzlys abwehren, die sich häufig in diesen Wäldern herumtreiben. Aber er hat einen anderen Zweck.

Wir schlagen uns durch das dichte Unterholz aus Weiden und Weißdorn; an den Espen suchen wir nach verräterischen Löchern im Stamm, wie sie von Spechten geschlagen werden. Mehrere Bäume – eigentlich sogar die meisten – tragen an ihrer weißen Rinde die von Bären geschlagenen Wunden, und in vielen Stämmen sind Höhlen. Aber nicht jedes Baumloch ist gleich. Wir suchen nach den runden

Ein Kalifornienzwergkauz in seiner Nisthöhle

Löchern der Spechte. Die rechteckigen Öffnungen, die von Helmspechten beim Fressen geschlagen wurden, eignen sich nicht für Nester. Sägekäuze suchen sich in der Regel große Höhlen mit großen, von Helm- oder Goldspechten geschlagenen Öffnungen in Ponderosakiefern, Espen, Lärchen oder Pappeln. Kalifornienzwergkäuze bevorzugen viel kleinere Löcher, die entweder auf natürlichem Wege entstanden sind oder von Saftleckern und Dunenspechten stammen. Häufig liegen die Öffnungen im Schatten und sind kaum zu sehen. »Man muss wissen, wonach man sucht«, sagt Holt.

»Hier ist eine schöne!«, ruft er. »Höhle genau gegenüber. Schlag drauf, Jon.«

Barlow bahnt sich den Weg zum Baum, schlägt zwei- oder dreimal kräftig mit dem Knüppel darauf und reibt dann mit dem Holz an der Rinde auf und ab, womit er das Geräusch eines Beutegreifers nachahmen will, der auf den Baum klettert. Aus dem Loch kommt ein Eichhörnchen. Hätte darin ein weiblicher Kalifornienzwergkauz genistet, sie hätte ebenfalls den Kopf wie ein Springteufel aus dem Loch gesteckt, um die Gefahr durch natürliche Feinde zu begutachten.

Mit solchen Schlägen auf Baumstämme kann man manche Sägekäuze hervorlocken, Kalifornienzwergkäuze aber nicht. Die Sägekäuze kommen nach Angaben von Holt in 90 Prozent der Fälle heraus, »aber die Löcher, in denen die Zwergkäuze sitzen, sind so klein, dass ohnehin kein Beutegreifer hineinkommt, also ist es für sie sinnvoller, sich einfach wegzuducken.«

Die Suche nach Nisthöhlen ist alles andere als einfach – und zwar nicht nur für Menschen, sondern auch für Zwergkäuze. Offensichtlich haben die Eulen eigene, strenge, rätselhafte Kriterien dafür, was eine gute Nisthöhle ausmacht. Sie sind wählerisch und nehmen sich mit ihrer Entscheidung Zeit. »Ich habe ein Pärchen verfolgt«, sagt Hiro, »und anfangs haben sie sich offenbar auf eine Höhle konzentriert. Ich habe morgens als Erstes gesehen, wie sie sich dort in der Nähe herumgetrieben haben. Ich habe gesehen, wie sie kopuliert haben. Ich habe gesehen, wie das Weibchen über längere Zeit in der Höhle war. Deshalb war ich überzeugt: Das ist es! Sie werden diese

Höhle beziehen! Manchmal geht es zwei Tage so. Ich entspanne mich. Ich denke, wir haben es geschafft, und jetzt kann ich weitermachen und nach anderen Nestern suchen. Aber dann komme ich drei oder vier Tage später an die Stelle zurück, rechne damit, dass ich rund um das Nest die morgendlichen Rufe höre, aber ich höre nichts. Ich schaue in die Höhle. Nichts. Die beiden sind entweder weitergezogen und haben eine andere Höhle gefunden oder sie haben sich getrennt. Die Eulen hatten sich noch nicht für eine bestimmte Höhle entschieden. Sie waren nur auf Wohnungssuche.«

Hiro fragt sich, was an der Höhle so gut war, dass sie zwei Tage dort geblieben sind. Und was war schlecht daran, sodass sie weitergezogen sind? »Ob wir das jemals herausfinden werden, weiß ich nicht genau«, sagt er. Mit unzureichender Nahrungsversorgung hat es nichts zu tun. In einem Fall bezog ein Paar nur 200 Meter entfernt schließlich ein Nest.

Dave Oleyar studiert in den Wäldern von Utah und im Südwesten von Arizona die Eulen, die in kleinen Höhlen nisten. Er hat mögliche Nisthöhlen in seiner Region in einer Bestandsaufnahme kartiert und einige potenzielle Kriterien der wohnungssuchenden Eulen formuliert. »Die Höhle muss einen Eingang mit einem Durchmesser von mindestens drei Zentimetern haben«, sagt er (das gilt für die winzigen Elfenkäuze). »Es darf nicht nur eine kleine Vertiefung sein, sondern sie muss abwärtsführen und eine gewisse Tiefe haben.« Er bewertet die Höhlen auf einer Skala von 1 bis 5 wie ein Immobilienmakler, der die auf dem Markt befindlichen Häuser einstuft. »Um ehrlich zu sein, gibt es eine Menge Schrottimmobilien, aber auch ein paar gute. Eine hochwertige Penthousehöhle, in die ich gern reinkriechen würde, und das mit hübschem, offenem Fußboden? Die bekommt eine 5. In eine andere komme ich kaum hinein, und der Fußboden ist sehr uneben. Das ist eine 1.«

Der Tribal Aspen Grove ist voller Höhlen, die zumindest vom Boden aus großartig aussehen, und doch nisten hier keine Eulen. Die Suche, so Holt, läuft etwa folgendermaßen ab: »Du schlägst auf einen Baum, ein Sägekauz kommt heraus, du hast sofort ein Nest gefunden und denkst: also gut, weitermachen. Dann klopfst du auf neunhundert weitere Bäume und nichts passiert.«

Und weiter erklärt er: »Deshalb studieren Forschende die Eulen mit Nistkästen, das ist einfacher.« Dass Nistkästen es einfacher gemacht haben, sowohl die Eltern als auch die Jungvögel zu überwachen und zu fangen und damit neue Aufschlüsse über Ökologie und Verhalten der Vögel zu gewinnen, steht außer Frage. Holt weiß nur nicht genau, ob die durch solche Studien gewonnenen Daten zuverlässig sind. »Mit der Platzierung von Nistkästen ahmt man nur in seltenen Fällen die natürlichen Bedingungen nach«, sagt er. »Aus Bequemlichkeitsgründen werden sie an Straßen angebracht. Abstände und Größe sind überall gleich.« Natürliche Nistplätze dagegen liegen meist gehäuft tiefer im Wald und sind unterschiedlich groß. »Außerdem erinnern sich Baummarder und andere natürliche Feinde an die Lage der Nistkästen, und damit werden die zu richtigen Futterkisten. Wenn solche Arbeiten einfach wären, würde es jeder machen.«

Es macht aber nicht jeder. Vielmehr sind es nur sehr wenige. Das ist einer der Gründe, warum die mühsamen, gewissenhaften Arbeiten des ORI, die sich langfristig von Saison zu Saison und von Jahr zu Jahr fortsetzen, so wichtig sind.

Die Nester von Bartkäuzen zu entdecken, kann nach Angaben von Beth Mendelsohn Jahre dauern. Zum Teil liegt es daran, dass die Eulen sehr scheu sind, ihre Nistplätze tarnen und sie jedes Jahr wechseln, wobei sie in manchen Jahren überhaupt nicht nisten. »Die Suche nach einem Bartkauznest ist wirklich eine Suche nach der Nadel im Heuhaufen«, sagt sie. »Du kletterst stundenlang an Berghängen hoch, watest durch Sümpfe oder dichtes Gebüsch und suchst jeden Baum nach Anzeichen von Nestern ab.« Entdeckt man endlich ein Nest, ist es oftmals ein seltsamer Zufall, aber zugleich zutiefst erfreulich.

AM FLATHEAD LAKE nördlich von Charlo liegt im Gebiet der indigenen Bewohner ein Gebirgswald mit steilen Abhängen, Elmo genannt. Über viele Hektar verteilen sich Douglasfichten, große Ponderosakiefern und Lärchen, die im Herbst gelb leuchten. Ein guter Lebensraum für Bartkäuze. Während Arten wie der Kalifornienzwergkauz, die in Höhlen nisten, natürliche oder von Spechten geschlagene Hohlräume in Bäumen brauchen, lassen sich Zwergkäuze auf großen Baumstämmen mit abgebrochener Spitze oder in den verlassenen Nestern anderer großer Vögel nieder. Die Zweige der Lärchen formen waagerecht stehende Räder, und die bilden einen festen Untergrund für die Nester der Habichte, die manchmal von Bartkäuzen übernommen werden. Die großen Eulen nutzen aber auch alte, aus Stöcken erbaute Raben- oder Rotschwanzbussardnester. Hin und wieder verbergen sich die in Misteln, parasitischen Pflanzen, die auf Douglasfichten leben und ein dichtes, unregelmäßig wachsendes Gestrüpp bilden. Es sind nach Holts Vermutung nicht ihre Lieblingsstellen – die Eulen bevorzugen Baumstümpfe –, aber beizeiten werden sie aus der Not heraus genutzt.

Mendelsohn und die ORI-Praktikantin Solai Le Fay haben kürzlich in dieser Region einen Bartkauz rufen gehört – nach ihrer Vermutung war es ein Weibchen: Der Vogel antwortete auf die aufgezeichneten Rufe mit einem Kontaktruf, der sich wie *gwak* anhörte, und jetzt suchen wir nach dem Nest. Einen Vormittag lang mühen Holt und ich uns zusammen mit den jungen Wissenschaftlerinnen die steilen Abhänge hinauf und hinunter und suchen nach Anzeichen für das Nest – abgebrochene Baumstämme, die an ihrem oberen Ende Eulennester tragen könnten, Gewölle auf dem Boden, Federn, die auf einen brütenden Vogel hindeuten. Unmittelbar bevor ein Weibchen mit dem Ausbrüten der Eier beginnt, wird der Brutfleck auf ihrem Bauch durch einen Hormonschub »entfedert«, sodass sie ihre warme, nackte Haut gegen die Eier drücken kann und mehr unmittelbare Körperwärme abgibt, um sie auf rund 39 Grad zu erwärmen. Durch eine Vermehrung der weißen Blutzellen wird die Haut des Brutflecks runzelig. Welche evolutionären Gründe könnten die Runzeln haben? Holt vermutet, dass auf diese Weise beim brütenden Weibchen die Entsprechung zum Wundliegen verhindert wird wie durch eine Dekubitusmatratze im Krankenhaus. Jedenfalls sind verstreute Daunenfedern eines brütenden Weibchens, die auf dem Boden liegen oder sich in den Zweigen verfangen haben, häufig ein Hinweis auf ein Nest in der Nähe.

Immer wieder lasse ich den Blick aufwärts- und abwärtsschweifen; dabei muss ich daran denken, was der Naturforscher Scott Weidensaul einmal zu mir gesagt hat: »Wenn du den Singvogelhals nicht magst, versuch es mal mit dem Eulenhals – mit dem Krampf, den du im Hals bekommst, wenn du an 30 Meter hohen Fichten senkrecht nach oben schaust und eine Eule finden willst.« Ich muss auch an Max denken, den Australischen Hütehund und Eulendetektiv, und beneide ihn um seine empfindliche Nase. An manchen Stellen ist das Unterholz mit seinen dichten Weiden und Erlen nahezu undurchdringlich. Es gibt hier viele »Peitschen«, wie die Förster sie nennen, umgefallene Bäume, von denen manche sich noch gegen die hoch aufragenden Lärchen und Kiefern lehnen. Solche Bäume sind für nistende Vögel wichtig. Wenn die Eulen zu Boden fallen – was häufig geschieht, wenn sie sich aus dem Nest auf die Äste wagen, bevor sie flügge werden –, nutzen sie solche umgefallenen Stämme und Zweige, um wieder auf den Baum zu klettern.

Es ist wunderschönes Bartkauzland. Auf dem Waldboden stehen kleine Gehölze von Schneebeeren und Schaumspieren, aber auch leuchtende Flecken mit Tellerkraut und Hahnenfuß. Von den Kiefern hängen Flechten, die auch als Altmännerbärte bezeichnet werden. Aus den Douglasfichten entspringen Wolfsflechten und leuchten in prächtigem, fast irisierendem Lindgrün. Die Wolfsflechte ist reich an der giftigen Vulpinsäure und wurde in früheren Zeiten zusammen mit Fleisch gekocht, mit dem man dann Wölfe vergiftete. Das Gelände ist zwar trocken, und die Jagd dürfte hier schwierig sein, aber es gibt gute, kühle und schattige Nistplätze, und einige eindrucksvolle Baumstümpfe erheben sich zehn oder 15 Meter in die Höhe; ihre Vertiefungen sind so groß, dass sie den breiten Bauch eines brütenden Bartkauzweibchens aufnehmen können. Le Fay umkreist sie und sucht nach Federn oder Gewölle.

Wenn ich die Baumstümpfe auf diese Weise durch die Augen der Eulen sehe, verändern sich auch meine Gedanken über die Bäume, die noch stehen, aber tot oder im Absterben begriffen sind. Einen lebenden Baum mit seinem üppigen Blattwerk und seiner grünen Krone zu lieben, ist einfach. Aber Baumstümpfe sind wie Skelette. Sie haben ihre Blätter verloren und ihre Haut abgelegt. Ihre Knochen sind von Insektenspuren gefurcht, mit Löchern übersät, im Kern verrottet, und das obere Ende ist gestutzt und abgebrochen. Aber was für ein Leben beherbergen sie! Mehr als 100 Vogel-, Säugetier-, Reptilien- und Amphibienarten nutzen die abgebrochenen Bäume, um darauf zu nisten, sich niederzulassen, sich zu versammeln und zu fressen. Unter ihnen sind auch die großartigen Eulen. Wenn ich heute sehe, dass abgebrochene Bäume zu Leitplanken und Bänken verarbeitet, vor Hotels als »Totempfähle« aufgestellt oder in Stücke geschnitten und als Brennholz aufgeschichtet werden, mache ich mir Gedanken über den Verlust.

EINEN ODER ZWEI Tage später heißt es: Bingo! Mendelsohn, Hernandez, Le Fay und ein weiterer ehrenamtlicher Mitarbeiter haben den Elmo-Wald ungefähr 200 Meter von der Stelle entfernt, an der wir zuvor gesucht hatten, noch einmal durchkämmt – im Jahr vorher hatte das Team den Bereich bei der Suche ausgelassen, weil ein großer Schwarzbär am Abhang auf den Hinterbeinen in der Sonne saß. »Ich habe mich daran erinnert, dass dort einige alte abgebrochene Bäume stehen, und habe mir gedacht, es könnte sich lohnen, die noch einmal anzusehen«, sagt Mendelsohn. »Als ich den steilen Abhang hinaufgeklettert bin, hat die Mannschaft unten gewartet und zweimal ein *wuup* gehört.« Es war das Bartkauzweibchen. »Ich habe es nicht bemerkt, weil ich selbst so laut geschnauft habe. Aber dann hat sie noch einige Male gerufen – es war ein einfacher oder doppelter, ganz leiser Ruf, sodass wir nicht einmal genau wussten, ob wir es wirklich gehört hatten, aber wir haben uns bemüht herauszufinden, aus welcher Richtung es kam. Ungefähr eine Stunde später hatten wir das Geräusch eingekreist, ich habe nach oben geblickt und ganz oben auf dieser Ponderosakiefer etwas gesehen, was wie eine Ecke von einem Nest aussah. Da habe ich gedacht: ›Du liebe Güte, das ist es!‹ Wenn du so etwas siehst, weißt du manchmal einfach, dass es ein Nest sein muss, ganz gleich, ob du die Eule selbst zu Gesicht bekommst.«

Dass sie darauf aufmerksam wurden, lag an einem Raben. Der Vogel flog krächzend vorüber, und das Eulenweibchen reagierte mit ihrem *wuu-wuu*-Abwehrruf. Das Team richtete eine Kamera auf die obersten Zweige der Kiefer, und dort, in einem Klumpen aus Stöcken in 30 Metern Höhe – einem alten Nest eines Rotschwanzbussards –, sahen sie ein Stückchen der Schwanzfeder eines Bartkauzes. Das Nest!

»Ich würde wetten, dass dort auch letztes Jahr der Nistplatz war«, sagt Mendelsohn, »aber wir haben ihn übersehen, weil ... nun ja ... der Bär.«

Am Abend war das Team immer noch begeistert über die Entdeckung – immer wieder erzählten sie von dem entscheidenden Augenblick. Aber Mendelsohn war auch zutiefst besorgt. »Solche Wälder werden meistens zur Holzgewinnung und Gefahrenabwehr bewirtschaftet, aber nicht im Interesse der Wildtiere – und wenn überhaupt, dann für die Elche und Hirsche«, sagte sie mir. »Wir arbeiten mit Forstwirten und Holzgewinnungsprojekten zusammen, und es gibt auch verantwortungsbewusste Förster, die niemals einen Baum mit einem Eulennest fällen würden. Aber nachdem wir wussten, dass hier irgendwo ein Nest sein muss, haben wir zwei Jahre gebraucht, um es zu finden – es war von unten einfach kaum zu sehen. Der Gedanke, dass dieser Baum ohne Weiteres hätte gefällt werden können, ist wirklich beängstigend.«

Deshalb ist es so entscheidend, dass Eulennester lokalisiert und kartiert werden, ob sie sich in Höhlen in einem Espenwald, auf abgebrochenen Bäumen oder in alten Bussardnestern hoch oben in einer Ponderosakiefer befinden. Wenn man die Nester nicht findet und markiert, werden ihre Heimatbäume unter Umständen abgesägt.

FÜR MENSCHEN IST es schwierig, Eulennester zu finden, aber auch Eulen fällt es nicht leicht – und es wird immer schwerer.

Denken wir einmal daran, welche Eigenschaften eine Höhle oder Vertiefung in einem Baum haben muss, damit sie sich für die Gründung einer Eulenfamilie eignet – beispielsweise als Nest für einen Kalifornienzwergkauz in einer Espe. Die richtigen Klimabedingungen müssen es zulassen, dass Espen so lange wachsen und gedeihen können, bis einige von ihnen verletzt werden oder absterben. Damit sich in einem toten oder verletzten Baum ein Hohlraum entwickelt, müssen Pilze das Holz schwächen und aufweichen, sodass Spechte und andere Arten ein Loch bohren können. Der ganze Prozess dauert unter Umständen viele Jahrzehnte. Das Gleiche gilt für die großen Hohlräume oder abgebrochenen Bäume mit einer Vertiefung am oberen Ende, die für Virginiauhus und andere große Eulen geeignete Nistplätze sind.

Nimmt man nun noch Tätigkeiten der Menschen wie die Bauholzgewinnung, die Entfernung abgestorbener Bäume und das Sammeln abgebrochener Baumstämme als Brennholz hinzu, außerdem Waldbrände, Blitzschläge und andere Naturkatastrophen, erscheint das alles ziemlich unsicher. Und das gilt nicht nur in Nordamerika, sondern auf der ganzen Welt.

Wie in Nordamerika, so sind auch in Australien die meisten Eulen auf Vertiefungen oder Höhlen angewiesen, die es oft nur in geringer Zahl und mit großen Abständen gibt. »Alle australischen Eulen mit Ausnahme der Graseule nisten ausschließlich in Hohlräumen und nehmen Nistkästen nicht gut an«, sagt Steve Debus. »Togiankäuze beziehen hin und wieder einen Nistkasten, und auch Schleiereulen nutzen manchmal künstliche Bauwerke, aber grundsätzlich sind alle australischen Eulen auf Hohlräume angewiesen.« Aber wenn große, alte Bäume dem Holzeinschlag, Stürmen und Bränden zum Opfer fallen, verschwinden auch die großen Baumhöhlen. Was bleibt, sind kleinere Bäume mit kleineren Höhlen.

»Manche großen Eulen wie die Riesenkäuze müssen sich ganz buchstäblich mit der Schulter voran seitlich hineinschieben«, sagt die Artenschutzbiologin Beth Mott, die sich mit Baumhöhlen und ihren tierischen Bewohnern beschäftigt. Da solche Hohlräume selten sind, wird aggressive Konkurrenz begünstigt. Mott konnte beobachten, wie Gelbhaubenkakadus junge Riesenkäuze aus den Hohlräumen vertrieben. »Die sind in der Geschichte wirklich die Bösewichter«, sagt sie. Das Gleiche gilt für Flötenkrähenstare und Krähenstare: Sie greifen die Jungvögel an und töten sie manchmal auch. »Eine solche direkte Aggression von Vögeln, die selbst die Hohlräume nutzen wollen, und den damit verbundenen Tod von Jungvögeln sehen wir immer öfter.«

Nach Motts Überzeugung bieten die Hohlräume eine einzigartige Umgebung, die sich in einem Nistkasten nicht ohne Weiteres nachstellen lässt. Zum einen schützen Hohlräume in lebenden Bäumen vor Veränderungen von Temperatur und Luftfeuchtigkeit in der Umgebung. In Nistkästen ist es oftmals heißer, »und für einen Muttervogel, der auf einem Ei sitzt, ist das eine schlimme Sache«, sagt Mott. »Das gilt insbesondere für die Riesenkäuze, denn diese Vögel neigen schnell zu hitzebedingter Erschöpfung.« Außerdem, so erklärt sie weiter, »schafft das Mikroklima in einer Baumhöhle die Voraussetzungen für ein unglaublich dynamisches Recycling, und die gibt es nicht, wenn wir die Höhle künstlich nachbauen wollen. Durchsucht man eine Nisthöhle, kurz nachdem eine Riesenkauzfamilie sie verlassen hat, findet man keine großen Haufen mit Überresten oder Fell von Opossums. Die einzigen Überreste sind die ›schlammigen Innereien‹, wie wir sie in Australien nennen, das bröckelige Material im Inneren eines Baumes, an dem die Termiten gefressen haben. Man sieht vielleicht ein paar Knochen, manchmal auch eine Wirbelsäule, aber vorwiegend sind es nur schlammige Innereien, und es sieht unglaublich sauber aus. Dabei fließt viel Nahrung hinein, und aufgeräumt wird nicht – die werfen ihren Müll nicht raus. Das ganze Recycling findet innerhalb der Höhle durch wirbellose Tiere, Pilze und Bakterien statt. Nach meiner Überzeugung können wir diese ganz besondere dynamische Umwelt der Baumhöhle in einem Nistkasten nicht nachvollziehen, solange wir sie nicht ganz und gar verstehen.«

Dave Oleyar und seine Doktorandin Kassandra Townsend untersuchen auch die thermischen Eigenschaften von Hohlräumen in verschiedenen Baumarten und gehen der Frage nach, wie sich der globale Klimawandel auf die Hohlräume als solche auswirkt, aber auch auf Eulen und andere Tiere, die auf sie angewiesen sind. »Werden diese

Ein junger Riesenkauz in seiner Nisthöhle

Hohlräume auch dann noch von den gleichen Tieren genutzt, wenn der Temperaturbereich über oder unter bestimmten Schwellenwerten liegt?«, fragt Oleyar. »Mittlerweile beschäftigen wir uns auch mit den Auswirkungen der Mikrobiome, die in solchen Hohlräumen vorkommen: Wird sich die Geschwindigkeit der Verrottung verändern? Was bedeutet das für die Geschwindigkeit, mit der Höhlen entstehen und verloren gehen? Und was heißt es für die Eulen, die auf solche Hohlräume angewiesen sind?«

Mott erzählt mir von einer Nisthöhle in einem Baum, die seit mehr als zehn Jahren von einem Riesenkauzpärchen bewohnt wird. In der Region haben Brände gewütet und den Baum von innen nach außen zerstört. Nach dem Brand saß das Paar auf einem Nachbarbaum. »Große Waldeulen machen ein deutlich erkennbares Trauergeräusch, wenn sie einen Jungvogel verloren haben«, sagt sie. »Das Gleiche haben sie auch wegen ihrer Baumhöhle gemacht. Es war wirklich herzzerreißend.«

Wenn solche Nistplätze verschwinden, dauert es unter Umständen Jahrzehnte oder noch länger, bis Ersatz vorhanden ist. Mott will Strategien entwickeln, um die höhlentragenden Bäume in Australien zu schützen und große Bäume zu erhalten, in denen sich noch keine Hohlräume entwickelt haben, um sie für die nächste Generation von Nisthöhlen zu »rekrutieren«. Nach übereinstimmender Ansicht der Experten brauchen wir eine langfristige Naturschutzstrategie, mit der alle Lebensstadien der Bäume geplant und geschützt werden, von den lebenden Bäumen mit Höhlen über abgebrochene Baumstämme bis zu Holzabfällen; nur so können wir in den Wäldern auf der ganzen Welt für Lebensräume zum Nisten sorgen.

ZURÜCK NACH MONTANA. Oft führt erst eine mühsame, systematische Suche zum Nest eines Bartkauzes auf einem abgebrochenen Baumstamm. Es gibt aber auch glückliche Zufälle.

Tief im Wald, in einer sumpfigen Niederung, liegt ein Ort namens Grizzly Hill – den Namen trägt er aus gutem Grund, denn der Schlamm ist voller Bärenspuren. Hier zeigt mir das ORI-Team eine Stelle, an der Mendelsohn kürzlich eine unerwartete Entdeckung gemacht hat. Sie war im Rahmen einer nächtlichen Bestandsaufnahme zusammen mit Jon Barlow unterwegs, und die beiden hatten an der Stelle Pause gemacht, damit Jon einem natürlichen Bedürfnis nachkommen konnte. »Wir sind gerade den Hügel hinuntergewandert und haben die Grizzlyspuren bemerkt«, sagt sie. »Als wir wegen Jon stehen geblieben sind, habe ich auf die rechte Seite des Weges geblickt, und da war er: Genau dort drüben saß ein Bartkauz oben auf dem abgebrochenen Stamm eines Zürgelbaumes. Es war nicht das erste Mal, dass wir ein Nest gefunden haben, weil jemand pinkeln musste.«

Anfangs sehe ich nichts außer einem großen abgebrochenen Baum. Aber als sie mich darauf aufmerksam machen, bemerke ich die gewaltige Gesichtsscheibe, die aus der Vertiefung auftaucht; die Eule wendet uns den Kopf zu und schenkt uns ihren gelassenen Bartkauzblick. Einen dieser beeindruckenden Vögel in der Ferne auf einem Zaunpfahl zu sehen, wo er schlank und hungrig und abflugbereit sitzt, ist etwas ganz anderes, als wenn man ein großes Weibchen so aus der Nähe zu Gesicht bekommt: Sie duckt sich in ihr Nest wie eine

Junge Bartkäuze in dem Nest auf einem abgebrochenen Baumstamm am Grizzly Hill

Königin, die sich auf einem grob gehauenen, fassförmigen Holzfloß niedergelassen hat. Von unten sieht die Vertiefung in dem Baumstamm klein und zerklüftet aus – sie wirkt nicht gerade wie eine bequeme natürliche Vertiefung, die ein gutes Nest abgibt. Aber wie Holt mir erklärt, braucht das Weibchen nur genug Platz, um die Eier abzulegen und ihren Bauch darüberzustülpen; dann schafft sie es. »Ich hoffe nur, dass niemand diesen Baumstamm abholzt, bevor die Jungvögel geschlüpft sind.«

Wie man kleine Eulen großzieht

Steve Hiro interessiert sich für das Nest eines Kalifornienzwergkauzes, das sich nördlich von Charlo drei Stockwerke hoch in einer großen Espe befindet. Er blickt nach oben zu der Nisthöhle und hält eine Leiter fest, die an einem Nachbarbaum lehnt. Oben auf der Leiter kämpft Denver Holt mit Spanngurten, mit denen er die wackelnde

Leiter am Baum befestigen will. Zu viert sehen wir nervös zu: Hiro, Le Fay, Hernandez und die besonders ängstliche Mendelsohn. An Holts rechtem Arm hängt eine Kamera. »Vorsicht«, sagt Mendelsohn. »Die hat 600 Dollar gekostet, und sie gehört uns nicht.«

Holt will die Kamera so anbringen, dass sie eine stetige Bilderfolge vom Nest in der Höhle gegenüber liefert. Sie ist mit einem Bewegungsmelder verbunden und sollte deshalb alle möglichen Aktivitäten einfangen, von der Beutelieferung durch das Männchen, während das Weibchen im Nest sitzt, bis zum ersten Abflug der Jungen. Aber Holt muss sie blind einrichten, denn er kann nicht um den Baum blicken. Mendelson hat ein Spektiv auf die Kamera gerichtet und gibt ihm Anweisungen.

Auf diesen Augenblick hat Hiro seit Jahren gewartet. Das Team hat versucht, an dem Nest im Pattee Canyon eine Kamera mit Wärmeauslöser auf die Zwergkäuze zu richten, aber die Vögel waren so klein, dass der Temperatursensor nicht auslöste. Schließlich hat Holt die Kamera richtig positioniert und steigt die Leiter herunter. Aber sie funktioniert nicht, also muss er noch einmal nach oben. »Ich bin alt, aber ich kann immer noch besser klettern als alle anderen«, sagt er. Er ist fit, das stimmt – dafür haben schon die anstrengenden Forschungsarbeiten an den Schnee-Eulen in der Arktis gesorgt. Dennoch seufzen wir alle erleichtert, als er wieder unten ist.

»Es ist immer schwieriger, als du glaubst, und eine Arbeit für vier Personen«, sagt er und fügt mit einem verschmitzten Grinsen hinzu: »Wenn es einfach wäre, würde es ja jeder machen.«

Hiro sichtet in einer nahen Espe das Männchen und dann auf einem anderen Baum das Weibchen. »Sie ist also überhaupt nicht in der Höhle. Vielleicht ruht sie sich gerade vom Nisten ein wenig aus«, murmelt er. »Aber wenn sie brütet, sollte sie da drin sein.« Aus seiner Stimme klingt Besorgnis. Das Team entschließt sich, mit einer »Voyeurkamera« ins Nest zu blicken, einem winzigen Gerät, das an einem 15 Meter langen Teleskopstab befestigt ist und ihnen die Möglichkeit gibt, in ansonsten unzugängliche Höhlen zu blicken. Dieses Nest hier befindet sich nicht nur 15 Meter hoch am Baum, sondern die Öffnung ist auch klein – sie ist zwei, höchstens zweieinhalb Finger breit und damit typisch für die Höhlen, die Zwergkäuze sich aussuchen. Gebohrt wurde sie vermutlich von einem Haarspecht oder vielleicht auch einem Rotnacken-Saftlecker. Holt und Mendelsohn heben die Voyeurkamera so hoch, dass sie ihnen einen guten Blick in die Höhle verschafft. Dazu müssen sie ein wenig lavieren, aber schließlich rücken zwei hübsche runde weiße Eier ins Bild.

»Ah!«, ruft Hiro, »jetzt ist mir klar, warum sie draußen ist. Sie ist mit der Eiablage noch nicht fertig.«

In einer Hinsicht sind die Kalifornienzwergkäuze in der Welt der Eulen so etwas wie Rebellen. Die Weibchen der meisten Eulenarten beginnen mit dem Brüten, sobald sie ein Ei gelegt haben. Nicht so der weibliche Kalifornienzwergkauz. Er legt alle ein bis anderthalb Tage ein Ei, bis insgesamt die ungewöhnliche Zahl von fünf bis sieben Eiern zusammengekommen ist. Erst nachdem sie alle abgelegt sind, setzt sich das Weibchen darauf und brütet. Während die Eier auf die Brutwärme warten, die ihre Entwicklung in Gang setzt, werden sie von Hormonen am Leben erhalten.

Die Zahl der abgelegten Eier steht nach Holts Worten wie bei allen Eulenarten im Zusammenhang mit dem Gesundheitszustand des Weibchens, der verfügbaren Nahrungsmenge, dem Nistplatz und – wenn es sich um wandernde Arten handelt – ihrer Herkunft. »Wenn es beispielsweise in einer Gegend viele Wühlmäuse gibt, legt eine Sumpfohreule bis zu zehn Eier«, sagt er. »Ist die Wühlmauspopulation dagegen klein, sind es nur drei oder vier, oder sie legt überhaupt kein Ei.«

Dass die Eier in der kleinen Höhle so weiß sind, ist für Eulen ganz normal, in der Vogelwelt insgesamt aber ungewöhnlich. Die meisten Vogeleier sind zur Tarnung raffiniert gefärbt. Ich muss an die gefleckten und gestreiften Eier der Küstenvögel denken, die sich zwischen Steinen, Kies und Sand verstecken und so Schlangen, Füchse und andere Eierdiebe hinters Licht führen. Oder an die einzigartig gefärbten und gemusterten Eier der Japanwachtel: Sie werden vom Weibchen an das Nistgebiet angepasst und so möglichst gut getarnt. Weiße Eier haben nur Vögel, deren Nistplätze den Blicken entzogen sind – Spechte, Spinte, Eisvögel, Eulen. Ihre Eier sind versteckt, und deshalb besteht kein Grund, kostbare Energie für die Produktion von Pigmenten aufzuwenden.

Auch in der Form unterscheiden sich Euleneier von den meisten anderen Vogeleiern: Sie sind eher kugelförmig. Neueren Forschungsarbeiten der Evolutionsbiologin Mary Caswell Stoddard von der Princeton University zufolge liegt das wahrscheinlich am Fliegen. Die Eier von Vögeln, die sich während eines großen Teils ihres Lebens in der Luft befinden – Lummen, Schnepfen, Albatrosse – sind elliptisch, und zwar, so die Theorie, damit sie mit ihrer Stromlinienform durch das Becken der Vögel mit ihrem kleineren, leichteren und stämmigeren Skelett gleiten können. Eulen, die meist nur kurze Gleitflüge ausführen, haben ein schwereres Skelett und ein breiteres Becken, und dort passen auch eher kugelförmige Eier hindurch. (Natürlich gibt es Ausnahmen. Die Eier von Schleiereulen sind eindeutig konisch oder eiförmig. Das Gleiche gilt auch für die Eier von Bartkäuzen, aber sie sind kleiner als ein Hühnerei und passen durch das Becken des Vogels.)

Die runden weißen Eier des Kalifornienzwergkauzes sind also in Form und Farbe typische Euleneier, untypisch ist aber der Ablauf des Schlüpfens. In den Nestern der meisten Eulenarten fallen die Größenunterschiede der Jungvögel auf; sie sind manchmal so dramatisch, dass es sich um unterschiedliche Arten zu handeln scheint (wie bei den Schleiereulen in dem Silo in Linville). Manche Jungvögel sehen vielleicht bereits wie kleine ausgewachsene Eulen aus: Sie tragen zwar noch Daunen, haben aber schon die dunkle Gesichtsscheibe der erwachsenen Tiere, und auch die Flugfedern wachsen. Andere dagegen sind winzige Kugeln aus weißen, flauschigen Daunen. Eulen legen ihre Eier im Abstand von mehreren Stunden oder Tagen, und auch die Jungen der meisten Arten schlüpfen zu unterschiedlichen Zeiten. Man spricht von »asynchronem Schlüpfen«; bei den meisten Eulen dient es dazu, mindestens einem Nachkommen das Überleben zu sichern. Das ist sinnvoll, denn die Bestände der Beutetiere – Wühlmäuse, Lemminge und andere kleine Säugetiere – sind unberechenbar.

Ein Kaninchenkauz mit einer Spinne, einer Schwarzen Witwe. Eulen fressen alles Mögliche, von Insekten bis zu Opossums, Kaninchen und Hirschkälbern. Manchen Arten machen auch giftige Beutetiere nichts aus.

Schnee-Eulen füttern ihre Jungen mit Lemmingen. Schon im Alter von zwei Wochen kann eine junge Schnee-Eule einen Lemming im Ganzen verschlucken.

Ein Bartkauzweibchen füttert ein Junges mit Stücken einer Wühlmaus oder eines anderen kleinen Nagetiers.

▲ *Flügge gewordene Raufußkäuze. Jungvögel dieser Spezies verlassen das Nest ungefähr einen Monat, nachdem sie geschlüpft sind.*

◀ *Ein Bartkauzjunges erklimmt einen Baum. Ästlinge fallen manchmal zu Boden und klettern dann mit den kräftigen Füßen wieder am Baum hoch.*

▼ *Eine junge Waldohreule spreizt zur Verteidigung die Flügel und nimmt eine Drohhaltung ein.*

▲ *Ein junger Riesenkauz bleibt viele Monate bei seinen Eltern und wird weiterhin von ihnen gefördert.*

Ein Habichtskauzweibchen stößt in seiner norwegischen Waldheimat herab und verteidigt sein Nest.

Junge Virginiauhus nisten im Schutz einer Astgabel.

▲ Eine Familie von Sumpfohreulen in ihrer Nistumgebung im Grasland.

▲ Tropenkreischeulen (graue und rote Form) rasten auf einem Baum auf dem Campus der Universität São Paulo.

▼ Ein Waldkauz landet in Norwegen bei seinem Nest auf einem abgebrochenen Baum.

▲ Eine Waldohreule rastet im Schutz eines Wacholderstrauches.

IN KUNSTWERKEN AUS DER GANZEN WELT UND ALLEN ZEITEN FINDET MAN EINE FÜLLE VON EULENDARSTELLUNGEN.

▲ *Brosche aus Gold und Achat, Italien, ca. 1860*

▲ *Seidenstickerei eines unbekannten chinesischen Künstlers, 19. Jahrhundert*

▲ *Ägyptisches Relief mit dem Gesicht eines Eulenhieroglyphen, 400 bis 30 v. Chr.*

▼ *Griechischer Eulen-»Skyphos«, Trinkgefäß aus Keramik, 5. Jahrhundert v. Chr.*

◀ *Goldene Eulenkappe für einen »Mitarbeiter« eines hochrangigen Beamten aus der präkolumbianischen Zenú-Kultur, ca. 1–1000 n. Chr.*

»Abhängiger Aufstieg: Eule und Lemming«, Bronzeskulptur der Künstlerin Terresa White. Die Skulptur steht in der Innenstadt von Lake Oswego in Oregon. White sagt darüber: »Sie feiert das Verständnis der Yup'ik für die Verbindungen und den Geist aller Lebewesen.«

Brillenkauz

Ponderosaeule

Mexikanischer Fleckenkauz

Uhu

Sind viele solche Tiere vorhanden, überleben wahrscheinlich alle Jungvögel. Wenn aber Nahrung knapp wird, können die Eltern nicht mehr alle Jungen füttern. Die zuerst geschlüpften Geschwister sind größer, kräftiger und besser in der Lage, energisch um Nahrung zu betteln; deshalb erhalten sie den größten Teil des Fleisches und haben gute Aussichten durchzukommen. Die jüngeren Eulen müssen dann unter Umständen verhungern.

»Für das Junge, das zufällig als Letztes schlüpft, ist es eine brutale Welt«, sagt Jim Duncan. (Und dann fügt er mit einem Grinsen hinzu: »Ich bin froh, dass ich in meiner Familie das mittlere Kind bin.«) Das mag ineffizient oder sogar grausam erscheinen, aber auf diese Weise steigen die Aussichten, dass zumindest einige Jungvögel zu gesunden Erwachsenen werden. Die versetzten Zeitpunkte des Schlüpfens führen auch dazu, dass zu jedem Zeitpunkt nur eine begrenzte Nahrungsmenge notwendig ist, weil die Jungvögel sich in unterschiedlichen Entwicklungsstadien befinden. Und wenn ein Jungvogel das Nest so schnell wie möglich verlässt, verringert sich auch die Gefahr, dass ein natürlicher Feind bei einem Überfall das gesamte Gelege stiehlt.

Aber manche Eulenarten halten sich nicht an die Regeln, und wie Steve Hiro entdeckte, machen es auch die Kalifornienzwergkäuze anders.

Einmal fand Hiro auf einem abgebrochenen Lärchenstamm ungefähr zwei Meter über dem Boden ein Zwergkauznest und wusste sofort, dass sich hier eine einzigartige Gelegenheit bot. »Mir war klar, dass eigentlich noch niemand wusste, wie junge Zwergkäuze schlüpfen, sich entwickeln und flügge werden; hier konnte ich den ganzen Prozess mit Fotos detailliert dokumentieren. Ich brauchte nicht einmal eine Leiter. Es reichte, mit einem Endoskop in das Nest zu schauen – ein solches optisches Instrument dient dazu, das Innere von Strukturen durch ein kleines Loch zu betrachten.«

Zwei oder drei Tage nachdem die Jungen geschlüpft waren, begann Hiro mit seinen Aufnahmen. Dabei beobachtete er, dass die Jungvögel sich mit genau der gleichen Geschwindigkeit entwickelten, obwohl die Eier asynchron abgelegt worden waren. »Die Daunenfedern veränderten sich, der Eizahn ging verloren, die Augen öffneten sich, die ersten Flugfedern wuchsen: In allen Phasen konnte man sehen, dass sie sich im gleichen Tempo entwickelten.« Am 24. Tag spähten die Jungen zum ersten Mal aus der Höhle und wurden zunehmend mutig und neugierig. Hiro wollte sichergehen, dass er den Augenblick des Flüggewerdens nicht verpasste, also ging er jeden Tag hin und sah nach. Am Morgen des 28. Tages kam er um 5 Uhr 30 an, blickte in die Höhle und sah fünf Jungvögel. »Also bin ich wieder nach Hause gegangen, habe geduscht und bin dann um 9 Uhr wiedergekommen«, erinnert er sich. »Dann habe ich gesagt: ›Nur zur Sicherheit sehe ich noch einmal hinein.‹ Und da war nur noch ein Jungvogel übrig!« In nur drei Stunden hatten vier Junge die Höhle verlassen. Bei anderen Eulenarten wäre das im Laufe mehrerer Tage geschehen.

»Ich habe gedacht: Hm, wo sind die?«, sagt Hiro. »Ich habe auf dem Erdboden und auf den niedrigen Ästen des Baumes nachgesehen. Keine Spur von ihnen. Dann habe ich nach oben geblickt, und da habe ich die kleinen Dinger ohne Schwanz ganz weit oben auf dem Baum gesehen. In zehn Metern Höhe flogen sie zwischen dreißig Meter voneinander entfernten Ästen hin und her. Ich konnte es gar nicht glauben. Wenige Stunden nachdem sie die Höhle verlassen hatten, konnten sie fliegen. Und es waren nicht nur Gleitflüge zwischen den Ästen, sondern sie sind tatsächlich geflattert und haben an Höhe gewonnen. Es ist verblüffend. Woher hatten sie die Kraft, um so zu fliegen? Wie entwickeln sich die Flügel, wenn sie noch in der Höhle stecken?«

Jedenfalls hatte Hiro zum ersten Mal fotografisch dokumentiert, wie das Gefieder der Kalifornienzwergkäuze sich gleichzeitig entwickelt, wie sie gleichzeitig schlüpfen und gleichzeitig flügge werden. Seither hat seine Arbeitsgruppe den Befund an sechs weiteren Nestern bestätigt.

Das alles hört sich überhaupt nicht nach Eulen an. (Die einzige andere Art, bei der das Schlüpfen bekanntermaßen auf diese Weise abläuft, ist der Steinkauz: Hier kommen die Jungen manchmal gleichzeitig und manchmal nicht gleichzeitig aus dem Ei.) Warum unterliegen Kalifornienzwergkäuze mit ihrer Nahrungsversorgung nicht

Zwei Wochen alte Kalifornienzwergkäuze in einer Nisthöhle

den gleichen Einschränkungen wie andere Eulen? Warum sind sie nicht dem gleichen Druck durch natürliche Feinde ausgesetzt?

Zumindest auf die erste Frage geben vielleicht die Kleiber und Meisen eine Antwort. Kalifornienzwergkäuze fressen eine Menge Vögel. Das verschafft ihnen eine relativ stabile Nahrungsversorgung; andere Eulenarten sind auf Nagetiere angewiesen, und deren Bestände schwanken häufig stark. Außerdem nisten sie in winzigen Höhlen, zu denen die meisten natürlichen Feinde keinen Zugang haben. Und da sie geradewegs aus der Höhle fliegen können, ohne sich auf Äste setzen zu müssen, sind diese kleinen Eulen auch nicht durch Beutegreifer vom Erdboden gefährdet. Wie sie allerdings ihre Flügel trainieren, bevor sie fliegen können, ist nach wie vor ein Rätsel.

WENN DAS KALIFORNIENZWERGKAUZWEIBCHEN mit dem Brüten begonnen hat, verlässt sie die Höhle nur noch zweimal am Tag für fünf bis zehn Minuten, um ein Gewölle hochzuwürgen oder Exkremente auszuscheiden. Das Männchen bringt ihr ungefähr alle zwei Stunden etwas zu fressen. Nachdem die Jungen aber geschlüpft sind, steigt der Nahrungsbedarf exponentiell an, und am zehnten oder elften Tag brauchen die Jungvögel so viel, dass das Weibchen sich bei der Jagd dem Männchen anschließt.

Eulen sind anscheinend in vielerlei Hinsicht engagierte Eltern. Während das Weibchen brütet, sitzt sie fast 24 Stunden am Tag auf dem Nest, den Kopf gesenkt und den Bauch nach unten; damit hält sie die richtige Temperatur der Eier aufrecht – kühl in der Hitze, warm bei Schnee und Kälte. Eine brütende Schnee-Eule muss ihre Eier bei knapp 37 Grad halten, und das auch dann, wenn die Temperatur auf minus 30 oder minus 40 Grad sinkt. Einem Bartkauzweibchen dagegen, das in der Sonne nistet, wird es unter Umständen sehr warm, aber sie bleibt sitzen, um Eier und Jungvögel vor Überhitzung zu schützen; ihren eigenen Körper kühlt sie durch eine besondere Form des Hechelns, »Kehlflattern« genannt. Einmal habe ich gesehen, wie ein männlicher Virginiauhu die Flügel über dem Weibchen und den Jungvögeln ausbreitete, um sie vor dem strömenden Regen zu schützen. Sein eigenes Gefieder wurde dabei völlig durchnässt.

Jim Duncan erinnert sich noch an ein Paar von Waldohreulen, die in Manitoba nisteten und an einem Maitag als Eltern eine besonders belastende Erfahrung machten. »Ich weiß noch, wie ich im Haus war und plötzlich hörte ich aus Norden, wo das Nest war, diesen Aufruhr«, erzählt er. »Ich habe hinausgeschaut, da wurden die Eulen von mindestens fünfzehn bis zwanzig Krähen geärgert, und ich habe gedacht: ›Oh nein! Wenn das Weibchen aus dem Nest kommt, wird eine Krähe hinunterstoßen und sich ganz leicht die Eier schnappen.‹ Aber sie blieb sitzen. Dann hat es an dem Tag geregnet, und daraus wurde Schnee, weil die Temperatur auf minus vier Grad gesunken ist, und der Wind kam mit 60 bis 70 Stundenkilometern aus Norden und trieb den Schnee horizontal vor sich her. Auf der nördlichen Seite des Geleges sind zwei Eier erfroren. Aber als wir hinterher hinausgegangen sind und uns die Sache angesehen haben, waren aus vier der sechs Eier noch Junge geschlüpft.«

Dank der guten Brutpflege überlebten diese Jungen also sowohl mörderische Krähen als auch mörderischen Schnee.

Manchmal haben Eulen es auch mit einem Mückenmassaker zu tun. In seinen Studien an den Bartkäuzen in Kanada erlebte Duncan mit, welche Auswirkungen die Blut saugenden Insekten haben können. »Diese Vögel hatten sich entschlossen, in einem wirklich schönen Lebensraum zu nisten«, sagt er. Aber die Feuchtwiesen und Sümpfe waren auch ein großartiger Lebensraum für Mücken. Gewöhnlich nisten Eulen, bevor ein Großteil der Mücken aus dem Ei schlüpft, »was aus ihrer Sicht schlau ist«. In manchen Jahren bauen sie ihre Nester aber auch erst später, »und das ist dann sowohl für sie als auch für uns eine Herausforderung. Du fühlst dich wie ein menschliches Nadelkissen«, sagt Duncan. Für die Eulen ist es noch schlimmer. Ausgewachsene Vögel und ältere Jungtiere können sich hoch oben auf die Bäume setzen und damit den Insekten entgehen, aber wenn jüngere Vögel und das ausgewachsene Weibchen noch im Nest sind, während die Mücken schlüpfen, bleibt ihnen kein Ausweg. »In manchen Jahren sind nur sehr wenige Jungvögel flügge geworden oder haben die Phase im Nest überlebt, weil die Mücken ihnen buchstäblich das Blut ausgesaugt haben.«

NACHDEM DIE JUNGEN geschlüpft sind, müssen Eulenmännchen so viel Beute bringen, dass sowohl das Weibchen als auch der heranwachsende Nachwuchs satt werden. (Anders als bei den Zwergkäuzen bleiben die Weibchen der meisten Eulenarten im Nest und schützen es.) Ponderosaeulen- und Perukauzväter bringen ihren Jungvögeln wirbellose Tiere, darunter auch Skorpione – denen sie aber vorher den Giftstachel entfernt haben. Dave Oleyar erinnert sich noch, wie er einen »Fußtritt« erhielt, als er einen Perukauz in der Hand hatte. »Man sollte glauben, dass es keine große Sache war, denn der Vogel wiegt ja nur 40 Gramm«, sagt er. »Aber zehn Minuten später, nachdem wir den Vogel freigelassen hatten, ist mein Finger angeschwollen, bis er … nun ja, ziemlich dick war. Wir nehmen an, dass er vermutlich noch ein wenig Skorpiongift entweder am Schnabel oder an den Krallen hatte. Diesem Vogel hat es anscheinend nichts ausgemacht, aber mir schon.«

Holt hat zugesehen, wie männliche Schnee-Eulen Nahrungsvorräte anlegten: Sie holten Dutzende große, schwere Braune Lemminge und stapelten sie rund um das Nest auf. An einem Nest lagen 86 Nagetiere. Dass sie verderben, brauchen die Schnee-Eulen nicht zu befürchten: Einerseits ist es kalt, und andererseits können die Jungvögel einen Lemming bereits im Ganzen schlucken, wenn sie zwei Wochen alt sind.

Ostkreischeulen in Texas bringen ihrem Nachwuchs im Nest lebende Blindschlangen, die nicht nur als Nahrung dienen, sondern vielleicht auch das Nest hygienisch sauber halten. Ein paar Schlangen werden von den Jungvögeln gefressen, aber die meisten der winzigen (und wirklich bizarren) Reptilien leben zusammen mit den kleinen Eulen in den Abfällen des Nestes und fressen sowohl parasitische Fliegen als auch andere Insektenlarven in dem verfaulenden Gewölle, den Exkrementen und nicht verzehrten Beutetieren. Nach den Feststellungen von Forschenden wachsen Jungvögel, die mit Blindschlangen zusammenleben, um 50 Prozent schneller und unterliegen einer geringeren Sterblichkeit als solche, denen die Gesellschaft der Schlangen fehlt.

Das Bartkauzweibchen setzt im Vergleich zu den Kreischeulen noch eins drauf: Sie frisst Exkremente und Gewölle der Jungen und fliegt dann einige Male am Tag davon, um alles wieder auszuwürgen. So etwas nennt man eine engagierte Mutter.

Jungtiere großzuziehen ist derart energieaufwendig, dass die ausgewachsenen Vögel während der Nistsaison regelmäßig bis zu einem Drittel ihres Körpergewichts verlieren. Wenn sie ihre Ressourcen in die Nachkommen stecken, verzichten sie auch darauf, das Federkleid zu wechseln – ein Prozess, der beträchtliche Energiemengen verbraucht. Duncan verglich das Gefieder eines Männchens, das Junge großzog, mit einem zweiten, aus dessen Eiern keine Jungen geschlüpft waren. Das Männchen mit dem gescheiterten Nistversuch hatte bis zum Herbst nahezu alle Flug- und Schwanzfedern gewechselt, sodass es »nagelneu« aussah, wie Duncan es formuliert. »Dagegen sah das Männchen, das wir wieder eingefangen haben, nachdem es fünf Junge großgezogen hatte, aus wie ein gerupftes Huhn: Seine Federn waren ganz braun und mitgenommen.« Das ist möglicherweise ein hoher Preis, denn abgenutzte und beschädigte Federn wirken sich auf die Flugfähigkeiten aus.

EULEN, UND ZWAR insbesondere die Weibchen, verwenden auch viel Energie darauf, ihr Nest energisch zu verteidigen. Bei manchen Arten dürfte der Größenunterschied zwischen Männchen und Weibchen – die Weibchen sind in der Regel größer – mit der Aufgabe der Weibchen zu tun haben, die Jungen zu schützen. Das Weibchen bleibt häufig im Nest sitzen, während das Männchen auf die Jagd geht, und damit ist es auch dafür verantwortlich, Eindringlinge abzuwehren.

Wie ernst es den Weibchen mit der Verteidigung des Nestes ist, mussten viele Eulenexperten auf unangenehme Weise lernen, meist wenn sie versuchten, die Jungvögel zu beringen. Nachdem das Weibchen mehrere Monate lang genistet, die Eier gelegt und ausgebrütet und die Jungvögel gefüttert und großgezogen hat, ist sie in einer Phase von ungefähr einer Woche bei der Verteidigung des Nestes besonders aggressiv. Jetzt sind die Jungen bereit, das Nest zu verlassen. Sie haben auch genau die richtige Größe, mit der Forschende sie beringen können. Gerade zu diesem Zeitpunkt hat das Weibchen am meisten in seine Jungen investiert und deshalb das größte Interesse daran, sie zu verteidigen.

Fragt man Jim Duncan nach seiner besten Eulennarbe, wird er als Erstes erklären, sie sei an einer versteckten Stelle, und zweitens, sie stamme von einem Bartkauzweibchen, das seine Jungen während des Beringens verteidigt hat. In Manitoba, wo Duncan zu Hause ist, wiegen Bartkäuze ein bis eineinhalb Kilo. »Ja, die sind federleicht«, sagt er, »bis sie zuschlagen. Bei uns hält immer jemand Ausschau und warnt den anderen, der auf den Baum klettert, dass die Eule angriffslustig ist. Dann klammerst du dich dicht an den Baum und schwenkst im letzten Augenblick den Arm, dann dreht die Eule fast immer ab. Am wichtigsten ist, dass du dort hingehst, tust, was du tun musst, und dann so schnell wie möglich wieder verschwindest, um die Eulen möglichst wenig zu stören.« Während er einen Nistplatz untersuchte, »kam dieses große Weibchen angesaust. Aus irgendeinem Grund haben wir sie erst im letzten Augenblick bemerkt, und sie hat mich hinten am Kopf erwischt. Es war, als hätte dich jemand mit einem nagelbesetzten Vierkantholz geschlagen. Eine Kralle ist hinten tief in meinen Schädel eingedrungen, und die Spitze ist dort abgebrochen. Das Blut lief in Strömen – Kopfwunden bluten stark –, und ich konnte ein Stück von der Klaue herausziehen. Uah!«

Einzelne Eulen, auch wenn sie zu derselben Spezies gehören, verteidigen ihre Nester mit unterschiedlichem Nachdruck. Duncan wurde nach eigenen Angaben in den 30 Jahren, in denen er die Vögel studiert, nur zwei- oder dreimal von Bartkäuzen angegriffen. »Die anderen blicken zwar grimmig, wenn sie sich in der Nähe niederlassen, aber sie kommen nicht wirklich und hacken auf dir herum.« In Europa stehen die Bartkäuze in dem Ruf, extrem aggressiv zu sein. Der auffällige Verhaltensunterschied könnte nach Duncans Vermutung damit zu tun haben, wie lange die Vögel schon den Menschen ausgesetzt sind. »Man könnte spekulieren, dass Europäer sich in manchen derartigen Regionen schon vor viel längerer Zeit niedergelassen haben als in Nordamerika. Vielleicht sind die Eulen also durch den Selektionsdruck aggressiver geworden. Ich bin mir da nicht sicher, aber Vermutungen anzustellen, macht Spaß. Es gibt dazu einen so hohen Stapel von Theorien«, sagt er und macht eine Geste, die ungefähr einen Meter bedeuten soll. »Und der Stapel der Beweise ist ungefähr so hoch« – jetzt sieht es nach wenigen Zentimetern aus.

Auch bei Denver Holt ist die beste Eulennarbe versteckt. Sie stammt von einer weiblichen Schnee-Eule, die zu den aggressivsten Nestverteidigern der Vogelwelt gehört. Schon wenn ein solches Weibchen auf fast einen halben Kilometer eine näher kommende Gefahr sieht, verlässt sie das Nest, »setzt sich in der Nähe auf den Boden und tut so, als gäbe es dort kein Nest«, sagt Holt. »Aber wenn man in Richtung des Nestes geht, fliegt sie hin, und dann greift entweder sie oder das Männchen an.« Holt wurde mehrmals an Kopf, Schultern und

Hals verletzt. Aber bei dem Angriff, an den er sich am besten erinnert, lag er auf dem Bauch und war damit beschäftigt, Jungvögel in einem Nest zu beringen. Das Weibchen stieß herab und traf ihn von hinten mit ihren Krallen so schwer, dass das kräftige Segeltuch seiner Hose und die lange Unterhose durchlöchert waren; dann, so sagt er, »hat sie mir vier Löcher in den Po gemacht. Da hat sie mich an der richtigen Stelle erwischt.«

Vielleicht war es nicht überraschend, was eine Studentin von Holt entdeckte: Die aggressivsten Schnee-Eulenpaare ziehen die meisten Jungen groß. Sie verteidigen ihren Nachwuchs nicht nur gegen Wissenschaftler am besten, sondern auch gegen Polarfüchse, Vielfraße und andere Nesträuber, ja sogar gegen Eisbären.

Die Habichtskäuze in Finnland bewachen ihre Nester mit so viel Nachdruck, dass manche Forschende sich dort mit Schutzhelmen absichern. Als der Ornithologe Pertti Saurola 1974 in Finnland die Leitung eines Vogelkundlichen Instituts antrat, wies er alle Mitarbeitenden an, möglichst keinen Helm zu tragen, es sei denn, er war aus Leder oder mit einem dicken Schaumpolster oder anderem weichen Material beschichtet. Der Anlass waren mindestens fünf Fälle, in denen die Weibchen so kräftig auf die Helme von Forschenden eingehackt hatten, dass die Vögel durch die Stöße ums Leben kamen. »Ich habe im Laufe der Jahrzehnte immer eine Pelzmütze getragen, obwohl die nur zum Teil verhindert, dass die Krallen durchdringen«, sagt Saurola. »Aber ist es nicht eigentlich richtig, dass man ein wenig dafür bestraft wird, wenn man ein solcher Störenfried ist? Heute ziehe ich den Kragen meiner Lederjacke über die Pelzmütze, das hilft.«

Die Jungen selbst verteidigen sich manchmal, indem sie die Flügel spreizen, mit dem Schnabel klappern, beißen, mit den Beinen treten und zischen – Letzteres können vor allem junge Kaninchenkäuze gut. Werden sie in ihrem Bau von einem Eindringling in die Ecke gedrängt, sirren die Kleinen genau wie eine rasselnde Klapperschlange. Die »Bates'sche akustische Mimikry« – so nennt man das, wenn eine ungefährliche Spezies die Geräusche einer gefährlichen nachahmt –

ist im Tierreich nichts Einzigartiges. Sie ist eine Art revolutionärer »Trick«, mit dem sich manche Arten vor potenziellen natürlichen Feinden schützen. Wie sich kürzlich in wissenschaftlichen Untersuchungen herausgestellt hat, ahmen Große Mausohren – eine Fledermausart – das Summgeräusch gefährlicher stechender Hornissen nach und schrecken so räuberische Schleiereulen und Waldkäuze ab. Aber das Klapperschlangengeräusch junger Kaninchenkäuze ist dennoch in jeder Hinsicht bemerkenswert und hat schon manche Forschenden veranlasst, sich von einem Nestbau zurückzuziehen.

Beth Mendelsohn wünscht sich, die Eulen würden ihre Nester noch nachdrücklicher verteidigen. Das gilt insbesondere für die Sumpfohreulen, die auf dem Erdboden nisten. »Sie sind einfach zu verletzlich. Sie können sich zwar Stinktiere und andere kleine Beutegreifer schnappen, aber das reicht anscheinend nicht aus.« In der letzten Brutsaison wurden viele Gelege von Sumpfohreulen vernichtet, wahrscheinlich auch, weil die Nester von Beutegreifern überfallen wurden. »Wir stellen ferngesteuerte Kameras auf, weil wir herausfinden wollen, wer die ganzen Eier frisst«, sagt Mendelsohn. »Ist die Nesträuberei schlimmer geworden? Und wenn ja, warum?« Das Team vermutet, dass es mit der Entwicklung der ganzen Region zu tun hat. Die Population der Raben, die massive Nesträuber sind, ist im Laufe der Jahre gewachsen, weil sich mehr Menschen in der Region niedergelassen und in der Nähe ihrer Häuser neue Bäume gepflanzt haben, in denen die Raben nisten können. In manchen Bereichen rund um Charlo gibt es in einem Umkreis von eineinhalb Kilometern um ein Nest einer Sumpfohreule bis zu drei Rabennester.

Wie Mendelsohn berichtet, erhält das ORI von Menschen, die ihre Nestkameras verfolgen, viele Kommentare darüber, was für großartige Eltern die Eulen sind. »Es stimmt, es gibt viel intensive Brutpflege – das Weibchen sitzt längere Zeit auf dem Nest, beschützt es, füttert auf eigene Kosten die Jungen. Wenn wir am Ende der Nistsaison ein Weibchen einfangen, ist es oft in einem schlechten körperlichen Zustand, weil sie alles den Jungen gegeben hat«, sagt sie. »Und für die Männchen gilt das auch. Sie sind am Ende magerer, weil sie so viel wie möglich an die Jungvögel verfüttern.«

Gleichzeitig beobachtet man in manchen Fällen aber auch, wie Eltern ihre Jungen verlassen oder vernachlässigen. Eine oder zwei Wochen nachdem kürzlich eine Nistsaison begonnen hatte, fiel einer von drei jungen Virginiauhus in der Nähe von Charlo aus einem Nest und landete auf dem Boden. Der kleine Uhu starb an Unterkühlung oder Hunger. Die Eltern unternahmen keinerlei Anstrengungen, den Nachwuchs am Erdboden zu füttern oder zurück ins Nest zu holen. Sie fütterten einfach weiter die beiden Jungen, die im Nest geblieben waren.

»Wenn ich so etwas sehe, werde ich immer daran erinnert, dass das Brutpflegeverhalten zum größten Teil programmiert ist«, sagt Mendelsohn. »Die Eltern sehen die Jungvögel im Nest, reagieren darauf und füttern sie, aber das ist auch alles.« Aus genetischer Sicht, so erklärt sie, ist das sinnvoll. »Damit die Population erhalten bleibt, muss eine erwachsene, brütende Eule nur ein Junges hervorbringen, das überlebt, selbst erwachsen wird und sich erfolgreich fortpflanzt. Bei Arten, die wie die Virginiauhus viele Jahre alt werden, ist es wahrscheinlich besser, nicht das Risiko einzugehen und Junge zu schützen, die voraussichtlich nicht überleben werden.« Ob ein Elternteil ein »zurückgebliebenes« Junges füttert oder nicht, hat vermutlich mit seinem Alter zu tun. Wenn der Jungvogel älter ist und eine größere Chance hat durchzukommen, werden die Eltern ihn auch mit größerer Wahrscheinlichkeit weiterhin füttern und versorgen.

Manchmal stehen Euleneltern daneben, wenn ihre eigenen Jungen offenkundige Gräueltaten begehen, und greifen nicht ein. Der Filmemacher John Young zeigt in seinem Video *Wings of Silence*, einem visuellen Porträt von neun australischen Eulenarten, eine beängstigende Szene in einem Hohlraum, der ein Schleiereulennest enthält: Eine kleine Eule tötet und frisst ihr kleineres, schwächeres Geschwister. Es ist ein grausiger Anblick, das Zusehen fällt schwer. Bei Vögeln wie Falken und Reihern ist so etwas nicht ungewöhnlich. Eine Webcam an einem Nistkasten in Kalifornien hielt eine andere Schleiereulenfamilie auf frischer Tat fest. Die Nestkamera war sehr beliebt und hatte mehrere Dutzend Millionen Zuschauer, aber als zwei der vier jungen Eulen starben – warum, ist nicht geklärt –, schalteten die Betreiber sie aus, damit die Zuschauer nicht sahen, wie die toten jungen Eulen von ihren Geschwistern aufgefressen wurden.

Auch bei anderen Eulenarten hat man bereits Fälle von Kannibalismus beobachtet. Wenn Nahrung knapp ist, töten und fressen ältere, kräftigere Geschwister die jüngeren, schwächeren. Junge Kreischeulen kämpfen bekanntermaßen im Nest heftig untereinander um Nahrung, und das Jüngste wird getötet. Die australische Wissenschaftlerin Raylene Cooke fand in acht von neun Gewöllen, die sie aus einem Riesenkauznest geholt und analysiert hatte, Überreste junger Riesenkäuze.

Denver Holt hat nach eigenen Angaben bei Eulen nie einen Geschwistermord oder den Kannibalismus beobachtet, über den von manchen Arten berichtet wird. Einmal sah er allerdings, wie eine junge Schnee-Eule, der fünfte von fünf Jungvögeln, krank und schwach war und nicht fraß. Die Mutter hielt das kranke Junge unter ihren Brustfedern fest, aber nach einiger Zeit fiel es heraus und starb. Daraufhin verfütterte sie es an die anderen Jungen.

Jungvögel konkurrieren im Nest mit Sicherheit um die Nahrung und horten sie manchmal auch. Filmaufnahmen von Jim Duncan zeigen, wie eine junge Waldohreule eine Hirschmaus erhält und sofort vor den anderen Jungen versteckt. »Anschließend bemühte sie sich, sie so schnell wie möglich hinunterzuschlingen.«

Aber nicht immer geht es zu wie beim *Herrn der Fliegen*. Manche jungen Eulen praktizieren anscheinend eine bemerkenswerte Form des Altruismus. Pauline Ducouret und ihre Kollegen von der Universität Lausanne stellten vor einiger Zeit fest, dass ältere Junge von Schleiereulen gegenüber ihren kleineren, jüngeren Geschwistern erstaunlich großzügig sein können: Im Durchschnitt geben sie ihnen jede Nacht zweimal etwas zu fressen – ein Ausdruck von Altruismus, der unter Tieren mit Ausnahme des Menschen als selten galt. »Erwartungsgemäß stammen solche Spenden von den ältesten Jungvögeln, die in guter körperlicher Verfassung sind, insbesondere wenn Nahrung im Nest reichlich vorhanden ist«, sagt Ducouret. »Das Älteste unter den Nachkommen praktiziert den stärksten Altruismus, wenn die Eltern es bevorzugen und ihm die meisten Beutestücke geben.« In manchen Fällen gibt der »altruistische« Jungvogel seine Beute dem Geschwister, das am heftigsten bettelt. Indem der ältere Jungvogel ein besonders hungriges Geschwister füttert, so die Theorie, steigen auch seine eigenen Überlebens- und Fortpflanzungschancen, und damit wird die Weitergabe der gemeinsamen Gene begünstigt. In anderen Fällen gibt der Spender seine Beute dem jüngeren Geschwister, von dem es am häufigsten geputzt wurde. Dann handelt es sich eher um einen Austausch von Dienstleistungen, um ein Geben und Nehmen. So oder so dürfte die Praxis für alle von Vorteil sein, denn wenn die Verantwortung für die Verteilung des Futters an die älteren Geschwister übertragen wird, haben die Eltern mehr Zeit für die Jagd.

DIE WAHRSCHEINLICH GEFÄHRLICHSTE Phase im Leben einer kleinen Eule beginnt, wenn die Jungen bereit sind, das Nest zu verlassen, und zu Ästlingen werden. Sobald die Jungvögel ihre Körpertemperatur selbst regulieren, aber noch bevor sie fliegen können, klettern sie unter Umständen aus dem Nest und wandern auf dem Ast entlang oder springen sogar auf die Zweige von Nachbarbäumen.

»Nach unserer Vermutung hat sich die Ästlingsphase entwickelt, damit die Jungen abseits vom Nest die Flügel ausbreiten können, bevor sie flügge sind«, sagt Mendelsohn. »Im Nest ist es für sie jetzt wahrscheinlich ein wenig beengt, und sie sind dort stark durch Beutegreifer gefährdet. Wenn sie dicht bei dicht im Nest sitzen und ein natürlicher Feind kommt, werden sie voraussichtlich alle gefressen.« Dann verstecken sie sich besser in den Bäumen.

Die Strategie funktioniert. Wenn das ORI-Team Jungvögel beringen will, ist es eine ganz schöne Leistung, sie zu finden. »Wir wissen vielleicht, dass da fünf Jungvögel sind, und wir durchsuchen zu viert das Nest und finden nur ein paar von ihnen«, sagt Mendelsohn. »Sie

Streifenkauz-Ästlinge

sitzen so hoch, wie sie können, und verhalten sich ganz still. Wenn du endlich einen siehst, starrt er dich in der Regel mit großen Augen an und sitzt unbeweglich auf seinem Ast. Wenn der Jungvogel merkt, dass du eine Bedrohung bist, zeigt er alle möglichen Verteidigungsreaktionen – er spreizt die Flügel, klappert mit dem Schnabel und zischt.«

Die Ästlinge sind aber auch gefährdet. Manchmal hängen sie an einem Ast, halten sich mit den Krallen eines Beines fest und ziehen sich dann hoch oder fallen zu Boden. Um wieder in den Baum zu klettern, nutzen sie meist eine schräge »Peitsche«, einen jener umgefallenen Bäume, die gegen den Nistbaum gelehnt sind. Oder aber sie klettern geradewegs den Stamm hoch, wenn genügend Äste vorhanden sind. Sie ziehen sich mit ihren kräftigen Füßen aufwärts, haken den Schnabel ein wie ein Papagei, beißen in die Rinde, um sich festzuhalten, und schlagen heftig mit den Flügeln. Manche Eulen tragen an den Flügeln sogar verkümmerte Krallen, die ihnen ebenfalls beim Klettern nützlich sind.

Kurz nachdem die jungen Eulen auf den Ast geklettert sind, unternehmen sie kurze Flüge von einem Baum zum nächsten. »Das ist ein ziemlich komischer Anblick«, sagt Mendelsohn. »Als ob man einem Kleinkind beim Laufenlernen zusieht. Sie versuchen es immer wieder und können nicht aufhören und stoßen gegen irgendetwas oder fallen um oder verfehlen ihr Ziel völlig.« Chloe Hernandez konnte einmal beobachten, wie eine Familie von Virginiauhus in der Nähe der ORI-Freilandstation flügge wurde. »Sie haben diese mühsamen Flüge rund um die Station unternommen«, sagt sie. »Anschließend haben sie von morgens bis abends erbarmungslos bei ihren Eltern um Futter gebettelt.« Hernandez konnte zusehen, wie die Eltern ihnen große Portionen mitbrachten – Blässhühner, Fasane, Stockenten.

Hier liegt eine weitere Motivation für die Ästlinge. Kleine Eulen springen aus dem Nest zu Boden, um als Erste ans Futter zu gelangen. David Johnson begegnete einmal vier jungen Bartkäuzen, die ihrem Vater, 60 Meter entfernt, auf dem Erdboden entgegenliefen – der Vater brachte ihnen etwas zu fressen. Jungvögel wissen, dass sie in der Nähe des Nestes bleiben müssen, damit sie regelmäßig gefüttert werden, und manchmal piesacken sie die Eltern, wenn sie um Nahrung betteln. Hungrige junge Boobookkäuze streiten sich dann richtiggehend mit den ausgewachsenen Vögeln. In Australien konnten Forschende zusehen, wie große weibliche Jungvögel hinter kleineren ausgewachsenen Männchen herjagten, »wobei sie aggressiv nach dem Futter schnappten und es mit herabhängenden Flügeln verteidigten, während die ausgewachsenen Männchen zurückschreckten oder offensichtlich vor Kummer zwitscherten.« Da ist es kein Wunder, dass solche Eulen später häufig weit weg von ihren flügge gewordenen Nachkommen sitzen.

In diesem Stadium füttern Euleneltern ihre Jungen manchmal bis zur schweren Übersättigung, und die kleinen Eulen fressen, bis sie in tiefen Schlaf fallen. Dabei liegen sie manchmal quer über einem Zweig auf dem Bauch wie Faultiere. Eulenbabys schlafen wie menschliche Säuglinge viel, und der Anteil des REM-Schlafes (*rapid eye movement*), der mit lebhaften Träumen verbunden ist, ist bei ihnen größer. Wie

Forschende 2022 herausfanden, ist der REM-Schlaf bei Mäusen mit einer Art kognitiver Verarbeitung verbunden, die dazu beitragen dürfte, das Verhalten im Wachzustand zu prägen und beispielsweise Eulen und andere Greifvögel zu meiden. Bei Eulenbabys könnte er auch mit Gedanken zu tun haben, die im Traum auftauchen – mit dem Nachstellen oder der Verstärkung von Fähigkeiten. Die Eulen am International Owl Center, ob jung oder ausgewachsen, stoßen nach Angaben von Karla Bloem im Schlaf auch Laute aus. »Das ist urkomisch, wenn sie sich selbst aufwecken.«

Nach und nach sorgen die Jungvögel für sich selbst. Anfangs sind sie noch plump und unbeholfen, und sie reagieren nicht angemessen auf natürliche Feinde oder Beutetiere. Flügge gewordene Bartkäuze »sind unglaublich neugierig, aber sie wissen noch nichts von der Welt«, sagte mir Beth Mott. »Wenn du also eine gute Biologin sein willst und auf Distanz bleibst, folgen sie dir durch den ganzen Wald. Es ist, als würden sie fragen: Wer bist du? Sie drehen den Kopf verkehrt herum und schlagen mit den Flügeln.« Sie tragen auch Dinge herum. »Das nennen wir Rindentransport. Damit üben sie, wie man

Ein junger Virginiauhu erprobt seine Flügel

Beute hält und handhabt«, sagt sie. Jungvögel, die in einem städtischen Umfeld oder in Wohnvierteln leben, tragen seltsames Zeug – Plastik, Geschirrtücher, Shorts. »Sie üben, wie man Jagd und Beute zerlegt, und dazu klauen sie den Menschen die Kleidungsstücke von der Wäscheleine und reißen sie in Stücke. Ich nehme an, sie sehen, wie da etwas nachts an der Wäscheleine im Wind flattert, und dann fliegen sie hinunter und schnappen es sich. Bis sie nicht mehr so bekloppt sind, dauert es eine ganze Weile.«

Mendelsohn konnte zusehen, wie junge Eulen übten, auf Dinge einzuhacken. »Manchmal ist noch nicht einmal etwas da«, sagt sie. »Vielleicht war es ein Insekt, das ich nicht gesehen habe? Aber die Jungvögel tun so, als würden sie es töten. Sie üben die Bewegungen.«

Am Ende haben die jungen Eulen gelernt, effizient zu jagen und natürlichen Feinden aus dem Weg zu gehen. Wie lange das dauert, hängt von der Spezies ab. Junge Virginiauhus bleiben sechs Monate bei ihren Eltern, und wenn man sie von ihnen trennt, verhungern sie. Streifenkäuze bleiben nur sechs Wochen »zu Hause« und gehen dann ihre eigenen Wege.

Vom Ei zur selbstständigen Eule in wenigen Wochen. Es ist erstaunlich.

6

Bleiben oder gehen?

Standvögel und Zugvögel

Ich stelle mir vor, ich wäre eine junge Eule. Sechs Monate oder vielleicht auch nur sechs Wochen habe ich bei meinen Eltern gelebt. Die Unterschiede zwischen Freund und Feind, zwischen Räuber und Beute kenne ich noch kaum. Jetzt bin ich auf mich selbst gestellt und stehe vor Entscheidungen, die über mein Weiterleben bestimmen. Die wichtigste: Soll ich bleiben, wo ich geschlüpft bin, an dem einzigen Ort, den ich kenne, mich dort niederlassen und vielleicht einen Winter mit Kälte, Schnee und knapper Beute durchstehen? Oder soll ich an einen neuen Ort ziehen, wo es vielleicht wärmer ist, wo es mehr Beutetiere gibt, den ich aber überhaupt nicht kenne und vielleicht erst nach einer langen, anstrengenden Reise erreiche?

Was bedeutet es, zu bleiben oder zu gehen? Wie komplex die Berechnungen sein können und welche ungewöhnlichen Routen manche Eulen wählen, können wir uns an drei Eulenarten vergegenwärtigen: an der Waldohreule, dem Sägekauz und der Schnee-Eule. Alle drei sprengen den üblichen Rahmen der Eulen auf spektakuläre Weise. Sie machen deutlich, welch komplexe »Entscheidungen« Eulen treffen, und stellen vieles, was wir zu wissen glaubten, infrage.

Bleiben …

Nicht weit von Missoula in Montana bahnen Chloe Hernandez und ich uns den Weg durch eine Schlucht, die dicht mit Ranken und Sträuchern bewachsen ist. Wir suchen nach Waldohreulen. Vom Rand der Senke hält Denver Holt Ausschau nach den Vögeln. Es ist Knochenarbeit. Hernandez warnt mich: Ich soll mich von den Kletten fernhalten, denn deren große, runde Früchte bleiben in den Haaren hängen und lassen sie hoffnungslos verfilzen. Am Boden finden wir frische Eulenexkremente, und in der Nähe liegen die frischen Überreste einer Taschenratte, außerdem drei oder vier Gewölle voller Wühlmausschädel. Hier hat offensichtlich vor wenigen Augenblicken noch eine Eule Station gemacht, aber jetzt ist sie verschwunden.

Die zerklüftete, bewaldete Senke scheint nicht gerade ein angenehmer Lebensraum zu sein, aber Waldohreulen bevorzugen gerade solche Rinnen, die dicht mit Weißdorn, Traubenkirsche und Ölweiden bewachsen sind – Orte, die nicht nur für Menschen schwer zugänglich sind, sondern – und darum geht es – auch für die meisten natürlichen Feinde. Die Eule kennt die Stelle als guten, sicheren Ort, wo sie sich den Winter über niederlassen kann, und das tut sie auf sehr ungewöhnliche Weise.

Holt studiert diese Eulen und ihre Sitzplätze schon seit 35 Jahren. Er hat solche Aufenthaltsorte in fünf größeren Schluchten der Region gefunden und rund 2000 Waldohreulen beringt. Die Senke hier ist etwas Besonderes. Zum einen ist sie von Lebensräumen gesäumt, die gut für Eulen sind. Auf unserem Weg haben wir Felder mit Hasenglöckchen, Kaninchenstrauch, Horstgras, Bitterwurz und Nelkenwurzen durchquert, auf denen es viele Nagetiere gibt. Von den Zaunpfählen singen die Stärlinge. Über uns kreist ein Keilschwanzadler, und wir hören die Alarmrufe der Erdhörnchen. Im Winter nennt Holts Team unseren Weg nur den »Big Walk«, denn im Schnee ist er schwierig zu begehen. Aber die Mühe lohnt sich. »Auf diesen Lebensraum verwendet kaum jemand einen Gedanken«, sagt Holt,

»aber hier verstecken sie sich alle.« Er zeigt auf ein niedriges Gewirr von Zweigen unter einem Schirm aus dichtem Weißdorn. Die Rinde ist glatt geschliffen von den Krallen der vielen Eulen, die sich diesen Platz ausgesucht haben, um dem langen Winter von Montana die Stirn zu bieten.

DIE MEISTEN EULEN verstecken sich tagsüber an ihren Sitzplätzen, um sich ungefährdet von der langen nächtlichen Jagd auszuruhen. Kreischeulen kriechen in dunkle Baumhöhlen. Virginiauhus suchen sich Sitzplätze hoch oben im dichten Astwerk von Nadelbäumen. Manche Arten, darunter Schleiereulen, Steinkäuze und Neuhollandeulen, suchen Zuflucht in Höhlen. Der Brillenkauz ruht sich in den Baumkronen von Regen- und Galeriewäldern aus, wo er nur wenige natürliche Feinde hat. Riesenkauzmännchen setzen sich auf hohe Bäume und manchmal auf ihre toten Beutetiere. Sägekäuze verstecken sich an nahezu jedem Zufluchtsort, solange er einen undurchdringlichen Schutz bietet wie ein Gewirr von Heckenkirschen, dichte Rhododendrongehölze oder Dickichte aus Pechkiefern.

Dort, geschützt vor natürlichen Feinden und lästigen anderen Vögeln, schlafen die Eulen, wenn sie können; nach Angaben des Neurowissenschaftlers Niels Rattenborg vom Max-Planck-Institut für Ornithologie, der sich mit dem Schlaf der Vögel beschäftigt, haben sie dabei manchmal ein Auge offen. Eulen mögen in der Nahrungskette weit oben stehen, aber auch sie müssen sich wegen mancher Dinge Sorgen machen. Einmal beobachtete Rattenborg mit einer Webcam einen schlafenden Uhu. »Das ist in Europa die größte Eule, aber auch sie schlief oft mit einem offenen Auge und hatte das Gesicht von der Felswand abgewandt, als würde sie Ausschau nach Bedrohungen halten«, sagt er. Ob bei Eulen, die mit einem offenen Auge schlafen, wie bei manchen anderen Vögeln nur eine Gehirnhälfte schläft, ist nicht geklärt. Während dieses sogenannten einseitigen Tiefschlafs ist eine Gehirnhälfte wach, während die andere sich ausruht, und das mit der wachen Hemisphäre verbundene Auge bleibt offen und beobachtet

Ein schlafender Sägekauz

die Umwelt. So kann ein Vogel auf Gefahren achten und sich auf wechselnde Umweltbedingungen einstellen. Manche Arten, beispielsweise die Fregattvögel, praktizieren den einseitigen Schlaf sogar beim Fliegen.

Nach Auskunft von Rattenborg wurde der einseitige Schlaf bei Eulen nie beobachtet. Das könnte damit zu tun haben, wie ihre nach vorn gerichteten Augen mit dem Gehirn verdrahtet sind. Bei anderen Vögeln erhält jede Gehirnhälfte ihren Input von dem Auge auf der gegenüberliegenden Seite. Bei Eulen kommt der Input für beide Gehirnhälften von beiden Augen. »Wenn Eulen mit einem offenen Auge schlafen, erhält also die linke und die rechte Gehirnseite eine ähnliche Menge an visuellen Eindrücken«, sagt er. »Theoretisch könnte das dazu führen, dass beide Gehirnhälften weniger tief schlafen, als wenn beide Augen geschlossen sind.« Bewiesen wurde das allerdings nie.

Nachdem Holt viele wilde Eulen live mithilfe einer Kamera beobachtet hat, fragt er sich mittlerweile, ob sie überhaupt viel schlafen. »Die Weibchen wachen offenbar beim geringsten Geräusch und sehr häufig auf.« Aber Eulen brauchen den Schlaf vielleicht ebenso wie wir, und wenn sie können, schlafen sie auch längere Zeit. Bei Schlafmangel ergeht es ihnen wie uns Menschen: Aufmerksamkeit und kognitive Leistungsfähigkeit lassen nach, und sie erleben auch ähnliche negative physiologische Auswirkungen auf Immunsystem, Stoffwechsel und hormonelle Regulation.

DIE MEISTEN EULEN rasten allein oder paarweise. Waldohreulen halten sich im Herbst und Winter aber nicht an solche Traditionen. Sie drängen sich in Gruppen zusammen. An dem Lieblingszufluchtsort, auf den Holt mich aufmerksam gemacht hatte, sitzen acht, neun oder zehn Waldohreulen dicht nebeneinander. In meiner Vorstellung sind Eulen Einzelgänger, die eifersüchtig ihr Revier bewachen, sich tagsüber allein verstecken und nachts allein auf die Jagd gehen. Aber diese Spezies kann ganz offensichtlich gesellig sein.

Vor nicht allzu langer Zeit installierten Holt und sein Team an diesem beliebten Sitzplatz eine solarbetriebene Kamera, um sich ein Bild vom geheimen Leben der in Gruppen rastenden Eulen zu machen. Es war das erste Mal, und es eröffnete einen neuen Blick auf das Rastverhalten der Eulen. Welche Positionen nehmen sie ein? Gibt es individuelle Vorlieben für bestimmte Sitzplätze? Gibt es eine Hierarchie, in der die dominanten Vögel die besten, am stärksten geschützten Sitzplätze besetzen? Mit der Kamera kann das Team beobachten, welche Haltung die rastenden Eulen einnehmen, wenn sie entspannt sind, und wie sich ihr Verhalten angesichts von Gefahren verändert.

Die Filmaufnahmen zeigen bis zu 13 Vögel an diesem einen Sitzplatz. Warum entschließen sich Eulen dazu, so dicht nebeneinander zu sitzen?

Zum einen, so Holt, liegt es an der eisigen Kälte. »Waldohreulen drängen sich aus thermischen Gründen zusammen oder sitzen in enger Nachbarschaft.« Allgemein sind größere Eulen gegen Kälte widerstandsfähiger als kleinere. Virginiauhus und Bartkäuze sind groß und mit Daunenfedern gut geschützt. Besonders gut sind die großen Schnee-Eulen an den Frost angepasst: Sie sind mit gefiederten Füßen und einer dichten, isolierenden Federschicht so effizient isoliert, dass sie, was das Festhalten der Körperwärme angeht, an zweiter Stelle nach den Adeliepinguinen in der Antarktis stehen und Temperaturen von bis zu minus 40 Grad ertragen. Wegen dieser Isolierfedern sind die Schnee-Eulen die schwersten Eulen Nordamerikas: Mit knapp zwei Kilo wiegen sie rund doppelt so viel wie ein Virginiauhu. Dagegen sind kleinere Vögel wie die Waldohreulen nicht dazu gebaut, bittere Kälte auszuhalten. Wenn sie sich entschließen, den ganzen Winter in einem Lebensraum zu bleiben, ist es sinnvoll, dass sie sich zusammendrängen.

Die große Zahl dürfte auch Sicherheit bieten. Die »Theorie der Wachsamkeit« oder der »vielen Augen« besagt: Je mehr Augen Ausschau nach natürlichen Feinden halten, desto besser.

Es gibt noch einen dritten, vielleicht besonders faszinierenden Grund. Der gemeinsame Sitzplatz macht den Waldohreulen die Partnersuche leichter, wenn die Paarungssaison kommt. Als Holt mit seinen Studien begann, herrschte in der Wissenschaft die Ansicht, solche gemeinsamen Sitzplätze würden von Familiengruppen bevölkert. »Es hat sich herausgestellt, dass das nicht stimmt«, sagt er. »Die Vögel sind überhaupt nicht miteinander verwandt.« Der winterliche Sitzplatz könnte ein Ort sein, an dem die Vögel ihre Partner oder Partnerinnen finden, und dann bleiben sie zur Paarung und für die nächste Brutsaison dort.

Eulen nutzen Jahr für Jahr genau dieselben Rastplätze und sogar dieselben Äste zum Sitzen. Die Annahme, dass es auch dieselben Vögel sind, die dorthin zurückkehren, erscheint also vernünftig. Aber als Holt und sein Team die Eulen beringten, stellten sie fest, dass von einem Jahr zum nächsten fast nie dieselben Eulen an den Rastplatz kommen. »Die Winterquartiere an genau derselben Stelle wurden von völlig unterschiedlichen Eulen genutzt«, sagt er. »Es sind einfach die besten Rastplätze, die besten Lebensräume mit den besten Strukturen, und das wissen sie.«

Man braucht nur einen Blick auf einige der aktuellen Rastplätze der Rußeulen an den Felsklippen und Überhängen von East Gippsland in Australien zu werfen, dann erkennt man, wie sehr die Eulen

Generation für Generation an einem guten Rastplatz hängen. An solchen Plätzen hat man große Haufen fossiler Knochen von kleinen Säugetieren gefunden, die Überreste der Beutetiere von Rußeulen, die dort seit Jahrhunderten oder gar Jahrtausenden rasten.

IN MONTANA RASTEN maximal rund 20 Waldohreulen zusammen an einem Ort. Auf der anderen Seite des Globus gibt es eine Stelle, an der diese Eulen sich in schwindelerregender Zahl versammeln.

Wenn man ein echtes Schauspiel mit rastenden Waldohreulen – ein wahres Parlament – sehen will, gibt es auf der ganzen Welt keinen besseren Ort als den Zentralplatz in Kikinda, einer kleinen Ortschaft im Norden Serbiens, nicht weit von der rumänischen Grenze. Das hört sich nach einem unwahrscheinlichen Ort für die weltweit größte Ansammlung einer Eulenspezies an. Aber jedes Jahr von November bis März sitzen täglich Hunderte von Waldohreulen in den Bäumen im Stadtzentrum. Man braucht nur auf den Hauptplatz von Kikinda mit seinen lachsrosa und gelb gestrichenen Bauwerken aus der Zeit der österreichisch-ungarischen Monarchie zu gehen und den Blick nach oben in die Kiefern, Wacholdersträucher, Fichten, Linden, Birken und Pappeln zu richten, die den Platz an der orthodoxen Kirche säumen: Sofort, so erklärt Milan Ružić, blickt man in Hunderte von liebenswürdig schwarz-orange gefärbten Augenpaaren. Schon in einem einzigen Baum erkennt man häufig mehr als 20 oder 30 Eulen.

Der serbische Ornithologe studiert diese Vögel und ihre großen Rastplätze schon seit 2006. Damals begann er im Winter mit einer kleinen Gruppe von Freiwilligen eine Übersichtsuntersuchung in mehr als 400 Dörfern und Kleinstädten im Norden Serbiens. Zu seinem Erstaunen fanden sie eine große Zahl von Waldohreulen, die in städtischen Gebieten von Belgrad bis zur rumänischen Grenze rasteten. Sie kartierten alle Rastplätze, die sie finden konnten, und zählten die Vögel.

»An 60 Tagen im Freiland haben wir an mehreren hundert Sitzplätzen insgesamt 24000 Waldohreulen gezählt«, sagt Ružić. Im Laufe

Gemeinsam rastende Waldohreulen in Serbien

der nächsten Jahre stieg die Zahl weiter, und am Ende schätzte er mit seinem Team die Zahl der Vögel, die in Dörfern und Städten der Region rasteten, auf bis zu 30000. Der Rekord für die Zahl der Waldohreulen auf einem einzelnen Baum während der Freilandforschung: 145. Und an einem Ort an einem einzigen Tag: 743. »Das war damals Weltrekord«, sagt er, »und der gilt bis heute.«

Der Stadtökologe David Lindo hat mehrere Dutzend Gruppen von Vogelfreunden nach Kikinda geführt. »Heute gelte ich als ›Sohn von Kikinda‹ und werde David Lindovich genannt«, sagt er mit einem Lächeln. »Aber ich weiß noch, wie ich zum ersten Mal nach Kikinda kam und mir einfach der Mund offen stehen geblieben ist. Auf dem Platz nach oben zu blicken und so viele Eulen zu sehen – das war, als würde ich einen Harry-Potter-Schauplatz betreten. Ich glaube, wir haben in vier Tagen mehr als 500 Eulen gesehen. Eine so riesige Zahl, das hat mich einfach umgehauen.«

»Ganz gleich, wie viel Erfahrung du mit Natur und Vögeln hast«, sagt Ružić, »wenn du das erste Mal eine so große Gruppe von Eulen an einem Sitzplatz siehst, bleibt dir die Luft weg. Es ist, als würde dir auf der Straße ein Tiger entgegenkommen – du denkst: Das kann doch nicht sein. Die vielen Eulen gehören doch nicht hierhin; die sollten doch draußen im Wald sein. Wir haben seit jungen Jahren gelernt, dass Eulen ›ganz weit draußen‹ sind. Man kann sie vielleicht hören, aber doch nicht sehen. Und dann siehst du in der Stadt einen solchen Sitzplatz, und du merkst, dass die vielen Geschichten, die vielen Dinge, die man dir gesagt hat, falsch sind. Dann bist du ganz aufgeregt. Das ist wie eine gute natürliche Droge für Menschen: Es verschafft dir einen echten Rausch.«

Auch in anderen europäischen Ländern rasten Waldohreulen gemeinsam, allerdings nicht in so großer Zahl wie in Serbien. In Deutschland und den Niederlanden sind die Ruheplätze jeweils von rund 25 Vögeln bevölkert, in Ungarn und Rumänien sind es bis zu 200. Große Rastplätze gab es früher auch in der Slowakei und anderen Ländern, aber als immer mehr Geld in die Entwicklung der Landwirtschaft gesteckt wurde, ging die Zahl der Eulen zurück. Auch in Großbritannien lagen Rastplätze von beträchtlicher Größe. David Lindo sah in einem Winter eine Gruppe von 17 Vögeln im Westen Londons sitzen, »aber das war vor mehr als 30 Jahren«, sagt er. »Heutzutage sind es kaum mehr als vier auf einmal.«

Dass die Vögel hier in Serbien in so großer Zahl vorkommen, liegt an der Landwirtschaft, insbesondere an der Nahrungsversorgung für die Eulen sowie an den landwirtschaftlichen Methoden, die sie gewährleisten. Der ganze Norden Serbiens ist von Landwirtschaft geprägt, und die Bauern vermeiden es, Nagetiere mit Gift zu bekämpfen; außerdem nutzen sie altmodische Erntemethoden, durch die viele Körner auf der Erde liegen bleiben. In einem typischen Luzernenfeld leben Millionen Nagetiere, und damit ist die Region nach Ružićs Aussage ein ausgezeichnetes Jagdgebiet für die Eulen. Nach seinen Berechnungen fressen die Waldohreulen in der Region im Laufe einiger Monate 30 Millionen Nager. Das, so erklärt er, ist gut für die Bauern. Aber lange Zeit erkannten sie das nicht.

Als David Lindo zum ersten Mal die Eulen von Kikinda beobachtete, erkundigte er sich bei Ružić, warum nicht mehr Menschen davon wussten. Ružić erwiderte, er und sein Team hätten viel Zeit mit der

Erforschung der Eulen, ihrer Lebensraumbedürfnisse und ihrer Ernährung verbracht – »und außerdem mussten wir die Bewohner der Gegend dazu bringen, sie am Leben zu lassen.«

Damals, 2007, so erinnert sich Ružić, »haben viele Serben abergläubisches Zeug über die Eulen geglaubt. ›Wenn ein Steinkauz oben auf dem Haus sitzt und ruft, wird in dem Haus jemand sterben‹, solche Sachen.« Er musste feststellen, dass Menschen die Eulen ärgerten, Bäume fällten, um sie loszuwerden, oder sie sogar abschossen. Also begann er durch Gespräche und über die Medien mit einer umfangreichen Aufklärungskampagne, um die Menschen mit Tatsachen und Zahlen vertraut zu machen. Er setzte sich mit den Dorfbewohnern auseinander:

»Okay, diese Eulen rufen also in der Paarungssaison während zweieinhalb Monaten in eurem Dorf. Wie viele Menschen sind in dieser Zeit gestorben?«

»Nun ja, keiner.«

»Okay. Und was glaubt ihr, wie lange die Eulen schon hier in der Gegend sind?«

»Nun ja, seit mindestens 20 Jahren.«

»Wie kommt es dann, dass überhaupt noch jemand am Leben ist? Wir sollten doch alle tot sein.«

Innerhalb von zwei oder drei Jahren beobachtete Ružić in den Gemeinden der Region positive Veränderungen. »Wenn man heute in Kikinda spazieren geht, wird man von Dutzenden von Menschen angehalten, die einem den besten Baum der Stadt mit der größten Zahl von Eulen zeigen wollen«, sagt er. »Mittlerweile ist die Gemeinde richtig stolz darauf, was sie hier haben.«

Der Hauptplatz von Kikinda wurde zum Naturschutzgebiet erklärt, weil man den Lebensraum der Eulen bewahren will. Damit ist er das erste städtische Schutzgebiet Serbiens. Zu Weihnachten und Silvester darf an den Bäumen rund um den Platz kein Schmuck angebracht werden – was nach Auskunft von Ružić viel zu bedeuten hat, denn eigentlich wären sie die beste Stelle dafür. Wer die Eulen während der Weihnachtsfeierlichkeiten stört, kann mit einer Strafe von bis zu

10000 Euro belegt werden. Und der Monat November ist ganz den Eulen gewidmet. Man nennt ihn »Sovember« nach *sova*, dem serbischen Wort für eine Eule. Schulkinder von sechs bis 19 Jahren schreiben Gedichte, schaffen Kunstwerke und backen Kekse. Aus den Dörfern rund um die Stadt kommen Mitarbeitende aus Kindergärten, um an Weiterbildungsprogrammen teilzunehmen und Gewölle zu untersuchen.

»Mitzuerleben, wie die Einstellungen sich in den letzten zehn Jahren geändert haben – das wird zu den Dingen gehören, die ich mitnehme, wenn ich diese Welt verlasse«, sagt David Lindo.

Ružić arbeitet immer noch daran, die Menschen aufzuklären und in ihnen ein besseres Bewusstsein für die Eulen zu wecken. In der Region, so erklärt er, gibt es nach wie vor Dörfer, in denen die Menschen unterhalb der Vögel herumlaufen und nie nach oben blicken. Vor nicht allzu langer Zeit ging er mit einer Gruppe von Kindern aus einem Kindergarten ins Freie, um die Eulen in einem Dorf zu zählen. »Eine Dame kam und fragte, was wir da tun. ›Wir zählen die Eulen‹, antwortete ich ihr. Darauf sagte sie: ›Ich habe noch nie eine lebende Eule gesehen.‹ Und ich habe gesagt: ›Nun ja, gerade in diesem Augenblick sitzen 325 Eulen über Ihrem Kopf.‹«

Wo Eulen in so großer Zahl gemeinsam und so nahe bei den Menschen rasten, bieten sich außergewöhnliche Beobachtungsmöglichkeiten. »Wenn man eine Eule aus der Nähe sehen will, gibt es auf der ganzen Welt keinen besseren Ort als hier in Serbien«, sagt Ružić. »Manchmal siehst du nur eine Armlänge entfernt auf einem Baum eine Eule sitzen. Sie sind völlig an die Menschen gewöhnt. Und wenn du tagsüber lange genug bleibst, kannst du sogar sehen, wie ihre Gesichter sich verändern.«

In seinen Vorträgen zeigt Ružić eine Reihe von zwölf Fotos mit den Köpfen und Gesichtern von Waldohreulen aus Kikinda. Die Vögel sehen derart unterschiedlich aus, dass aus dem Publikum die Frage kommt, ob es sich um verschiedene Arten oder zumindest Unterarten handelt. Darauf erwidert Ružić, es seien nur zwei oder drei Individuen von demselben Baum auf dem Hauptplatz. Der Fotograf hatte unter ihnen

Eine Gruppe von Waldohreulen in Serbien

gesessen, die Kamera nach oben gerichtet und sie in verschiedenen Eulen-»Stimmungen« eingefangen.

»Wenn eine Waldohreule entspannt ist, hat sie ein rundes Gesicht, die Augen sind geschlossen und die Federbüschel sind gesenkt«, sagt er. »Das heißt so viel wie ›ich bin müde, ich ruhe mich aus‹. Aber wenn sie wirklich in Habachtstellung sind, machen sie sich ganz schmal und wirken doppelt so groß wie sonst.«

»Das ist das Tolle an diesem Sitzplatz«, sagt Lindo. »Alle Eulen gehören zu derselben Spezies, und doch sehen sie ganz unterschiedlich aus. Manche sind aufgeplustert. Manche wirken schmal und wachsam mit aufgestellten Ohren. Die eine oder andere sieht aus wie David Bowie mit einem gelblichen und einem orangefarbenen Auge. Jede hat ihren Charakter, und ich werde nie müde, sie anzusehen. Nie.«

Man kann auch einige faszinierende Verhaltensweisen beobachten. Wenn eine Katze vorübergeht oder ein Mensch etwas tut, was die Eulen stört, zwitschern sie plötzlich nicht mehr miteinander, sondern, so Ružić, »stoßen diesen wirklich eigenartigen Alarmruf aus. Alle Eulen produzieren den gleichen Ruf. So nach dem Motto: ›Was ist denn los? Wo ist das Problem? Woher kommt es?‹«

Einzelne Vögel sitzen über 90 Tage auf demselben Baum, demselben Ast, demselben kleinen Astabschnitt. »Sie haben ihren wirklich winzigen Lieblingsplatz«, sagt Ružić. »Aber kommen alle zu demselben Platz zurück? Das wissen wir nicht.« Und gibt es bei ihnen eine Hierarchie der besten Plätze? Er vermutet es. Wenn die Laubbäume ihre Blätter verlieren, wechseln die Eulen die Sitzplätze. Etwa 90 Prozent von ihnen, so erklärt er, setzen sich auf Birken. Aber wenn im Verlauf des Herbstes das Laub fällt, ziehen sie nach und nach auf Nadelbäume um, und Ružić ist überzeugt, dass die erfahrensten Vögel dabei die ersten sind und sich die besten Plätze sichern. Europäische Saatkrähen nisten und rasten in Kolonien; wie er erklärt, setzen sich dabei die ältesten und erfahrensten Vögel ganz oben auf den Baum. »Damit zeigen sie ihren Artgenossen, die tiefer sitzen: ›Das ist mein Platz.‹ Bei den Eulen könnte es genauso sein, aber das wissen wir noch nicht.«

Ebenso wenig wissen wir, warum die Waldohreulen als einzige Eulenart in so großer Zahl gemeinsam rasten. Die meisten Eulen dulden es nicht, dass andere, die nicht zur Familie gehören, in ihrer Nähe sind. Nach Angaben von Denver Holt rasten auch Sumpfohreulen manchmal gemeinsam, aber dabei halten die einzelnen Vögel meist größeren Abstand. Das Gleiche gilt für die Schnee-Eulen, insbesondere wenn sie jung und gerade erst flügge geworden sind: Auch sie setzen sich nicht unmittelbar nebeneinander.

Von Zeit zu Zeit mischt sich eine andere Spezies unter die Waldohreulen. Ružić hat zwischen ihnen auch Sumpfohreulen und in drei Fällen sogar Schleiereulen gesehen. »Sumpf- und Waldohreulen sind eng miteinander verwandt, das ist also vielleicht nicht verwunderlich«, sagt er. »Aber Schleiereulen, wow!«

Warum rasten Eulen in so großer Zahl in Dörfern und Kleinstädten? Zum einen bieten Dörfer wie alle guten Sitzplätze Schutz vor dem Wetter und vor natürlichen Feinden. Der Winter ist kalt, und der Wind ist stark. Die Landschaft ist völlig flach, es gibt wenige Bäume und wenige Blätter, und die Laubbäume verlieren ihr Laub. Hier gibt es kaum Stellen, an denen die Eulen sich verstecken und Unterschlupf finden können. Glücklicherweise hat man in den kleineren Orten zur Verschönerung ihrer Straßen und Plätze Nadelbäume angepflanzt, darunter Fichten, Schwarzkiefern, Waldkiefern, Wacholder und Zedern. Nachdem die Eulen auf den Feldern ihr Festmahl eingenommen haben, suchen sie Schutz in den Bäumen der Parks und Plätze. In Kikinda zum Beispiel »sind die Eulen sehr schlau: Sie beziehen ihre Positionen in den Bäumen gegenüber der örtlichen Grundschule«, sagt Ružić. Dort ist es warm, und das hilft ihnen, Energie zu sparen. Außerdem kommen die Habichte und Uhus, die in anderen Umgebungen Jagd auf sie machen, nicht in die Ortschaften.

Nach den Vermutungen von Denver Holt und anderen könnten die großen Sitzplätze ein Ort der Partnersuche sein. »Das ist eindeutig eine Eulenparty: Die Eulen lernen dort andere Eulen kennen«, sagt Ružić. »Insbesondere jugendliche oder junge erwachsene Vögel finden dort viel leichter einen Partner oder eine Partnerin.« Außerdem dürften die Sitzplätze ein Ort des Informationsaustausches sein: Die Eulen teilen oder sammeln dort Informationen über Futterquellen. Die Theorie, Vögel könnten an Sitzplätzen oder in Kolonien etwas darüber erfahren, wo Nahrung zu finden ist, wird auch Informationszentrum-Hypothese genannt. Wissenschaftlich dokumentiert wurde sie nur bei wenigen Arten, so bei Kolkraben, Halsband-Ameisenvögeln und Kliffschwalben. Holt und Ružić sind aber überzeugt, dass sie auch auf die gemeinsam rastenden Waldohreulen zutrifft. »Die Eulen geben Informationen über gute Jagdreviere weiter«, sagt Holt. »Das könnte Informationsaustausch oder auch Informationsdiebstahl sein.«

Ružić hat beobachtet, wie Eulen sich von den Sitzplätzen zur Jagd aufgemacht haben, und ist überzeugt, dass sie dabei sehr gezielt vorgehen. »Am Abend fliegen sie von dem Sitzplatz zu einem Baumwipfel in der Nähe, als würden sie denken: ›Okay, ich sehe mich mal um und denke daran, wo ich gestern eine schöne saftige Maus gefunden habe. Es gibt überall etwas zu fressen, aber ich muss schnell machen. Ich muss effizient sein. Ich fliege nach Osten.‹ Manchmal denke ich, sie müssen eine geistige Landkarte der Region mit den guten Jagdrevieren haben«, sagt er. »Du siehst, wie eine Eule in die

Richtung losfliegt, dann folgt eine zweite, dann heben fünf weitere ab, alle in die gleiche Richtung.« Für ihn sieht das nach Informationsaustausch aus.

Nach Ružićs Vermutung vermitteln auch die Sitzplätze selbst vorüberkommenden Eulen die Information, dass sich hier ein guter Sammelplatz befindet, eine Zwischenstation auf den Zugwegen von Skandinavien nach Südosteuropa. »Stell' dir einmal vor, du wärest eine junge Waldohreule. Die kalten Winde in Sibirien oder Nordeuropa haben dich weggetrieben. Du fliegst über Nacht nach Süden und kommst in eine vollkommen unbekannte Gegend. Du weißt nichts über den Lebensraum. Du weißt nichts über Nahrungsquellen. Und dann siehst du plötzlich, wie eine Menge andere Waldohreulen rastet, herumflattert und Nahrung sucht. Dann sagst du: ›Na gut, hier muss es etwas zu fressen geben und sicher sein.‹ Also gesellst du dich für einen oder zwei Monate dazu. Das ist vielleicht eine Erklärung dafür, dass es so viele sind«, sagt er. »Die Aktivität rund um die Sitzplätze lockt Waldohreulen aus ganz Europa an.«

Ružić hält die Sitzplätze aber auch in anderer Hinsicht für Orte des Lernens. Damit eine junge Eule sich in einem städtischen Umfeld ausruhen kann, muss sie ihre natürliche Scheu vor Menschen überwinden. Sie begibt sich mitten in die Stadt, der Himmel ist von künstlichem Licht erleuchtet, es herrschen Lärm und Verkehr, und überall laufen Menschen herum. »Wenn man im Oktober oder November einen Sitzplatz aufsucht, erkennt man leicht, welche Vögel älter und erfahrener sind, denn die schenken den Menschen fast überhaupt keine Aufmerksamkeit«, sagt Ružić. Dagegen sind die Neulinge »die ersten paar Tage wirklich nervös und wollen herausfinden, ob ein Geräusch oder eine Bewegung gefährlich ist. ›Soll ich abhauen oder nicht?‹ Sie lernen von den Eulen in ihrer Umgebung: ›Ja, da unten kommt ein Typ zu Fuß oder auf dem Fahrrad vorbei. Das ist nur ein Hund, der da unten bellt. Ich muss nicht wegfliegen, keine Gefahr.‹ So lernen sie voneinander, was gefährlich ist und was nicht«, sagt er. »Es geht immer ums Lernen.«

... oder gehen?

Was Eulen angeht, gibt es vielleicht nichts Verblüffenderes als den Anblick, wenn Hunderte von ihnen an einer Stelle rasten. Mindestens ebenso erstaunlich ist aber auch der Gedanke, dass viele Eulen in aller Stille über unseren Köpfen durch den Nachthimmel fliegen.

Früher glaubte man, Eulen seien weitgehend sesshaft und würden während ihres ganzen Lebens mehr oder weniger an demselben Ort bleiben. Auf manche Arten – Steinkauz, Streifenkauz, Fleckenkauz – trifft das zu. Andere Arten gehen auf die Wanderschaft. Sie ziehen aus den gleichen Gründen wie andere Zugvögel: um Nahrung zu finden. Was aber die Einzelheiten angeht, lassen die Eulen sich kaum in eine Schublade stecken. Sie entziehen sich einer sauberen Kategorieneinteilung. Diese Spezies ist ein Zugvogel. Jene ist ein Nomade. Eine dritte ist »irruptiv«, das heißt, die Spezies wandert manchmal, aber nicht immer in ungewöhnlich großer Zahl aus ihrem Brutgebiet ab, weil dort die Beutetiere knapp sind. Bei Eulen sind die Verhältnisse komplizierter und vielschichtiger.

»Diese Vögel gibt es schon seit Jahrmillionen«, sagt David Johnson. »Wir sollten also damit rechnen, dass sich in ihrer Evolution viele Wege zum Umgang mit einem begrenzten Nahrungsangebot entwickelt haben.« Die Strategien sind je nach Geschlecht, Altersgruppe und Umweltbedingungen höchst unterschiedlich. Was auf eine Spezies zutrifft, muss nicht zwangsläufig auf eine andere zutreffen. Manche Arten, zum Beispiel Waldohreulen, Sumpfohreulen und Kaninchenkäuze, wandern zu bestimmten Jahreszeiten. Das Gleiche gilt auch für die Zwergohreule, die von Europa über lange Strecken zu ihren Winterquartieren südlich der Sahara zieht. Selbst innerhalb einer Spezies gibt es unter Umständen gewaltige Unterschiede. Schnee-Eulen zum Beispiel bedienen sich aller hier beschriebener Strategien.

»Was die Zuggewohnheiten der Eulen angeht, hinken wir mit unseren Kenntnissen im Vergleich zu anderen Vögeln weit hinterher«, sagt Scott Weidensaul, ein Experte für den Vogelzug. Zum Teil liegt es daran, dass sie nachtaktiv und deshalb viel schwieriger zu studieren sind.

Durch die Anstrengungen einer Reihe engagierter Wissenschaftlerinnen und Wissenschaftler geben mittlerweile zwei Arten – die eine winzig und schwer fassbar, die andere groß und prächtig – nach und nach einige Geheimnisse ihrer immer wiederkehrenden Wanderungen preis; damit liefern sie auch neue Aufschlüsse darüber, wie und warum Eulen ziehen.

HALLOWEEN. EIN KÜHLER Herbstabend mit klarem Himmel und sanftem Wind aus Nordnordwest. Kein nennenswertes Mondlicht. Gute Voraussetzungen für eine Wanderungswelle der Sägekäuze. Ich bin unterwegs zu einer Beringungsstation in Powhatan in Virginia; dort möchte ich miterleben, wie die entzückenden kleinen Eulen gefangen und beringt werden.

Manch einer kennt den Sägekauz vielleicht, weil er mit der 25 Meter hohen Fichte aus dem Bundesstaat New York, die 2020 auf der Rockefeller Plaza als Weihnachtsbaum diente, ins Rampenlicht rückte. Es war die Zeit der Pandemie, und der Vogel wurde zum Symbol der Widerstandskraft. Er eroberte die Herzen der New Yorker und der ganzen Nation. Rocky wurde gefunden, als sie sich an den Fuß des Baumes gekauert hatte. Sie wurde zweifellos versehentlich eingefangen, als man den Baum in ein Netz hüllte, bevor er gefällt und abtransportiert wurde. Rocky wurde von einer Wildtierstation versorgt und später wieder in die freie Wildbahn entlassen. Wie sie in dem gefällten Baum von Oneonta bis in die Stadt überleben konnte, ist – wie so vieles andere, was mit dieser Spezies zu tun hat – ein Rätsel.

Der nachtaktive, scheue Sägekauz kommt in den Wäldern quer durch Nordamerika vor. Klein wie eine Wanderdrossel, mit herzförmigem Gesicht, übergroßem Kopf auf einem stämmigen Körper und leuchtenden, feurigen Augen kann man ihn durchaus als liebenswerteste Eule der Welt bezeichnen, und er strotzt vor Tatkraft. Er entspricht der Vorstellung von einem Eulenbaby, stärker als die meisten echten

Ein Sägekauz auf seinem Sitzplatz

jungen Eulen. Aber von der winzigen Größe und dem Babygesicht sollte man sich nicht täuschen lassen. Der kleine Schnabel und die nadelspitzen Krallen können einer Hirsch- oder Wühlmaus mühelos den Kopf abreißen.

Jim Duncan erzählt eine sehr anschauliche Geschichte über das Wesen des kleinen Vogels. Zusammen mit seiner Frau Patsy machte er im Frühjahr eine Bestandsaufnahme der Eulen im Südosten von Manitoba. Plötzlich hörten sie einen Sägekauz pfeifen. »Es war ein Männchen, und er hat sich die Seele aus dem Leib gesungen«, sagt Duncan. »Da habe ich Patsy gefragt: ›Was meinst du ... wenn wir den Ruf eines Virginiauhus nachahmen, ist der Sägekauz dann eingeschüchtert und hört auf zu rufen?‹« Er heulte wie die große Eule, und der Sägekauz verstummte sofort. »Da habe ich mich zu Patsy umgedreht und gesagt: ›Wow, ich glaube, diese Empfehlungen für Bestandsaufnahmen, wonach man am Anfang nicht die Rufe großer Eulen abspielen soll, sind richtig.‹ Zwei Sekunden später hat der Sägekauz mich am Kopf erwischt und meine Wollmütze mitgenommen. Diese kleine Eule hat wirklich großen Mut.«

Wegen ihrer nachtaktiven, zurückgezogenen Lebensweise hielt

man die Sägekäuze früher für äußerst selten. Und wenn sie sich irgendwo niedergelassen hatten, glaubte man, sie würden dort bleiben. Dass sie im Herbst in großer Zahl ziehen, blieb unbemerkt. Das änderte sich erst zu Beginn des 20. Jahrhunderts durch aufmerksame Beobachtungen am Huron- und Eriesee. Im Oktober 1903 berichtete ein Fischer, er habe bei einer Dampferfahrt auf dem Huronsee die Wanderung zahlreicher kleiner Eulen beobachtet, auf die die Beschreibung der Sägekäuze passte, und viele von ihnen seien auf dem Schiff gelandet. Ein paar Jahre später war in einer Notiz in der ornithologischen Fachzeitschrift *The Auk* von einer Naturkatastrophe am Ufer des Huronsees zu lesen: Große Zugvogelschwärme wurden von Schnee und Kälte überrollt, fielen ins Wasser und ertranken. Auf einem Küstenabschnitt von gut drei Kilometern wurden fast 2000 tote Vögel angespült: Winterammern, Singammern, Drosseln, Goldhähnchen, Zaunkönige und 24 Sägekäuze. »Die Sägekäuze waren eine Überraschung«, schrieb der Autor. »Sie sind im Westen von Ontario selten, und man sieht sie nur im Abstand mehrerer Jahre. Offensichtlich ziehen sie in beträchtlicher Zahl.«

Weiteres Licht kam in die Angelegenheit, als der kanadische Ornithologe Percy Taverner und ein befreundeter Vogelliebhaber im Herbst 1910 am Point Pelee, einer langen Halbinsel mit Sümpfen und Wäldern, die in den Eriesee ragt, mehrere tote Sägekäuze fanden. Daraufhin entschlossen sie sich, in einem kleinen Zederndickicht nach lebenden Exemplaren zu suchen. Sie stießen auf eine Eule, dann auf eine zweite mit einer Maus im Schnabel; diese »erhob sich hoch auf ihre Beine, beugte sich nach vorn und starrte den Eindringling an, wobei sie immer noch die Maus im Schnabel hatte, keine Furcht erkennen ließ und ... alle Bewegungen mit ihren goldenen Augen verfolgte«. Die Sägekäuze aufzuspüren, war schwierig, denn »sie waren ganz still und in Form und Umriss anderen Formen der Natur so nahe, dass sie höchst unauffällig blieben«. Dennoch entdeckten die beiden ein Dutzend der kleinen Eulen. Wenn schon in einem kleinen Dickicht in nur zwei Stunden so viele Sägekäuze zu finden waren, so schrieben sie, musste ihre Zahl auf der gesamten Halbinsel sehr groß sein. Aber dann folgte die Ernüchterung. Am nächsten Tag fanden sie keine einzige Eule. »Wir arbeiteten die ganze Spitze des Point mit großer Sorgfalt ab, aber abgesehen von den verstreuten Überresten eines weiteren unglückseligen Vogels sahen wir keine Spur von ihnen. Sie waren offensichtlich in der Nacht abgeflogen.«

Heute wissen wir, dass Sägekäuze tatsächlich ziehen. Zumindest tun es einige von ihnen in manchen Jahren. Aber nicht immer. Was über ihre unregelmäßigen Züge bestimmt und wohin, wann und warum sie ziehen, ist ein völliges Rätsel.

Das alles aufzuklären, ist das Ziel des wissenschaftlichen Gemeinschaftsunternehmens Project Owlnet. Sein geistiger Vater ist der Ornithologe David Brinker vom Maryland Department of Natural Resources. Das Projekt begann in den 1990er-Jahren mit der Koordination einer kleinen Gruppe von Beringungsstationen im Osten Nordamerikas. Man hatte vor, möglichst viele Eulen vom Nachthimmel herunterzulocken und jeder einen Ring mit einer eigenen Nummer anzulegen, sodass man sie später wieder einfangen, identifizieren und ihre Wanderungsbewegungen nachvollziehen konnte. Letztlich verfolgte man damit das Ziel, den zeitlichen Ablauf und das Tempo der Wanderungen zu verstehen und wichtige Lebensräume und Wanderungswege kennenzulernen.

Heute ist das Project Owlnet ein Netzwerk von über 125 Beringungsstationen in den ganzen Vereinigten Staaten und Kanada, die von Teams aus Hunderten engagierten ehrenamtlichen Mitarbeitenden betrieben werden. In jedem Herbst stellen sie Vogelnetze auf und beringen nächtelang Tausende von Sägekäuzen, um so einige der vielen Rätsel im Zusammenhang mit dieser Spezies zu lösen. (In der Nacht, als ich zum Beringen in Powhatan war, feierte ein Team von Freiwilligen am Owl Research Institute, manche davon in Gespensterkostümen, dass sie bereits seit zehn Jahren im Rahmen des Projekts Sägekäuze beringten.)

Mit den Methoden, die diese und andere Forschende im ganzen Land anwenden, halten sie die Beeinträchtigung der Vögel möglichst gering. »Das Beringen ist zwar für jede Eule eine nächtliche Unterbrechung«, sagt Dave Oleyar, der schon seit Langem Vögel beringt. »Aber es führt nur zu wenigen bis keinen langfristigen Beeinträchtigungen und ist ein wichtiges Hilfsmittel, um die Wanderungsbewegungen und auch die Überlebensquoten aufzuklären – die große Black Box bei der Erforschung von Wildtieren. Wenn wir Vögel nach dem Beringen freilassen, sitzen sie oftmals noch ein oder zwei Minuten auf der Hand, bis sie sich zurechtgefunden haben, fliegen dann zu einem Baum in der Nähe, begutachten ihr neues Schmuckstück und gehen zur Tagesordnung über.«

Die Beringungsstation in Powhatan wird von Julie Kacmarcik und Kim Cook geleitet. An diesem Halloweenabend bestreiten Cook und Diane Girgente, eine weitere Ehrenamtliche, die Show. Wir sind alle drei wegen Covid maskiert. Die Station ist ein kleines Gebäude aus Porenbetonsteinen mitten im Wald. Zur Ausstattung gehören neben Instrumenten zum Vermessen und Wiegen der Eulen auch eine Vielzahl von Eulen-Dekoartikeln, die Kacmarcik gestiftet hat, darunter ein Schild mit der Aufschrift »Vorsicht Eulenangriffe« unter der Uhr.

Gegen 20 Uhr 30 machen wir unsere erste nächtliche Runde und überprüfen die Netze, die wir zwei Kilometer weiter an der Straße aufgestellt haben. Vor uns leuchten Augen auf: Ein Opossum überquert die Straße. Die Freiwilligen überprüfen die Netze einmal in der Stunde, damit jede gefangene Eule sofort aus dem Netz befreit wird, bevor natürliche Feinde wie Opossums, Waschbären, Füchse oder große Eulen zur Stelle sind. Das Hin und Her setzt sich die ganze Nacht fort.

Wir gehen im Dunkeln auf einem holperigen Pfad durch den Mischwald. Unsere Stirnlampen lassen schwankende, kleine grüne Lichter aufleuchten; es sind Tausende – die Augen von Wolfsspinnen. Wie auch das Opossum erinnern sie mich daran, dass diese nächtliche Welt *ihre* Welt ist, das Reich der Insekten, Spinnen, kleinen Säugetiere und Vögel, die in der Dunkelheit ihren Geschäften nachgehen.

Wenn wir in die Nähe der Netze kommen, hören wir aus dem Abspielgerät das schrille, mehrfache *tuut-tuut*, den Werberuf des Sägekauzmännchens. Es ist kein Ruf, den man unbedingt einer Eule zuordnen würde. Eher klingt er wie das warnende Piepen eines rückwärts fahrenden Lastwagens, nur schneller. In den 1980er-Jahren benutzte man in den Eulen-Beringungsstationen noch keine solchen akustischen Köder. Man stellte einfach abends Netze auf und hoffte, so auf passive Weise vorüberfliegende Eulen einzufangen. Erst 1986 bediente sich ein unternehmungslustiger Ornithologe in Wisconsin erstmals einer Tonbandaufnahme mit dem Werberuf eines Sägekauzmännchens und fing damit zehnmal so viele Vögel wie mit den passiven Netzen. Offensichtlich lockte der Ruf die Eulen noch aus beträchtlicher Entfernung an. Heute sind die Audioköder allgemein üblich, und in Nordamerika werden Sägekäuze in größerer Zahl beringt als jede andere Eulenart.

Dieses Mal haben wir kein Glück. Die Vogelnetze, die wir in X-Form im dichten Unterholz aufgestellt haben, sind leer. So ergeht es einem oft mit den Sägekäuzen. Es gibt Glückssträhnen und Pechsträhnen, Jahre, in denen wenige Eulen in großen Abständen auftauchen, und andere, in denen sie die Netze geradezu überschwemmen, sodass es fast unmöglich ist, mit dem ständigen Zustrom von Vögeln Schritt zu halten.

Julie Kacmarcik leitet die Station seit 2006. Im ersten Jahr fuhr sie während der ganzen Saison von November bis März Nacht für Nacht stündlich zwischen den Netzen und der Station hin und her, aber keine einzige Eule zeigte sich. Zwischen den Fahrten zu den Netzen strickte sie an einem nie endenden Schal. Tagsüber arbeitete sie als klinische Koordinatorin in der Notaufnahme eines großen Lehrkrankenhauses. Dort war ihr Arbeitstag von Verletzungen und Krankheiten geprägt. Sie glaubte, die Eulen würden eine Erholung sein.

»In diesem ersten Jahr haben wir null Eulen gefangen, und ich weiß noch, wie unser Beringungsexperte Bob Reilli sagte: ›Na ja, Julie, kein Befund ist auch ein Befund.‹ Darauf habe ich in etwa gesagt: ›Na ja, Bob, das ist aber nicht der Befund, den ich haben will.‹«

Im folgenden Jahr wurde Kim Cook zu Julies Komplizin, und schon in der allerersten Nacht, auf ihrem ersten Rundgang, fingen sie zwei Eulen. »Wir haben Luftsprünge gemacht vor Freude. Wir waren absolut begeistert«, erinnert sich Kacmarcik. Sie hatte angebissen und stellte fest, dass die Eulen tatsächlich einen Ausgleich zu ihrer Tagesarbeit bildeten. In der Notaufnahme versuchte sie mit ihrem Team alles, um Patienten zu reanimieren – oftmals vergeblich. »In vielen Fällen hatte die betroffene Person – ein Bruder, eine Mutter, eine Freundin – nicht vorgehabt, uns an diesem Tag aufzusuchen, hatte nicht damit gerechnet, dass das Leben zu Ende sein würde«, sagt sie. Es war quälend. Für ihr Team führte sie im kontrollierten Chaos der Notaufnahme eine als »Die Pause« bezeichnete Methode ein, einen Augenblick der Stille nach dem Tod eines Patienten, eine Auszeit für alle Beteiligten, in der sie still sein, nachdenken und das Erlebnis verarbeiten konnten.

»Ich leide definitiv an Mitleidsmüdigkeit«, sagt sie. »Es fällt schwer, die Dinge nicht mit nach Hause zu nehmen. Die Arbeit mit den Eulen baut einen auf und belebt, das ist das genaue Gegenteil von meinem Beruf. Wenn du einen entsetzlichen Tag in der Traumastation loswerden willst, gibt es nichts Besseres als eine Nacht draußen bei den Sägekäuzen. Ich will nicht sagen, dass danach alles weg ist. Aber zu Kim, mit der ich schon seit Langem die Vögel beringe, sagte ich manchmal: ›Weißt du, jetzt könnte ich wirklich eine Eule gebrauchen.‹ Sie versteht das.«

In einer typischen Herbstnacht ist Kacmarcik einmal pro Stunde unterwegs und überprüft die Netze. In guten Jahren, so sagt sie, hat sie so manchen Sonnenaufgang miterlebt. 2012 war ein sehr gutes Jahr. Damals fing sie mit ihrem Team insgesamt 169 Eulen. »Für manche Stationen, zum Beispiel oben in Ontario oder im Norden von Neuengland, ist das gar nichts«, sagt sie. »Aber für uns war es einfach unglaublich. Bei einer Runde durch die Netze waren es neun Eulen. Ich war an einem Netz und habe eine Eule herausgeholt, da ist eine andere an meinem Gesicht vorbei hineingeflogen. Es war unglaublich.« In jenem Jahr arbeiteten Cook und Kacmarcik manchmal drei oder vier Nächte hintereinander. »Wir haben eine Matratze hingelegt und kurz mal ein Nickerchen gemacht. Wenn es richtig gut läuft, willst du einfach nicht aufhören. In vielen Nächten sind wir von der

Freilandstation nach Hause gegangen, haben kurz geduscht und sind dann zur Arbeit gefahren.«

GEGEN 21 UHR 30, bei unserer zweiten Runde zu den Netzen, haben wir Glück: Schon aus der Entfernung sehen wir, wie ein kleiner brauner Körper kopfüber im Nest hängt und zappelt. Girgente schaltet das Abspielgerät aus, und es wird still in der Nacht. Cook greift in das Netz und bekommt die kleinen, gefiederten Füße so zu fassen, dass die Krallen ihre Finger nicht verletzen können. Anschließend befreit sie den Vogel vom Bauch her aus dem Netz. Es ist ein Weibchen. Wie wir sofort erkennen, ist die Pupille des rechten Auges fehlgebildet: Sie ist groß und eher oval als rund – möglicherweise ein Geburtsfehler oder die Folge einer Verletzung. Aber nach der Farbe des Gefieders zu urteilen, so Cook, ist sie schon älter und bisher gut zurechtgekommen. Cook legt sie in einen kleinen Gazebeutel, und ich trage sie durch das seltsame Sternenfeld der Spinnenaugen zur Freilandstation.

Dort angekommen, nehmen wir sie aus dem Beutel. Die Federn sind samtweich, die Augen leuchtend gelb. Sie wirkt seltsam ruhig. In der Regel, so erzählt mir Cook, sind Sägekäuze sehr fügsam. »Sie wirken fast hypnotisiert, wenn du sie in der Hand hast – zumindest die Weibchen. Kreischeulen sind streitlustiger und setzen ihre Exkremente zur Abwehr ein. Die stinken so stark, dass du den Geruch nicht abwaschen kannst. Sägekäuze dagegen sind säuberlich, höflich und leicht zu handhaben.«

Beim Beringen tragen sie keine Handschuhe, denn damit würden sie riskieren, den Vogel zu verletzen. Mit Handschuhen, so erklärt mir Kacmarcik, hat man kein Gefühl dafür, wie viel Druck man ausübt und was für einen kräftigen Griff man hat. »Wichtig ist, dass man genau weiß, wo die Beine und die Krallen sind. Du bekommst vielleicht einige Schnabelhiebe und Bisse ab, aber richtig ärgerlich wird es nur, wenn du sie nicht richtig hältst und diese nadelspitzen Krallen dich erwischen.«

Cook legt ein winziges Metallband mit einer Identifikationsnummer um das Bein des Vogels und befestigt es so, dass es nicht zu eng ist und keine Federn einklemmt. Zusammen mit Girgente streckt sie einen Flügel aus und zeigt mir die gezackte Hinterkante des Gefieders, die den kleinen Vogel ruhiger fliegen lässt. Sie vermessen Schwanzlänge und Flügelspannweite, denn das liefert Hinweise auf das Geschlecht. Ob es sich um Männchen oder Weibchen handelt, erkennt man an einer Kombination aus Flügelspannweite und Körpergewicht. Weibchen sind deutlich größer als Männchen und wiegen ungefähr 100 Gramm (so viel wie ein Bagel ohne Schmelzkäse, erklärt mir Kacmarcik), bei Männchen sind es nur 75 Gramm. In unserem Fall besteht kaum ein Zweifel daran, dass es sich um ein Weibchen handelt.

Besonders aufschlussreich an den Daten, die durch das Project Owlnet ans Licht kommen, ist die Tatsache, dass Weibchen an den Beringungsstationen im ganzen Land dramatisch überrepräsentiert sind. Gegenüber den Männchen sind sie im Verhältnis vier zu eins in der Überzahl. Von mehr als 40000 Sägekäuzen, die im Laufe von acht Jahren an 252 Beringungsstationen gefangen wurden, waren einer Studie zufolge 86 Prozent Weibchen und nur 14 Prozent Männchen. Warum? Der männliche Balzruf, der als akustischer Köder verwendet wird, ist für Weibchen sicher attraktiver als für Männchen (und das auch außerhalb der Paarungssaison). Dieser »Werbeschrei« ist für die Weibchen ein Hinweis, dass von einem hilfsbereiten Männchen eine Maus zu bekommen ist. Den Männchen signalisiert er, dass das Revier besetzt ist, und vertreibt sie. Aber das ist nicht alles.

Das Weibchen hier in meinen Händen verhält sich völlig still, ja fast kraftlos, und es blinzelt. Als sie die Augen wieder weit öffnet, vergleichen wir ihre Farbe mit einer kleinen Benjamin-Moore-Farbtafel, der offiziellen ornithologischen Skala der Augenfarben: Oxford Gold, kräftig Gelb, goldener Obstgarten – das ist ihre Farbe. Wir vermessen den Schnabel, ermitteln die Muskelmasse am Kiel (dem Brustbein) und suchen unter den Flügeln nach Fettpolstern. Manchmal, so Kacmarcik, fängt man eine Butterkugel: »Den schwersten Vogel haben wir im März gefangen – sie war gerade auf dem Rückweg zum Brutgebiet. Sie hatte riesige Fettspeicher und lag mit 122,6 Gramm jenseits von Gut und Böse. Ich weiß noch, dass sie ganz pummelig aussah, als hätte sie keinen Hals.«

Sehen nicht alle Eulen so aus, als hätten sie keinen Hals?

»Diese war wirklich rund«, sagt Kacmarcik. »Wie eine kleine Kugel. Es war niedlich, ihr unter die Flügel und in die Gabelbeingrube zu blicken und zu sehen, wie das Fett sich wölbte. Ich habe gedacht: Ja, das ist gut. Du kannst gut zum Brüten nach Norden fliegen.«

Unser Vogel hier hat unter den Flügeln nur kleine Fettstränge. Während der Wanderung im Herbst erwartet man nichts anderes, denn jetzt verbrennt sie das Fett, das nach der Paarungssaison noch übrig ist. Um ihr Alter zu ermitteln, sehen Cook und Girgente sich den Bereich unter den Flügeln im Schwarzlicht an. In den Flugfedern von Eulen sind Porphyrine enthalten, UV-empfindliche Pigmente, die im Schwarzlicht hellrosa aufleuchten. Porphyrine werden insbesondere unter dem Einfluss von ultraviolettem Licht im Laufe der Zeit abgebaut, je älter also das Gefieder ist, desto weniger fluoresziert es. Den Bereich unter den Flügeln mit einer UV-Schwarzlichtlampe auszuleuchten, ist bei den meisten Eulen eine einfache, hilfreiche Methode, wenn man ihr Alter während der ersten Lebensjahre ermitteln will. (Für Kaninchenkäuze gilt das allerdings nicht; sie verbringen zu viel Zeit in der prallen Sonne, und deshalb verblassen ihre Porphyrine schnell.)

»Das Gefieder eines Jungvogels leuchtet einheitlich rosa auf«, erklärt Cook. »Bei älteren Vögeln erkennt man eine Kombination aus Blassrosa, Weiß und einem schmuddeligen Beige, die zwei, drei oder mehr Federgenerationen entsprechen.« Unser Vogel zeigt eine bunte Mischung aus allen drei Farben, deshalb wird er als ASY (*after second year*, nach dem zweiten Jahr) eingestuft.

Alle Messergebnisse und die Identifikationsnummer des Vogels werden an das Bird Banding Laboratory übermittelt, das eine Datenbank mit allen in den Vereinigten Staaten beringten Vögeln betreibt. Wird ein beringter Vogel an anderer Stelle wieder eingefangen, schickt das Labor die Einzelheiten des Fundes an den, der ihn ursprünglich beringt hat. Solche Daten dienen dem Project Owlnet dann dazu, auf

Ein fliegender Sägekauz

dem ganzen Kontinent die Wanderungen der Vögel zu überwachen. »Beim Beringen von Sägekäuzen ist es am spannendsten, wenn du eine Eule einfängst, die schon einen Ring trägt«, sagt Kacmarcik. »Die längste Entfernung hatte eine Eule aus Manitoba zurückgelegt. Ich bin geradezu vom Stuhl gefallen: Von Manitoba nach Powhatan, das ist eine unglaubliche Entfernung – mehr als 2200 Kilometer.«

Durch die Arbeiten von Cook, Kacmarcik und unzähligen anderen Vogelfreundinnen im ganzen Land wissen wir nicht nur mehr über die Zugwege und Zugentfernungen dieser Vögel, sondern auch über ihre Zahl. Wir wissen, dass die Population ungefähr alle vier Jahre einen hohen Spitzenwert erreicht. Der Anstieg ist an die Zahl der kleinen Säugetiere gekoppelt, insbesondere der Rötelmäuse in den borealen Wäldern in Kanada, den nördlichen US-Bundesstaaten (Wisconsin, Minnesota, Michigan) und Neuengland. Dort liegen die Brutgebiete der Sägekäuze, die an der Ostküste des Kontinents entlangziehen. Die Zahl der Kleinsäuger ist ihrerseits von der Zahl der Zapfen abhängig, die von den Nadelbäumen der betreffenden Regionen produziert werden. Ein Spitzenjahr bei den Zapfen führt zu einem Spitzenjahr bei den Mäusen, das wiederum hat einen Baby-boom bei den Eulen zur Folge, und die Jungvögel wandern nach Süden.

In guten Jahren lassen uns die Sägekäuze den Kopf schwirren, und die Netze füllen sich. Im Jahr 2012 betrieb ein Team des Project Owlnet unter Leitung von Scott Weidensaul in Pennsylvania sechs experimentelle Stationen zusätzlich zu den drei normalen Beringungsstellen, weil man herausfinden wollte, ob die Eulen sich nach Art der meisten nachts ziehenden Vögel in breiter Front über die Landschaft bewegen oder ob sie den bewaldeten Korridoren entlang der Bergrücken folgen, wie es die tagaktiven Greifvögel tun. (Wie sich herausstellte, nutzen sie je nach Wetter beide Strategien.) Die sechs zusätzlichen Stationen wurden mithilfe von zwölf jungen Forschenden in allen Nächten betrieben. »In diesem Herbst haben wir etwa 4000 Sägekäuze gefangen«, sagt Weidensaul. »Es war verrückt. An einer Station waren bei einer Überprüfung 27 Eulen im Netz wie 27 kleine Beutel, die an einer Wäscheleine hängen.«

Bei den Eulen in den Netzen handelte es sich in der Mehrzahl um Weibchen, und die Männchen waren meist im selben Jahr geschlüpft. »In solchen Spitzenjahren kommt eine Welle junger Männchen hinzu«, sagt Weidensaul. »Im Laufe der letzten 26 Jahre haben wir in Pennsylvania mehr als 12000 Sägekäuze beringt, aber darunter war gerade einmal ein Dutzend ausgewachsene Männchen – buchstäblich eines unter tausend.«

COOK BRINGT UNSER Eulenweibchen vorsichtig wieder in dem Gazebeutel unter und legt sie auf die Waage. Anschließend kommt sie für eine halbe Stunde in ein dunkles Hinterzimmer, wo sie sich an die Dunkelheit gewöhnen soll. Schließlich ist es Zeit für die »sanfte Freilassung«. Cook legt den kleinen Beutel so auf einen Zaunpfahl, dass die Eule darin aufrecht steht, und zieht dann sanft den Stoff herunter. Der Vogel sieht sich um, fliegt ab, setzt sich für kurze Zeit in eine Zeder und verschwindet dann in der Dunkelheit, um seine Reise fortzusetzen.

In dieser Nacht träume ich, ich würde einen Sägekauz im hellen Tageslicht in einem großen Park freilassen. Die Eule fliegt von Baum zu Baum, durchquert den Park, ist aber immer da, immer sichtbar.

Die Aussage »immer da« könnte der Wirklichkeit entsprechen. Der Teil mit »immer sichtbar« bleibt aber ein Traum.

»Vor allem haben wir durch das Project Owlnet erfahren, wie allgegenwärtig die Sägekäuze sind«, sagte mir Weidensaul. »Ich würde behaupten, dass diese Eulen die am weitesten verbreiteten kleinen Greifvögel der nordamerikanischen Wälder sind. Als ich Mitte der 1990er-Jahre zum ersten Mal mit Sägekäuzen gearbeitet habe, waren sie das Symbol für das staatliche Programm zum Schutz wilder Ressourcen und ein Kandidat für die Liste gefährdeter Arten, denn alle glaubten, sie seien wirklich sehr selten. Wie sich aber herausgestellt hat, *sieht* man sie nur sehr selten, weil sie so scheu und stark nachtaktiv sind.«

Ein typischer Fall: Jahrelang gingen Weidensaul und sein Team mit den Methoden der Radiotelemetrie der Frage nach, wo die Sägekäuze sich während ihrer Wanderungen tagsüber aufhalten, aber dabei hatten sie nur begrenzten Erfolg. »Wir interessierten uns für die Ökologie ihrer Rastplätze – auf was für Bäumen sie sich niederlassen, und so weiter; also haben wir sie eingefangen, mit kleinen Funksendern ausgestattet und sie dann tagsüber verfolgt, um herauszufinden, wo sie rasten. Den Baum zu finden, auf dem der Sägekauz saß, war einfach«, sagt er. »Aber den Sägekauz auf dem Baum zu finden, war schwierig. Ich kann nicht mehr zählen, wie oft wir um das Dickicht herumgelaufen sind, aus dem das Funksignal kam. Ich weiß, dass da drin irgendwo ein Sägekauz sitzt, und ich spähe hinein, bis ich schließlich denke: ›Na gut, offensichtlich hat er den Sender abgeworfen oder irgendein anderes Tier hat ihn getötet und den Sender mitgenommen.‹ Dann gehe ich hinein und scheuche den Sägekauz auf, der dort die ganze Zeit gesessen hat. Er hat sich nur nicht bewegt.«

Außerdem, so Weidensaul, rasten die Vögel meist in den »Superkronen« von Laubbäumen, den äußeren Ästen, und dort verstecken sie den Kopf in einem Büschel Blätter. Wenn die Laubbäume ihre

Blätter verloren haben, ziehen die Eulen in die Deckung immergrüner Bäume um, auf Nadelbäume oder Heckenkirschen oder Rhododendren oder vom Wind umgeworfene Bäume. »Jedenfalls sind sie wirklich leicht zu übersehen.«

Aber wie er weiter erklärt, kann man praktisch überall in Nordamerika südlich der subarktischen Baumgrenze einen Audioköder und ein Vogelnetz anbringen, und wenn man ein wenig Geduld hat, wird man Sägekäuze fangen.

Aber obwohl sie so allgegenwärtig sind, haben unsere Kenntnisse über diese kleinen Eulen immer noch große Lücken. Darunter sind einfache Fragen wie die, in welcher Höhe sie auf ihren Wanderungen fliegen. Von Windparkentwicklern wird Weidensaul häufig gefragt, in welcher Höhe die Vögel ziehen, denn sie machen sich Sorgen, die Eulen könnten durch Windräder auf Bergrücken ums Leben kommen. »Ich kann es ihnen aber nicht sagen«, sagt er. Funksender, die Höhenmessungen vornehmen könnten, sind für die kleinen Eulen zu schwer, und deshalb kann man derzeit nicht feststellen, wie hoch sie aufsteigen.

Die Forschenden bemühen sich immer noch um grundlegende Erkenntnisse wie die, wo die Vögel auf ihren Wanderungen rasten und fressen, aber auch um die Klärung komplizierterer Fragen: Wohin wandern die ausgewachsenen Männchen im Winter, und warum sind die Massenwanderungen dieser kleinen Eulen in letzter Zeit unberechenbarer geworden?

»Man kann sich vormachen, man wüsste mehr, als man in Wirklichkeit weiß«, sagt Weidensaul. Als er und sein Team mit telemetrischen Methoden der Frage nachgingen, wo die Vögel rasten, stellte sich heraus, dass die Rastplätze sich vielfach an offenen und insbesondere fließenden Gewässern im dichten Unterholz befanden. »Also habe ich gedacht: ›Aha, offensichtlich suchen sie sich Rastplätze, an denen es viele Nagetiere gibt, denn in dem dichten Unterholz sind vermutlich viele Kleinsäuger zu Hause.‹ Als wir den Eulen aber nachts auf den Fersen geblieben sind, konnten wir sehen, wie sie sich über die Landschaft bewegten. Sie gingen niemals in der Nähe ihres Rastplatzes auf die Jagd, sondern flogen immer erst einmal eine gewisse Strecke. Eine Eule rastete auf einem Berggipfel und flog dann fünf Kilometer ins Tal, um dort am Rand einer Milchtierfarm in dem bewaldeten Flusstal auf die Jagd zu gehen. Anschließend flog sie wieder zu ihrem Berggipfel zurück und ließ sich dort für die Nacht nieder. Bevor wir mit unseren Tracking-Arbeiten begonnen haben, hatten wir keine Ahnung, dass die Vögel so etwas machen.«

In die Kategorie des »du denkst, du wüsstest mehr, als du weißt« gehört auch die Verteilung der Massenwanderungen oder Irruptionen. In den letzten Jahren konnte Weidensaul die Zahl der Sägekäuze, die an der US-Ostküste in einem bestimmten Herbst auf die Wanderung gingen, anhand der Zahl der Balsamfichtenzapfen in Südostkanada und Neuengland vorhersagen, denn die Zapfen liefern Nahrung für Mäuse und Wühlmäuse. Damit konnte er recht gute Vermutungen anstellen: »Die Zapfenausbeute in diesem Herbst liefert gewöhnlich Aufschluss darüber, wie viele Vögel im nächsten Herbst fliegen werden«, sagt er. In letzter Zeit hat sich das aber geändert. Seit 2012 haben sich die vorhergesagten Spitzenjahre nicht mehr eingestellt. Nach Weidensauls Vermutung liegt das am Klimawandel: In den letzten 15 oder 20 Jahren hat sich der Zyklus des Zapfenwachstums verändert, und das hatte Auswirkungen auf die Zahl der wandernden Sägekäuze. »David Brinker, der schon länger Vögel beringt als ich, formuliert es poetisch«, sagt er. »Bei jeder Massenwanderung sieht es so aus, als würde die Welle nicht ganz so weit auf den Strand laufen wie beim letzten Mal. Es ist einfach nicht mehr das, was es einmal war.«

Allerdings wissen wir heute durch das Beringen, mit welcher Geschwindigkeit manche Sägekäuze wandern. Schnell, so Weidensaul, sind sie nicht. »Was das Tempo ihrer Wanderungen angeht, gibt es bei Eulen alles Mögliche. Manche Arten wie die Ponderosaeulen sind schnelle Langstreckenzieher. Sie starten im Norden der Rocky Mountains, fliegen 300 Kilometer am Tag und sind nach kurzer Zeit im Gebirge von Süd- und Zentralmexiko angekommen.« Warum so schnell? »Weil sie Insekten fressen. Bleiben sie zu lange an einem

Ort, sterben die Insekten, die Nahrung geht ihnen aus, und sie verhungern«, sagt er. »Dann betrachtest du die Sägekäuze, die aus der gleichen Region kommen, und bemerkst im Zusammenhang mit der Wanderung eine lustlose Einstellung: ›Ach, ich trödle hier einfach ein bisschen herum.‹ Es ist, als würde Sirup nach Süden fließen. Vor einigen Jahren hat ein Kollege die Berichte über beringte Vögel analysiert und dabei festgestellt, dass sie im Durchschnitt nicht mehr als 25 Kilometer am Tag gewandert sind.«

In dem geringen Tempo dürfte sich auch ein anderer Charakter der Wanderungen widerspiegeln. Viele Sägekäuze halten sich zwar genau an ihre Routen, sind aber offensichtlich keine Zugvögel im üblichen Sinn, die sich jedes Jahr zwischen den gleichen Winterquartieren und Brutgebieten hin und her bewegen. Eher sind sie zumindest in manchen Teilen ihres Verbreitungsgebietes als Nomaden unterwegs: Sie wandern von Ort zu Ort und suchen nach einem guten Angebot an Wühlmäusen, mit dem sie über den Winter kommen. Ein Team von Forschenden aus Kanada analysierte die Zahl der Sägekäuze über längere Zeit und stellte dabei fest, dass die Eulen, die auf diese Weise wandern und unterwegs auf das Angebot an Wühlmäusen achten, unfruchtbare Jahre vermeiden. Wenn sie außerhalb der Paarungssaison unterwegs sind, vergleichen sie offenbar die Häufigkeit der Wühlmäuse an verschiedenen Stellen, suchen nach einem besonders guten Angebot und bleiben dort oder kehren zum Brüten dorthin zurück.

Warum man beim Beringen so viele Sägekauzweibchen und so wenige Männchen findet, war früher ein Rätsel. Mittlerweile werfen aber neue Befunde ein besseres Licht auf ein allgemeineres Phänomen bei der Wanderung der Eulen.

Die Biologen Sean Beckett und Glenn Proudfoot studierten das Geschlechterverhältnis beringter Sägekäuze und stießen dabei auf eine aufschlussreiche Gesetzmäßigkeit: Der Anteil ausgewachsener Männchen war unter den eingefangenen Vögeln in nördlichen Breiten größer. Dies lässt darauf schließen, dass die Männchen »weniger wanderlustig sind und weiter im Norden bleiben als die Weibchen«, schrieben die Wissenschaftler. Damit wäre auch erklärt, warum man an den Beringungsstationen vorwiegend Weibchen fängt und warum Weidensaul und seinem Team in Pennsylvania während der letzten 25 Jahre so wenige Männchen ins Netz gegangen sind.

Ein solches »geschlechtsspezifisches Zugverhalten« ist auch für andere Eulenarten typisch, so unter anderem für den Raufußkauz, einen engen Verwandten der Sägekäuze. Es könnte mit den unterschiedlichen Anforderungen von Männchen und Weibchen an die Nahrung zu tun haben. Wie der Eulenforscher Erkki Korpimäki in Finnland feststellte, wandern die weiblichen Raufußkäuze (das größere Geschlecht) aus kälteren Regionen nach Süden in Gebiete, wo es mehr Nahrung gibt; die ausgewachsenen Männchen bleiben im Norden in der Nähe der Reviere, in denen sie im Frühjahr brüten. Die Weibchen können es sich nicht leisten, im Winter das Risiko einer unzureichenden Nahrungsversorgung einzugehen, also suchen sie sich einen sicheren, warmen Ort, um sich vor dem Brüten mit Energie zu versorgen. Die Männchen dagegen bleiben in den Regionen, in denen sie im Frühjahr schnelleren Zugang zu den besten Revieren haben. Im Winter wandern sie zwar, aber eher in seitlicher Richtung, und suchen dabei nach Gebieten mit großen Nagetierbeständen. Etwas Ähnliches tun wahrscheinlich auch die männlichen Sägekäuze. Wie Weidensaul erklärt, wagen sie es, in der kalten Umgebung zu bleiben. »Wenn der Winter wirklich hart ist und sie keine Stelle mit vielen Mäusen finden, sterben sie. Wenn sie aber überleben, haben sie sich bereits ein Revier ausgesucht und warten dort, bis die Weibchen im Februar, März oder April zurückkommen. Dann können sie sofort anfangen zu rufen und eine Partnerin zu finden.« Der gleichen Strategie bedienen sich auch die Kaninchenkäuze in Oregon. Nach Angaben von David Johnson kommt sie bei vielen Eulen vor: Die Weibchen wandern weiter nach Süden, während die Männchen im Norden in der Nähe der Brutreviere bleiben. »Die Männchen nehmen das Risiko in Kauf und haben dann den Nutzen davon.«

Bei Sägekäuzen wurde das alles bisher nicht dokumentiert, aber Weidensaul ist begeistert über ein neues Forschungsprogramm: An den kleinen Eulen sollen Hunderte von Nanotags mit Identifikationsnummern angebracht werden, winzige, vorübergehend aktive Funksender, mit denen man die Vögel im Rahmen des Motus Wildlife Tracking System verfolgen kann. Die Sender geben alle zwei bis 13 Sekunden ein Signal ab, das dann von den entlang der Zugrouten aufgestellten Motus-Empfangstürmen aufgenommen wird. Die Türme sind mit dem Internet verbunden und laden die Informationen der Nanotags in Echtzeit hoch, sodass man die Wanderungen jedes einzelnen Vogels verfolgen kann. »Wir statten ausgewachsene Brutpaare und junge Sägekäuze in den Brutgebieten sowie ausgewachsene und junge Tiere während des Zuges mit Sendern aus«, sagt er. »So können wir endlich herausfinden, wohin diese Vögel – und insbesondere die fehlenden ausgewachsenen Männchen – fliegen.«

Aber trotz aller Bemühungen, mehr über die Sägekäuze herauszufinden, stiften die kleinen Eulen in grundlegenden wissenschaftlichen Fragen immer noch Verwirrung. »Manche Fragen können wir nicht beantworten, weil die Eulen so klein sind und keine Satellitensender tragen können«, sagt Weidensaul. »Du kannst einer Eule von 80 Gramm keinen Sender von 45 Gramm anhängen, der einen Höhenmesser beinhaltet und mit Satelliten kommuniziert.«

Möglich ist das aber bei den großen, stämmigen Schnee-Eulen, die durchschnittlich 2000 Gramm wiegen. Als Erster stattete Denver Holt 1999 sechs dieser Vögel in Utqiaġvik (dem damaligen Barrow) in Alaska mit Sendern aus. Zwei von ihnen flogen über die Tschuktschensee nach Russland, verbrachten den Sommer an der Nordküste Sibiriens und kehrten dann auf die Victoria-Insel in Kanada zurück. Andere Forschende machten es ihm nach, darunter Mitglieder der International Snowy Owl Working Group und des Project SNOWstorm, Arbeitsgruppen, die mit neuartigen wissenschaftlichen Verfahren mehr über die Schnee-Eulen herausfinden wollen.

Was man durch das Nachverfolgen der Eulen herausgefunden hat, bestätigt frühere Beobachtungen und gab den Anlass zu weiteren Untersuchungen. Schon die Sägekäuze wirken, was ihr Zugverhalten angeht, unberechenbar, aber am seltsamsten von allen sind vielleicht die Schnee-Eulen.

Eine weibliche Schnee-Eule mit einem Satellitensender

Die majestätische weiße Eule ist unverwechselbar: Sie ist größer als ein Virginiauhu, viel schwerer als ein Bartkauz und – jedenfalls die Männchen – leuchtend reinweiß mit schwarz umrandeten tigergelben Augen. Die Weibchen sind größer, schwerer und soweit wir wissen auch stärker gefleckt. Schnee-Eulen brüten in der offenen arktischen Tundra in Russland, Skandinavien, Kanada und einem kleinen Teil von Alaska. Die großen Vögel sind bekannt für ihre Geschicklichkeit bei der Jagd, die Verteidigung ihrer Nester und ihren kraftvollen Flug. Ihr Verbrauch an Lemmingen lässt staunen: Ein einziger Vogel frisst in einem Jahr rund 1600 von ihnen.

Schon vor Jahrzehnten fiel auf, dass die Vögel zum Brüten auf die Lemminge angewiesen sind. Die russische Wissenschaftlerin Irina Menjuschina studierte 27 Jahre lang die Schnee-Eulen auf der Wrangelinsel. In den 1990er-Jahren bemerkte sie, dass der Fortpflanzungserfolg der Eulen von der Größe der Lemmingbestände abhing und sich nur in guten Lemmingjahren vollständig entfalten konnte. Aber erst seit Kurzem versteht man besser, welch fein abgestimmtes Verhältnis zwischen Vögeln und Nagetieren besteht und wie es sich auf die Wanderungsbewegungen der Eulen auswirkt.

Denver Holt beschäftigt sich seit 30 Jahren mit den Schnee-Eulen in einem Gebiet von 250 Quadratkilometern rund um Utqiaġvik, mehr als 500 Kilometer nördlich des Polarkreises. Es ist in den Vereinigten Staaten die einzige Region, in der Schnee-Eulen brüten und Junge großziehen, und es ist auch die Heimat des Volkes der Iñupiat, die seit mehr als 4000 Jahren in der Nachbarschaft der Vögel leben. Im Laufe seiner Studie analysierte Holt 14000 Gewölle von Schnee-Eulen, die Überreste von 43000 Beutestücken enthielten; diese stammten von einer großen Vielfalt von Tieren: Er fand 33 Säugetier- und 20 Vogelarten. Während der Paarungssaison ernähren sich die Schnee-Eulen aber zu 99 Prozent von Lemmingen.

»Alles läuft auf die Lemminge hinaus«, sagt Holt. Sind die kleinen Säugetiere rund um das Nistgebiet in der Tundra zahlreich vertreten, geht es allen gut, auch den Eulen. In schlechten Lemmingjahren dagegen müssen die Vögel an einen anderen Ort weiterziehen oder völlig auf das Nisten verzichten.

In der Arktis legen diese Vögel regelmäßig große Entfernungen zurück und suchen dabei aktiv nach Beute. »Männchen, Weibchen, Jungvögel aus demselben Jahr – sie alle verfolgen unterschiedliche Strategien«, sagt Holt. »Auch einzelne Individuen gehen unterschiedlich vor.« Manche Schnee-Eulen bleiben ihren Nistgebieten und Winterquartieren treu, andere verteilen sich in neue Regionen. Viele Vögel bleiben während des Winters in ihren Brutgebieten, andere wechseln von Winter zu Winter, wobei sie von Alaska nach Russland und zurück ziehen. Eine mit einem Sender ausgestattete Schnee-Eule legte an einem einzigen Tag fast 1000 Kilometer zurück. »Anscheinend wissen sie, wohin sie fliegen, und können sich mit erstaunlicher Genauigkeit an Orte erinnern«, sagte mir David Johnson. »Mit Sendern ausgestattete Schnee-Eulen aus den Vereinigten Staaten kamen bekanntermaßen innerhalb eines Überwinterungsgebietes zu demselben Telefonmast zurück, auf dem sie sechs Jahre zuvor gesessen hatten.«

Für die Suche nach guten Brutplätzen nehmen die Eulen sich viel Zeit und legen große Entfernungen zurück. In Jahren, in denen die Lemminge eine geringere Dichte haben, sind die Wanderungsstrecken und Erkundungszeiten größer, was auch plausibel ist. Wie Jean-François Therrien 2014 durch eine Studie mit Funksendern nachweisen konnte, suchen Schnee-Eulen in der kanadischen Arktis monatelang nach Brutplätzen und wandern dabei bis zu 4000 Kilometer. Von Jahr zu Jahr nisteten die Weibchen in Abständen von durchschnittlich 700 Kilometern.

Manchmal machen sich Schnee-Eulen aus Alaska und Kanada auch nach Süden auf und überwintern in den Prärien im Süden Kanadas oder den nördlichen US-Bundesstaaten. In guten Brutjahren fliegen sie dabei bekanntermaßen weiter nach Süden. Hin und wieder, wenn es in der arktischen Tundra viele Lemminge gibt, kommt es zu einem regelrechten Geburtsboom junger Schnee-Eulen, und fünf oder sechs Monate alte Vögel wandern in großer Zahl in gemäßigte Breiten. »Ein alter Mythos besagt, solche Irruptionen seien auf hungernde Eulen zurückzuführen«, sagt Holt. Aber das stimmt nicht. »Auch wenn reichlich Beutetiere vorhanden sind, wandern die Eulen nach Süden.« Ähnlich verhalten sich auch andere Eulenarten, darunter die Sperber- und die Sumpfohreule. Die gegenteilige Irruption findet man bei Arten wie den Raufuß- und Bartkäuzen: Hier wandern ausgewachsene Vögel, wenn die Beutetiere zur Neige gehen. »Nur wenige Dinge wissen wir mit Sicherheit«, sagt Holt, »aber die Irruptionen der Schnee-Eulen sind die Folge einer guten Brutsaison irgendwo in der Arktis, die auf reichlich vorhandene Lemminge zurückzuführen ist.« Eilig fügt er aber hinzu, dass das Phänomen Naturforschenden und Ornithologen bereits in den 1930er- und 1940er-Jahren aufgefallen ist und später sowohl von Trappern als auch beim Beringen bestätigt wurde.

Wie kommt es zu einem guten Lemmingjahr? »Schwer zu sagen«, sagt Holt, der die kleinen Säugetiere zusammen mit den großen Greifvögeln schon seit Jahrzehnten studiert. »Dazu tragen viele Einflüsse bei: Nahrungsangebot, Schneemenge, Qualität des Schnees. Es ist wie mit den guten Erntejahren, die es von Zeit zu Zeit gibt, wenn die

Eine Schnee-Eule mit einem Lemming

Wetterbedingungen stimmen. Die Population schwankt von Jahr zu Jahr, aber hin und wieder herrschen optimale Bedingungen, sodass die Zahl ansteigt, und dann können auch viele Schnee-Eulen nisten und Junge hervorbringen.«

Während einer Irruption, so erklärt Holt, können Schnee-Eulen fast überall in großer Zahl auftauchen: an der Atlantikküste im Nordosten der Vereinigten Staaten, an der Pazifikküste im Nordwesten und sogar in den Großen Ebenen des mittleren Westens oder weiter südlich. Solche »starken Flüge« oder »Invasionen« haben Ornithologen und Naturforscher schon seit dem 19. Jahrhundert beobachtet. In jüngerer Zeit fand eine der denkwürdigsten Irruptionen in den Jahren 2011/12 statt: Damals wurden Eulen in allen kanadischen Provinzen und 31 US-Bundesstaaten nachgewiesen. Zwei Jahre später flogen zahlreiche junge Eulen während einer Irruption im Süden bis nach North Carolina und Florida, ja sogar auf die Bermudas, was Vogelfreunde und Harry-Potter-Fans gleichermaßen fesselte. »Aber das sind Extremfälle«, sagt Holt.

Was vielleicht am seltsamsten ist: Manche Schnee-Eulen ziehen im Winter sogar nach Norden.

Warum wandert eine Schnee-Eule in die ständige Dunkelheit des arktischen Winters? »Menschen, die in der Arktis leben und sich dort auskennen, beobachten das schon seit Jahrhunderten«, sagt Holt. »Früher als alle anderen wussten es die Iñupiat und andere einheimische Völker.« Heute jedoch versuchen Forschende, das Geheimnis mit Satellitensendern und anderen Methoden zu lüften.

Als Jean-François Therrien 2007/08 im Rahmen seiner Doktorarbeit die Schnee-Eulen in der Arktis erforschte, stattete er die Vögel mit Sendern aus, um ihre Bewegungen im Winter zu verfolgen. Dabei fiel ihm etwas Seltsames auf. Die Eulen verbrachten den Winter nicht nur im hohen Norden, sondern befanden sich auch lange Zeit über dem Meer. »Eigentlich sind es Landspezialisten«, sagt Therrien. »Man geht davon aus, dass sie sich von Lemmingen ernähren. Und dann fliegen sie mehr als 200 Kilometer auf das Meer hinaus. Das ist für einen Kleinsäuger-Spezialisten wirklich ein erstaunliches Verhalten.«

Als Therrien die Bilder seinem Doktorvater zeigte, erhielt er die Antwort: »Wissen Sie genau, was Sie da tun? Das sieht nicht richtig aus. Gehen Sie hinaus und machen Sie es noch einmal.«

Er machte es noch einmal, und wieder waren die Eulen draußen auf dem Meer. Bei genauerem Hinsehen zeigten die Satellitenbilder, dass sie sich an den Rändern des Eises in der Nähe der Polynjas aufhielten, offene Wasserflächen, die durch Strömungen und Gezeiten entstehen und meist von Jahr zu Jahr erneut auftauchen. »Was haben die Eulen da gemacht? Sind sie schwimmen gegangen?«, fragt Therrien ironisch. »Nein! Aber sie haben auch nicht nach Lemmingen gesucht.« Die Polynjas sind voller Möwen, Alke und großer Meerenten, darunter auch Eiderenten; diese sammeln sich dort im Winter in großer Zahl, fangen Fische oder ernähren sich von den Muscheln am Meeresboden. »Die Eulen sitzen dann auf einer Eisscholle, lassen sich herumtreiben und machen opportunistisch Jagd auf die großen Wasservögel«, sagt Therrien. Eine Eule kann eine Eiderente fressen? »Das sind große Vögel, die sind noch schwerer als eine Schnee-Eule. Aber ja, sie können es.«

Das Gleiche hatte Holt schon früher in seinen Studien an den Gewöllen nachgewiesen: Dort hatte er Überreste von Enten, Küsten- und Meeresvögeln gefunden, aber auch von Thorshühnchen, den Lieblings-Watvögeln in der Region der Iñupiat.

Das Wasservogel-Gelage ist vielleicht auch die Erklärung für ein anderes Rätsel im Zusammenhang mit dem Vogelzug.

»Zu den Dingen, die uns im ersten Winter des Project SNOWstorm überrascht haben, gehörte die Erkenntnis, dass junge Schnee-Eulen sich wochenlang mitten auf dem zugefrorenen Eriesee aufhalten«, sagt Scott Weidensaul. »Wir haben uns gefragt: Was fressen die Vögel eigentlich da draußen? Aber dann haben wir uns die Satellitenaufnahmen der National Oceanic and Atmospheric Administration (NOAA) von den Großen Seen angesehen, und uns ist klar geworden, dass der Eriesee vielleicht zu 98,5 Prozent zugefroren ist, aber 1,5 Prozent sind offenes Wasser. Wenn der Wind dreht, brechen riesige Eisplatten auseinander, und es entstehen Wasserflächen, die ganz ähnlich wie die Polynjas aussehen. Dort gab es Lappentaucher, Seetaucher, Enten und Möwen. Von denen haben die Eulen sich ernährt. Man muss sich also fragen: Haben die Eulen dort auf dem Eriesee eine Lebensweise eingeübt, der sie später folgen, wenn sie in der Arktis und draußen an den Polynjas überwintern?«

WARUM FOLGEN SCHNEE-EULEN bei ihren Wanderungen so unterschiedlichen Strategien? Warum ziehen sie in der Regel von Jahr zu Jahr zu immer neuen Nistplätzen? Wie wir heute wissen, hängt ihr Fortpflanzungserfolg davon ab, dass sie Gebiete mit einer hohen Dichte an Lemmingen finden, und die Lemmingbestände schwanken in verschiedenen geografischen Regionen stark. Die meisten Eulen können es sich im Gegensatz zu vielen anderen Zugvögeln nicht leisten, einem Brutgebiet treu zu bleiben, denn sie können nicht darauf zählen, dass Lemminge im nächsten Jahr wieder in ausreichender Zahl zur Verfügung stehen. Sie müssen ihrer Beute folgen, also suchen sie in der Arktis aktiv über Tausende von Kilometern nach

Lemmingen. Dazu sind sie in der Lage, weil sie leistungsfähige Flieger sind.

»Für mich ist interessant, wie schnell die Eulen die Zahl der Lemminge einschätzen und darauf reagieren können«, sagt Holt. »Sie irren sich einfach nicht.«

Wie Schnee-Eulen und andere nomadisch lebende Vögel die Regionen mit vielen Beutetieren finden, wissen wir nicht. »Das ist eines der großen Rätsel: Wie können die Schnee-Eulen den Lemmingen in Raum und Zeit auf der Spur bleiben?«, sagt Weidensaul. »Angenommen, eine Eule brütet in einem Jahr in der zentralkanadischen Arktis und im nächsten Jahr in Grönland: Woher weiß sie, dass sie nach Grönland ziehen muss? Früher haben wir gedacht, dass die Vögel auf dem Weg nach Norden Pause machen und nach Lemmingen suchen, aber wenn wir uns die Daten von unseren Funksendern ansehen, stimmt das anscheinend nicht.«

Nach Ansicht von Holt gibt es nur einen Weg, es herauszufinden. »Wir haben die vielen Schnee-Eulen, die mit Satellitensendern herumfliegen. Jetzt müssen wir vom Erdboden aus nachvollziehen, was während ihrer Wanderungen geschieht. Wir müssen in die neuen Brutgebiete und an die alten Stellen gehen. Wir müssen die Region betrachten, die sie freigemacht haben, und herausfinden, ob sie sie wegen der schwachen Lemmingpopulation verlassen haben. Anschließend müssen wir in die neuen Regionen gehen und fragen: Wie viele Schnee-Eulen brüten hier eigentlich? Wie sieht es mit der Lemmingpopulation aus? Nur so können wir feststellen, wie die Schnee-Eulen den Lemmingen auf der Spur bleiben. Nur Vermutungen aufgrund der Satellitendaten anzustellen, reicht nicht.«

Es bleibt also eine Fülle von Fragen, aber eines scheint klar zu sein: Diese Eulen wissen, was sie tun, und ihre Entscheidung, zu bleiben oder zu gehen, die Verhältnisse an einem Ort auszuhalten oder neue Jagdgründe zu suchen, ist Teil einer komplizierten Berechnung, die wir noch nicht ganz verstehen.

7

Eine Eule in der Hand

Vögel in Gefangenschaft: Was wir von ihnen lernen können

Die griechische Göttin Athene hielt sich einen Steinkauz als heiliges Haustier. In dem Roman *Das Schwert im Stein* von T.H. White zieht der Zauberer Merlin seinen Begleiter hinzu, die Eule Archimedes, damit sie ihm bei der Erziehung von Wart hilft: »Merlin nahm Warts Hand und sagte freundlich: ›Du bist jung, du verstehst diese Dinge nicht. Aber du wirst lernen, dass Eulen die höflichsten, aufrichtigsten und treuesten Geschöpfe sind. Ihnen darfst du niemals plumpvertraulich oder grob oder ordinär kommen oder sie lächerlich machen. Ihre Mutter ist Athene, die Göttin der Weisheit, und wenn sie auch gerne mal den Possenreißer spielen, um dich zu unterhalten, so ist ein derartiges Benehmen das Vorrecht der wahrhaft Weisen. Eine Eule kann man unmöglich Archie nennen.‹«* In dem fiktiven Universum von J.K. Rowling erhält Harry Potter sowohl die Post als auch Kameradschaft von seinem Haustier, der Schnee-Eule Hedwig.

* White, T.H.: Das Schwert im Stein, in: *Der König auf Camelot*, Bd. 1, Stuttgart: Klett-Cotta 1981, S. 36.

Florence Nightingale mit ihrer kleinen Eule Athena

Aber kommen wir zu echten Eulenbesitzern: Teddy Roosevelt hielt eine Schleiereule als Haustier, außerdem auch einige Meerschweinchen, zwei weiße Kaninchen, einen Ara, ein Schwein, einen Dachs, ein Pony, einen kleinen Bären und eine Hyäne. Florence Nightingale besaß als Haustier eine Eule, die nach Athen benannt war. Nightingales Name selbst dürfte gleichbedeutend mit Gnade sein, aber ihre Eulengeschichte hat auch einen ironischen Dreh. Die britische Krankenschwester rettete die kleine Eule in Athen vor einigen Jungen, zog sie mit eigener Hand groß und trug sie in ihrer Tasche mit sich herum. Als der Krimkrieg ausbrach und Nightingale sich berufen fühlte, ihre pflegerischen Fähigkeiten auf dem Schlachtfeld einzusetzen, setzte sie den Vogel Athena vor ihrer Abreise auf ihren Dachboden, wobei sie glaubte, die Eule würde sich dort während ihrer Abwesenheit von Mäusen ernähren. Aber die kleine Eule war so stark domestiziert, dass sie nicht selbst auf die Jagd ging, sondern nur herumsaß und auf ihre Mahlzeiten wartete. Nightingale und ihre Angehörigen sahen in den Tagen vor ihrer Abreise nicht mehr nach ihr, und so starb Athena – vielleicht wegen der Einsamkeit, aber sicher auch am Hunger.

James Gordon Bennett Sr., der Gründer des *New York Herald*, sammelte lebende Eulen. Der Legende zufolge stach er mit der Yacht seines Vaters während des Bürgerkrieges in See, und eines Nachts weckte ihn eine schreiende Eule gerade noch rechtzeitig, damit er das Boot vor dem Stranden bewahren konnte – womit eine lebenslange Vorliebe für Eulen begann. Neben seinen eigenen Haustieren sammelte Bennett auch Eulenstatuen, setzte sich in seiner Zeitung für den Schutz der Eulen ein und entwarf in den 1890er-Jahren für den *Herald* ein neues Gebäude, dessen Dach mit Dutzenden von Bronzeeulen besetzt war. In den Augen der Vögel blinkten elektrische Lichter und gaben im Einklang mit Uhren in der Nachbarschaft die Zeit an. Zwei dieser Eulen wachen heute über die Minervastatue am Herald Square in New York. (Bennett plante auch ein riesiges eulenförmiges Mausoleum als letzte Ruhestätte für sich selbst, aber dieses seltsame Denkmal wurde niemals errichtet.)

Als Pablo Picasso sich 1946 im Musée d'Antibes in Frankreich aufhielt, fand er eine ungewöhnliche Muse. Es war nicht Françoise Gilot, seine Geliebte (obwohl auch die ihn inspirierte), und auch nicht der Ort selbst, ein düsteres mittelalterliches, hoch über dem Mittelmeer gelegenes Schloss. Nein, es war ein winziger, verletzter Steinkauz, der auf den Befestigungsanlagen saß. Picasso adoptierte die Eule, bandagierte ihren gebrochenen Fuß und behielt den Vogel, bis die Verletzung geheilt war. Dann entschloss er sich, ihn mit nach Paris zu nehmen.

Manchen Berichten zufolge erkannte Picasso sich selbst in dem Vogel wieder, war er sich doch seines eigenen kauzigen Gesichtsausdrucks bewusst. In jedem Fall war es der Anfang einer turbulenten Beziehung, die sich auf das ganze Leben und die Arbeit des Künstlers auswirkte. In ihren bemerkenswerten Erinnerungen *Leben mit Picasso* schreibt Gilot: »Wir waren überaus nett zu ihr, doch sie starrte uns nur an. Jedesmal, wenn wir in die Küche kamen, zirpten die Kanarienvögel, die Tauben gurrten, und die Turteltauben lachten, doch die Eule blieb gleichgültig und still, bestenfalls schnaubte sie wütend. Sie roch schrecklich und fraß nichts als Mäuse.«*

* Gilot, Françoise: *Leben mit Picasso*, Zürich: Diogenes 1987, S. 124.

Vermutlich war es so.

Jedenfalls war Picasso trotz der von Streit geprägten Beziehung – oder vielleicht gerade deshalb – von der kleinen Eule besessen, und der Vogel diente ihm während der nächsten 20 Jahre in seinen Arbeiten als wichtiges Motiv: Er tauchte während dieser Periode häufig in Keramikarbeiten, Zeichnungen und Radierungen auf.

ABGESEHEN VOM PRÄSIDENTEN, der Krankenschwester, dem Zeitungsmann und dem Künstler haben sich nicht viele Prominente Eulen als Haustiere gehalten. Und das aus gutem Grund.

Wie die meisten ausgebildeten Eulenpfleger, so kann auch Laura Erickson ausführlich darüber berichten, wie schwierig es ist, eine lebende Eule zu halten – und wie viel Freude es macht. Erickson war früher Redakteurin am Cornell Laboratory of Ornithology und moderierte die Radiosendung *For the Birds*. 17 Jahre hielt sie sich eine Ostkreischeule namens Archimedes (nach dem Vogel von Merlin) und arbeitete mit ihm als Bildungsbotschafter: Sie nahm ihn mit in Schulen, zu Gruppen von Vogelfreunden und Tagungen, um die Menschen über das wahre Leben einer Eule aufzuklären.

Eine Familie hatte Archimedes in ihrem Garten auf dem Boden unter seinem Nest gefunden. Er war in sehr schlechtem Zustand. »Er hatte überhaupt keine Federn«, sagt Erickson. »Auf einer Seite seines winzigen Körpers waren Stichwunden, auf der anderen war er abgeschürft und voller Schorf.« Wie sich herausstellte, litt die Eule an einem Blutparasiten und brauchte viel Fürsorge. Die Familie brachte ihn in eine Auffangstation, und dort wurde er wieder gesund gepflegt. Da er am Ende auf Menschen geprägt war, konnte man ihn nicht auswildern. Später kam er zu Erickson, denn die besaß eine Lizenz und durfte eine Kreischeule zu Ausbildungszwecken halten. »Deshalb hatte ich das Glück, ihn zu bekommen«, sagt sie.

Archimedes zu füttern, war ein nächtliches Ritual. Zu Beginn der *Daily Show*, so berichtet sie, nahm sie eine Maus aus der Gefriertruhe, und am Ende des *Colbert Report* war sie aufgetaut. »Manchmal hat er sie in der Mitte durchgebissen, nur den Kopf und Oberkörper gefressen und sich die hintere Hälfte für den nächsten Tag aufgespart. Manchmal hat er auch die ganze Maus auf einmal gefressen – dann hat er den Kopf zuerst verschluckt und alles andere nachgeschoben. Man konnte zusehen, wie er sie mit dem Unter- und Oberschnabel eingezogen hat; als Letztes ging immer der Schwanz hinunter wie Spaghetti.« Ungefähr sechs bis acht Stunden nach der Mahlzeit spuckte er jeweils ein Gewölle aus. Zum Training lief Laura mit ihm nachts durch das Wohnviertel. Sie legte ihm kleine Fesseln oder Riemen um die Beine, befestigte sie an einer Leine und lief los. Dann hob er ab und flog unmittelbar über ihrem Kopf.

Für Erickson war die Zeit mit Archimedes ein heiliges Privileg. Wenn sie nachts an ihrem Schreibtisch saß und die kleine Eule im Zimmer war, tauschte sie häufig Rufe mit ihr aus. Manchmal dauerte ein solcher Austausch eine halbe Stunde oder noch länger. »Im Scherz sagt man, wir Menschen seien niemals Eigentümer einer Katze – Katzen sehen in uns das Personal«, schreibt sie. »Ich glaube,

Die Ostkreischeule Archimedes zur Zeit der Fütterung

Archimedes hielt mich nicht für das Personal, sondern eher für seine Partnerin.«

Eine ähnliche Einstellung gegenüber ihren Vögeln hatten alle Eulenbetreuer, die ich kennenlernte, und alle pflegten zu ihren Vögeln eine ähnliche persönliche, außergewöhnliche und hart erarbeitete Beziehung. Jim Duncan hat seit 2016 das »Vergnügen«, sich um eine Waldohreule namens Rusty »zu kümmern und zu sorgen«. Der Vogel dient als Botschafter für die Veranstaltungen von Discover Owls, einer von Duncan gegründeten und geleiteten Bildungsorganisation. Er sagt: »Sich um einen lebenden Vogel in Gefangenschaft zu kümmern, hat unter anderem den faszinierenden Aspekt, dass man ein enges Verhältnis zu ihm aufbaut und einiges von der unterschwelligen Kommunikation mitbekommt, die diese Vögel in freier Wildbahn pflegen. Rusty sagt mir, wann sie durchdreht. Sie schreit mich an. Die Heftigkeit der Schreie steht vermutlich im Verhältnis zu ihren Emotionen. Aber wenn sie sich wirklich schmusig und nett fühlt, spricht sie mich mit winzigen Lautäußerungen an – *huh-huh-huh*, und auch die können heftiger werden.« Im Frühjahr führt Rusty für Duncan ein Werberitual auf und zeigt damit, dass er mit ihr ein Nest bauen soll. »Aber das kann ich nicht. Ich bin schon beringt«, sagt er scherzhaft und zeigt auf seinen Ehering. »Eine komplizierte Angelegenheit.«

Duncan hat auch festgestellt, dass Rusty seine Familienmitglieder genau beobachtet und persönliche Vorlieben hat. »Ich habe zwei Söhne. Sie erkennt, welcher davon die Küchentreppe herunterkommt, ohne ihn zu sehen – allein aufgrund der Schrittgeräusche«, sagt er. »Einen unserer Söhne mag sie aus irgendeinem Grund nicht, obwohl er ihr nie etwas getan hat. Sie weiß genau, wann er die Treppe herunterkommt, und schnappt dann mit dem Schnabel und plustert sich auf, noch bevor er um die Ecke biegt und die Küche betritt. Unser anderer Sohn ist dagegen ihr Schwarm. Es ist wirklich faszinierend.« Zehn Jahre hat sich Duncan auch um Nemo gekümmert, eine andere Waldohreule. »Der war völlig anders. Er hatte eine vollkommen entspannte, coole Einstellung zu den Dingen. Diese Vögel sind echte Individuen. Wie Menschen haben sie ihre Launen, Vorlieben und Abneigungen.«

Karla Bloem erklärt, ihr Virginiauhu Alice habe immer gut Charaktere beurteilen können. »Manchmal habe ich mich mit Typen getroffen, die Alice nicht leiden konnte, und das war dann wirklich eine brisante Angelegenheit. Sobald sie in Alices Nähe kamen, ging sie in den Angriffsmodus über. Meinen jetzigen Ehemann mochte sie aber von Anfang an leiden. Es war einfach erstaunlich. Er konnte in ihr Zimmer gehen, in ihr Revier eindringen und sie anschreien, und sie war damit vollkommen einverstanden. Sie neigte einfach nur den Kopf und schrie zurück. Und ich habe gedacht: Du liebe Güte, das ist ja ein echtes Wunder.«

Zwischen Menschen und Eulen können sich tiefe emotionale Bindungen entwickeln. Der Falknermeister Rodney Scotts, der mit einem Uhu und anderen Greifvögeln arbeitet, wurde einmal gefragt, wie es sich anfühlt, eine Beziehung zu solchen prachtvollen Vögeln einzugehen. Darauf antwortete er: »Für dieses Gefühl hat man noch kein Wort gefunden. Der Vogel landet auf deiner Hand, und dann möchtest du wegen der Gefühle, die dich durchströmen, einfach weinen. Dir wird klar, wie klein wir sind und wie klein unsere Probleme sind.«

An einem Augusttag im Jahr 2017 starb Archimedes. Wie Erickson berichtet, erschien er ihr an diesem Morgen etwas träge. Er stieß einige Rufe aus, schien aber nicht mehr er selbst zu sein. Sie ging zu ihm, kraulte ein paar Mal sein Gesicht, und er beugte sich zu ihr, wie er es immer tat. Sie ging aus dem Zimmer zum Mittagessen. Als sie zurückkam, war er von seiner Sitzstange gefallen und lag tot auf dem Fußboden.

»Ich stelle mir gern vor, dass er jetzt frei ist«, schrieb sie in einem Nachruf. »Dass er unter dem Mond fliegt oder von einem dicken Ast einer großen, alten Ulme aufsteigt oder aus dem Loch eines Helmspechtes in einer Espe späht oder irgendwo da draußen im Universum unter den Sternen heult. Ich stelle mir gern vor, dass er seine Verpflichtung abgeschüttelt hat, den Menschen Dinge beizubringen, die sie eigentlich über die Lebensweise der Eulen und den Wert der

Natur bereits wissen sollten – dass er sie abgeschüttelt hat wie die Federn nach dem Putzen, eine Wolke von Federstaub, die um ihn herum einen funkelnden Kreis bildet.«

DIE BERÜHMTESTE ZAHME Eule des 21. Jahrhunderts, ob echt oder imaginär, ist zweifellos Hedwig, die Schnee-Eule von Harry Potter. Dass J.K. Rowling sich für diese zentrale Rolle eine Schnee-Eule aussuchte, ist kein Wunder. Der große Vogel ist mit seinem leuchtend weißen Gefieder die auffälligste Eule der Welt. In Rowlings Universum überbrücken Hedwig und andere Eulen mit ihrer Eulenpost die Sphären zwischen der Zauberwelt und den Muggels: Sie überbringen Geburtstagsgrüße, Päckchen und sogar den leistungsfähigen, leicht zu bedienenden Flugbesen Nimbus 2000. Sie sind aber auch die anhänglichen Freunde der Zauberer. Als Harry seine Eule am dringendsten braucht, ist Hedwig eine warme, tröstliche Begleitung.

Nachdem alle sieben Harry-Potter-Bücher und die zugehörigen Filme erschienen waren, bildete sich Erickson, die auch als »Professor McGonagowl« bekannt ist, zu einer Expertin für die Auftritte der Eulen in den Filmen weiter und begann sogar einen Blog mit dem Titel *The Owls of Harry Potter*, in dem sie die Leser aufforderte, Fragen zu stellen.

In den Filmen, so erklärte mir Erickson, ist Hedwig ein Weibchen. Bei den Eulen, die sie spielten, handelte es sich aber ausnahmslos um Männchen, und zwar um mehrere: Gizmo, Kasper, Oops, Swoops, Oh Oh, Elmo und Bandit. Warum Männchen? »Zum einen sind Weibchen größer, schwerer und für einen jungen Schauspieler schwieriger zu handhaben, und sie haben auch kräftige Fänge«, sagt Erickson. Daniel Radcliffe, der in den Filmen den Harry spielte, trug am Arm unter dem weiten schwarzen Mantel eine dicke Ledermanschette. Krallen, die eine Ente durch das dichte Gefieder festhalten, können auch am Arm eines Menschen einiges Unheil anrichten. Außerdem, so sagt sie, »bildet das reinweiße Gefieder älterer Männchen im Vergleich zu den Weibchen einen auffälligeren Kontrast zu den schwarzen Mänteln der Zauberer.« Und warum so viele Ersatzspieler oder Stellvertreter? Weil anscheinend auch Eulen als Schauspieler manchmal einen Tag Pause brauchen. Außerdem, so sagt sie, sind Eulen Individuen, »und sie zu trainieren, ist so heikel wie bei Katzen. Die eine schafft vielleicht einen ausgezeichneten Vorbeiflug, eine andere sitzt am Filmset stiller in einem winzigen Käfig, und wieder eine andere interagiert sanfter mit einem kleinen Jungen, wenn sie auf seinem Arm sitzt.«

Als Erickson von einem ihrer Leser gefragt wurde, ob eine Schnee-Eule wirklich einen Nimbus 2000 tragen kann, ging sie in einen Baumarkt in ihrer Nähe und legte einen Reisigbesen auf die Waage: Er war mit rund einem halben Kilo ungefähr halb so schwer wie die Schneehasen, die Schnee-Eulen regelmäßig ihren Jungen bringen. Also ja, eine Schnee-Eule könnte einen Nimbus 2000 tragen. Aber in der Szene flog der Vogel einfach vorüber, und die Filmemacher fügten später digital den Besen hinzu. Die Eulen lassen beim Abheben oder Landen häufig die Beine herunterhängen, und deshalb, so Erickson, waren sie in der Szene bereits in der richtigen Position, um etwas zu tragen.

Jahre nachdem J.K. Rowling sich Hedwig ausgedacht hatte, entschuldigte sie sich bei ihrem Publikum, weil ihr bei ihrer Darstellung von Schnee-Eulen einige grundlegende Fehler unterlaufen waren. Im Gegensatz zu Hedwig, so erklärt sie, sind die Eulen in Wirklichkeit meist tagaktiv (allerdings gehen sie, wie bereits erwähnt wurde, auch in der Dämmerung auf die Jagd). Sie schreien nicht wie Hedwig, die damit Harry tröstet oder ihre Zustimmung zum Ausdruck bringt (ihre Lautäußerungen hören sich eher wie ein Bellen an). Sie knabbern auch nicht an Speckstreifen, wie Hedwig es tut, wenn sie zum Frühstück die Post bringt. Und was vielleicht am wichtigsten ist: Sie geben keine guten Haustiere ab. »Diese Praxis gehört wie die Herstellung von Horkruxen in das Reich der Fiktion«, schrieb sie.

»Niemand sollte auf die Idee kommen, sich eine Eule als Haustier zu halten«, sagt Erickson. »Das sind Wildvögel, und die brauchen ein Leben in freier Wildbahn. Im Käfig können sie nicht all das tun, wozu ihr Körper konstruiert ist und was ihr Geist braucht.« Außerdem ist es schwierig, sie zu versorgen. »Sie fressen ganze Nagetiere oder andere vollständige Tiere, und die müssen frisch sein. Ihre Exkremente sind schmutzig und stinken, sodass man häufig sauber machen muss.« Es ist eine gewaltige Verpflichtung, eine Lebensweise. Aber das hat die Menschen nicht davon abgehalten, es zu versuchen. Die Bücher und Filme wurden zum Anlass für eine Welle des Interesses, und in manchen Teilen der Welt haben sie den Handel mit Eulen belebt. »Im Zeitalter von Harry Potter«, sagt sie, »bekomme ich jede Woche mindestens ein paar E-Mails, in denen ich gefragt werde, wie man eine Eule halten kann.«

In den meisten Ländern ist es verboten, ohne besondere Erlaubnis eine Eule als Haustier zu halten. Das gilt auch für die Vereinigten Staaten. Nur wer über eine besondere Ausbildung und eine Lizenz verfügt, darf eine Eule zu Therapie- oder Unterrichtszwecken oder in manchen Bundesstaaten auch zur Falknerei besitzen. Aber selbst in solchen Fällen ist die Person, die eine Lizenz besitzt, nicht der Eigentümer des Vogels, sondern nur juristisch für seine Versorgung verantwortlich. Die Fischerei- und Jagdbehörde führt Aufsicht über die Vögel und kann die Erlaubnis jederzeit widerrufen, wenn eine Person oder Institution nicht mehr die mit der Lizenz verbundenen Bedingungen erfüllt.

In Großbritannien ist es erlaubt, eine Eule als Haustier zu kaufen, wenn der Vogel in Gefangenschaft gezüchtet wurde. Eine Lizenz oder irgendwelche Nachweise braucht man nicht. Außerdem können in Gefangenschaft zur Welt gekommene Eulen ohne jede Einschränkung verkauft werden, und das ist eine lukrative Branche. Eine Schnee-Eule bringt rund 250 Pfund. Im Gefolge von Harry Potter kauften sich viele Menschen in Großbritannien eine Eule als Haustier, aber nachdem ihnen klar geworden war, wie kostspielig und kompliziert die Versorgung ist, wollten sie die Vögel wieder loswerden; deshalb wurde eine eigene Auffangstation eröffnet, in der die unerwünschten Vögel unterkamen.

Noch ausgeprägter war der »Harry-Potter-Effekt« vielleicht im Fernen Osten. Forschende der Oxford Wildlife Trade Research Group untersuchten 2017 die Zahl der Eulen auf den Vogelmärkten Indonesiens bevor und nachdem Rowlings Zauberwelt auf der Bildfläche erschienen war. In Java und Bali, so schreiben die Forschenden, werden schon seit Generationen Hunderte von Arten gefangener Wildvögel als Haustiere zum Verkauf angeboten. In Java sind die Vögel nämlich allgemein ein Symbol für Leistungen. »Zu einem erfüllten Leben gehören für einen Mann traditionell ein Haus (*Wisma*), eine Ehefrau (*Wanita*), ein Pferd (*Turangga*), ein Dolch (*Curiga*) und ein Vogel (*Kukila*)«, schreiben sie. »Dabei steht das Pferd für die einfache Kommunikation und Beweglichkeit innerhalb der Gesellschaft, der Dolch für Status und Macht und der Vogel für die gesamte Natur, aber auch für die Notwendigkeit eines Hobbys in einem ausgewogenen Leben.« Eulen – hier Burung Hantu oder »Geistervögel« genannt – waren früher kaum gefragt, aber nachdem Anfang der 2000er-Jahre in Indonesien die Harry-Potter-Bücher erschienen waren, nahm ihre Popularität einen gewaltigen Aufschwung. In den 1980er-Jahren wurden auf einem Markt 150000 Vögel zum Verkauf angeboten, die zu 65 Arten gehörten, aber darunter war keine einzige Eule. Heute werden auf den Märkten Hunderte von Eulen verkauft, die hier »Burung Harry Potter« heißen. Auf den größeren Vogelmärkten in Jakarta und Bandung stehen jederzeit bis zu 60 Eulen zum Verkauf, darunter Zwergohreulen, Schleiereulen, Maskeneulen, Malaienkäuze, Uhus und Fischeulen. Eine Zwergohreule wurde 2020 für umgerechnet 6 US-Dollar verkauft, ein Malaienuhu brachte 90 Dollar. Wie man die Vögel versorgt, lernen die Menschen in Onlineforen, Blogs, Websites und Facebook-Gruppen mit mehr als 35000 Mitgliedern. Interessengruppen treffen sich regelmäßig in Parks, wo sie ihre Eulen vorführen und Informationen austauschen.

Die weltweit größte Eulen-Importnation, die mehr als 90 Prozent der vielen Tausend importierten Eulen aufnimmt, ist Japan. Das könnte mit »Kawaii« zu tun haben, der japanischen »Kultur des Niedlichen«, die sich in jüngster Zeit auf Eulen mit ihren großen Augen und anderen menschenähnlichen Gesichtsmerkmalen konzentriert. Verschiedene Arten, von Zwergohr- und Büscheleulen bis zu Virginiauhus, werden in »Eulencafés« zur Schau gestellt, den Nachfolgern der zuvor beliebten Katzencafés. Den japanischen Gesetzen zufolge dürfen in solchen Cafés nur in Gefangenschaft gezüchtete Vögel ausgestellt werden, die Händler umgehen die Vorschrift allerdings oft mit gefälschten Dokumenten und der illegalen Wiederverwendung alter Lizenzen. Kunden dürfen die Eulen streicheln, als wären es Katzen. Das sehr beliebte Akiba Fukurou Café verspricht den Kunden mit seinen 20 Eulen entspannende Erlebnisse.

Entspannend vielleicht für Menschen, aber nicht für die Eulen.

DAS MEISTE, WAS wir über die Psychologie der Eulen, ihre komplizierten Motive und abgestuften Verhaltensweisen wissen, haben wir von Vögeln wie Archimedes gelernt, die in Gefangenschaft gehalten wurden. Solche Tiere waren verletzt oder auf Menschen geprägt und konnten deshalb nicht ausgewildert werden. Eines haben uns solche Vögel gelehrt: Eulen haben nichts Ungehobeltes – abgesehen vielleicht von der Art, wie sie ihre Beute fressen.

Nehmen wir beispielsweise Papa G'Ho, einen Virginiauhu, der am Wildlife Center of Virginia in Gefangenschaft lebt.

Gerade klappert Papa G'Ho wie wild mit dem Schnabel und plustert sein Gefieder auf, sodass er fast das Doppelte seiner wahren Größe zu haben scheint. Er sitzt in der hintersten Ecke seines Geheges, gut zwölf Meter von mir entfernt. Aber wenn man sich in demselben Gehege befindet wie ein männlicher Virginiauhu, dem die Gegenwart des Menschen nicht gefällt, vergisst man leicht, dass man dreimal so groß ist wie er.

»Er mag Menschen nicht«, sagt Amanda Nicholson zu mir. Sie muss es wissen. Als Tiertrainerin und Ausbilderin an dem Zentrum ist sie gewissermaßen die Expertin, wenn es darum geht, das Verhalten von Eulen zu deuten.

Papa G'Ho wurde 2001 ins Wildlife Center eingewiesen. Flügel und Füße waren verletzt, vermutlich weil er mit einem Auto oder Lastwagen kollidiert war. Er erholte sich, aber den Tiermedizinern wurde klar, dass er eine bleibende Verletzung davongetragen hatte: Ihm fehlte die Alula, ein kleiner Knochen an der Flügelspitze, der für alle möglichen Flugmanöver unentbehrlich ist. Um ihn herum sind Federn in das weiche Gewebe eingelagert, und die gehen auf und ab, wenn sich der Knochen bewegt. Damit verändern sich die Luftströmungen über den Flügeln, sodass der Vogel verschiedene Flugbewegungen wie Abbremsen und Landen steuern kann. »Das ist einer dieser faszinierenden Aspekte von Eulen«, sagt Nicholson. »Der Knochen ist winzig, aber er bestimmt entscheidend darüber, wie lautlos eine Eule fliegen kann und wie stark sie flattern muss.« Wegen der Verletzung konnte man Papa G'Ho nicht wieder auswildern, sondern er musste im Wildlife Center bleiben. Dort steht er in dem Ruf, hitzig, knurrig und unkooperativ zu sein – aber gleichzeitig gehört er zu den liebevollsten, tolerantesten und zärtlichsten Ersatzvätern.

Ich bin in das Wildlife Center gekommen, weil ich wissen will, was die Eulen hierherführt, welchen Bedrohungen sie ausgesetzt sind, welche Verletzungen sie mitbringen und was die hochqualifizierten Tierärzte und Trainer lernen, wenn sie aus nächster Nähe mit diesen Vögeln zu tun haben.

Im Wildlife Center geht es lebhaft zu. Im Frühjahr ist es voller Jungtiere: Dutzende von Bärenjungen, Rehkitze, kleine Adler und Schildkröten. Seit seiner Gründung 1982 hat es rund 90000 Wildtiere medizinisch versorgt, darunter auch Tausende von Eulen. Es ist ein Lehrkrankenhaus mit hochmoderner Tierklinik, diagnostischem Labor und einem Operationssaal mit großem Fenster, durch das Studierende die Behandlung von Knochenbrüchen und Augenverletzungen beobachten können, einem radiologischen Labor mit Röntgengeräten und einem einfachen, aber unbedingt notwendigen Wartezimmer. Es gibt eine Intensivstation für sehr junge Tiere, die einen Brutschrank brauchen oder jeden Tag von Hand gefüttert werden müssen, und auch ein Isolierzimmer für ansteckende Patienten. Eine große Küche ist mit Nüssen und anderen Produkten ausgestattet, die von Lebensmittelgeschäften aus der Umgebung gespendet werden.

Der ganze Gebäudekomplex versteckt sich in einem Waldgebiet, das stark dem natürlichen Lebensraum dieser Tiere ähnelt, und die Patienten erholen sich in verschiedenen geräumigen Gehegen im Freien, darunter große Vogel- und Freifluggehege. In einem davon zwitscherten, krächzten und gurrten an dem Herbsttag, an dem ich dort war, Carolinazaunkönige, Amerikakrähen und Carolinatauben. Die neuesten, gerade hinzugekommenen Patienten waren ein Lerchenstärling, der gegen ein Glasfenster geflogen war, und eine Kanadagans mit gebrochenem Bein.

Die meisten Patienten werden von Rettungskräften oder ehrenamtlichen Helfern aufgegriffen und in das Zentrum gebracht. Im April kam jedoch eine ungewöhnliche Lieferung an: eine Brut von fünf jungen Eulen, die als blinde Passagiere gereist waren. Eine Familie von Schleiereulen, die auf einem in Arizona geparkten, mit Heu beladenen Sattelschlepper nistete, ging unfreiwillig auf die Reise quer durchs Land, und die elternlosen Jungvögel wurden erst entdeckt, als der Lastwagen in Virginia angekommen war. Karra Pierce, die Cheftierärztin des Zentrums, nahm sie in Empfang. »Sie waren dehydriert und dünn, aber ansonsten gesund«, erinnert sie sich. »In dieser Nacht hörte ich zum ersten Mal, wie Schleiereulen schreien. Es war gespenstisch. Ich dachte, ich würde angegriffen.«

Bei den Eulenpatienten handelt es sich hier hauptsächlich um Virginiauhus, Streifenkäuze oder Ostkreischeulen; die meisten sind an den Flügeln oder Augen verletzt, meist durch Autounfälle. »Aber jeder einzelne Fall ist ein Rätsel«, sagt mir Nicholson. »Die Patienten können uns nicht erzählen, was geschehen ist. Und anders als bei Hauskatzen und Hunden können auch die Eigentümer nichts berichten. Wir müssen es uns selbst zusammenreimen.« Mit modernsten diagnostischen Methoden untersucht das Tierärzteteam den Körper der Eule, das Blut und Exkrementproben. Die Geschichten, die sich bei dieser Detektivarbeit herauskristallisieren, machen deutlich, welchen Gefahren die Eulen tagtäglich ausgesetzt sind. Außerdem sind sie auch in der Lehre nützlich.

Papa G'Ho ist zum Beispiel das Aushängeschild für die »Apfelbutzen-Botschaft«, wie sie genannt wird.

Menschen wie du und ich denken sich wahrscheinlich nichts dabei, das Kerngehäuse eines Gala oder Granny Smith aus dem Autofenster zu werfen. Wir gehen davon aus, dass es biologisch abbaubar ist und vielleicht sogar für irgendein Wildtier am Straßenrand eine willkommene Mahlzeit darstellt. Oft ist das auch so – und manchmal hat es verheerende Folgen.

Stellen wir uns vor, eine Maus oder Wühlmaus schleicht aus dem Wald, entdeckt das Apfelgehäuse am Straßenrand und setzt sich hin, um an Ort und Stelle daran zu knabbern. Eine Eule aus einem Baum in der Nähe stößt auf der Suche nach einer schnellen Mahlzeit im falschen Augenblick herab und wird von einem vorüberfahrenden Auto getroffen. »Die Maus am Straßenrand ist für die Eule ein leichtes Ziel, und sie konzentriert sich völlig auf die Beute«, sagt Pierce. »Dabei hat sie keine Ahnung, dass ein Auto kommt.«

Vor einigen Jahren hätte eine Ostkreischeule vielleicht ein solches Ende genommen, wäre ihr nicht ein glücklicher Zufall zu Hilfe gekommen: An dem Auto war ein Fenster offen. Die Eule flog geradewegs hinein, flatterte ein wenig herum und landete schließlich auf dem Beifahrersitz. »Diese Eule hat alles Glück der Welt gehabt«, sagt Pierce. »Wäre sie buchstäblich eine halbe Sekunde früher mit dem Auto zusammengestoßen, sie wäre auf die Windschutzscheibe geknallt.« Der Autofahrer brachte seinen Überraschungspassagier geradewegs ins Wildlife Center.

Von den rund 80 Eulen, die jedes Jahr dort eingeliefert werden, wurden vermutlich die meisten von Autos angefahren, während sie am Straßenrand nach Nahrung suchten. Solche Kollisionen führen am häufigsten zu Augenverletzungen oder zu Flügel- und Beinbrüchen. »Solche Dinge können wir in der Regel heilen«, sagt Pierce. Die Tierärztinnen legen winzige Bandagen an, richten Knochen ein und konstruieren für ihre gefiederten Patienten kleine Schienen. Die unentbehrlichen Flugfedern an Flügeln und Schwanz stellen sie durch »Schiften« wieder her, eine bemerkenswerte Methode, die schon seit dem 13. Jahrhundert in der Falknerei gebräuchlich ist. »Wir schneiden die geschädigte Feder über der Basis ab, sodass eine hohle

Keratinscheide zurückbleibt«, erklärt Pierce. Eine passende, von einem Spendervogel abgeworfene Feder wird in die richtige Länge geschnitten, mit einem winzigen Keratindübel in der Scheide befestigt und dann mit Klebstoff fixiert. »Wenn alles planmäßig verläuft«, sagt sie, »ist die geschiftete Feder ein guter Ersatz für die ursprüngliche Feder, bis der Vogel sie in der Mauser auf natürliche Weise verliert und eine neue nachwachsen kann.«

Mehr Detektivarbeit ist bei inneren Verletzungen erforderlich. So war es beispielsweise bei der jungen Ostkreischeule, die ein Hausbesitzer in einem Gebüsch gefunden hatte. Sie war teilnahmslos und voller Blutergüsse. Als die Tierärzte in dem Zentrum den Jungvogel untersuchten, fielen ihnen winzige, blutende Stichwunden auf, und das Blut gerann nicht – ein klassisches Anzeichen für eine Vergiftung mit Rattengift. Eine Bluttuntersuchung bestätigte die Diagnose. Giftige Substanzen in den Mitteln, die zur Rattenbekämpfung eingesetzt werden, hemmen die Blutgerinnung, und das führt am Ende zu schweren inneren Blutungen und zum Tod – aber nicht nur bei der Ratte selbst, sondern auch bei dem Greifvogel, der sie frisst. Diese kleine Eule hatte glücklicherweise nur eine geringe Menge des Giftes aufgenommen und konnte sich am Ende vollständig erholen. Nach fünfmonatiger Versorgung in dem Zentrum wurde sie wieder ausgewildert.

Der Streifenkauz Barry hatte weniger Glück. Bis zu ihrem Tod im Jahr 2021 bezauberte Barry die Besucher des New Yorker Central Park. Sie war berühmt für ihre täglichen Vorstellungen mit Putzen und Strecken in einer Hemlocktanne im Ramble, wo sie ihren Sitzplatz hatte. Außerdem planschte sie in einem kleinen Wasserlauf und schüttelte dann ihr Gefieder, ohne sich von den Zuschauern, die ihr Heimatrevier durchquerten, stören zu lassen. »Barry hat sich für ein Leben im Central Park entschieden, weil es ihren eigenen Bedürfnissen entgegenkam, aber für die New Yorker war sie auch ein wunderbares Geschenk«, sagt der Fotograf David Lei. »Es war eine Freude, ihr zuzusehen, wenn sie die Eichhörnchen anstarrte, die ihr kühn entgegentraten, und sie nach Einbruch der Dunkelheit bei der Jagd zu beobachten, wobei man ihren charakteristischen Ruf ›Who cooks for you? Who cooks for you all?‹ im ganzen Ramble hörte.« Eines Tages stieß Barry bei einem Tiefflug im Park mit einem Forstfahrzeug zusammen und starb. Die Obduktion zeigte, dass ihr Körper eine potenziell tödliche Menge an Rattengift enthielt, die vielleicht ihr Flug- und Urteilsvermögen beeinträchtigt hatte.

Manchmal kommt eine kalte, nicht mehr ansprechbare Eule an – Pierce spricht von einem »Eulenkoma«. War es eine Kopfverletzung? Hat sie etwas Falsches gefressen? Auch hier liefert eine Blutuntersuchung die Antwort. An einer jungen Ostkreischeule, die in einem Stadtpark in Charlottesville bewegungslos auf dem Boden saß, waren keine äußeren Verletzungen zu erkennen, aber die Röntgenaufnahme zeigte einen Schädelbruch, und bei der Blutuntersuchung stellte sich heraus, dass eine beträchtliche Menge Blei durch die Adern des Vogels floss.

»Da muss man sich fragen, ob diese Eule sich ihre Kopfverletzung zugezogen hat, weil sie eine Bleivergiftung hatte«, sagt Pierce. »Es ist ungefähr so, als würde man betrunken Auto fahren. Wenn du beeinträchtigt bist, besteht eine größere Unfallgefahr.«

Dass Eulen auf Bleivergiftungen untersucht werden, ist relativ neu. Routine waren solche Analysen bisher nur bei Adlern und Geiern, Aasverwertern, die häufig die von Jägern zurückgelassenen Innereien der Tiere fressen und damit auch die Bleifragmente aus den Geschossen aufnehmen. Mittlerweile wächst jedoch die Sorge, dass auch Eulen das Blei aus gebrauchter Munition fressen, beispielsweise wenn sie ein Eichhörnchen erbeuten, das angeschossen, aber nicht getötet wurde und noch Bruchstücke der Gewehrkugel in sich trägt. Pierce untersuchte kürzlich in einer Studie den Bleigehalt im Blut von vier Eulenarten während der letzten zehn Jahre. Dabei gelangte sie zu beunruhigenden Ergebnissen. Blei wurde bei 30 Prozent der Streifenkäuze, 30 Prozent der Ostkreischeulen und 19 Prozent der Virginiauhus nachgewiesen. »Blei ist leider überall«, sagt Pierce: in Opossums, in Eichhörnchen, ja sogar in Landschildkröten.

Die mit Blei vergiftete Kreischeule aus dem Park wurde von dem Tierärzteteam einer Therapie unterzogen, mit der das Blei aus ihrem

Blut beseitigt werden sollte. Nach vier oder fünf Behandlungen erholte sich der Vogel, aber die Bleivergiftung hatte Langzeitwirkungen. Blei ist ein Nervengift und kann zu dauerhaften neurologischen Problemen führen. Die kleine Eule hatte eine »krasse Kopffehlstellung«, sagt Nicholson. »Sie hat den Kopf fast verkehrt herum gehalten.« Also baute Pierce eine winzige Halsmanschette, die den Kopf aufrecht halten sollte. »Er fliegt aber immer noch schräg und wäre nicht in der Lage, selbst für sich zu sorgen«, sagt sie. »Diese Eule wird nicht in die Wildnis zurückkehren.« Stattdessen bildet sie den Vogel zusammen mit Nicholson zum Bildungsbotschafter aus.

Das Wildlife Center hat das Ziel, »für die Freilassung zu behandeln«: Die Patienten sollen gesund gepflegt und dann wieder ausgewildert werden. Aber die Freilassung ist nur einer von drei möglichen Endpunkten. Ein zweiter ist das Einschläfern für Eulen, die nicht mehr freigelassen werden können, weil eine dauerhafte Verletzung den Gleichgewichtssinn, das Sehen oder Hören beeinträchtigt oder weil Beeinträchtigungen von Gelenken oder Knochen später Schmerzen verursachen würden. Das ist jedes Mal eine schwere Entscheidung, aber Tierärztinnen und Pfleger sehen im Einschläfern für eine leidende Eule eine Art Geschenk. Die dritte Möglichkeit ist ein Leben in Gefangenschaft, manchmal in einer Funktion wie der von Papa G'Ho als Ersatzvater oder als Botschafter für Bildungszwecke.

Papa G'Ho hat die Aufgabe, Eulenbabys zu dem ersten und besten Ziel zu verhelfen. Menschen gegenüber mag er mürrisch sein, aber für junge Virginiauhus ist er allen Berichten zufolge ein großartiges Vorbild.

So etwas brauchen junge Eulen. Unmittelbar nach dem Schlüpfen weiß ein Jungvogel nicht, wer er ist. Die Prägung auf einen Artgenossen trägt dazu bei, dass ein Vogelbaby artspezifische Verhaltensweisen und Lautäußerungen lernen und verstehen kann, um sich so später im Leben geeignete Partner oder Partnerinnen auszusuchen. Eine junge Eule, die auf einen Menschen geprägt ist, wird nie so sehr Eule sein, dass sie in freier Wildbahn überleben könnte. (Das war das Schicksal von Alice bei Karla Bloem, Rusty bei Jim Duncan und wahrscheinlich auch von Athena bei Florence Nightingale.) Den Fehler begehen Eulen leicht. Unser Gesicht sieht für sie eulenähnlich aus, genau wie ihr Gesicht auf uns menschenähnlich wirkt. Laura Erickson formuliert es so: »Sie reagieren auf uns so, wie wir auf sie reagieren.« Ein auf Menschen geprägtes Eulenbaby hat vor Menschen keine Angst. Es verhält sich aber den Menschen gegenüber nicht zwangsläufig freundlich und findet den Kontakt nicht unbedingt angenehm. Wie man an Alice erkennt, können auf Menschen geprägte Eulen auch revierbewusst und Menschen gegenüber aggressiv sein, wie sie es auch gegenüber anderen Eulen wären.

Das alles haben die Betreuenden auf die harte Tour gelernt. Heute geben sie sich große Mühe, bei den von ihnen versorgten jungen Eulen eine Prägung auf Menschen zu vermeiden: Sie beschränken den Kontakt auf ein Minimum, verstecken ihr Gesicht hinter Masken oder Skimützen und vermeiden jegliche Kommunikation mit den Eulen. »Wir versuchen, für sie unsichtbar zu bleiben, damit sie sich nicht an Menschen gewöhnen, und wir bleiben völlig still«, sagt Pierce. »Überall, wo wir Jungvögel haben, hängen wir große Schilder auf: »Nicht sprechen! Babys in der Nähe!«

»Vor allem legen wir Wert darauf, sie mit Artgenossen zusammenzubringen. Junge Eulen müssen andere Angehörige ihrer Spezies sehen und lernen: Aha, ich bin eine Eule.«

An dieser Stelle kommt Papa G'Ho ins Spiel.

Im Frühjahr 2021 wurden in drei verschiedenen Regionen von Virginia drei kleine, frisch geschlüpfte Virginiauhus gefunden. Die Vögel waren vielleicht aus dem Nest gesprungen, wurden von einem Geschwister hinausgestoßen oder von einem natürlichen Feind herausgezogen oder vielleicht versuchten sie auch nur, fliegen zu lernen und flügge zu werden. In solchen Fällen versucht man, die Jungvögel wieder in dem Nest unterzubringen, aus dem sie gekommen sind, und sie mit ihren Eltern zusammenzuführen. Wenn das ursprüngliche Nest heruntergefallen ist, bauen die Retter sogar ein neues und beobachten dann, ob die Mutter zurückkehrt. Wenn das aber nicht möglich ist, werden die Waisen in das Zentrum gebracht, untersucht und

Der Virginiauhu Papa G'Ho mit Jungvögeln

erforderlichenfalls behandelt. Und wenn es sich um Virginiauhus handelt, bringt man sie dann bei Papa G'Ho unter, damit sie lebenswichtige Eulen-Verhaltensweisen lernen.

In Gesellschaft der großen, alten Eule lernen die Jungvögel, Menschen gegenüber misstrauisch zu sein und sich zu verteidigen, indem sie das Gefieder aufplustern und schnauben, zischen oder mit dem Schnabel klappern. Sie lernen die Geselligkeit untereinander. »Sie sind äußerst neugierig und aktiv; ihnen zuzusehen, macht Spaß«, sagt Pierce. »Sie hüpfen herum und reißen Dinge auseinander. Papa G'Ho ist nachsichtig und ein großartiges Vorbild. Schon seine Gegenwart zeigt ihnen, wie sie ihre eigenen Spezies erkennen, und wenn sie später freigelassen werden, können sie sich mit Artgenossen zusammentun.«

Papa G'Ho bringt ihnen auch bei, vor Menschen Angst zu haben und geeignete Verteidigungsmaßnahmen zu ergreifen. »Er erzieht aufmüpfige Kinder«, sagt Nicholson. Seine Schüler, die kleinen Eulen, »sind gegenüber Menschen sehr auf Abwehr eingestellt; sie klappern, schnauben und ›verhüllen‹ viel« – das heißt, sie beugen sich über ihre Beute und breiten darüber die Flügel aus, um sie zu verstecken.

In den letzten 20 Jahren hat Papa G'Ho mehr als 50 junge Eulen großgezogen. Er hat nie einen Jungvogel zurückgewiesen oder aggressiv behandelt. Sein Vaterverhalten ist so beeindruckend, dass er in einem Jahr zusammen mit einem Menschenvater den begehrten »Coolest Dad«-Preis des Magazins *Virginia Living* erhielt. Für den Menschenvater bestand der Preis in einem T-Shirt; Papa G'Ho erhielt Mäuse im Wert von zehn Dollar.

NACHDEM DIE JUNGEN Eulen einen Frühling und Sommer mit ihrem Vorbild verbracht haben, sind sie bereit für die nächsten Schritte ihrer Wiedereingliederung: Flugtraining und Mäuseschule.

»Flugtraining ist nur ein fantasievoller Ausdruck dafür, dass wir sie sanft ermutigen, in ihrem Gehege hin und her zu fliegen«, sagt Pierce. »Wir schicken sie auf eine bestimmte Zahl von Flügen wie die Bahnen beim Schwimmen in einem Schwimmbecken. Sie müssen fünf Runden drehen, dann steigern wir auf zehn. Den ganzen Prozess durchlaufen sie immer und immer wieder, bis sie so viel Ausdauer haben und so gut fliegen können, dass sie auch in einer Population wilder Eulen konkurrenzfähig sind.«

Auch die Art des Fliegens sehen sich die Pflegenden genau an. Halten sie die Beine in der richtigen Position? Fliegen sie in gerader Linie? Fliegen sie lautlos? »Wenn sie fliegen, wollen wir nichts hören«, sagt Pierce. Fluggeräusche sind gleichbedeutend mit Versagen: Ein Vogel, der nicht lautlos fliegen kann, wird nicht freigelassen. Wenn die Eulen aber die Flugprüfung bestehen, können sie in die Mäuseschule gehen.

In der Gefangenschaft erhalten die jungen Eulen jede Woche Mäuseschulunterricht, und am Ende müssen sie in einer Abschlussprüfung nachweisen, dass sie eigenständig auf die Jagd gehen können. Für den Test setzen die Pflegenden lebende Mäuse in einer Pferdetränke in das Eulengehege und decken Laub darüber. Ein Vogel hat erst dann bestanden, wenn er fünf Nächte hintereinander jeweils eine Maus fängt.

Das hört sich einfach an, aber es ist nicht einfach.

Die Vögel wurden während ihres kurzen Lebens mit zerstückelten Mäusen gefüttert. Plötzlich bewegt sich das Futter. Es läuft herum, hüpft, quiekt und beißt. Das ist etwas ganz anderes. Die Vögel versuchen vielleicht, die Mäuse mit dem Schnabel zu erwischen – man könnte meinen, das klappt, aber es klappt nicht.

»In der Regel setzen wir die Mäuse hinein, und am nächsten Tag sehen wir nach, ob sie weg sind«, sagt Nicholson. Wenn sie verschwinden, ist das gut. Aber wie lange hat der Vogel gebraucht, um die Maus zu fangen? »Er musste da drin vielleicht zwei Stunden herumrennen und hat versucht, sie mit dem Schnabel aufzuheben, bis er schließlich merkt: Aha, ich muss es mit den Füßen machen«, sagt Nicholson. »Ich habe zugesehen, wie junge Eulen diesen Wechsel vollzogen haben. Es ist eine steile Lernkurve.«

»Irgendwann zweifelst du auch selbst«, fügt Pierce hinzu. »Du denkst: Ist die Maus vielleicht entkommen? Ist ein Stinktier gekommen und hat sie geholt? Alles ist möglich. Also haben wir uns entschlossen, zur Sicherheit da drin eine Kamera anzubringen, damit wir sicher sind, dass die Jagd wie vorgesehen abgelaufen ist und die Eulen ihre Beute tatsächlich erwischt haben.«

Ausgewachsene Vögel, bei denen der Fang mit der Kamera bestätigt wurde, absolvieren die Mäuseschule in einer einzigen Nacht. »Das stellt mich zufrieden«, sagt Pierce. »Aber die Eulenbabys müssen mehrere Nächte hinter sich bringen, damit es nicht heißt: ›Aha, ich kann weiße Mäuse töten, aber braune Mäuse nicht‹ oder ›Weißt du, ich habe letzte Nacht mit einer sehr streitsüchtigen Maus eine schlechte Erfahrung gemacht und mich entschieden, es nicht noch einmal zu versuchen‹. Deshalb dauert es bei ihnen länger als bei den ausgewachsenen Vögeln.« Das Gleiche gilt für Eulen mit Sehbehinderungen.

Einer männlichen Ostkreischeule wurden drei Nächte hintereinander lebende Mäuse angeboten, aber offensichtlich kam die ganze Angelegenheit für sie so unerwartet und war so beängstigend, dass sie es aufgab und nichts fraß. In der Mäuseschule frisst man entweder lebende Beutetiere oder man bleibt hungrig. Diese Eule entschloss sich, hungrig zu bleiben.

»Und wir denken: Du liebe Güte, was sollen wir tun?«, sagt Nicholson. »Also haben wir ihm einen Kameraden an die Seite gestellt, der schon wusste, wie man die Mäuseschule absolviert. Er hat von dem Artgenossen schnell gelernt, und nach ein paar Nächten konnte er es.«

Andererseits sind manche Eulen in der Mäuseschule auch übereifrig. »Wir haben beunruhigende Filmaufnahmen von einem wirklich draufgängerischen Streifenkauzweibchen«, sagt Nicholson. »Sie hat tote Tiere nicht gern gefressen, also haben wir es mit lebenden Mäusen versucht.« Normalerweise warten Eulen, bis die Luft rein ist. »Es ist sehr gefährlich, wenn man die Augen von einem potenziellen natürlichen Feind im Raum abwendet, auf die Jagd geht und die Beute frisst, wobei man die Augen schließt und sie schluckt und so etwas«, sagt sie. »Aber diese Eule wartete nicht einmal, bis die Menschen das Gehege verlassen hatten. Der Helfer hat die Maus in den Trog fallen lassen, und die Eule ist sofort herabgestoßen, hat sie mit den Krallen gegriffen, in den Schnabel gesteckt und im Ganzen hinuntergeschluckt. Man konnte sehen, dass die Maus sich noch bewegt hat. Ich habe gedacht: Du liebe Güte, willst du sie nicht erst einmal töten?

Dass sie alle es am Ende lernen, ist für mich einfach verblüffend.«

ENDE FEBRUAR FAND zu Gunsten des Wildlife Centers eine Zoom-Präsentation statt. Darin trat Athena auf, ein Streifenkauz, der ruhig auf Nicholsons behandschuhter Hand saß. Athena ist ein Vorzeigevogel. Da Eulen so charismatisch sind, gehören sie auf der ganzen Welt zu den beliebtesten Botschaftern in Tier-Fortbildungsprogrammen. Manchmal werden sie darauf trainiert, einfach auf der mit einem Handschuh geschützten Hand eines Trainers zu sitzen, manchmal beteiligen sie sich auch an einer Freiflugschau in einem geschlossenen Raum oder im Freien. Jedes Mal fesseln sie das Publikum und – so die Hoffnung – regen die Menschen dazu an, sich stärker um die

Vögel und ihre Umwelt zu kümmern. Unter den drei möglichen Wegen für Eulen im Wildlife Center ist eine Laufbahn als Vorzeigevogel die bequemste Lösung, so Nicholson, »aber durch sie haben wir auch am meisten über das Innenleben dieser Vögel erfahren und gelernt, wie wir ihr Verhalten zu interpretieren haben.«

Ich lerne Athena im Wildlife Center kennen. Sie ist seit 2012 hier; damals hatte man sie in Richmond in Virginia auf dem Erdboden gefunden, schwach, unkoordiniert, mit Netzhautdegeneration in beiden Augen. Die Tierärzte glaubten, sie habe sich mit dem West-Nil-Virus angesteckt. Jedenfalls war sie teilweise blind, und freilassen konnte man sie nicht. Wie Nicholson erklärt, hat die Arbeit mit diesem Vogel ihr im Laufe der Jahre neue Erkenntnisse über das Verhalten von Eulen verschafft, die sie auf andere Weise nicht hätte erlangen können. Sie hat auch andere Greifvögel ausgebildet, und die Unterschiede sind aufschlussreich. »Wenn ich einen unserer Habichte sehe oder den Wanderfalken, mit dem ich arbeite, kann ich sofort erkennen, wie sie das, was geschieht, in ihrem Gehirn verarbeiten«, sagt sie. »Sie sind leicht zu durchschauen. Eulen dagegen zeigen nur sehr unterschwellig, was sie denken, und um ihr Verhalten zu deuten, muss man sich auf sie einlassen. Manche Falkner, mit denen ich gearbeitet habe, halten Eulen für die ›dümmsten‹ Greifvögel und glauben, man könne sie nicht trainieren. Nachdem ich nun selbst Eulen ausgebildet habe, denke ich: Oh nein, ihr habt unrecht. Eulen sind nicht dumm. Ihr könnt nur ihr Verhalten nicht gut interpretieren.« Das, so sagt sie, sollte uns zu denken geben. »Wir Menschen sind tagaktiv, laufen im hellen Licht herum und machen meist eine Menge Lärm. Eulen fliegen bei schlechtem Licht, jagen in der Dunkelheit und finden sich in aller Stille mit den leisesten Geräuschen zurecht. Und wir, die wir so laut und lästig sind, können ihr Verhalten wirklich schlecht verstehen.«

Besonders gilt das vielleicht für kleine Arten wie die Sägekäuze und die Ostkreischeulen. Wie Nicholson erklärt, glaubte man früher, kleine Eulen seien leicht zu trainieren, fügsam und kooperativ. »Aber das lag daran, dass wir ihr Verhalten nicht verstanden haben«, sagt

Der Streifenkauz Athena

sie. »In unserem Fachgebiet gibt es eine Menge Leute, die gern mit Ostkreischeulen und anderen kleinen Arten gearbeitet haben, weil sie so ›ruhig‹ sind. Aber die Vorstellung, sie seien leicht zu handhaben, ist überholt. In Wirklichkeit sind diese kleinen Eulen verängstigt. Sie sind höchst beunruhigt und bemühen sich, nicht aufzufallen. Sie verhalten sich vollkommen still, weil sie möglichst unsichtbar sein wollen, um nicht zu sterben. Sie sagen: ›Da bin ich, ich bin nur ein Teil des Baumes, ich gehe in dem Baum auf.‹ Und wir deuten das falsch. Die Eule tut vielleicht, was wir von ihr wollen, aber innerlich stirbt sie.«

Ich muss daran denken, wie ich in der Beringungsstation in Powhatan das Streifenkauzweibchen in der Hand hatte – es war scheinbar so fügsam, so still. Sie tat, was kleine Eulen angesichts einer Gefahr tun. Sie versuchte zu verschwinden.

ALLES, WAS NICHOLSON über Eulen und die Deutung ihres Verhaltens weiß, hat sie nach eigenen Angaben von Gail Buhl am Greifvogelzentrum der University of Minnesota gelernt, einer der landesweit führenden Autoritäten, wenn es um die Ausbildung genesender Eulen in der Gefangenschaft geht.

»Dass die Eulen dir beibringen, ihr Verhalten besser zu beobachten, steht außer Frage«, sagt Buhl. »Die Signale zu verstehen, ist schwierig, aber sie sind ungeheuer wichtig, denn sie sagen etwas über den inneren Zustand der Eulen aus.«

Von zwei jungen Sägekäuzen, die jeweils auf einem Auge blind waren, lernte sie, kleine Eulen zu verstehen und als Vorzeigevögel auszubilden. Eine war ein Weibchen namens Acadia; die andere, ein Männchen, hieß Me-Owl. »Die Vögel kennen ihre Namen nicht«, sagt sie, »aber wir Menschen geben den Dingen gerne Namen. Wenn wir die Botschaftereulen taufen, wählen wir einen Namen, der mit der Verletzung des Vogels oder seiner Naturgeschichte oder seinem wissenschaftlichen Namen zu tun hat, denn das liefert einen Anknüpfungspunkt für das Unterrichtsgespräch.« Acadia ist der Ort, an dem der Sägekauz erstmals in der wissenschaftlichen Literatur beschrieben wurde. Me-Owl wurde von einer Katze gefangen und dabei auf einem Auge blind. (»Katzen richten unter Wildtieren schreckliche Schäden an«, sagt sie.)

Von den beiden kleinen Eulen hat Buhl fünf wichtige Dinge gelernt.

Erstens: Wenn du eine Eule ausbildest, musst du die Naturgeschichte der Spezies berücksichtigen, denn die prägt ihre Reaktion auf den Kontakt mit Menschen. Wo auf der Welt ist sie zu Hause? In Höhlen, am Erdboden, tief im Wald oder in offener Landschaft? Wie verteidigt sie sich angesichts eines natürlichen Feindes? »Sieh dir an, was die Eule in freier Wildbahn tut, wie sie sich schützt«, sagt sie. Sägekäuze sitzen still, und ihre Augen werden zu Schlitzen.

Manche Leute wollen kleine Eulen ausbilden, als wären sie große Raubvögel wie Rotschwanzbussarde, Falken oder sogar Adler. »Aber Eulen sind auf subtile Weise anders. Ja, auch kleine Eulen fressen Säugetiere, Reptilien, Vögel, Insekten. Sie werden aber auch von anderen Tieren gefressen, von größeren Greifvögeln, Schlangen, Beutegreifern am Erdboden. Ja, sie sind Greifvögel, aber sie sind auch Beute.«

Zweitens sind Eulen Individuen. Sie haben eine unterschiedliche Persönlichkeit und reagieren unterschiedlich auf das Training. Buhl hat Acadia in nur drei Monaten ausgebildet. Das Training von Me-Owl dauerte ein ganzes Jahr, denn er war – vielleicht verständlicherweise – misstrauischer.

Drittens: Wenn Eulen die Wahl zwischen Sicherheit und Nahrung haben, entscheiden sie sich für die Sicherheit. Deshalb ist es schwierig, eine positive Verstärkung herzustellen, bei der sie sich so sicher fühlen, dass sie eine Belohnung annehmen. Buhl lernte, dass die Borstenfedern am Eulenschnabel hilfreich sind. »Diese Vögel lernen schon sehr früh, dass sie auf kurze Entfernungen nicht gut sehen und dass die Borstenfedern ihnen helfen, die Nahrung zu finden. Sie denken: ›Ich fange eine Maus, ich greife hinunter und fühle die Maus mit meinen Borstenfedern, dann ist das die Maus, das ist mein Zeh, und siehe da, plötzlich habe ich das Futter im Mund.‹« Also lernte Buhl, die Borstenfedern zu berühren, und fast immer wandte sich die Eule ihr dann zu und öffnete den Schnabel, sodass sie ein kleines Stück Futter als Belohnung hineinstecken konnte.

Die vierte und wichtigste Lektion lautete: Eulen haben Gefühle. Das bedeutete in den Vorstellungen über diese Vögel einen großen Wendepunkt. »Als ich zum ersten Mal Botschaftertiere trainieren sollte, runzelten alle über die Vorstellung, Eulen hätten Gefühle, die Stirn und bezeichneten es als Vermenschlichung«, sagt sie. »Die Einstellung lautete: ›Wir wissen nichts darüber, also reden wir auch nicht darüber. Wir beschäftigen uns nur mit Verhaltensweisen.‹« Aber während des Trainings wurde ihr klar, dass Eulen mit Sicherheit Gefühle haben und dass diese Gefühle sich auf ihr Verhalten auswirken. »Wenn du Angst vor etwas hast, beeinflusst das deine Reaktion. Und wir müssen anerkennen, dass diese beiden Dinge, Gefühle und Verhalten, zusammenhängen.«

Und schließlich hat sie fünftens von den Sägekäuzen gelernt, wie die Emotionen bei einer kleinen Eule aussehen, welchen Ausdruck Angst und Kummer finden, aber auch Gefühle von Bequemlichkeit, Entspannung oder »Sicherheit«. Und was vielleicht aus der Sicht des

Vogels am wichtigsten ist: Sie erfuhr, was diese Gefühle auslöst und wie die Gegenwart eines Menschen – insbesondere einer Ausbilderin – sich auf die Eule auswirkt. Wenn Buhl andere Eulentrainer unterrichtet, stellt sie als Erstes die Frage: Wie sehen wir (als Menschen und Trainerinnen) für die Eulen aus? Und wie zeigen Eulen die Gefühle, die durch unsere Gegenwart ausgelöst werden?

Um mit dem Naheliegenden zu beginnen: Im Vergleich zu einer kleinen Eule sind wir riesengroß. »Und wir verhalten uns wie natürliche Feinde. Wir blicken Menschen und anderen Tieren gern gerade ins Gesicht. Wir starren sie an wie Beutegreifer, die ihren Blick auf den Leckerbissen richten. Wenn ich die Eule anstarre, handle ich wie ein natürlicher Feind«, sagt sie. (Aus Sicht einer Eule sind übrigens auch Kameraobjektive etwas Feindseliges.) »Wir gehen unmittelbar auf Eulen zu. Auch das ist Beutegreiferverhalten. Wir gehen, bleiben dann stehen und fragen uns: Sieht der Vogel zufrieden aus? Dann gehen wir langsam weiter und sprechen leiser. Das alles erinnert an das Schleichen oder die Verfolgungsjagd eines Löwen oder einer Hauskatze. Du starrst dein Ziel an, willst ihm so nahe wie möglich kommen und schleichst dich an, bevor du zuschlägst.«

Und wie reagieren die Eulen? Kleine Vögel lassen eine akute Verzweiflungsreaktion erkennen, die auch als »Flüchten oder Kämpfen« bezeichnet wird. Die erste Abwehr besteht bei vielen Vögeln darin wegzufliegen, aber bei kleinen Eulen »besteht die Fluchtreaktion in Bewegungslosigkeit, denn sie verlassen sich auf ihre Tarnung«, sagt Buhl. »Sie denken: ›Wenn ich still sitze, geht der Angreifer – Fotograf oder Trainer – weg, denn ich kann mich auf meine Tarnung verlassen. Das weiß ich.‹«

Buhl hat im Rahmen der Wildtierrettung mit allen möglichen Greifvögeln ausgiebig gearbeitet. »Bei anderen Greifvögeln lösen die Rehabilitationsmaßnahmen ein extremes Verteidigungsverhalten aus«, sagte sie mir. »Rotschwanzbussarde sträuben die Nackenfedern und strecken die Flügel aus. Weißkopf-Seeadler beißen und schlagen mit den Flügeln. Geier beißen und winden sich. Das alles sind Verteidigungsstrategien. Manche Eulen beißen ebenfalls, aber meist besteht ihre Abwehr darin, still zu sitzen und leise zu sein. Sie bewahren die Ruhe, und das deuten die Menschen falsch. Eulen erleben den gleichen Stress wie andere Greifvögel, fressen ihn aber in sich hinein.«

In ihren Vorträgen zeigt Buhl zwei Bilder von Sumpfohreulen, die ungefähr in der gleichen Körperhaltung aufgenommen wurden. Die Augen des linken Vogels sind weit aufgerissen und quellen fast aus dem Kopf wie kleine Murmeln. Die Pupillen sind erweitert, die Federn nach hinten dicht am Körper angelegt, und die Gesichtsscheibe ist straff. Die Füße sind »greifbereit«, und er steht fast auf den Krallen. Die Federohren sind aufgestellt. Sumpfohreulen werden nicht als Federohrenträger eingestuft, aber sie zeigen die Büschel, wenn sie sich bedrängt fühlen. Es ist eine Art senkrechtes Erschaudern.

»So etwas wollen wir nicht sehen«, sagt Buhl.

Die rechte Eule hat ihre Augen teilweise geöffnet, die Pupillen sind klein, die Gesichtsscheibe entspannt, das Gefieder einheitlich aufgeplustert. Die Füße hat sie eingezogen, »ein Zeichen für Entspannung«, wie Buhl erklärt. »Es ist, als würden wir die Beine oder Füße übereinanderschlagen, wenn wir in einem Sessel sitzen.«

So etwas wollen die Trainerinnen sehen.

Die beiden Eulen sehen (genau wie die Waldohreulen aus dem Baum in Kikinda auf den Fotos von Milan Ružić) aus, als würden sie zu ganz unterschiedlichen Arten gehören. In den sichtbaren Unterschieden spiegeln sich die Vorgänge im Gehirn des Vogels wider. Die rechte Eule fühlt sich sicher und behaglich. Die linke befindet sich mitten in einer verängstigten Stillhaltereaktion.

»Sumpfohreulen verlassen sich ebenfalls auf ihre Tarnung, also sagen sie zu sich selbst: ›Ganz gleich, welche Verzweiflung ich empfinde, ich muss mich sehr, sehr still verhalten und in meiner Umgebung aufgehen. Ich reagiere so, weil es meine Natur ist, spanne alles an, ziehe sogar die Flügel dicht an den Körper und halte mich an meiner Sitzstange fest.‹ Das scheint der Intuition zu widersprechen, denn andere Vögel reagieren einfach mit ›ich bin dann mal weg, ich haue ab‹. Aber Eulen verlassen sich zuallererst auf ihre Tarnung.«

Buhl sagt ihren Studierenden, sie sollten einen Vogel zu verstehen versuchen, indem sie seine Augen betrachten, das Gefieder und die Federbüschel, die Füße und die Körperhaltung. In allen diesen Körperteilen spiegeln sich die Gefühle, Emotionen und Gedanken einer Eule wider. Außerdem, so sagt sie, sollte man sich bemühen, nicht wie ein Beutegreifer auszusehen. »Versucht der Eule klarzumachen, dass ihr keine Bedrohung seid. Nutzt dazu eure Körpersprache, wendet den Blick ab, haltet den Körper in einem Winkel von 45 Grad weg vom Vogel, zieht euch in den Raum zurück, seht den Vogel nur kurz an, blickt dann wieder weg, neigt den Kopf und betrachtet den ganzen Vogel nur aus den Augenwinkeln.«

DIE ERKENNTNISSE, DIE Buhl, Nicholson und andere Trainerinnen über die Psychologie der Eulen gewonnen haben, tragen sicher zur Verbesserung ihrer Trainingsmethoden bei. Sie bieten aber auch einen tiefen Einblick in das verborgene Innenleben der Eulen, ihre unterschwelligen Emotionen, Empfindlichkeiten und ihren Gleichmut; damit erlebe auch ich diese Vögel – und Fotos von ihnen – auf ganz neue Weise.

Seit Buhl mit Eulen arbeitet, hat sich die Einstellung vieler Fachleute stark verändert; die Emotionen von Eulen und ihre abgestuften Ausdrucksformen werden mittlerweile allgemein anerkannt. »Das Training basiert jetzt auf einem besseren Verständnis für Empfindlichkeiten und Verhaltensweisen eines Vogels und zielt darauf ab, ein Vertrauensverhältnis aufzubauen«, sagt Buhl. »Die Eule kann wählen, ob sie sich auf eine Tätigkeit einlässt und daran mitwirkt.«

Ein gutes Beispiel ist Nicholsons Trainingsmethode mit Athena. »Sie hat immer auf seltsame Geräusche angesprochen«, sagt Nicholson, »beispielsweise auf raschelnde Blätter und knirschenden Kies.« Ihr wurde klar, dass sie diese Geräusche machte, wenn sie zu Athenas Gehege ging und sich dem Vogel näherte, damit er sich auf eine Sitzstange setzte und gewogen werden konnte. Jetzt fordert sie Athena auf, sich selbstständig auf die Waage zu setzen. »An manchen Tagen sagt sie nein«, sagt Nicholson, »und dann sage ich: ›Gut, ich komme später wieder.‹ Aber meistens signalisiert sie ganz klar: ›Ja, ich mache mit, ich bin einverstanden!‹« Das Training ist ein Zwiegespräch zwischen Trainer und Vogel, mit dem die Eule über ihre eigene Umwelt bestimmen kann. Es geht darum, Dinge nach den Bedingungen der Vögel zu tun.

Nur sehr wenige Eulen werden zu Vorzeigevögeln. Buhl und Lori Arent, ihre Kollegin am Greifvogelzentrum, haben eine Reihe strenger Kriterien aufgestellt, nach denen Eulen für eine solche Aufgabe ausgewählt werden. Ebenso wählerisch sind sie bei den Lehrkräften, denen sie ihre Eulen geben. »Oft ist es eine Zuweisung fürs ganze Leben«, sagt Arent. Deshalb fließen eine Menge Aspekte ein. Wenn die Vögel gut versorgt werden, können sie ihre normale Lebensdauer aus freier Wildbahn weit überschreiten. »Wir wollen sicherstellen, dass sie im höheren Alter eine geeignete medizinische Versorgung erhalten und dass die Menschen sich in ihrem Umgang mit ihnen darauf einstellen«, sagt Arent. »Manchmal bekommen sie einen altersbedingten grauen Star oder Arthritis und andere Krankheiten. Also wollen wir dafür sorgen, dass sie während der ganzen Zeit gut versorgt und gut trainiert werden. Das alles fließt in die Entscheidung ein, damit es für beide Seiten passt.«

Und all das rückt die Frage, ob ganz normale Menschen eine Eule als Haustier besitzen sollten, in ein neues Licht.

Als ich Buhl danach frage, antwortet sie vorsichtig: Die Frage sei an die Kultur und die jeweiligen Einstellungen gegenüber Wildtieren gebunden.

»Ich halte es aus all den Gründen, über die wir gesprochen haben, nicht für gut«, sagt sie. »Ich glaube, die Menschen begreifen nicht, was sie da haben. Aber ich bin in Minnesota geboren und aufgewachsen. Ich maße mir kein Urteil über andere Sichtweisen an. Trotz solcher Einschränkungen haben wir Schwierigkeiten damit. Wir sehen Videos, in denen eine Schnee-Eule in einer Menschenfamilie aufwächst, und das Kind schmust mit der Eule, und ich sehe es und denke: ›Du liebe Güte, dieser Vogel steht dicht davor, dem Kind das

Gesicht zu zerfleischen.‹ Das sehe ich an ihrer Körpersprache. Und so etwas macht mich verrückt. Wenn man Verhaltensweisen nicht richtig interpretiert – und die meisten Menschen bringen dafür nicht die Voraussetzungen mit –, kann man ernsthafte Verletzungen davontragen.«

Auch die Eulen leiden. »Das gilt sogar für Eulen, die in Gefangenschaft geschlüpft sind, auf Menschen geprägt oder von Menschen großgezogen wurden«, sagt sie. »Ich habe Videos von den Eulencafés in Japan gesehen und miterlebt, wie Menschen den Vögeln sehr nahegekommen sind und ihnen leichtfertig ihre Smartphones entgegengestreckt haben. Ich sehe das Verhalten der Eulen und denke: Das arme Tier stirbt innerlich, aber die Menschen sehen es nicht.«

Wir sehen, was wir sehen wollen. »Wir betrachten sie durch unsere eigene Brille«, sagt Buhl. »Wir können nicht anders. Aber wir dürfen sie nicht als gefiederte kleine Menschen behandeln, sondern müssen sie in ihrer Ganzheit als das sehen, was sie sind, als eigene ›Nation‹ auf unserem Planeten.« Ihre Worte sind ein Anklang an das, was der große Naturforscher Henry Beston über alle Wildtiere gesagt hat: »Sie sind nicht unsere Brüder, und sie sind nicht unsere Untergebenen. Sie sind andere Nationen und mit uns im Netz von Leben und Zeit gefangen.«

Das ist eine wichtige Erkenntnis. Aber das Bedürfnis der Menschen, Eulen als Spiegel ihrer selbst zu sehen, als Symbole und Widerschein ihrer Überzeugungen, ist seit langer Zeit vorhanden und machtvoll, vielleicht schon seit Anbeginn unserer Spezies.

8

Halb Vogel, halb Geist

Eulen und die Fantasie der Menschen

Eine Eule, aus Knochen geschnitzt von Moche-Künstlern an der Nordküste Perus (3. bis 6. Jh. n. Chr.)

Im Dezember 1994 erkundeten drei Höhlenforscher unter Leitung von Jean-Marie Chauvet ein abgelegenes Tal in Südfrankreich. Dabei fiel ihnen eine Luftströmung auf, ein leichter Zug, der aus einigen Felsen in einer Kalksteinklippe kam. Nachdem sie die lockere Erde weggeräumt hatten, konnten sie sich durch einen schmalen Zwischenraum der Felsen zwängen und in eine riesige Höhle hinuntersteigen. An den Wänden befanden sich Malereien mit Pferden, Löwen, Auerochsen und Wollhaarnashörnern, die so frisch aussahen, als wären sie gerade erst gemalt worden. Die Höhlenforscher zweifelten zunächst an ihrer Echtheit.

In Wirklichkeit gehörten die Bilder zu den ältesten jemals entdeckten Höhlenkunstwerken – sie sind mehr als doppelt so alt wie die Malereien von Lascaux. Und frisch sahen sie aus, weil sie gewissermaßen in der Zeit eingefroren wurden, als die Höhle vor mehreren zehntausend Jahren durch einen großen Erdrutsch verschlossen wurde. Unter den Zeichnungen war auch eine Eule, die älteste bekannte Darstellung eines Vogels.

Eines Tages vor 36000 Jahren wanderte ein prähistorisches Mitglied unserer Spezies in die Chauvet-Höhle und hinunter in die Dunkelheit bis zum hintersten Ende, wo nur eine Fackel oder eine Talglampe für Licht sorgen konnte. Dieser Mensch stand vor einem Felsüberhang und schrubbte die Oberfläche sauber. Dann zeichnete er mit einem Finger auf der weichen, gelben Gesteinsoberfläche ein fast 50 Zentimeter hohes hübsches Bild einer Eule mit Federohren und senkrechten Linien als Schwungfedern. Nach den Federohren zu urteilen, war es vermutlich ein Uhu oder eine Waldohreule. In der Zeichnung hat sie den Kopf zum Betrachter gewandt; der Körper ist von der Rückseite dargestellt und soll zeigen, dass sie den Kopf um 180 Grad drehen konnte.

In der offiziellen Beschreibung heißt es: »Die Eule sieht man, wenn man von den tiefsten Tiefen der Höhle zurückkehrt. Blickt sie mit ihrer übermenschlichen Fähigkeit, im Dunkeln zu sehen, dorthin zurück?«

Wie Jean Clottes erläutert, der als erster Wissenschaftler die Höhle untersuchte, haben darin niemals Menschen gelebt. Sie wurde nur für die Malereien und vielleicht zu Ritualen und zur Götterverehrung genutzt. Wie die anderen Tiere, so wurde auch die Eule nicht aus beiläufigem Interesse oder zum ästhetischen Vergnügen gezeichnet, sondern, so seine Ansicht, um Geister herbeizurufen und um Hilfe zu bitten.

Machen wir einen Sprung von 15000 bis 20000 Jahren. Jetzt dienten Schnee-Eulen in der gleichen Region den Menschen der Magdalénien-Kultur zu rätselhaften Zwecken. Südeuropa war damals klimatisch anders als heute, und das galt auch für die Eulenarten. Das kalte Klima des späten Pleistozän bot den Schnee-Eulen vermutlich gute Bedingungen, und die Jäger und Sammler des Magdalénien in der Region brachten die Überreste der Vögel in Höhlen und unter Felsüberhänge. An der französischen Fundstätte Combe Saunière entdeckte man Knochen von fast 100 Schnee-Eulenflügeln – nicht die ganzen Skelette, sondern nur die Flügel. An einer anderen namens Saint-Germain-de-la-Rivière im Südwesten Frankreichs stießen Forschende auf die Überreste von 22 ausgewachsenen männlichen und weiblichen Schnee-Eulen, wobei einige Knochen mit Schnitzereien geschmückt waren. Solche Funde lassen darauf schließen, dass die Jäger und Sammler vor 20000 Jahren nicht nur das Fleisch der Eulen nutzten, sondern auch ihre Krallen, die langen Knochen und die Federn. »Man kann sich gut vorstellen, dass die Jäger und Sammler die winterlichen Irruptionen nutzten, um sie in großer Zahl zu fangen«, schreibt Véronique Laroulandie, die sich mit der prähistorischen Zoologie in der Region beschäftigt. Die komplizierte, sorgfältige Bearbeitung der Eulen »hat sicher nichts mit dem grundlegenden Nahrungsbedarf zu tun«, sagt sie. »Auch das Fleisch wurde nicht ausschließlich zur Ernährung verwendet, sondern auch zu medizinischen oder sogar spirituellen Zwecken.« Ungefähr 300 Kilometer südlich von Saint-Germain-de-la-Riviere, in der Höhle Trois Frères im Département Ariège, gibt es eine »Eulengalerie« mit zwei Vögeln – vermutlich Schnee-Eulen –, die im Profil mit einander zugewandten Gesichtern dargestellt sind. Zwischen ihnen befindet sich eine junge Eule. Laroulandie ist fasziniert von der Zweideutigkeit der Bilder. Stellen sie Eulen oder eulenähnliche Menschen dar? Nehmen nur wir sie so wahr, wenn wir in die Vergangenheit blicken, so fragt sie, »oder wollten die Künstler eine Beziehung darstellen, die sie mit dieser Eule verband?«

WIE LANGE SIND wir schon auf Eulen versessen?

Wie es scheint, seit jeher. Unsere Evolution ist in ihrer Gegenwart abgelaufen; über Zehntausende von Jahren haben wir Ellenbogen an

Flügel in denselben Wäldern gelebt, in denselben offenen Regionen, Höhlen und Felsüberhängen; von ihnen umgeben, sind wir uns unserer selbst bewusst geworden; und wir haben sie in unsere Erzählungen und Kunstwerke eingewoben. Ihre Form erkennen wir ebenso wie die Gestalt einer Schlange. Sie sind in unseren Mythen, unseren Träumen, unserer DNA.

Heute sind Eulen Leben sprühende Mitspieler in Geschichten aus den Kulturen aller Kontinente. David Johnson hat sich zum Ziel gesetzt, das gesamte Spektrum der Einstellungen von Menschen zu Eulen über Raum und Zeit hinweg auszuloten und ihre Ursprünge zu verstehen. Für sein Projekt »Owls in Myth and Culture« hat er mehr als 1000 volkstümlich überlieferte Berichte und Geschichten aus der ganzen Welt und vielen Epochen zusammengetragen, und seine Sammlung wächst immer weiter. Blättert man die Berichte durch, so stellt man fest, dass Eulen tatsächlich mit allen möglichen Bedeutungen in Zusammenhang gebracht werden – sie sind Schöpferinnen, Heilerinnen, Führer und Wächter, aber auch Angst einflößende, dämonische Gestalten, Vorboten von Untergang und Tod.

Für das Volk der Ainu im Norden Japans verkörpern Eulen den »Eulengott« *kotan-koro-kamuy*, einen Beschützer und Fürsprecher der Menschen. Der auf Hokkaido heimische Riesenfischuhu wird als Gott verehrt, der die Fische in die Flüsse bringt. Nach Angaben von Ken MacIntyre und Barb Dodson, die einen Bericht über die Noongar- (oder auch Nyungar-) Kultur in Australien verfasst haben, sollen dort »zwei Nachtvögel, der Kuckuckskauz (*Wau-oo*) und die weiße Eule (*Beenar*), alle Menschen vom Volk der Bibbulmun (Noongar) während der kalten, dunklen, formlosen Epoche des Nyitting (der Traumzeit) erschaffen und ihnen ihre Gesellschaftsstruktur gegeben haben«. Das Volk der Yahgan, das auf den Inseln südlich von Feuerland zu Hause ist, sieht in der Schleiereule die weise Großmutter *sirra*, die neue Bäche und Flüsse schafft, um das Süßwasser zur Verfügung zu stellen, mit dem ihr Volk überleben kann. Noch heute bringen die Yahgan die schwachen Geräusche, die eine fliegende Eule macht, mit dem Murmeln von Bächen in Zusammenhang.

Aber nicht nur Götter erhalten ihre Flügel von den Eulen, sondern auch die Teufel. In vielen Kulturkreisen werden Eulen mit Hexen und bösen Geistern, Zauberei und Tod in Verbindung gebracht. »Die Angst der Menschen vor Eulen ist in allen Teilen der Welt verbreitet«, sagt Johnson. »Von einer Kultur zur anderen nimmt sie unterschiedliche Formen an, aber immer wieder tauchen die gleichen Gesetzmäßigkeiten auf, übereinstimmende Überzeugungen und Narrative in verschiedenen Versionen.«

Nach Angaben von Heimo Nikkola, eines Experten für Eulen und Eulenüberlieferungen, ist in mehreren afrikanischen Staaten die Überzeugung verbreitet, »dass man mit Sicherheit ein Unglück erleben wird, wenn eine Eule quer über die Straße fliegt, auf der man unterwegs ist«. Wenn eine Eule in Sambia oben auf dem Haus sitzt, werden die Bewohner schlechte Nachrichten erhalten oder es wird bald eine Beerdigung geben, und wenn sie auf den Feldern sitzt, wächst das Getreide nicht. Ähnliches glauben die Algonquin in Nordamerika: »Wenn ein Mensch bald sterben wird, hört er, wie eine Eule seinen Namen ruft.« Das Gleiche gilt nach Angaben der Ethnobiologen Mercy Njeri Muiruri und Patrick Maundu vom kenianischen Nationalmuseum auch für das Volk der Kamba in Kenia. Der Schrei einer Eule, die auf einem Haus oder in seiner Nähe sitzt, bedeutet demnach »dass jemand erkranken oder sterben wird«, und das in der Regel innerhalb der nächsten 15 Tage. »Als Gegenmaßnahme stellen die Kamba ein Stück von einem Tontopf auf den Zweig, auf dem die Eule gesessen hat.« Für das Mayavolk der Ch'ol im mexikanischen Bundesstaat Chiapas ist der Sprenkelkauz (der hier *kuj* genannt wird) nach Angaben von Kerry Hull und Rob Fergus, die sich mit dem Volksglauben über Vögel in Mittelamerika beschäftigt haben, ein *sabedor* (Wissender). »Wenn er *jukuku jukuku* ruft, ist das ein Zeichen, dass jemand sterben wird.« Ähnlich die K'iche'-Maya: Sie halten Eulen für Botschafter von Krankheit und Tod, und so sind die Vögel in der Nähe ihrer Häuser äußerst unerwünscht.

WARUM SIND EULEN so machtvolle Symbole? Warum gelten sie in manchen Kulturkreisen als spirituelle Wesen, Götter und Glücksboten, in anderen als Überbringer schlechter Nachrichten, Vorboten des Untergangs und geflügelte Bösewichter?

Unsere Spezies hat in der Gegenwart von Vögeln immer einen Sinn gesehen, seit wir – nun ja – Menschen sind, sagt die Ethnoökologin Felice Wyndham, die der Universität Oxford angegliedert ist. »Überall und während unserer gesamten Geschichte haben Menschen in den Vögeln Botschafter und Zeichen gesehen. Wir sind auf Omen eingestellt. Immer suchen wir nach Anhaltspunkten dafür, was kommen wird, für Prophezeiungen und Vorahnungen, und solche Zeichen glauben wir in der Natur zu erkennen. Das scheint eine allgemein menschliche Eigenschaft zu sein.«

Wyndhams Spezialgebiet sind Vögel, »die den Menschen etwas sagen«. Vögel bewegen sich zwischen Erde und Himmel, zwischen Tag und Nacht hin und her, wer eignet sich also besser, wenn man nach Anhaltspunkten sucht? Es gibt sogar einen Namen dafür: *Orniskopie* setzt sich aus den griechischen Wörtern für Vögel und Prophezeiungen zusammen.

Ein Kalksteinrelief aus dem alten Ägypten (ca. 2030–1640 v. Chr.)

In jüngster Zeit haben Wyndham und ihre Kollegin Karen Park Berichte über Vögel als Vorzeichen aus Kulturkreisen der ganzen Welt zusammengetragen. »Ursprünglich sollte es ein Jux sein«, sagte sie mir. »In einer Übersichtsuntersuchung über ethnobiologische Berichte sind wir immer wieder auf Bezüge zu Vögeln als Vorzeichen gestoßen. Dann habe ich einfach zugehört, wie Leute sich in Cafés oder im Bus unterhalten haben, und da habe ich gemerkt: Du liebe Güte, jeder achtet auf Vögel als Vorzeichen, und das auch heute noch im Alltagsleben.«

Eine Anekdote berichtet von dem Besuch eines Finken bei Senator Bernie Sanders aus Vermont. Während der Präsidentschaftsvorwahlen 2016 hielt Sanders an einem Freitagnachmittag bei einer Wahlkampfveranstaltung in Portland in Oregon eine Rede. Auf seinem Rednerpult landete ein Fink und ließ sich unmittelbar links von dem Schild mit dem Wahlkampfslogan »A future to believe in« nieder. Die Menge tobte, das Internet ebenso: »Birdies for Bernie«, »That bird was feeling the Bern«. Für die Sanders-Anhänger war es ein Glückszeichen. »Die Vögel haben gesprochen.«

Eine andere Geschichte hörte Wyndham während ihrer Freilandarbeit bei den Gemeinden der Ayoreo in Paraguay. Eines Tages flog ein Kolibri an einem Gemeindevorsteher vorüber – was als »Vorbote sehr guter Nachrichten« gedeutet wurde. Am nächsten Tag gewann der Gemeindevorsteher in der Lotterie 1000 Dollar.

Wyndham und Park fanden fast 500 Berichte aus 123 ethnolinguistischen Gruppen von sechs Kontinenten – von den Ojibwa bis zu den Mbuti, von den Maori über die Waliser bis zu den Basken. In allen diesen Kulturkreisen gelten Vögel als Boten – als Omen für Glück oder Pech – und als Abgesandte, häufig aus den Welten der Geister oder Götter. Da die Berichte in den meisten Fällen auf Englisch verfasst waren, wussten Wyndham und Park, dass sie wahrscheinlich die Nuancen und Feinheiten, die sich in den ursprünglichen Sprachen zeigen, die unterschiedlichen Bedeutungen der Zeichen von Vögeln, übersehen würden. Dennoch war klar, dass Vögel nach Ansicht der Menschen besonders gut »über die Dinge Bescheid wissen«, wie Wyndham es formulierte.

In den ethnografischen Berichten tauchten alle möglichen Vögel auf – Reiher und Spechte, Tauben und Spatzen. Aber als die beiden zählten, wie oft verschiedene Vögel genannt wurden, stand eine Gruppe mit Abstand an erster Stelle: die Eulen. In 57 der 132 ethnolinguistischen Gruppen galten Eulen als bedeutungsschwere Vorzeichen.

Als meine Tante im Alter von 96 Jahren ihrem Ende entgegenging, war sie noch klar im Kopf. Sie sagte ihren Töchtern, sie werde ihnen nach ihrem Tod ein Zeichen senden, eine Botschaft, dass sie das Jenseits erreicht hätte. Später schrieb mir meine Cousine, in der Nacht, als ihre Mutter starb, habe eine Eule »immer wieder in der Nähe geschrien. Vielleicht war es nur Zufall«, schrieb sie, aber in den 41 Jahren, seit sie ihre Mutter besuchte, hatte sie nie irgendwo in der Nähe des Hauses eine Eule rufen hören.

In vielen Teilen der Welt galten Eulen – und gelten noch heute – als Botschafter, die Nachrichten aus dieser oder einer anderen Welt überbringen, aus der Vergangenheit oder der Zukunft. Bei den Yup'ik in Alaska und im Fernen Osten Russlands sagt man, Uhus würden die Sprache der Yup'ik sprechen und Federn aus ihren Flügeln fallen lassen, wenn sie den Menschen Nachrichten über die vor ihnen liegenden Tage überbringen. Im antiken Athen waren Eulen das Emblem für eine *mántis* – das griechische Wort bedeutet Wahrsagerin, Prophetin oder Seherin. *Mánteis* »stellten eine kleine Statue einer Eule auf ihren Tisch, eine Art ›Visitenkarte‹, mit der sie sich zur Prophetin erklärten«, sagt Wyndham. »Es war, als würden sie ein Praxisschild aufhängen. Jeder wusste: Wenn du eine Eule aufstellst, bietest du diese Dienstleistung an.«

Die nordamerikanischen Iroquois interpretieren einen Eulenschrei in der Nähe als Signal, dass sie Holz sammeln sollen, weil Kälte und Schnee bevorstehen. »Etwas Ähnliches fand man auch bei Freilandarbeiten im Süden Chiles«, sagt der Humanökologe Tomás Ibarra von der Pontificia Universidad Católica in Chile. Eine Person erklärte bei der Befragung, wenn in der heißen Jahreszeit nachts eine Schleiereule schrie, »werde es im Morgengrauen dichten Nebel geben, und so kam es auch – es war, als hätten wir ein Barometer«.

In der Region Tenejapa in dem südmexikanischen Bundesstaat Chiapas ist der Sprenkelkauz als *mutil balam* (»Vogel des Jaguars«) oder *mutil coh* (»Vogel des Pumas«) bekannt. Wenn er auftaucht, kann man annehmen, dass die Großkatzen in der Nähe sind. Für das Volk der Apurinã in Brasilien ist der Ruf der Caburé-Eule, des Brasilzwergkauzes, ein Zeichen, dass Nabelschweine nicht weit sind. Schweigt die Eule, bleiben die Jäger zu Hause.

Solche »folkloristischen« Ansichten über Eulen als Zeichen der Natur mögen hergeholt erscheinen, aber häufig haben sie ihre Wurzeln in echten Naturbeobachtungen. Die »Deutung« der Eulen steht in vielen Fällen in Zusammenhang mit hoch entwickelten Kenntnissen über ökologische Zusammenhänge, und die Vögel können durchaus wichtige Informationen über die Umwelt liefern.

Dass Eulen als Vorzeichen so allgegenwärtig sind, hat nach Angaben von Wyndham auch damit zu tun, dass sie auf nahezu allen Kontinenten vorkommen. Es gibt aber auch tiefer liegende Gründe. »Das menschenähnliche Gesicht macht Eulen zu nachdrücklichen Symbolen«, sagt sie, »aber es liegt auch an einer ganzen Reihe weiterer Eigenschaften«: Sie sind nachts aktiv, haben einen seltsam drehbaren Hals, den manche Menschen zutiefst beunruhigend finden, ihre eigenartige Stimme tönt aus der Nacht, und ihre Sinnesfähigkeiten gehen über die der Menschen hinaus.

Ich muss daran denken, wie der Schriftsteller J.A. Baker einen Waldkauz beschrieb: »Das behelmte Gesicht war blassweiß, asketisch, halb menschlich, verbittert und zurückgezogen. Die Augen waren dunkel, durchdringend, unheilvoll. Der Helmeffekt war rasch grotesk, als wäre ein verlorener, eingeschrumpfter Ritter zu einer Eule verkümmert.«

»Für mich persönlich hat ihre gespenstische Ausstrahlung viel mit dem lautlosen Flug zu tun«, sagt Wyndham. »Es ist, als würden sie ohne Vorwarnung einfach aus der Dunkelheit auftauchen. In der Evolutionspsychologie gibt es eine ganze Literatur darüber, welche Vorstellungen die Menschen von der Funktionsweise der Welt haben. Man geht davon aus, dass Lebewesen nicht durch Wände gehen und nicht ohne zugehörige Bewegung auftauchen oder verschwinden. Die Eulen scheinen solche Regeln zu durchbrechen und setzen sich über unsere Erwartungen hinweg. Das ist einer der Gründe, warum wir sie in die Kategorie des Übernatürlichen einordnen.«

Alle diese Eigenschaften der Eulen erzeugen ein »unheimliches« Gefühl, erklärt Tomás Ibarra, der sich mit der Rolle der Eulen in den Gesellschaften der Menschen beschäftigt. Eulen sind wie wir und doch nicht wie wir. »Sie haben diese menschlichen Eigenschaften mit rundem Kopf, flachem Gesicht und großen Augen; deshalb werden sie in manchen Gesellschaften als ›Vogel mit Menschenkopf‹ bezeichnet«, sagt er. Andererseits leben die meisten Eulenarten aber in einer Welt, in der sich Menschen nicht wohlfühlen: in der Nacht. Außerdem sind ihre gespenstischen Schreie und Rufe ganz anders als die musikalischen Gesänge und Rufe der meisten anderen Vögel. Ferner sind sie Wildtiere, und wenn sie in einem häuslichen Umfeld auftauchen, wirkt es beunruhigend. »Die Menschen fühlen sich mit den Eulen verbunden, aber gleichzeitig wollen sie die Vögel lieber nicht in der Nähe des Hauses sehen«, erklärt Ibarra. »Oft herrscht das Gefühl, dass sie dort nicht hingehören.« Es ist das Unvertraute im vertrauten Zusammenhang, aber auch umgekehrt das Vertraute im unvertrauten Zusammenhang. »Wenn wir das sehen«, sagt er, »bekommen wir eine ›Hühnerhaut‹, wie wir im Spanischen sagen« – eine Gänsehaut.

Ibarra mochte Eulen schon als Kind. Wie David Johnson hatte er mit sechs Jahren eine prägende Begegnung mit einem solchen Vogel. Er lebte damals in einem ländlichen Gebiet bei Santiago in Chile – heute ist es dicht bevölkert, aber zu jener Zeit waren dort noch Felder, Wasserläufe und Wäldchen mit großen Walnussbäumen. Eines Nachts nahm sein Vater ihn mit auf einen Spaziergang durch die Obstplantagen in einen Hain mit den größten Walnussbäumen. »Mein Vater hat mit der Taschenlampe zur Spitze eines riesigen Walnussbaumes geleuchtet«, erinnert er sich. »Dort breitete eine große Schleiereule die Flügel aus und flog davon. Das habe ich nie vergessen.« Einige Jahre später zog die Familie in eine abgelegene Region in den Anden, und Ibarra, der jetzt im Teenageralter war, hörte eines Nachts beim Zelten den tiefen, donnernden Ruf einer *tucúquere* – eines Magellanuhus. Da, so sagt er, war es um ihn geschehen. »Ich bin nach Südchile gegangen, habe Eulen für meine Masterarbeit studiert und dabei den Rotfußkauz kennengelernt, meine Lieblingsspezies. Ich bin verrückt auf die Gattung *Strix*. Das sind richtige Hexen.«

Anfangs konzentrierte sich Ibarra auf Ökologie und insbesondere auf die Frage, ob Eulen gute Hinweise auf die Artenvielfalt eines Waldes geben. Sie stehen an der Spitze der Nahrungskette und damit auch in einer besonderen Beziehung zu einem hohen Maß an Biodiversität; außerdem reagieren sie bekanntermaßen empfindlich auf Umweltverschmutzung. »Ich habe mich aber immer auch für Kultur interessiert, also bemühe ich mich jetzt, eine Brücke zwischen Ökologie und Anthropologie zu schlagen.« Im Mittelpunkt von Ibarras Arbeit steht das Konzept der biokulturellen Erinnerung, der Gedanke, dass kulturelle Praktiken und Überzeugungen der Menschen aus Naturbeobachtungen erwachsen und dass unsere Erinnerungen das Ergebnis solcher Wechselbeziehungen zwischen kulturellen Aspekten und Umwelt sind.

»Von Eulen können wir viel über das biokulturelle Gedächtnis lernen«, sagt er. In Chile zum Beispiel sind die Vögel nicht nur tief mit der Folklore verwoben, sondern sie tauchen auch in traditionellen Redensarten und Sprichwörtern auf, die von den Menschen täglich verwendet werden. »Buhó que come, no muere« (die Eule, die frisst, stirbt nicht). Wenn ein kranker Mensch isst, wird er nicht sterben. Oder »Lechuza vieja no entra en cueva de zorro«. (Eine alte Schleiereule kriecht nicht in einen Fuchsbau.) Mit anderen Worten: Alter und Weisheit begünstigen kluge Entscheidungen. »Mata el chuncho«: Töte den chuncho – so heißt hier der Australzwergkauz –, dann vermeidest du Unglück. Dass Eulen in chilenischen Sprichwörtern und Redensarten so häufig vorkommen, lässt nach Ansicht von Ibarra darauf schließen, dass sie stark in Alltagsleben und Fantasie verwurzelt sind. Und doch haben sie auch diesen seltsamen, rätselhaften Aspekt. Die Vermischung von Vertrautem und Unvertrautem, so sagt er, verleiht den Eulen ihre gespenstische Anmutung. »Im Aussehen sind sie wie wir, aber in allem anderen sind sie überhaupt nicht wie wir. Das finden wir beunruhigend und spannend zugleich.«

DAVID JOHNSON UND sein Projektteam wollten herausfinden, was die Menschen in ganz unterschiedlichen Kulturkreisen von Eulen halten. Dazu führten sie mehr als 6000 Gespräche in 26 Ländern von Argentinien bis zur Türkei, von Belize bis nach Tansania, von China bis zur Ukraine, von Pakistan bis nach Gambia, in Äthiopien, Mexiko und der Mongolei. Die Mitarbeitenden suchten sich in jeder Region ungefähr 200 Menschen und stellten ihnen ein breites Spektrum verschiedener Fragen: »Sind Eulen für dich Geister oder echte Vögel? Was weißt du über Eulen, über ihre Ökologie, ihre Lebensräume, ihre Nist- und Fressgewohnheiten? Wie viele Eulenarten kannst du unterscheiden? Was für Geschichten hast du über Eulen gehört? Was glaubt man in deinem Kulturkreis im Zusammenhang mit Eulen?« Wenn möglich, zog Johnson auch Muttersprachler hinzu, um die Feinheiten von Denkweise und Überzeugungen festzuhalten. »Wir wollten mit unseren Fragen vorurteilslos und wissenschaftlich konzentriert vorgehen«, sagt er.

Auf die Frage »Was glauben Sie im Zusammenhang mit Eulen?« erhielt er ein breites Spektrum verschiedener Antworten. Eulen waren für die Menschen machtvolle Geister, weise Schöpferwesen, aber auch beängstigend oder gefährlich, medizinisch hilfreich, ein schlechtes Omen, Überbringer schlechter Nachrichten – eine Überzeugung, die vor allem in Belize verbreitet war. In Argentinien hielten die meisten Menschen Eulen einfach für Vögel. Im Iran galten sie als weise, aber auch als schlechtes Omen und Vorboten von Pech. Im Nordwesten Chinas erklärten die Menschen in ihrer Mehrzahl, Eulen seien hilfreich oder würden Glück bringen. »Als wir aber dann in der Umfrage zu der Frage kamen, ›Haben Sie oder jemand, den Sie kennen, schon einmal eine Eule getötet?‹, sagten 120 der 200 Befragten ja«, berichtet Johnson.

In zwölf der 26 Länder, in denen die Umfrage stattfand, herrschten positive Ansichten über Eulen, in acht waren sie neutral und in neun negativ. In sechs Ländern gaben die Menschen an, die grundlegenden kulturellen Überzeugungen würden sich in einer positiven Richtung entwickeln, in anderen aber hatte es in den letzten 150 oder 200 Jahren keine Veränderung gegeben.

Ein Indikator für die wechselnden gesellschaftlichen Einstellungen ist nach Johnsons Feststellungen die Menge der Handelswaren, die auf den Märkten mit Eulen in Zusammenhang stehen. »Wenn Dinge, die mit Eulen zu tun haben, leicht erhältlich sind, ist das ein gutes Anzeichen für eine allgemeine Akzeptanz in einer Gesellschaft«, sagt er. In Brasilien, der Türkei und anderen Ländern mit positiven Impulsen gibt es Rucksäcke mit Eulenthemen, Kleidung, Schmuck, Uhren, Figuren, ja sogar Bier. In Belize dagegen, wo Eulen immer noch angeblich Unglück bringen, fand das Team nach zweijähriger Suche auf den Märkten nur zwei Gegenstände: einen Kinderrucksack und ein geschnitztes Relief mit einem Bezug zu Eulen.

»WENN EINE EULE zu deinem Haus kommt und ruft, wird jemand krank werden oder sterben.« Diese Ansicht über Eulen erwies sich nach Johnsons Angaben so oder in geringfügigen Abwandlungen rund um die Welt als die häufigste Sichtweise. »Es ist nicht so, dass Eulen selbst den Tod bringen; sie sind nur die Überbringer schlechter Nachrichten.« In jedem Fall ist ihre Gegenwart etwas höchst Unheilvolles.

In vielen Kulturkreisen gelten Eulen als Partnerinnen bei der Hexerei oder man hält sie selbst für Hexen in Vogelgestalt. In der Region der Olancho in Honduras ist die *lechuza* oder Schleiereule »zweifellos der meistgehasste und meistgefürchtete Vogel«, sagte mir der Ethnoornithologe Mark Bonta. Manche Menschen behaupten sogar, die *lechuza de sangre*, eine bestimmte Form der Schleiereule, würde Säuglingen das Blut aussaugen. »La lechuza, das ist ein böser Geist, eine Hexe in Vogelgestalt«, sagt er. Die Vorstellung von Eulen als »Hexenvögeln« ist auch in Teilen Afrikas verbreitet, so in Malawi und bei den Yoruba in Nigeria, Benin und Togo. Als Forschende in Sambia Kinder aufforderten, Geschichten über Eulen aufzuschreiben, die sie in ihren Familien gehört hatten, war Hexerei ein immer wiederkehrendes Thema; insbesondere sollten Eulen ein Transportmittel für Menschen sein, die Hexerei praktizieren. »Hexen gelangen angeblich mit Eulen während der Nacht von einem Ort zum anderen«, schrieb ein Kind. »Deshalb haben die Menschen Angst vor ihnen ... Sie glauben, sie würden von der Zauberkraft, die in der Eule liegt, verhext.«

Ein weiteres häufiges Thema sind Eulen als soziale Kontrollinstanz. Dass Eltern ihre Kinder mithilfe von Eulen kontrollieren oder disziplinieren, beobachtet man nach Johnsons Angaben in verschiedenen Kulturen. »Sprüche nach dem Motto ›Die weiße Eule wird dich holen‹ kommen häufiger vor, als man annehmen würde.«

Dass eine nur aus dem Augenwinkel wahrgenommene, geisterhaft weiße Schleiereule mit ihren seltsamen, nach Tod klingenden nächtlichen Schreien und ihrer Gewohnheit, leer stehende Gebäude heimzusuchen, die Vorstellung von einem Dämon oder spirituellen Wesen in Vogelgestalt weckt, ist nicht schwer zu verstehen.

Ebenso ist es nicht verwunderlich, dass man Eulen mit Unheil oder Gefahren in Verbindung bringt. »Nachtaktive Vögel werden häufig ganz allgemein mit erhöhter Gefahr gleichgesetzt«, sagt Felice Wyndham. »Schließlich sind wir wie andere Primaten im Dunkeln besonders durch Angriffe gefährdet.« Außerdem haben Eulen bekanntermaßen hin und wieder Menschen angegriffen, wenn sie sich bedroht fühlten und ihre Nester schützen wollten. In Salem in Oregon griff ein Streifenkauz 2015 bei der Verteidigung seines Reviers so häufig Jogger an, dass man ihm den Spitznamen Owlcapone gab. Während ich diese Zeilen schreibe, erschreckt ein Streifenkauz die Bewohner eines Stadtviertels von Brookwood Hills in Atlanta, indem er immer wieder in der Abend- oder Morgendämmerung auf Menschen hinabstößt. Das Naturschutzministerium von Georgia hat 80 solche Angriffe dokumentiert, und manche Betroffene wurden sogar mehrfach zum Opfer. So etwas ist allerdings extrem selten, und im Fall des Vogels von Atlanta äußerte eine Sprecherin des Ministeriums die Vermutung, die Eule könne auf Menschen geprägt sein und wolle die Aufmerksamkeit der Bewohner fesseln, weil sie auf Nahrung aus ist. Im Jahr 2001 wurde ein Streifenkauz sogar mit dem Mord an einer Frau in Verbindung gebracht (die meisten Fachleute waren allerdings übereinstimmend der Meinung, die Wunden sähen nicht aus, als würden sie von einer Eule stammen, und schließlich wurde der Ehemann der Frau des Verbrechens für schuldig befunden).

Jonathan Haw leitet in Südafrika ein Eulen-Aufklärungsprojekt. Dass Eulen mit dem bevorstehenden Tod in Verbindung gebracht werden, liegt nach seiner Vermutung an unserem eigenen Tagesrhythmus. Todesfälle durch Schlaganfall, Herzinfarkt oder plötzlichen Herztod ereignen sich am häufigsten in den frühen Morgenstunden. Er weist auf Forschungsergebnisse hin, wonach es zwischen drei und vier Uhr morgens am anstrengendsten ist, die Körpertemperatur aufrechtzuerhalten, und gleichzeitig erreichen Adrenalin und entzündungshemmende Hormone um diese Zeit ihre niedrigste Konzentration, sodass die Atemwege sich verengen. »In ländlichen Gebieten, wo es wenig Krankenhäuser gibt und viele Menschen zu Hause sterben, geschieht es ganz allgemein um diese Zeit unmittelbar vor der Morgendämmerung«, sagt Haw. »Und um die gleiche Zeit sehen die Menschen auch häufiger eine Eule auf einem Dach sitzen oder hören sie im Dunkeln rufen. Die Eule sitzt dann vielleicht schon lange auf dem Dach und sucht nach Ratten, aber plötzlich bringen die Menschen alles miteinander in Verbindung, und dann kommt es so.«

Eine andere Theorie zu der Frage, warum manche Menschen die Eulen mit dem Tod in Verbindung bringen, hat der italienische Eulenexperte Marco Mastrorilli. In manchen katholischen Kreisen seines Heimatlandes war es Tradition, Tote vor dem Haus aufzubahren und Kerzen um den Leichnam aufzustellen. »Die Kerzen locken Motten an, und die Motten locken Eulen an«, sagt er.

In manchen Teilen Indiens werden Eulen auch Madhe Pakhru genannt, was so viel wie »Leichenvögel« bedeutet. Forschende der indischen Ela Foundation, einer Organisation, die sich dem Schutz der Eulen verschrieben hat, untersuchten im bevölkerungsreichen westindischen Bundesstaat Maharashtra die Verbindung zwischen

Eulen und Tod. Sie suchten 75 Friedhöfe auf und fanden auf 53 davon Eulen, die zu sieben verschiedenen Arten gehörten, von Brahmakäuzen bis zu Bengalenuhus. Nach den Vermutungen des Teams werden Eulen von Friedhöfen angelockt, weil es dort viele große Bäume gibt und Störungen durch Menschen selten sind. »In manchen Fällen werden auf den Friedhöfen während der Bestattungsrituale auch Lebensmittelopfer dargebracht, und das lockt Nagetiere an« – die ihrerseits die Eulen anlocken. Die Menschen werden sich der Eulen bewusst, weil Bestattungen häufig in der Abend- oder Morgendämmerung stattfinden, wenn die Vögel rufen – daher der »gespenstische« Zusammenhang zwischen Eulen und Tod.

VIELE SOLCHE ANKLÄNGE, ob düster oder fröhlich, tauchen nicht nur in Mythen und Geschichten auf, sondern auch in Abbildungen von Eulen aus allen Zeiten bis zurück zu den prähistorischen Höhlenmalereien. Auch in der Welt der Kunst sind Eulen ein Ausdruck von Weisheit und Glück, von Unglück und Boshaftigkeit.

In mehreren Radierungen und Drucken von Picasso kommen Eulen vor, für die er die Anregung von seinem Mitbewohner, dem Steinkauz bezog. »Die meisten davon sind nicht jugendfrei«, sagt Robyn Fleming, Wissenschaftlerin und Bibliothekarin am Metropolitan Museum of Art. »Es sind Szenen von Orgien, in denen die Eule mitten unter den Feiernden sitzt«: *Bacchanale mit Eule; Nächtlicher Tanz mit einer Eule*; oder *Dicke Prostituierte, Zauberin mit Eule und Reisender in Holzschuhen,** hier sieht eine mittig platzierte Eule die Betrachtenden herausfordernd an.

Die Vögel in Picassos deftigen Druckgrafiken sind nur ein kleiner Teil der vielen Eulenbilder in den Sammlungen des Metropolitan Museum of Art. Fleming bemüht sich, sie alle zu finden – geschnitzt in Elfenbein und Stein, in Gold getrieben, in Teppiche eingewebt, gemalt

* Im Original: *Grosse prostituée, sorcière à la chouette et voyageur en sabots*; aus dem Zyklus »Suite 347«.

Bildtafel aus Goyas Los caprichos: »Der Schlaf der Vernunft bringt Ungeheuer hervor« (El sueño de la razón produce monstruos), 1799

auf Leinwand und Keramik und gezeichnet oder gemalt in den verschiedensten Manuskripten.

Manche Bilder, die sie gefunden hat, sind realistisch und belegen eine scharfe naturhistorische Beobachtungsgabe – beispielsweise wenn Eulen von kleinen Vögeln geärgert werden. Andere sind symbolischer Natur und beladen mit Aberglauben und Spiritualität oder sie machen Einstellungen gegenüber Eulen deutlich, die von tiefer Bewunderung bis zur Verachtung und vom Humor bis zur Angst reichen.

Fleming begann 2017 mit ihrer Suche, weil sie sich beiläufig für die »Katzenhaftigkeit« der Eulen interessierte, wie sie es nennt. Ihre Katze hatte als Jungtier ähnlich ausgesehen wie ein Virginiauhu. »Ich wusste nicht, was ich davon halten sollte«, sagt sie. »Für mich waren Eulen immer gruselig. Aber seither habe ich sie wirklich lieb gewonnen.« Nach einem kurzen Rundgang durch die ägyptischen Galerien, in denen die Eulen oft auftauchen, weil sie als Hieroglyphen für den Buchstaben *M* stehen, fiel ihr auf, dass die Vögel in der Museumssammlung überall anzutreffen waren. »Eigentlich bin ich also auf einem seltsamen Weg zu den Eulen gekommen, aber die Bilder in der Sammlung zu finden und zu erforschen, hat mir einen Riesenspaß gemacht.« Sie trägt sogar ein Tattoo einer Eule.

Am Freitagabend, wenn das Museum lange geöffnet hat und sehr still ist, wanderte sie durch die Ausstellungssäle, suchte nach Eulen und erstellte schließlich sogar für das ganze Museum eine »Eulenlandkarte«. Manche Vögel waren sofort zu sehen und leicht zu finden wie die Goldbrosche aus dem 19. Jahrhundert in Form eines Eulenkopfes oder eine ptolemäische Reliefplatte mit einem Eulengesicht aus der Zeit zwischen 400 und 30 v. Chr. Für andere brauchte sie viel Detektivarbeit und einen scharfen Blick. So entdeckte sie eine skurrile, vor den Blicken der Betrachtenden verborgene Eule auf der Rückseite eines italienischen Majolika-Apothekengefäßes aus dem 15. Jahrhundert. Sichtbar war nur das Profilbild eines Menschen auf der Vorderseite. Sie durchforstete die Online-Sammlung des Museums nach Hinweisen auf Eulen, die sich nicht in der Ausstellung befanden, und mithilfe des Kuratoriums machte sie sie in Magazinen und Untersuchungsräumen ausfindig. Besonders stolz ist sie, dass sie einen riesigen russischen Holzschnitt eines Uhus entdeckte, der ihr wirklich den Atem stocken ließ, und auf eine winzige, »lächerlich bewundernswerte« kleine Eule stieß, die sich in dem Bild *Buße des heiligen Hieronymus* von Joachim Patinir auf einem Zweig im Hintergrund verbirgt. Erste Bilder postete sie auf Instagram ungefähr zur gleichen Zeit, als andere Mitarbeitende des Museums einen ganzen Zoo zusammenstellten: »Katzen im Met«, »Hunde im Met«, ja sogar »Popos im Met«.

Heute ist Fleming in dem Museum als »Eulenlady« bekannt. Bisher hat sie 550 Bilder gefunden. In ihnen zeigt sich, welche zutiefst merkwürdige, wundersame, eigenartige Faszination Eulen schon seit sehr langer Zeit auf Menschen ausüben. Die ältesten Darstellungen in der Sammlung sind die Hieroglyphen aus dem Alten Reich in Ägypten und der Zeit um 2575 v. Chr. Zu den neuesten zählt eine verblüffende

Collage aus dem Jahr 2019. Sie stammt vom Gewinner eines Kunstwettbewerbs, den das Museum jedes Jahr für die Erstklässler der staatlichen Schulen in New York veranstaltet. »Die Kunstwerke der Sieger werden jedes Jahr für einige Monate im Museum ausgestellt«, sagt Fleming. »Und unter den Wettbewerbsbeiträgen befinden sich häufig auch Eulen.«

»Ich glaube, ich weiß mittlerweile ziemlich gut, in was für Kunstgenres Eulen vorkommen *könnten*«, sagt sie. In Kunstwerken spiegelt sich (wie in der Handelsware auf den Märkten) die kulturelle Akzeptanz oder Ablehnung von Eulen wider. »Ich weiß, dass ich in den Schmuckrändern europäischer Druckwerke und bei Kunstgewerbe nach Eulen suchen kann, aber auch in bestimmten mythologischen oder biblischen Szenen; nicht allzu genau brauche ich dagegen meist in der zeitgenössischen Kunst oder in Kunst aus dem mittleren und südlichen Afrika oder Ozeanien zu suchen. Aber man kann nie wissen!«

In der griechischen Antike zeigte sich die Eulenverehrung in Form dicker, schwerer Silbermünzen, die auf der einen Seite ein behelmtes Profil der Göttin Athene und auf der anderen einen Steinkauz als Symbol der Weisheit trugen. Die »Eulen von Athen«, wie sie genannt werden, wurden seit ungefähr 510 v. Chr. in Athen geprägt und waren über mehr als 400 Jahre in Umlauf.*

In der Kunst der Moche, die an der Nordküste Perus einige Jahrhunderte vor dem Aufstieg der Inkas ungefähr von 200 bis 850 n. Chr. ihre Blütezeit erlebten, gibt es zahlreiche Eulendarstellungen. Die Vögel wurden bewundert, weil sie als nächtliche Jäger auch in völliger Dunkelheit ihre Beute finden. Man hielt sie für Krieger, und die Vögel tauchen an auffälligen Stellen auf Helmen und Waffen auf. Ein bemerkenswerter, von den Moche geschnitzter Knochen zeigt eine Eule mit Federohren und einem Gefieder, das rund um die Augen einen großen Kreis bildet; er diente vermutlich als Daumenhalter für einen *Atlatl* (eine Speerschleuder), eine tödliche Waffe. Eulen waren

* Heute zeigt die griechische 1-Euro-Münze auf der Rückseite eine Eule (Anm. d. Ü.).

Eine antike griechische 4-Drachmen-Münze aus Silber, geprägt in Athen 480–449 v. Chr.

für die Moche auch Botschafter, die besiegte Krieger in die Welt der Toten brachten wie die Beute in ihr Nest. Im Grab eines jungen Adligen fand man einen großartigen, im 6. Jahrhundert hergestellten Nasenschmuck in Form eines Eulenkopfes, der im Mund des Toten steckte.

Die Kehrseite der Medaille zeigt sich seit dem Mittelalter in Gemälden und Radierungen aus Nordeuropa: Hier tauchen Eulen als Partner der Menschen bei den Verbrechen von Habgier, Völlerei und Verderbtheit auf. In dem Gemälde *Die Versuchung des heiligen Antonius* aus dem 16. Jahrhundert, das dem Maler Pieter Huys zugeschrieben wird, sieht eine Eule mit weit aufgerissenen Augen aus, als habe sie gerade etwas wahrlich Beängstigendes erlebt. In der Beschreibung des Metropolitan Museum wird sie »von einer nackten Verführerin gehalten, die den als Königin verkleideten Dämon repräsentiert«. In späteren Jahrhunderten werden Eulen häufig als boshafte Nachtvögel dargestellt, die auf der Schulter eines Betrunkenen sitzen (was zu der alten niederländischen Redensart »betrunken wie eine Eule« passt) und auch andere Szenen der Torheit, der Ausschweifungen und des vulgären Benehmens überblicken. Hieronymus Bosch, der für seine makabren, beängstigenden Darstellungen der Hölle und seine fantastische Bilderwelt bekannt ist, brachte in seinen Gemälden fast immer mindestens eine realistisch dargestellte Eule unter, die häufig über die Szene wacht. Und dann gibt es natürlich Picassos Serie von Eulen in zweideutigen Positionen.

Zu Flemings Lieblingsobjekten gehören elegante Eulenperlen aus Türkis, die in ihrem Heimatstaat New Mexico vom Volk der Zuni geschnitzt wurden, und ein Turnierschild aus Holz und Sackleinen aus der Zeit um 1500 aus Deutschland, auf dem eine realistisch dargestellte Eule von einem Motto umgeben ist: »WIE•WOL•ICH•BIN•DER•VOGEL•HAS•NOCH•DEN•ERFRET•MICH•DAS« (»Wiewohl ich bin der Vögel Hass, dennoch erfreut mich das«). Wenn das keine typische Euleneinstellung ist ...

Aber die naturalistischen Darstellungen aus Japan haben Flemings Herz gewonnen und zieren ihren Körper. »Die japanischen Künstler fangen mit wenigen Pinselstrichen das ganze Wesen des Vogels ein«, sagt sie. »Sie beobachten sehr genau die Natur und wissen Vögel offenbar besonders zu schätzen.«

»Eine Eule wird von kleinen Vögeln geärgert«, Albumblatt von Kawanabe Kyōsai, ca. 1887

Drei Eulendarstellungen, auf japanischen Rollbildern wurden zu Vorbildern für ein Tattoo – eine Belohnung, so sagt sie, dass sie die schweren Wasser der vergangenen Jahre gemeistert hat. »Endlich hatte ich einen stabilen Job, Trump war weg, die Impfstoffe kamen, und alles sah positiv aus. Da habe ich mir die Belohnung gegönnt.« Drei Stunden später prangte auf ihrem linken Unterarm an herausgehobener Stelle, an der sie es sehen kann, das zwölf Zentimeter große Tattoo einer einsamen Eule auf einem Kiefernzweig. In allen Einzelheiten und ausschließlich in schwarzen Linien ist das »Buschwerk« im Ton abgestuft, um die Beschaffenheit der Federn herauszustellen. Die Eule sieht genau aus wie auf einem Rollbild aus dem frühen 17. Jahrhundert: aufmerksam, mit weit geöffneten Augen, und der leicht gedrehte Kopf starrt den Betrachter herausfordernd an, als wollte er sagen: »Ich bin da. Hör' mir zu.«

WENN ICH ÜBER Robyn Flemings Bilder und die Berichte von David Johnson nachdenke, bin ich versucht, die Einstellungen der Menschen gegenüber Eulen fein säuberlich in Kategorien einzuteilen: Aberglaube gegenüber empirisch begründeten Vorstellungen; realistische gegenüber fantasievollen Darstellungen; Vorstellungen von Eulen als Boten des Bösen und schlechter Zeiten auf der einen Seite und als gutes Omen, als verehrte Vögel der Weisheit auf der anderen.

Aber so einfach ist die Sache nicht.

Wenn man die Haltung der Menschen gegenüber Eulen eindimensional betrachtet, läuft man nach Ansicht von Felice Wyndham Gefahr, sie in Schubladen zu stecken. »Mich fasziniert vor allem, dass es für viele Menschen keine eindeutige Unterteilung gibt. Alles vermischt sich. Fantasie und empirische Beobachtung, poetische Bedeutung und praktische Anwendung, Verehrung und Furcht. Wenn es um Eulen geht, kannst du das nicht voneinander trennen.«

In vielen Teilen der Welt werden Eulen mit Hexerei und Krankheit in Verbindung gebracht, man schätzt sie aber auch wegen ihrer Bedeutung für die Bekämpfung von Nagetieren. In den mittelamerikanischen

Kulturkreisen gelten sie häufig als schlechtes Omen und Vorboten des Todes, sie kommen aber auch als Teil von Personennamen vor, und für Jäger sind sie ein Vorbote, dass gutes Wild in der Nähe ist. In der Noongar-Kultur werden sie traditionell als Schöpferwesen verehrt, Eulen und eulenähnliche Nachtvögel werden aber auch zusammenfassend als *mopok warra* bezeichnet, was so viel wie schlecht oder gefährlich bedeutet. Bei den Mapuche symbolisieren Eulen in manchen mündlich überlieferten Geschichten die Angst vor dem Unbekannten und Unzähmbaren, in anderen sind sie aber auch wohlwollend und weise.

Mir geht es darum, dass nur wenige Tiere eine so ungeheuer ambivalente, komplizierte Beziehung zu den Menschen haben. Von der Folklore bis zur Kunst werden sie verehrt und verteufelt, gelten als klug und dumm und werden mit zerstörerischer Hexerei ebenso in Verbindung gebracht wie mit Heilung. Manchmal symbolisieren sie zwei Gegensätze gleichzeitig. Und manchmal sind sie einfach nur ... Vögel.

»Eulen haben für viele Menschen eine gewaltige Macht«, sagt Wyndham. »Sie sprechen unsere tiefsten Gefühle an. Das wahre Bild, das wir im Kopf behalten müssen, zeigt eine Ordnung von Vögeln, die unseren ganzen moralischen Kompass überspannt, von spirituellen Wesen über ein verhasstes Omen bis zu hochgeschätzten Symbolen der Weisheit.«

Es ist wichtig, das alles zu verstehen, unter anderem um das reichhaltige Spektrum der menschlichen Einstellungen gegenüber Eulen zu begreifen, zum Teil aber auch, weil es Folgen hat. Die Ansichten der Menschen sind nicht einfach. Die Folgerungen für den Schutz der Eulen auch nicht.

9

Was die Eulen sagen

Wie klug sind Eulen?

Ein Streifenkauz

Spätsommer in den südlichen Appalachen. Ein schmaler Pfad windet sich zwischen den gelb gefärbten Eichen und Hickorybäumen und weiter bergauf zwischen Kiefern und Tannen. Eulen sind nicht zu sehen, aber ich weiß, dass sie hier sind. Der Wald ist voll von ihnen. Streifenkäuze, Virginiauhus, Ostkreischeulen und – wie ich jetzt erkenne – auch Sägekäuze.

Eulen haben meine Sichtweise für diese Landschaft verändert. Baumstümpfe und gefällte Bäume sind jetzt für mich keine unnützen

Überbleibsel mehr, sondern Kinderstuben und Abflugrampen für heranwachsende junge Eulen, und die strauchbewachsenen Gräben sind kein ökologisches Ödland, sondern Rückzugsorte für rastende Vögel. Mir ist, als hätte ich auf einem Baumstumpf eine Kreischeule gesichtet, aber es ist nur ein abgebrochener Zweig, der glaubwürdig eine Eule nachahmt. Ha! Den Spieß umzudrehen, ist erlaubt.

Ich bleibe stehen und lausche. Es ist heller Tag. Die Eulen sind still. Sie sehen mich, bleiben aber selbst ungesehen – sie sind so gut versteckt, dass sie meinem Blick auch dann entgehen, wenn sie nur wenige Meter entfernt sind.

Während ich dieses Buch geschrieben habe, ist mein Erstaunen über die Vögel gewachsen. Eulen sehen, was wir nicht sehen. Sie hören, was wir nicht hören. Sie fordern uns auf, Anblicke und Geräusche zu bemerken, die ansonsten unbemerkt bleiben würden. Mit ihrer stillen, subtilen Gegenwart und ihrer Tarnfärbung weisen sie uns darauf hin, wie wichtig es ist, in der Welt nicht aufzufallen, sondern sich in sie einzufügen. Für Eulen ist Unsichtbarkeit Abwehr oder Verkleidung; für uns ist sie ein Privileg, das uns – wenn wir Glück haben – den Anblick einer Eule verschaffen kann.

Eulen lehren uns, was wir von einem Tier lernen können, wenn wir einfach zuhören. Sie zeigen uns, wie charakteristisch sie als Individuen sind, wie eigenwillig mit ebenso viel Charakter, wie auch wir ihn besitzen, und mit einem ganzen Spektrum von Gefühlen und Emotionen, die sie oft auf zutiefst unterschätzte Weise zum Ausdruck bringen. Sie sagen uns: Wenn ihr unsere Wahrheiten erkennen wollt, müsst ihr uns auf lange Sicht verstehen. Einen schnellen Blick zu erhaschen, reicht nicht. Wir glauben, wir wüssten etwas über sie, und dann – peng! – werfen sie unsere Theorien über den Haufen, um uns stattdessen veränderte oder gebrochene Regeln und unerwartete Eigenschaften anzubieten.

Kommen wir zu einem weiteren Beispiel für die neu entdeckten, rätselhaften Fähigkeiten von Eulen. Wie Forschende des israelischen Institute of Technology 2021 entdeckten, bauen Schleiereulen in einem Gehirnteil, den man Hippocampus nennt, mentale Landkarten ihrer Umgebung auf – und das, während sie fliegen.

Der Hippocampus hilft den Tieren, sich in ihrer Umgebung zurechtzufinden. Bei uns Menschen bildet er die Grundlage für unseren Richtungssinn, den Ortssinn und unsere Fähigkeit, unsere Erinnerungen an Lebenserfahrungen zu organisieren. Er enthält »Ortszellen«, Neuronen, die gezielt an bestimmten Stellen auf einem Weg ihre Impulse abgeben. Wir gehen aus der Küche ins Wohnzimmer, und die einzelnen Ortszellen werden aktiv, um eine Landkarte der Route in unserem Hippocampus zu codieren. Legen wir den Weg ein zweites Mal zurück, geben die Ortszellen in derselben Reihenfolge erneut ihre Impulse ab. Auf diese Weise wird im Gehirn eine Art strukturelles Ortsgedächtnis aufgebaut. Diese kognitive Landkarte kann man studieren, wenn man bei Tieren, die einen Raum erkunden, die Impulse einzelner Neuronen misst.

Früher glaubte man, Ortszellen und mentale Landkarten gebe es nur bei Säugetieren wie Menschen, Nagern und Fledermäusen. Vögel besaßen sie angeblich nicht. Dann fand man aber aktive Ortszellen auch im Gehirn eines Singvogels, genauer gesagt einer Grauhäubchenmeise, die über den Erdboden ging. Und jetzt hat man sie auch bei einer fliegenden Eule nachgewiesen. Das ist durchaus plausibel, wenn man daran denkt, dass eine Eule mit ihrem Revier vertraut sein muss. Die Schleiereule »greift stark auf Erinnerungen zurück, um zu strategischen Standplätzen und nachts zu ihrem Sitzplatz zu navigieren«, schreiben die Forschenden. »Wir vermuten, dass die Fähigkeit der Eule, zu jagen und sich in nahezu völliger Dunkelheit zurechtzufinden, teilweise durch ein außergewöhnliches, im Hippocampus angesiedeltes räumliches Gedächtnis möglich gemacht wird.«

Milan Ružić hatte also recht: Die Waldohreulen von Kikinda wussten offensichtlich genau, wohin sie flogen. Wahrscheinlich haben sie eine mentale Landkarte im Kopf – wieder einmal eine Superfähigkeit der Eulen.

DIE ENTDECKUNGEN DER Eulenforschung vertiefen unsere Kenntnisse und steigern unser Staunen. Aber immer noch gibt es vieles, was wir nicht wissen. Ich muss daran denken, wie wenig über Zahl und

Wanderungsbewegungen vieler Eulenarten bekannt ist. Oder über ihre komplexe Art der Kommunikation, der Nahrungssuche und des Schlafes. Oder darüber, wie eine Eule sich selbst fliegen hört und das Geräusch unterwegs anpasst oder wie Schnee-Eulen die großen Lemmingepopulationen finden, mit denen sie die Zeit von einer Brutsaison zur nächsten überstehen. Oder in welcher Höhe die Sägekäuze fliegen oder wie Zwergkäuze, die das Fliegen noch nie geübt haben, geradewegs aus der Höhle aufsteigen. Oder übrigens auch, wie schlau Eulen eigentlich sind.

Ein Bartkauz wirkt geradezu wie das Sinnbild der »weisen alten Eule«: Sein Kopf ist riesengroß, die Augen leuchten, der Körper neigt sich auf der Sitzstange in einem Winkel von 45 Grad nach vorn, als wäre er ungeheuer neugierig oder interessiert. Haben solche Ausdrucksformen irgendwelche wahren Hintergründe?

Die Frage nach dem »alt« ist nach wie vor nicht geklärt. In freier Wildbahn können Eulen zwar bis zu 25 Jahre leben, meist haben sie aber eine wesentlich kürzere Lebensdauer. Große Eulenarten leben länger als kleine. Aber die Einzelheiten kennen wir noch nicht. Schwieriger ist die Frage nach ihrer »Weisheit«. Was haben Eulen uns über ihre Intelligenz gelehrt? Wie weise sind sie wirklich? Existiert ihre Weisheit nur in unserer Fantasie? Oder ist ihre Intelligenz ein reichhaltiges, unbekanntes Terrain für weitere Forschungsarbeiten?

Früher hielten wir alle Vögel für instinktgesteuerte fliegende Automaten mit einfachem Geist, und ihr Gehirn galt als so klein und primitiv, dass sie nur zu den allereinfachsten mentalen Prozessen in der Lage zu sein schienen.

Das Gehirn einer Eule würde wie das der meisten Vögel leicht in eine Walnuss passen, eine Tatsache, die den Anlass zu dem abschätzigen Begriff *Spatzenhirn* gab. Seit geraumer Zeit wissen wir aber, dass die Gehirngröße nicht das einzige und noch nicht einmal das wichtigste Maß für Intelligenz ist. Außerdem haben die meisten Eulen wie wir Menschen im Verhältnis zu ihrer Körpergröße ein relativ großes Gehirn. Über das Warum stellten Forschende kürzlich eine Vermutung an: Danach liegt es an der Brutpflege – Eltern füttern ihre

Ein Bartkauz

Jungen während einer entscheidenden Entwicklungsphase. Als vor rund 65 Millionen Jahren die Gruppe der »Kernlandvögel« (Singvögel, Papageien und Eulen) entstand, so die Theorie, brachte sie etwas Außergewöhnliches mit: Nesthocker, das heißt Junge, die in einem relativ unentwickelten Zustand schlüpfen und von den Eltern versorgt werden müssen. Mit diesem Merkmal ging eine umfangreiche Brutpflege einher, und das wiederum führte bei manchen Abstammungslinien der Vögel, so bei Papageien und Rabenvögeln (Raben, Krähen und ihre Verwandten), aber auch bei den Eulen zur Entwicklung eines besonders großen Gehirns.

Neben der Größe stützte sich die abschätzige Betrachtung des Vogelgehirns auch auf einen vermeintlichen Unterschied in der Architektur: auf das scheinbare Fehlen einer in Schichten aufgebauten Großhirnrinde. Die Neuronen in dem hirnrindenähnlichen Teil des Vogelgehirns (dem »Pallium«) sind in kleinen Klumpen angeordnet, die wie eine Knoblauchzehe aussehen; unsere Neuronen dagegen bilden Schichten wie in einer Lasagne. Man glaubte, ein Tier könne nur intelligent sein, wenn seine Hirnrinde in Schichten aufgebaut ist. Neue Forschungsarbeiten zeigen jedoch, dass das Pallium der Vögel in seinem Aufbau weitaus stärker der Großhirnrinde der Säugetiere ähnelt, als man sich ursprünglich vorgestellt hatte.

Wie man außerdem entdeckt hat, ist für ein intelligentes Gehirn unabhängig von seinem Aufbau vor allem die Dichte der Nervenzellen oder Neuronen von Bedeutung. Das Gehirn der Vögel mag insgesamt klein sein, wie sich aber herausgestellt hat, ist es bei vielen Arten dicht mit Neuronen vollgepackt, und zwar mit kleinen Neuronen. Deshalb verfügt das Gehirn mancher Vögel, beispielsweise der Papageien und Rabenvögel, über mehr Informationsverarbeitungseinheiten als die meisten Säugetiergehirne und damit über die gleichen kognitiven Fähigkeiten wie das Gehirn von Klein- und sogar Menschenaffen. Je mehr Neuronen das Pallium eines Vogels enthält, desto besser ist es unabhängig von Gehirn- oder Körpergröße zu komplexen Kognitions- und Verhaltensleistungen in der Lage.

Von entscheidender Bedeutung für die Intelligenz sind auch die Verknüpfungen zwischen den Neuronen, ihre Verdrahtungs- und Netzwerkeigenschaften. In dieser Hinsicht unterscheidet sich das Gehirn der Vögel nicht sehr stark von unserem eigenen – manche neuronalen Leitungsbahnen sind sich sehr ähnlich. Die Leitungsbahnen, mit denen Singvögel beispielsweise ihre Lieder erlernen, ähneln stark denen, die wir beim Sprechenlernen nutzen. Krähen bedienen sich der gleichen neuronalen Schaltkreise, mit denen wir die Gesichter anderer Menschen erkennen.

Die Mauern der Unterschiede zwischen unserem Gehirn und dem der Vögel fallen immer mehr in sich zusammen. Die letzte betrifft die Fähigkeit des Bewusstseins. Eine Studie an Aaskrähen aus dem Jahr 2020 legt die Vermutung nahe, dass das Vogelgehirn die neuronalen Grundlagen für ein Bewusstsein besitzt. »Das Fundament ist überall vorhanden, wo ein Pallium ist«, sagt die Neurowissenschaftlerin Suzana Herculano-Houzel.

Das alles macht demütig und lässt darauf schließen, dass wir über die Intelligenz der Vögel noch vieles lernen müssen.

UND DIE EULEN? Der Teil ihres Gehirns, der unserer Großhirnrinde ähnelt, ist zum größten Teil – ungefähr 75 Prozent – dem Sehen und Hören vorbehalten. Damit bleibt vermutlich nur ungefähr ein Viertel für andere Zwecke.

Vor nicht allzu langer Zeit stellten Forschende bei Bartkäuzen einen klassischen Intelligenztest an. Das sogenannte Strippenziehen dient allgemein dazu, bei Säugetieren und Vögeln die Problemlösungsfähigkeiten zu erforschen. Dabei müssen Tiere begreifen, dass eine Belohnung in Form von Futter in ihre Reichweite kommt, wenn sie an einem Faden ziehen. Krähen und Raben bestehen den Test ohne Weiteres. Wie sich aber in einem Experiment herausstellte, begreifen Bartkäuze, denen man eine einzelne, mit einem Köder versehene Schnur präsentiert, die physikalische Beziehung zwischen den beiden Gegenständen nicht: Ihnen war nicht klar, dass sich das Futter in ihre Richtung bewegt, wenn sie an der Schnur ziehen.

Aber ist das eigentlich ein fairer Test für die Intelligenz einer Eule? Gail Buhl bemerkt dazu: »Das ist ungefähr so, als würde man einem Kaninchen, einem Fisch oder einer Antilope sagen, sie müssten auf einen Baum klettern, um den Intelligenztest zu bestehen.«

Eulen sind vielleicht nicht auf die gleiche Weise schlau wie Krähen oder wie wir, die wir technische Lösungen für physikalische Probleme entwickeln oder die physikalischen Zusammenhänge zwischen Objekten begreifen. Aber möglicherweise deutet das nur auf die Grenzen unserer eigenen Definitionen und Maßstäbe für Intelligenz hin.

Ein Symbol für Weisheit ist der Steinkauz, der Begleiter der antiken griechischen Weisheitsgöttin Athene. Pavel Linhart macht darauf aufmerksam, dass an dieser Einschätzung etwas dran sein könnte. Die Steinkäuze, die er studiert, erkennen Menschen: Sie unterscheiden zwischen den Bauern, die sie jeden Tag mehrmals sehen, und den Forschenden, die sie manchmal beringen, ihre Nistkästen überprüfen oder sie durch das Fernglas beobachten. In Gegenwart von Menschen dieser beiden Gruppen verhalten sie sich unterschiedlich. Bei den Bauern sind sie entspannt und fliegen nicht so schnell davon wie bei den Ornithologen. »Diese Eulen sind auch sehr neugierig und untersuchen ihre Umgebung«, sagt er; damit sind sie unter Umständen durch bestimmte Fallen im Umfeld menschlicher Siedlungen gefährdet: In senkrechte Rohrleitungen, Luftschächte, Heubläser, Schornsteine und ähnliche Öffnungen können sie eindringen, aber sie finden nicht wieder heraus. (Neugier kann also für eine Eule auch tödlich sein.)

Fragt man den Ornithologen Rob Bierregaard, ob Eulen schlau sind, erzählt er eine Geschichte über wilde Streifenkäuze. Er trainiert die Vögel darauf, bei einem Pfiff zu ihm zu kommen, sodass er sie mit einem GPS-Tracker ausstatten oder ihnen das Gerät wieder abnehmen kann. »Ich setze eine Maus auf den Rasen, und wenn sie dann kommen und das Tier fangen, pfeife ich«, erklärt er. »Dann setze ich eine andere Maus hin und pfeife, wieder eine andere Maus und pfeife. Nach drei Mäusen kommen sie allein auf das Pfeifen.« Das lernen die Eulen innerhalb eines Tages, und es dauert nie länger als drei Versuche, bis ein Vogel vollständig trainiert ist. »Ich hatte schon Vögel, die haben einen Tag nach dem Training auf mich gewartet«, sagt er. »Meine Einschätzung ihres IQ basiert also darauf, wie schnell sie lernen, dass ein Pfeifen gleichbedeutend mit einer kostenlosen Maus ist.«

Bierregaard erinnert sich noch an eine Eule, die ein beeindruckendes Erinnerungsvermögen für das Training besaß. »Wir haben ihn Houdini genannt, denn er hat sich aus jeder Falle befreit, die wir aufgestellt hatten«, berichtet er. »Drei oder vier Jahre nachdem ich Houdini zum ersten Mal mit Mäusen angelockt hatte, bin ich wieder in seinen Wald gegangen und habe nach ihm gesucht. Ich habe gepfiffen, und schon kam er an. Es war Jahre her, dass ich dort im Wald gewesen war, und doch konnte er sich an den Pfiff erinnern!«

»Wenn du das alles zusammennimmst, kannst du vermutlich selbst einschätzen, wie intelligent Eulen sind.«

Außerdem sind insbesondere junge Eulen nach seinen Worten sehr verspielt. Nach den Vermutungen der Fachleute hängt das Spielen von der Kognition ab, und Arten mit einem relativ großen Gehirn spielen häufiger. Zu erkennen oder zu definieren, wann Tiere spielen, ist nicht einfach, aber in der Evolutionspsychologie hat man dafür eine Reihe von Kriterien aufgestellt. Beim Spielen handelt es sich demnach um übertriebene, eigenartige und unpassende Aktivitäten, die keine Funktion erfüllen und sich häufiger wiederholen. Es ist im Allgemeinen spontan, zielgerichtet, angenehm und lohnend; begonnen wird es nur, wenn ein Tier entspannt ist. »Wir haben Videos, auf denen Eulen sich im Nest auf Federn stürzen und herumspringen«, sagt Bierregaard. »Das erfüllt keinen erkennbaren Zweck. Es ist nur Verspieltheit.«

Nach Bierregaards Ansicht ist die Verspieltheit der Streifenkäuze in manchen Fällen auch der Grund, warum sie sich auf Jogger und Fahrradfahrer stürzen, die in Städten und Wohnvierteln unterwegs sind. In der Regel, so erklärt er, ereignen sich solche Zwischenfälle im Spätsommer und Frühherbst. »Dann erreicht uns eine ganze Welle von Berichten, wonach Menschen von Eulen angegriffen wurden. Ich glaube, das waren einfach junge Eulen, die spielen wollten. Einmal habe ich mit einem Tierschützer gesprochen, der mehrere junge, verwaiste Eulen großzog und sie rund um sein Haus frei fliegen ließ. Er hat berichtet, dass die jungen Eulen im Spätsommer und Frühherbst hinausflogen und auf Leute eingehackt haben, die auf dem Fahrrad oder beim Joggen vorbeikamen – sie wollten sozusagen Fangen spielen. Aber wenn du mit einer Eule Fangen spielst, die sehr scharfe Krallen hat, macht es natürlich keinen Spaß, wenn sie dich zu fassen kriegt.«

Nach den Beobachtungen von Gail Buhl beschäftigen sich ausgewachsene Eulen in Gefangenschaft mit Gegenständen, mit denen man die Umwelt in ihren Gehegen angereichert hat. Sie greifen mit den Füßen vielleicht nach Toilettenpapier-Pappröhren oder Eierkartons, schleppen sie herum und reißen sie auseinander – und zwar unabhängig davon, ob im Inneren Futter versteckt ist. »Viele kleine Eulen tragen nachts Spielzeuginsekten aus Plastik herum«, sagen sie. »Sie versuchen nie, die Dinger zu fressen, aber morgens finden wir das Spielzeug an allen möglichen Stellen – manchmal ist es zusammen mit übrig gebliebenem Futter abgelegt oder es wird allein versteckt oder einfach an einem anderen Sitzplatz zurückgelassen.«

Karla Bloem berichtet, dass auch die Schleiereule, die am International Owl Center in Gefangenschaft lebt, nachts ein wenig spielt. »Sie hat ausgestopfte Tiere, und nachts fliegt sie und stößt das Spielzeug überall herum«, sagt sie.

Man könnte die Ansicht vertreten, dass das Stoßen und Springen und das Herumtragen von Plastikinsekten nur Jagdverhalten ist. Bierregaard macht allerdings auf ein YouTube-Video aufmerksam, das eine Schleiereule in Spanien zeigt: Der Vogel spielt mit einer schwarzen Katze. Die beiden Tiere sitzen nebeneinander, um sich dann plötzlich zu balgen, zu stoßen und zu schubsen und sich anschließend ebenso schnell wieder einträchtig zu beschnüffeln. »Das hat mich umgehauen«, sagt er. »Ich hatte gedacht, dass Schleiereulen unter allen Eulen am wenigsten zum Spielen neigen. Aber dass diese Tiere spielen, ist klar.«

Jim Duncan spielt manchmal mit seiner Waldohreule Rusty und seinem Bartkauz Oska, wenn er sie füttert. Er stellt Tassen mit daran befestigten Fäden verkehrt herum auf und versteckt unter einer davon das Futter, eine tote Maus. Rusty begreift das Spiel offenbar nicht, »und wenn die Maus unter der Tasse nicht zu sehen ist, bedeutet das für ihn: Ach, die Maus ist weg«. Oska dagegen fliegt selbst dann, wenn die Maus ganz und gar versteckt ist, herüber und macht sich daran, die richtige Tasse hochzuheben.

In freier Wildbahn hat Duncan aber bei nistenden Bartkäuzen andere offensichtlich kluge Verhaltensweisen beobachtet. Nachdem die Jungen selbst ihre Körpertemperatur regulieren oder erstmals geflogen sind, verlässt das Weibchen die Familie und geht auf die Jagd, um zu fressen und das Gewicht anzusetzen, das sie während des Brütens verloren hat. (Das Futter, das vom Männchen herangeschafft wird, geht zum größten Teil so schnell wie möglich an die Jungen, um diesen optimale Überlebenschancen zu verschaffen.) Sie jagt aber nur außerhalb des Jagdreviers ihres Männchens, damit sie den Jungen keine Nahrung wegnimmt. In einem Nest wurde das Männchen von einem Auto überfahren, kurz bevor das Junge flügge war. Daraufhin flog das Weibchen nicht fort, sondern blieb bei dem Jungvogel und fütterte ihn. »Dann hat sie etwas Faszinierendes getan«, sagt Duncan. »Sie hat sich langsam einer anderen Familie genähert, in der das Männchen seine Jungen gefüttert hat und das Weibchen bereits weggeflogen war. In dieser Nachbarfamilie hat sie ihr verwaistes Junges untergebracht. Es wurde nun zusammen mit den beiden anderen Jungen des Männchens gefüttert, sodass sie wegfliegen und Futter für sich selbst suchen konnte.«

Als ich mich bei Gail Buhl und Lori Arent nach der Intelligenz von Eulen erkundigte, sagte mir Buhl, ihre Ansichten darüber hätten sich ungefähr während der letzten zehn Jahre grundlegend geändert.

»Früher haben wir davon geredet, wie wenig intelligent Eulen sind«, sagt sie. »Sie hatten großartige Anpassungen zum Überleben und brauchten nicht viele Intelligenzleistungen zu vollbringen. Wir glaubten, sie würden im Wesentlichen instinktiv handeln und nicht lernen. Aber in dieser Hinsicht habe ich eine vollständige Kehrtwende vollzogen. Eulen kommen sicher mit vielen notwendigen Hilfsmitteln auf die Welt, aber sie lernen auch während ihres ganzen Lebens. Ihr Überleben hängt davon ab. Für das, was wir in der Tierwelt als Intelligenz bezeichnen, gibt es ein ununterbrochenes Spektrum. Und ein solches Spektrum gibt es auch bei den Eulenarten – oder einfach Unterschiede.« Arent macht darauf aufmerksam, dass junge Bartkäuze ungefähr ein halbes Jahr bei ihren Eltern bleiben und Überlebensfähigkeiten erlernen, »und wenn sie irgendwann in dieser Zeit verstoßen werden, verhungern sie«, sagt sie. »Dann gibt es andere wie die Streifenkäuze, die nur sechs Wochen bei den Eltern bleiben – wenn überhaupt – und dabei die gleichen Fähigkeiten erlernen. Sie haben anscheinend eine schnellere Auffassungsgabe.«

»Aber im Allgemeinen sind Eulen hochintelligent«, sagt Arent. »Ich glaube, wir haben eine einseitige Vorstellung davon, was Intelligenz ist. Und zu Tieren können wir eine Beziehung nur auf der Grundlage dieser vorgefassten Ansichten herstellen. Eulen haben eine andere

Denkweise. Oder – man kann es auch so formulieren – sie haben eine andere Art zu lernen. Und die beherrschen wir Menschen einfach noch nicht.«

Eulen geben uns also einen Anlass, nach neuen Definitionen für die Intelligenz von Tieren zu suchen. Ich muss daran denken, wie eine Ponderosaeule den Stachel eines Skorpions entfernt, bevor sie den Skorpion ihren Jungen zu fressen gibt. Oder wie eine junge Waldohreule in Kikinda von ihresgleichen lernt, dass die Menschen, die sich auf dem zentralen Platz herumtreiben, keine Gefahr darstellen. Oder wie Kalifornienzwergkäuze »herausgefunden haben«, dass gleichzeitiges Schlüpfen die Methode einer erfolgreichen Fortpflanzung ist. Oder wie ein Bartkauz bei knappen Beutetieren seine Flexibilität unter Beweis stellt und das Nest eines Rotschwanzbussards aufsucht, das sich 30 Meter hoch in einer Kiefer befindet.

Es stimmt, ein großer Teil des Eulengehirns ist dafür vorgesehen, sich in einer dunklen Umgebung zurechtzufinden. Aber verleiht ihnen das nicht eine eigene Form von genialer Begabung, eine verblüffende Fähigkeit, sich mit einer Geschicklichkeit und Gewandtheit, von der wir nur träumen können, in ihrer nächtlichen Welt zu orientieren?

Ich muss auch an eine faszinierende neue Studie zum Verhalten von Kaninchenkäuzen denken: Sie zeigte, was geschieht, wenn diese Eulen städtische Gebiete besiedeln. Der Städtebau raubt vielen Eulenarten gute Lebensräume, aber manche, darunter Streifenkäuze, Kreischeulen und Kaninchenkäuze, nehmen solche Regionen erfolgreich in Besitz. Wie sich in Studien gezeigt hat, lassen sich Eulen, die sich von Insekten ernähren, in den Städten von den Straßenlampen anlocken und nisten in der Nähe, um sich eine leichte Mahlzeit zu verschaffen. In einer Studie aus dem Jahr 2020 machte ein Team von Forschenden des Max-Planck-Instituts für Ornithologie eine faszinierende Entdeckung: Sie verglichen die Genome von Kaninchenkäuzen, die in Südamerika in städtischen und ländlichen Gebieten lebten, und stellten dabei fest, dass die Stadtvögel, die erst seit wenigen Jahrzehnten die Städte besiedelten, bereits in 98 Genen neue Varianten besaßen, die für kognitive Funktionen von Bedeutung sind – die Evolution dieser Gene könnte also für die Anpassung an das städtische Umfeld durchaus eine wichtige Rolle spielen.

Diese Studie macht, was Eulen angeht, Hoffnung. Biologen sprechen von der »Plastizität« in Kognition und Verhalten von Tieren. Innerhalb der Eulenpopulationen gibt es eine Variationsbreite, Anpassungsfähigkeit und Findigkeit, mit der zumindest manche Individuen flexibel auf Umweltveränderungen reagieren können.

Denken wir noch einmal an die Waldohreulen, die sich in städtischen Gebieten Serbiens in großer Zahl auf Sitzplätzen niederlassen. »Am besten sind diejenigen Vögel an die Tätigkeit der Menschen angepasst, die es mit ihren Genen weitergeben«, sagt Milan Ružić. »Auf diese Weise prägen solche Sitzplätze die Spezies. Durch die Gegenwart von Menschen in der Natur, durch Veränderung von Lebensräumen und Klima spielt sich die Evolution viel schneller ab, als es sonst der Fall wäre. In Zeiten wie diesen müssen Arten sich entweder anpassen oder sie sterben aus. Was wir derzeit mit den großen Sitzplätzen in städtischen Gebieten erleben, muss auf lange Sicht nichts Positives sein. Vielleicht würden die Eulen besser überleben, wenn sie nie mit uns in Kontakt gekommen wären. Aber das wissen wir nicht, denn wir befinden uns mitten in der Entwicklung.«

Ebenso muss ich an die versprengten Schnee-Eulen denken, die sich am Ende schließlich erstaunlich weit im Süden wiederfinden. Das mag Zufall sein, eine Folge von Unerfahrenheit oder schlechter Orientierung. Für manche Zugvögel bieten aber solche »Extratouren« auch die Möglichkeit, einem Mangel an Beutetieren, dem von Menschen gemachten Klimawandel oder der Zerstörung ihres Lebensraums zu entgehen. Statt in unbewohnbaren Regionen zu bleiben und sich einer potenziellen Katastrophe auszusetzen, erkunden einige Pioniere neue Orte. So könnte es auch bei den Eulen sein. Die Fähigkeit, im Laufe eines Lebens flexible Entscheidungen zu treffen, zu lernen, Strategien zu verändern, zu erkunden und sich anzupassen – wie es den Kaninchenkäuzen in den Städten in bemerkenswert kurzer Zeit gelungen ist –, kann man sicher als eine Art von Intelligenz bezeichnen. Und das gibt angesichts der katastrophalen Veränderungen, die sich in unserer Welt abspielen, einen gewissen Anlass zum Optimismus.

Für mich sieht es so aus, als würden die Eulen uns zeigen, wie Vögel Intelligenz *verkörpern* können – mit ihren Augen und Ohren, ihrer Farbe und ihrem Flug, ihrem Gedächtnis und ihrer Geschicklichkeit bei der Jagd, mit ihrer Flexibilität, Vielschichtigkeit, Kreativität und Einsicht.

Und sie zeigen uns auch, wie Tiere uns auf Wegen, die wir uns nie hätten träumen lassen, wirtschaftlich, ökologisch und kulturell dienen können.

An den verschiedensten Orten von Kalifornien über Serbien und die Niederlande bis nach Indien profitieren Bauern und Winzer von den Schleiereulen, weil diese die Ratten- und Mäusepopulationen in Schach halten. In Chile, Argentinien und anderen Ländern dezimieren verschiedene Eulenarten – Rotfuß- und Australzwergkäuze, Magellanuhus und Schleiereulen – die Population der Reisratten, die Hantaviren übertragen, und schützen so die Gesundheit der Menschen.

Als »Wölfe des Himmels« stehen Eulen an der Spitze der Nahrungskette und erfüllen damit eine wichtige ökologische Funktion: Sie verhindern, dass Nager und andere Beutetiere gegenüber anderen Arten überhandnehmen, halten das ökologische Gleichgewicht aufrecht und sorgen dafür, dass die Ökosysteme intakt bleiben. Sie zeigen uns, wie alle Lebewesen untereinander in Verbindung stehen. Wo wären die Eulen ohne Spechte, die ihnen ihre Höhlen bohren, und ohne die Habichte und Krähen, die ihnen ihre Nester bauen? Und wo wären die nistenden Rothalsgänse, wenn sie nicht von Schnee-Eulen beschützt würden?

Wie bitte? Schnee-Eulen schützen eine Spezies von Beutetieren? Ich weiß, das würde man nicht denken. Aber mit ihrer aggressiven Nestverteidigung bieten manche Eulen auch anderen, in der Nähe nistenden Vogelarten einen gewissen Schutz vor natürlichen Feinden. Schnee-Eulen tolerieren in der Nähe ihrer Nester weder Raubmöwen noch Polarfüchse, und in Studien hat sich gezeigt, dass Rothalsgänse sich erfolgreicher fortpflanzen, wenn sie ihre Nester in der Nähe der großen, aggressiven Eulen bauen. Eines ähnlichen Nutzens erfreuen sich auch Singvögel, die in Finnland unter dem »Raubtierschutz« der Habichtskäuze nisten. Die Eulen verteidigen ihr eigenes Nest, vertreiben dabei Nesträuber und fressen auch andere natürliche Feinde in ihrem Revier, darunter Krähen und Wiesel. Die Schutzwirkung macht sich noch mehrere Hundert Meter vom Nest entfernt bemerkbar. Was für eine liebenswürdige Umkehr der traditionellen Vorstellungen von Räuber-Beute-Beziehungen!

Eulen können als natürliche Botschafter für den Schutz der Lebensräume dienen. »Die Menschen sprechen wirklich darauf an«, sagt Denver Holt. Zumindest gilt das in manchen Teilen der Welt. »Wenn wir uns bemühen, Graslandschaften, Tundra, Wüste oder Wald zu erhalten, und dann lebt dort eine Eulenart und ist auf den Lebensraum angewiesen, können wir mit ihrer Hilfe die Botschaft rüberbringen.«

Außerdem eröffnen Eulen erstaunliche Einblicke in die ökologische Vergangenheit. Den Gedanken warf Anthony Doerr in seinem wunderbaren Roman *Wolkenkuckucksland* auf. In der keimfreien virtuellen Welt, für deren Schaffung die Hauptfigur des Buches bezahlt wird, untergräbt diese immer wieder das System, indem sie die Wahrheit in Form kleiner Eulen einschmuggelt: »in Eulengraffitti, eulenförmigen Trinkwasserbrunnen, einem Fahrradfahrer im Frack mit einer Eulenmaske«, schreibt Doerr. »Finde eine dieser Eulen, berühre sie, und du schiebst die gesäuberten, polierten Bilder zur Seite und legst die ursprüngliche Wahrheit darunter frei.«*

Das alles hat eine tiefere Bedeutung. Eulen mögen ein Spiegel unserer Seele sein, sie bieten aber auch einen Einblick in das Leben längst vergangener Zeiten.

Als der australische Ökologe Rohan Bilney in den Höhlen und unter den Felsüberhängen von Gippsland in Australien auf eine knietiefe Schicht von Eulengewöllen stieß, hatte er eine Informations-Goldader

* Doerr, Anthony: *Wolkenkuckucksland*, München: C.H.Beck 2021, S. 507.

entdeckt. Die Überreste gehörten zu Rußeulen, einer besonders rätselhaften Art, die ihre Geheimnisse gut bewahren kann, und waren Jahrhunderte oder sogar Jahrtausende alt. Ihr Inhalt zeichnete das Bild schneller Umweltveränderungen in Australien, die man nie in ihrem vollen Umfang verstanden hatte. Wie sahen die Säugetierbestände vor der Besiedelung durch die Europäer aus, vor den Veränderungen, die durch Rodung, Brandrodung, Weidetiere, exotische Pflanzenfresser, Holzgewinnung und eingeschleppte invasive Beutegreifer ausgelöst wurden?

»Über das alles wussten wir nur sehr wenig«, sagt Bilney. »Wegen der spärlichen historischen Informationen konnten wir die Größenordnung der Umweltveränderungen kaum abschätzen, und oft gingen wir dabei in die Irre.« Das gilt insbesondere für die Frage, wie die Veränderungen sich in Australien auf die Waldtiere auswirkten. Viele von ihnen sind klein und nachtaktiv, und die mangelnden Kenntnisse verzerrten auch die Wahrnehmung des derzeitigen Zustandes der Ökosysteme und behinderten geeignete Bewirtschaftungsmaßnahmen.

In den Eulengewöllen wies Bilney die Knochen und andere Überreste von mehr als 7500 einzelnen Säugetieren nach. Viele von ihnen sind heute in der Region ausgestorben, was auf einen gewaltigen Wandel in der Zusammensetzung der Kleinsäugerpopulation hindeutet. Unmittelbar vor der Besiedelung durch Europäer ernährten sich die Rußeulen in Gippsland regelmäßig von mindestens 28 Säugetierarten. Heute enthält ihr Speisezettel in der gleichen Region nur noch zehn Arten. Man wusste, dass in keinem anderen Land der Welt so viele Säugetiere ausgestorben sind wie in Australien, aber das Ausmaß des Niederganges und der Zerstörungen, die durch die europäische Besiedelung hervorgerufen wurden, hatte man beträchtlich unterschätzt. Die neuen Erkenntnisse verdanken wir den Rußeulen.

Aber Eulen leisten uns auch andere Dienste.

Priscilla Esclarski befragte im Rahmen von David Johnsons Projekt »Owls in Myth and Culture« neben vielen anderen Menschen eine Frau aus dem Süden Brasiliens, warum manche Menschen in ihrem Kulturkreis solche Ansichten über Eulen hatten. Darauf erwiderte die Frau: »Elas encantam o ambiente« – Weil sie die Umwelt verzaubern.

Eulen sind für uns nicht so allgegenwärtig wie Singvögel, jene schönen flatternden Blüten. Aber sie sind für uns auf eine tiefere Weise anwesend, nämlich da, wo in uns die Nacht lebt, und auch draußen im Dunkeln, wo sie das Unbekannte und Unergründliche verkörpern.

Indem Eulen in uns solche machtvollen Reaktionen auslösen, leisten sie uns einen kulturellen Dienst. »Sie rühren gewissermaßen im Topf der Menschen, sodass wir das ganze Spektrum der Erfahrungen und Gefühle erleben, dass wir uns gruseln, Ehrfurcht und Staunen empfinden«, sagt Felice Wyndham. »Auch das ist ein Dienst.« Außerdem erinnert es uns daran, wie wichtig es für Naturschützer ist, sich mit den Führungspersonen der indigenen Völker zu beraten, um alles einzubeziehen, was für die Menschen im Zusammenhang mit Eulen kulturell wichtig ist. »Naturschützer, die ihre Wurzeln nur in naturwissenschaftlicher Ausbildung haben und sich auf die Dienstleistungen der Ökosysteme konzentrieren, bleiben unter Umständen ständig in einem seichten Umfeld stecken. Der Sache auf den Grund gehen können sie erst dann, wenn sie sich mit den Ansichten der lokalen Gemeinschaften und ihren Beziehungen zu Eulen auseinandersetzen und sie respektieren.«

AN EINEM AUGUSTABEND bei Sonnenuntergang sah ich zu, wie ein Streifenkauz, der im Wildlife Center of Virginia versorgt worden war, freigelassen wurde. Die Auswilderung fand auf einem Berggipfel in der Nähe von Charlottesville statt. Es waren rund 250 Hektar bester Eulenlebensraum mit einem Mischwald, in dem es von kleinen Säugetieren wimmelte. Den jungen Streifenkauz hatte man ein paar Monate zuvor, Ende April, in das Zentrum gebracht. Nach der offiziellen Version war er aus einem Nest gefallen, aber in Wirklichkeit hatten Landschaftsgärtner den Baum gefällt, und die junge Eule war zu Boden gestürzt. Sie war erst wenige Wochen alt, und die Naturschützer aus dem Wildlife Center versuchten, sie wieder in ein Nest zu bringen – sie setzten sie in einen Osterkorb aus Weidengeflecht, den sie an einem Baum befestigt hatten. Aber von Mama und Papa war keine Spur zu sehen, und am nächsten Tag lag sie wieder auf dem Erdboden. Also brachten die Mitarbeitenden sie in das Zentrum und setzten sie zu fünf anderen jungen Streifenkäuzen und drei ausgewachsenen Vögeln.

Jetzt ist sie so weit, dass sie in die Wildnis zurückkehren kann. Karra Pierce, die Tierärztin des Zentrums, hat sie in einer Hundekiste zum Piney Mountain gebracht. Im Wildlife Center bemüht man sich, ausgewachsene Tiere an der Stelle auszuwildern, an der man sie gefunden hat. »Dann wissen sie bereits, wo sie jagen, schlafen und Wasser finden können«, sagt Pierce. »Diese hier lassen wir in einem guten Lebensraum frei, und dann müssen wir das Beste hoffen.« Sie ist in gutem Zustand und wohlgenährt, aber bis sie ergiebige Jagdgründe und sichere Stellen zum Rasten und Schlafen findet, wird einige Zeit vergehen.

Pierce setzt die Kiste an einer freien Stelle auf den Boden. Sie ist ein wenig nervös. »In der Vergangenheit ist nicht immer alles nach Plan gelaufen«, sagt sie. »Einen Adler haben wir mit großem Trara freigelassen, die Presse hat gewartet und eine Begrüßung in der Luft war geplant, aber dann hat er sich einfach im Unterholz verkrochen und ist nicht geflogen.«

Unsere kleine Gruppe hat sich im Halbkreis in einer gewissen Entfernung von der Kiste aufgestellt. Wir haben einen hervorragenden Blick vom Berg auf die Stadt unter uns, auf den Wald, der sich von dem Gipfel nach unten zieht, und auf die untergehende Sonne. Jemand fragt, ob wir ein Lied singen sollen oder so etwas. Nein, sagt Pierce. Am besten ist es, wenn wir möglichst wenig Geräusche machen. Je leiser wir sind, desto größer ist die Wahrscheinlichkeit, dass die Eule tut, was sie möchte und was Pierce möchte: davonfliegen und in ihr Leben in freier Wildbahn zurückkehren. Also stehen wir unbeweglich da und versuchen, uns so gut wie möglich unsichtbar zu machen.

Pierce öffnet die Kiste. Die Eule fliegt geradewegs heraus, flattert heftig und verschwindet im Wald. In einiger Entfernung von der Stelle, an der wir uns versammelt haben, aber immer noch in Sichtweite, setzt sie sich auf einen hohen Baum. »Sie ist so klug«, sagt Pierce. »Sie verschafft sich einen Überblick über das Land. Sie mag solche dichten Wälder. Vielleicht findet sie, dass dies ein guter Lebensraum und eine gute Heimat ist, aber wenn nicht, findet sie ihn woanders. Mit ein wenig Glück werde ich diesen Vogel nie wieder sehen.«

AM SELBEN ABEND versammelten sich Hunderte von Menschen im Central Park, um eine Totenwache für Barry zu halten, den geliebten Streifenkauz, der die New Yorker in seinen Bann gezogen hatte, bevor er starb. Die Menschen brachten Blumen mit und schrieben Nachrichten mit Kreide unter seinen Hemlockbaum am Ramble, wo er seinen Sitzplatz gehabt hatte.

Schweigend standen sie da, und obwohl der Vogel fehlte, war seine

Der Streifenkauz Barry

Gegenwart überall zu spüren. Ein Künstler zeichnete ein Porträt von ihm auf den Weg und schrieb dazu: »In einem Wald stirbt nichts für immer … Es verändert nur seine Form.«

Ob Barry nun dort war oder nicht, er hatte die Landschaft verzaubert. Und wie alle Eulen erinnert er uns daran, dass wir immer am Rand des Geheimnisvollen stehen.

NACHWORT

Schützt die Eulen

Bewahren, was wir lieben

Vögel gibt es auf unserem Planeten in dieser oder jener Form schon seit mehr als 100 Millionen Jahren. Im Laufe der Zeit haben sie sich zu einer atemberaubenden Artenvielfalt auseinanderentwickelt, von Löffelenten bis zu Schwalmen, von Pinguinen bis zu Tagschläfern, von Kolibris bis zu Hornvögeln, von Schirmvögeln bis zu Emus. Aber fast die Hälfte aller Vogelarten ist heute im Niedergang begriffen.

Wie steht es mit den Eulen? Welche Arten gedeihen? Welche haben Schwierigkeiten und warum? Was können wir tun, um sie zu retten?

Den Generalisten der Eulenwelt mit ihren großen Verbreitungsgebieten, den Streifenkäuzen, Habichtskäuzen und Ostkreischeulen, scheint es gut zu gehen: Ihre Bestände wachsen. Diese Vögel mit ihrer vielseitigen Ernährung und ihrer flexiblen Lebensweise werden sich fast überall bemühen, ihre Ernährung zu sichern, und gedeihen selbst in einem verdichteten, chaotischen städtischen Umfeld. Ihre Anpassungsfähigkeit und ihren Erfindungsreichtum bei der Nutzung der von Menschen geprägten Welt kann man als positive Zeichen deuten.

Andere, darunter Steinkäuze, Sägekäuze und Virginiauhus, halten angesichts des Wandels tapfer stand. Aber viele Eulenarten sind gefährdet, weil die großen alten Bäume verschwinden, in denen es früher Nisthöhlen gab, weil die großen Wiesen und Graslandschaften schrumpfen, die ihnen als Jagdreviere dienten, weil invasive Arten und Schädlingsbekämpfungsmittel sie bedrohen und weil der Klimawandel allgemein vielfältige Auswirkungen hat. Die Verlierer im Drama der Evolution und des Aussterbens sind vor allem die Spezialisten, die sich auf kleine ökologische Nischen und kleine geografische Verbreitungsgebiete beschränken, Inselbewohner, Arten, die auf den Wald angewiesen sind, und solche, die den größten Teil ihrer Lebensräume verloren haben.

Am stärksten gefährdet sind vielleicht Eulen, die auf Inseln zu Hause sind. Die meisten Eulenarten, die heute am Rande des Aussterbens stehen, sind Inselbewohner, darunter die Siau-Zwergohreule, ein winziger brauner Vogel mit Federohren, der ausschließlich an den Waldrändern auf der kleinen indonesischen Insel Siau vorkommt, und die Tasmanien-Schleiereule, die in großen Hohlräumen in den alten Eukalyptusbäumen der Insel nistet – eine schnell dahinschwindende Ressource.

Der Verlust der angestammten Lebensräume ist für die Eulenbestände die größte Bedrohung. In den letzten Jahrhunderten haben Städtebau, Waldrodung und landwirtschaftliche Erschließung viele Eulen ihrer Lebensräume in Wäldern und Graslandschaften beraubt. Was bleibt, wird häufig zerstört, weil einheimische Pflanzen von invasiven Arten verdrängt werden; das wiederum hat zur Folge, dass kleine Säugetiere, die sich von den einheimischen Grasarten ernähren, dezimiert werden, und mit ihnen verschwinden auch die Eulen, denen sie als Beute dienen.

Durch die Tätigkeit der Menschen werden nahezu alle Lebensräume der Eulen in isolierte, inselförmige Bruchstücke zerlegt, von den tropischen Waldlandschaften an der brasilianischen Atlantikküste bis zu den Graslandschaften von Montana. Das gefährdet die einheimischen Populationen, beispielsweise den Blewittkauz in Indien, den Kastanienmantel-Zwergkauz in Sri Lanka oder den Perukauz in den peruanischen Anden. Zwei erst kürzlich in Brasilien entdeckte Eulenarten, die Alagoas-Kreischeule und die Xingu-

Kreischeule, sind vom Aussterben bedroht. Auch die Bestände des gefährdeten Nördlichen Fleckenkauzes befinden sich trotz umfangreicher Schutzmaßnahmen auf einem Allzeittief. Die US-Forstbehörde hat vor Kurzem den Brasilzwergkauz als bedroht eingestuft. Der Kaninchenkauz steht in den Vereinigten Staaten auf der Liste der Arten von nationaler Besorgnis, weil seine Bestände auf den Großen Ebenen zurückgehen. In Kanada ist er vom Aussterben bedroht. Selbst die Waldohreule, die auf der offiziellen Roten Liste der gefährdeten Arten der internationalen Naturschutzunion als »nicht gefährdet« eingestuft wird, gerät manchen Berichten zufolge in einigen Regionen in Schwierigkeiten.

Tiefe Besorgnis herrscht im Zusammenhang mit der überirdisch schönen Schnee-Eule. Der weltweite Bestand dieser Vögel wurde vor zehn Jahren auf ungefähr 200000 Exemplare geschätzt, darunter getrennte Populationen, die in Russland und in den Nordwestterritorien Nordamerikas nisteten. Durch Satellitensender und genetische Untersuchungen wurde jedoch klar, dass die Zahl in Wirklichkeit wahrscheinlich viel niedriger liegt. Wie sich herausstellte, bilden die Schnee-Eulen keine getrennten Populationen, sondern ein einziger Bestand siedelt rund um die gesamte Arktis. So nistet dasselbe Vogelpaar unter Umständen in einem Jahr in Russland, im nächsten in den Nordwestterritorien und im dritten auf der Baffininsel. Heute liegt die Schätzung für die Population der Schnee-Eulen nur noch bei ungefähr 30000 ausgewachsenen Tieren, und die Spezies wird als gefährdet eingestuft.

Der Gedanke, dass die Schnee-Eulen, die so tief in unserer Seele verwurzelt sind, verschwinden könnten – dass wir einen solchen Zauber verlieren –, ist unvorstellbar und weist darauf hin, wie dringend wir alles in unserer Macht Stehende tun müssen, um diese Vögel zu retten.

Während ich diese Zeilen schreibe, sucht Denver Holt in der Nähe von Utqiaġvik in Alaska nach den Nestern von Schnee-Eulen. Die Region nordwestlich der Prudhoe Bay zwischen Tschuktschen- und Beaufortsee gilt seit Jahrzehnten als zuverlässigste Brutregion

Eine Schnee-Eule

für Schnee-Eulen in den Vereinigten Staaten. Holt kommt seit über 30 Jahren jeden Juni hierher. Er versucht zu begreifen, wie sich die Brutgewohnheiten der Schnee-Eulen entwickeln, und überwacht die Lemmingbestände. In manchen Jahren hat er bis zu 50 Nester gefunden. In den Jahren 2021 und 2022 war es jeweils nur eines. In jüngster Zeit waren fast alle leichten Erhebungen in der Tundra, die von den Eulen traditionell als Nistplätze genutzt werden, verwaist.

Nach Schnee-Eulennestern zu suchen, ist anstrengend. Die Arktis ist eine erbarmungslos fordernde Umgebung, selbst wenn ihre offene Landschaft im Sommer rund um die Uhr in Licht getaucht ist. Man muss bereit sein, sich auf ihre subtile Schönheit einzulassen, mit den bunten Flecken aus niedrigen Blumen, die sich über die Tundra verteilen, dem gelben Hahnenfuß oder dem rosa Läusekraut. Farley Mowat bezeichnete die Anziehungskraft der weiten arktischen Landschaft als eine Art Krankheit, als »Fieber, das keine Auswirkungen auf den Körper hat, sondern nur im Geist lebt und sein Opfer mit dem alles verzehrenden Drang erfüllt, wieder auf die Wanderschaft ...

durch diese mächtigen Räume zu gehen«. Für Holt ist das Wandern auf der Suche nach Nestern anstrengend, wenn der aufgeweichte Permafrostboden auf seinen langen Märschen an den Stiefeln saugt.

Warum die Eulen nicht mehr in der gleichen Zahl wie früher in Utqiaġvik nisten, lässt sich nach seiner Ansicht kaum feststellen. »Der Trend zeigt bei den Schnee-Eulen nach unten und bei den Lemmingen auch leicht nach unten.« Die Zahl der Lemminge schwankt immer noch, aber die Spitzenwerte sind nicht mehr so hoch wie früher, und es gab nacheinander mehrere schlechte Jahre. Die »normalen« Schwankungen sind durch einen größeren Wandel überlagert. Das Eis wird dünner, der Permafrost taut, der Schnee verändert sich, und das alles hat Auswirkungen auf die Lemminge. »Wenn die Lemmingbestände Schwierigkeiten haben, ergeben sich daraus radikale Folgerungen für das Nahrungsnetz«, sagt er. »Die kleinen Säugetiere – und die großen Eulen, die sich von ihnen ernähren – sind ein Barometer für den Druck, der von Klimawandel und Umweltzerstörung ausgeht. Aber die Einzelheiten kennen wir nicht.« Er muss sich einfach Sorgen machen: Die Zahlen sind verwirrend und ein tiefgreifender, bedrohlicher Wandel ist nicht auszuschließen.

In der Frage, wie sich der von Menschen gemachte Klimawandel auf die Eulen auswirkt, steht die Wissenschaft noch ganz am Anfang. Durch Temperaturveränderungen können sich die verfügbaren Beutetiere von der Zeit der Paarung und den Bedürfnissen der Jungvögel entkoppeln. Besonders gefährdet sind dabei wahrscheinlich Eulen, die Zugvögel sind, denn der Zeitpunkt ihrer Wanderungen fällt mit der Vermehrung der Insekten und anderen Ereignissen im Ökosystem zusammen, die von der Temperatur beeinflusst werden. Steigende Temperaturen können die Speicher oder »Kühltruhen« beeinträchtigen, in denen manche Vögel, darunter die Sperlingskäuze, verderbliche Nahrung zum Überwintern lagern. Längere Trockenheit kann bei manchen Arten, so auch bei den Kaninchenkäuzen, zu einer gefährlichen Verzögerung des Nestbaus führen. Der Klimawandel kann Lebensräume und damit auch das Verbreitungsgebiet der Eulen und ihrer Beutetiere grundlegend verändern. Arten wie die Ponderosaeule, die auf hoch gelegene Wälder angewiesen sind, erleben unter Umständen eine Schrumpfung ihrer Lebensräume. Nach den Voraussagen der Wissenschaft werden die Espenwälder in vielen Teilen Nordamerikas noch in diesem Jahrhundert so gut wie verschwinden, und mit ihnen verschwinden auch die Baumhöhlen, die viele Eulen als Nistplätze brauchen.

»DIE EULE DER Minerva beginnt erst mit der einbrechenden Dämmerung ihren Flug.«* Manchen Interpretationen zufolge soll Hegels berühmte (und vielleicht einzige) Erwähnung von Eulen bedeuten, dass Menschen erst dann etwas verstehen, wenn es zu spät ist.

Noch, so David Johnson, ist es nicht zu spät. Aber da die Bestände vieler Eulenarten so rapide zurückgehen, bleibt auch keine Zeit zu verlieren. »Die Uhr für das Aussterben der Eulen tickt«, sagt er. Jeden Tag verschwinden Eulen, und die Veränderungen von Wäldern, Graslandschaften und Tundren laufen mit ziemlicher Sicherheit so schnell ab, dass die Eulen sich nicht darauf einstellen können.

Was also sollen wir tun?

Alles, was in unserer Macht steht.

Auf der ganzen Welt unternehmen die Menschen Anstrengungen, um Katastrophen abzumildern – um Abholzung und Landerschließung zu verlangsamen, das Ausbringen von Rodentiziden und anderen Giftstoffen zu vermeiden oder zu vermindern, invasive Arten auszurotten oder Nistkästen zu bauen, wo die Bäume, die früher den Eulen Nisthöhlen boten, verschwunden sind. Forschende und Bürgerwissenschaftler bauen die Kästen in Japan aus hübschem einheimischem Holz, in Russland aus Sojaöl-Fässern, in Südafrika aus Kiefernholz-Deckenvertäfelungen und in Australien mit 3D-Druckern.

Ein sehr wichtiger Schritt besteht nach Holts Worten darin, sich einen Eindruck von den Eulenbeständen zu verschaffen. »In Wirk-

* Hegel, Georg Friedrich: *Grundlinien der Philosophie des Rechts*, Frankfurt a.M.: Suhrkamp 1972, S. 14.

lichkeit ist es so, dass wir die Zahlen bei den meisten Arten nicht kennen.« Eulenpopulationen zu überwachen, ist nicht einfach. Manche Arten wandern mit den Jahreszeiten und folgen von Jahr zu Jahr zuverlässigen Beutetierpopulationen, und da man ihre Bewegungen bis heute nicht genau kennt, ist es schwierig, sie zu verfolgen. In den meisten Studien wurden Daten höchstens während einiger Jahre gesammelt, und »kurzfristige Studien liefern niemals handfeste Befunde«, sagt Holt. »Dafür gibt es einfach zu viele Schwankungen. Um sich ein zutreffendes Bild von den Populationen zu verschaffen, muss man sie ein Leben lang überwachen.«

Das tun nur wenige Forschende. Einige weltweit besonders langfristige Studien stammen von Pertti Saurola, der die Eulenpopulationen in Finnland seit mehr als einem halben Jahrhundert verfolgt. Wie er erklärt, verändern Menschen die Umwelt so schnell, dass eine alljährliche systematische Bestandsaufnahme unverzichtbar ist. In Finnland hat er für diese Aufgabe eine kleine Armee hochqualifizierter Freiwilliger geschaffen, die Vögel beringen. Bei den meisten Eulenarten, so bei Uhus, Bart- und Raufußkäuzen, ist ein negativer Trend zu beobachten. Und die gute Nachricht? Die Bestände von Habichts- und Waldkäuzen bleiben gleich oder nehmen langsam zu, nachdem Freiwillige zahlreiche Nistkästen gebaut und so den Verlust der alten Bäume mit ihren großen Hohlräumen ausgeglichen haben.

Vielerorts sind die Methoden, mit denen Vögel gezählt werden, darunter Bestandsaufnahmen der Brutpaare und Weihnachtszählungen – eine Zählung, die von Freiwilligen jedes Jahr im Dezember durchgeführt wird –, nicht auf den Nachweis von Eulen abgestimmt. Sie zielen darauf, die tagsüber singenden Vögel zu erfassen. »Wir müssen die Überwachungsmethoden standardisieren und gezielt auf Eulen zuschneiden«, sagt Holt. »Nur so werden wir über Populationszustand, Lebensräume und langfristige Trends die zuverlässigen Informationen gewinnen, die wir brauchen, damit unsere Naturschutzprogramme Hand und Fuß haben.«

Bei solchen Anstrengungen können auch Bürger und Bürgerinnen helfen. Jim Duncan und seine Ehefrau Patricia Duncan, ebenfalls eine

Zoologin, leiten seit 1991 in der kanadischen Provinz Manitoba während der Brutsaison im Frühjahr nächtliche Eulen-Bestandsaufnahmen. Sie starteten das Programm, weil sie nicht nur die Lücke der vorhandenen Überwachungsprogramme schließen wollten, in denen es keine geeigneten Methoden zur Zählung von Eulen gab, sondern auch weil sie ganz normalen Menschen persönliche Erlebnisse mit Eulen verschaffen wollten. Das Programm fing klein an, aber dann sprach sich die Sache herum, und es wuchs. »Eulen finden als Vogelgruppe bei den Menschen einfach einen unverhältnismäßig großen Widerhall«, sagt Duncan. Im Laufe von 25 Jahren haben sich mehr als 900 Freiwillige an dem Programm beteiligt und mehr als 6300 Eulen entdeckt, die zu elf verschiedenen Arten gehörten. Das Ehepaar Duncan koordiniert alles von der Küche seines Bauernhauses in Manitoba aus. Die Freiwilligen kamen aus sämtlichen Lebensbereichen. »Unter den Leistungsträgern, die jedes Jahr wiedergekommen sind, waren ein Kernchemiker, ein Dichter, ein Freilandbiologe, zwei Bäuerinnen, eine junge Studentin und ein paar Rentner«, sagt Duncan. »Es war eine bunt gemischte Truppe.« Von ihrem Engagement war er beeindruckt. Ein Freiwilliger bekam Probleme, als er auf der Landstraße Nummer 13, die durch Duncans Studiengebiet für Bartkäuze führte, eine Bestandsaufnahme machte.

»In seinem Bericht heißt es: ›Ich kam zur Station Nummer 7 und konnte weiter vorn die Lichter eines Vans sehen. Dann ging das Licht aus. Während ich nach Eulen suchte, hörte ich einen Schuss, und eine Kugel pfiff an meinem Kopf vorbei. Es tut mir wirklich leid, aber ich habe daraufhin die nächste Station ausgelassen und erst an der Station Nummer 9 weitergemacht. Es tut mir sehr leid, dass ich diese Station versäumt habe.‹ Ich habe zu ihm gesagt: ›Mensch, warum bist du dort geblieben? Das waren vermutlich Wilderer, die ihr Revier verteidigt haben. Du hättest unbedingt abhauen müssen!‹ So ein Engagement und so eine Versessenheit auf die Studie – er hat einfach weitergemacht!«

Die Daten über Verbreitung, Häufigkeit und Populationsentwicklung der Eulen in verschiedenen Lebensräumen, die von den Freiwilligen gesammelt wurden, haben verbreitet Eingang in wissenschaftliche Veröffentlichungen und Naturschutzanstrengungen gefunden. »Auf diese Weise kann man die Eulen in großen geografischen Bereichen über mehrere Jahrzehnte überwachen«, sagt Duncan. »Außerdem schafft es eine Verbindung zwischen Menschen, Natur und Eulen, sodass sie Naturschutzmaßnahmen zur Erhaltung von Lebensräumen bereitwilliger unterstützen und fordern. In Kanada sind solche sogenannten Eulenstreifen in allen Ecken des Landes aus dem Boden geschossen. Vielleicht wird sich das Prinzip eines Tages auch anderswo durchsetzen.«

WENN WIR DIE Eulen schützen wollen, müssen wir unsere Kenntnisse über ihre Populationen und Lebensräume erweitern und vertiefen, und das heißt, dass wir die Vögel mit allen in diesem Buch beschriebenen Methoden studieren müssen. Es bedeutet, dass wir ihnen langfristig auf der Spur bleiben und ihre demografische Entwicklung, ihr Verhalten, ihre Biologie und Ökologie Saison für Saison, Jahr für Jahr verfolgen müssen. Es heißt, dass wir die Orte, an denen sie nisten und rasten, schützen müssen. Und was vielleicht am wichtigsten ist: Es bedeutet, dass wir Menschen über das Wesen der Vögel und ihre Schutzbedürftigkeit aufklären müssen.

»Das größte Problem für die Eulen sind auf der ganzen Welt die Menschen«, sagt Karla Bloem. Die Bestrebungen, Flächen für Landwirtschaft, Wohnviertel und Industrie zu erschließen, zerstören ihre wenigen noch verbliebenen Rückzugsgebiete. Und in manchen Teilen der Welt werden die Vögel auch wegen ihrer Symbolkraft aktiv verfolgt, gejagt, gefangen oder getötet.

In manchen Kulturkreisen werden Eulen buchstäblich zu Tode geliebt. In Indien soll Lakshmi, die Göttin von Wohlstand und Reichtum, in der Nacht des Lichterfestes Diwali auf Erden wandeln und Häuser aufsuchen, die mit Lampen erleuchtet sind. In der hinduistischen Mythologie gelten Eulen als das Vahana (oder Medium) von Lakshmi. Manche Menschen glauben, man müsse nur eine Eule töten –

was allerdings verboten ist –, um Lakshmi im Haus festzuhalten, sodass sie das ganze Jahr über Glück und Wohlstand bringt. Deshalb bedeutet das Lichterfest für Tausende von Eulen den Tod.

An solchen Orten können Bestrebungen, um kulturelle Einstellungen zu verändern, viel zum Schutz der Eulen beitragen.

Raju Acharya arbeitet in seiner Heimat Nepal schon seit Jahrzehnten an einer solchen Veränderung der Einstellungen. In seinem Land, so erklärt er, gelten Eulen als dumm und unglücklich. Man jagt sie, um sie zu essen, oder schlicht zum Vergnügen. »Die Regierung gewährt den Eulen viel weniger Schutz als Schneeleoparden, Nashörnern und anderen bedrohten Arten.« Also veranstaltet Acharya in ländlichen Gebieten seines Landes Feste mit Tänzen, Spielen und anderen kulturellen Aktivitäten, um die Menschen anzulocken, und dann begleitet er die Veranstaltungen, indem er über die 23 in Nepal heimischen Eulenarten aufklärt. In Schulen, insbesondere in der Nähe der Grenze zwischen China und Nepal, hat er schon Hunderte von Naturschutzveranstaltungen durchgeführt, Workshops für politisch Verantwortliche abgehalten und mit Veröffentlichungen über Naturschutz und Eulen-Newslettern Millionen von Menschen erreicht.

In Regionen, in denen Eulen beim ersten Auftauchen abgeschossen werden, weil man sie für ein schlechtes Omen hält oder weil man aus ihnen traditionelle Arzneien oder Heilmittel herstellt, konzentrieren sich die Naturschützer insbesondere auf die Aufklärung von Kindern.

Die ornithologische Gesellschaft von Sambia fragte in den 1990er-Jahren Kinder nach ihren Ansichten über Eulen. In dem Land wurden die Vögel häufig von Bauern und Dorfbewohnern getötet. Die Kinder sollten Geschichten aufschreiben, die sie über Eulen gehört hatten, Bilder zeichnen, Fragen mit nach Hause zu ihren Eltern nehmen und deren Antworten festhalten. Das Ergebnis war eine solche Fülle von Beiträgen, dass die Gesellschaft daraus ein kleines Buch mit dem Titel *Owls Want Loving* machte. Darin verbinden sich traditionelle Kenntnisse und naturgeschichtliche Informationen über die wichtige Rolle der Eulen für Ökologie und Wirtschaft. »Das ist eines der besten Lehrmittel, die ich jemals gesehen habe«, sagt David

Johnson, »und es wird heute in den Grundschulen in ganz Sambia verwendet.«

In Südafrika hat sich ein Programm, mit dem Jonathan Haw der wachsenden Rattenpopulation in Johannesburg entgegenwirken wollte, auch als wirksames Weiterbildungsprogramm über Eulen erwiesen. Owlproject.org begann vor 20 Jahren mit dem Ziel, Nistkästen in Wohnvierteln anzubringen, um so des Rattenproblems Herr zu werden und gleichzeitig auch die Einstellungen gegenüber Eulen zu verändern. In Zusammenarbeit mit den Schulen machte das Projektteam schwarze südafrikanische Schulkinder mit dem Naturwunder der Eulen vertraut und zeigte ihr Potenzial als Partner zur Bekämpfung der Ratten in den verarmten Gemeinden, in denen die Kinder lebten.

»Die Menschen haben Angst vor Dingen, die sie nicht kennen«, sagt Kefiloe Motaung, die das Projekt managt. »Am besten geht man dagegen an, indem man die Menschen über den Wert der Eulen aufklärt.« Seit das Projekt begann, haben rund 260000 Schulkinder daran teilgenommen, Eulengewölle seziert, Vorträge über Eulen gehört, junge Eulen in den Nistkästen schlüpfen sehen, bei der Wiedereingliederung und Auswilderung von Eulen geholfen und mehr darüber erfahren, welche Rolle Eulen für die Bewältigung des Rattenproblems spielen. »Wenn sie das Programm abgeschlossen haben, bekommen sie ein Zertifikat und werden unsere Botschafter«, sagt Haw. »Das Schöne daran ist, dass diese Kinder nach Hause gehen und ihre Eltern aufklären, es ist also eine Art Weiterbildungsprogramm von unten nach oben. Oft kommen dann die Eltern und nehmen auch selbst an einem Kurs zur Untersuchung von Eulengewöllen teil.«

Im Nachgang hält das Projekt Fragebögen für Kinder und Eltern bereit. Machen dir Eulen Angst? Glaubst du, dass man sie für medizinische Zwecke verwenden kann? Glaubst du, dass sie gut für die Natur sind? »Wir haben ungefähr 2000 Kinder diese Fragebögen ausfüllen lassen«, sagt Haw. »Dabei haben wir Kinder, die ein Jahr zuvor an dem Projekt teilgenommen hatten – sodass sie Zeit hatten, es sacken zu lassen oder zu verdauen –, mit solchen verglichen, die nicht teil-

Kinder in einem südafrikanischen Waisenhaus mit Schleiereulen, die Jonathan Haw im Rahmen von owlproject.org mitgebracht hat

genommen hatten. Die Ergebnisse waren faszinierend. Die Teilnehmer des Programms sagten, man könne Eulen nicht für medizinische Zwecke verwenden, sie würden keine Angst machen und sie seien gut für die Umwelt. Und die Kinder, die nicht teilgenommen hatten, nun ja ... Es waren nicht die gleichen Antworten. Da bestand eine gewaltige Diskrepanz.«

Das Programm fand auch in Zusammenarbeit mit der amerikanischen Organisation RATS (*Raptors Are the Solution*, Greifvögel sind die Lösung) statt, die sich dafür einsetzt, weniger Nagergifte zu verwenden. Gemeinsam schufen sie ein schönes, farbenfrohes Poster mit eulenfreundlichen Nachrichten auf Zulu und in zehn anderen südafrikanischen Sprachen. »Wir haben es überall in den Townships aufgehängt, damit die Kinder es lesen können und sehen, worum es geht«, sagt Haw. Auch mehr als 200 südafrikanische Taxifahrer wurden im Rahmen des Projekts rekrutiert und klebten Plaketten mit einer einfachen Aussage auf ihre Autos: Eulen fressen Ratten.

In Regionen, in denen Eulen einen schlechten Ruf hatten, versuchen Naturschützer auch, das Bewusstsein für ihren wirtschaftlichen Wert zu stärken. Ein Lieblingsargument, mit dem Milan Ružić serbische Bauern dazu bringt, Waldohreulen auf ihren Feldern zu dulden, lautet ungefähr so: Nagetiere fressen jedes Jahr mehrere Tausend Kilo Getreide von den Feldern. Eine Eulenfamilie mit drei Jungen frisst ungefähr 8000 Nagetiere im Jahr. Mit einem Waldohreulen-Brutpaar auf seinem Anwesen kann ein Bauer ungefähr 16000 Kilo Getreide retten, was ihm in einem Monat ungefähr 700 Euro bringt.

Welches Gericht würde eine Eule nach einer solchen Zeugenaussage verurteilen?

In Italien, wo Steinkäuze immer noch häufig mit dem Tod in Verbindung gebracht werden, sodass sie gefürchtet und verfolgt werden, hat der Naturforscher und Autor Marco Mastrorilli eulenfreundliche Wanderwege angelegt, Eulenworkshops abgehalten und ein großes Eulenfest organisiert. Er hat Dutzende von Büchern über alle möglichen Eulen geschrieben, viele davon für Kinder. Im Jahr 2016 baute er im Nordwesten Italiens zwei Sentieri dei Gufi auf, »Eulenwege«. Der untere Wanderweg verläuft durch Kastanienwälder rund um das Dorf Venaus, das »Königreich des Waldkauzes«, und ist von auffälligen, im Rahmen eines Wettbewerbs entstandenen Eulenskulpturen gesäumt. Der zweite windet sich im Alpenvorland an der Grenze nach Frankreich in großer Höhe durch Lärchenwälder und ist ein ausgezeichneter Lebensraum für Raufußkäuze. An beiden Wegen informieren Tafeln und Schilder über Eulen. Auf dem höhergelegenen Weg begegnete uns eine Gruppe von 30 Kindern, die von einer Informationstafel zur nächsten liefen. Als Mastrorilli sich vorstellte, blieben sie stehen und hörten zu – sie waren bezaubert von seinen Erzählungen über Raufußkäuze und die Schwarzspechte, die Löcher in die Bäume bohren und den Eulen damit ihre Nisthöhlen verschaffen.

Mastrorillis Vorhaben, Menschen über Eulen aufzuklären, erstreckt sich auch auf Sehbehinderte. Im Jahr 2009 leitete er bei einer Tagung der Unione Italiana dei Ciechi (der italienischen Union der Blinden und Sehbehinderten) in Mailand einen Workshop für 20 Personen mit beeinträchtigtem Sehvermögen und ihre Partner beziehungsweise Partnerinnen; dort erläuterte er die Naturgeschichte der Eulen und bot den Teilnehmenden dann die Gelegenheit, durch die Berührung von Gefieder, Gewölle, Futterstellen und Nistkästen eigene Erfahrungen zu machen. In der Nacht führte er die Sehbehinderten in den bewaldeten Garten Indro Montanelli im Zentrum von Mailand, wo sie den Waldkäuzen zuhören sollten. »Für mich war das ein sehr emotionales Erlebnis«, sagt er. »Ich hatte schon so viele Jahre nachts die Eulen aufgesucht, und jetzt diese Vögel zusammen mit Menschen zu erleben, für die immer Nacht ist und die ein schärferes Gehör haben als ich ... Nun, es war eine ganz andere Realität. Diese Menschen begriffen ohne Weiteres, wie Eulen in der Nacht gut fliegen können.« Später rief er die Notte da Ascoltare (»Nacht des Hörens«) ins Leben und brachte Menschen mit visuellen Beeinträchtigungen ins Freiland, damit sie wilden Eulen zuhören und etwas über sie erfahren konnten.

Mastrorillis größtes Projekt, mit dem er die Liebe zu Eulen in der allgemeinen Öffentlichkeit fördern wollte, war das Festival dei Gufi, das er zusammen mit seiner Partnerin Stefania Montanino ins Leben rief. Die Zahl der Festivalbesucher wuchs von wenigen Hundert bei der Gründung bis auf 25000 im Jahr 2015. In jenem Jahr stand am Eingang eine mehr als eineinhalb Kilometer lange Warteschlange. Das Festival dei Gufi ist weltweit das einzige Eulenfest dieser Größe, und es zielt darauf ab, Menschen aufzuklären, die Naturgeschichte der Eulen in den Mittelpunkt zu stellen und klarzumachen, warum man sie nicht fürchten, sondern verehren sollte. Spezialisten bringen Eulenbotschafter mit und zeigen den Menschen aus sicherer Entfernung ihre bemerkenswerten Anpassungen. Workshops unterrichten über den ökologischen und ökonomischen Nutzen der Eulen. Vor allem aber wird auf dem Festival alles gefeiert, was mit Eulen zu tun hat: Es gibt Kulinarisches zum Thema, einen internationalen Wettbewerb für Eulen-Holzschnitzereien und Eulen-Bodypainting (mit wirklich bemerkenswerten Ergebnissen); es gibt Eulenwein, -bier und -kuchen, ein Schnee-Eulenballett und sogar mit Eulen bemalte

Dixiklos, aber auch handgefertigtes Eulen-Kunsthandwerk von mehr als 100 Künstlern, darunter Kaffeetassen mit dem Slogan »I gufi non portano sfiga« (»Eulen bringen kein Unglück«).

IN MANCHEN REGIONEN werden Eulen aber auch so innig geliebt, dass die Menschen wirklich große Anstrengungen unternehmen, um sie in ihrer Nähe zu behalten.

Dabei muss ich an Sumio Yamamoto denken, der sein Leben lang bestrebt war, den beliebten Riesenfischuhu in seiner japanischen Heimat am Leben zu erhalten. Ich lernte Yamamoto vor 20 Jahren auf der Insel Hokkaido kennen. Er hatte die Uhus damals bereits seit 30 Jahren studiert und bemühte sich um ihren Schutz. Wie er mir erklärte, war die Spezies früher weit verbreitet, aber durch Abholzen des alten Baumbestandes, Baulanderschließung und den Bau von Staudämmen und Flusskanälen waren die ursprünglichen Wanderungswege der Fische zerstört, und das hatte auch die Vögel hart getroffen. Bis 1970 war der Bestand auf weniger als 100 Individuen zurückgegangen. Seither sind unter Yamamotos Leitung Hunderte von Nistkästen als Ersatz für die zerstörten Nistplätze aufgebaut worden, an den Flussufern wurden durch Anpflanzung neuer Bäume bewaldete Korridore geschaffen, und als Ergänzung legte man Fischteiche an, um den Lebensraum aufzuwerten. Was die Methoden anging, um die gefährdeten Eulen in Gefangenschaft großzuziehen und verlassene junge Eulen zu versorgen, leistete er Pionierarbeit. Insgesamt hat sich die Population durch solche Maßnahmen mehr als verdoppelt, womit die Eulen in Japan vor dem Aussterben bewahrt wurden.

Ungefähr seit zwölf Jahren hat Yamamoto einen Gleichgesinnten in Gestalt von Jonathan Slaght, der die Population der Riesenfischuhus in Russland in Zusammenarbeit mit seinen russischen Kollegen Sergei Surmach und Sergei Avdeyuk am Leben erhalten will. Die Wissenschaftler machten ihren Einfluss bei einem Holzkonzern geltend, der in der Region von Primorje im Osten Russlands Zugangsstraßen in alten Waldbeständen baut – Lebensräumen, die von den gefährdeten Eulen bevorzugt werden. Die Nutzung durch die Menschen ist in diesen Regionen die wichtigste Bedrohung für die Lebensräume der Eulen. Die Menschen kommen und angeln, stören die Vögel oder töten sie sogar. Am wichtigsten ist deshalb eine Beschränkung des Zugangs. Also erstellten Slaght und Surmach auf der Basis von GPS-Daten eine Landkarte der Region und zeichneten darin die Teile der Landschaft ein, die für die Fischuhus am wichtigsten sind. Diese Karte mit den Fischuhu-»Hotspots« stellten sie dem Holzkonzern zur Verfügung. »Wenn sie nun in einem Flusstal eine neue Forststraße anlegen, können sie die Landkarte zurate ziehen«, sagt Slaght. »Sie sehen, na gut, auf dieser Seite des Tales liegt ein Stück mit gutem Eulenlebensraum. Also legen wir die Straße auf der anderen Seite an. In den Tälern ist genug Platz, deshalb hat es funktioniert.« Was bereits bestehende Straßen anging, konnten Slaght und Surmach das Unternehmen veranlassen, den Zugang zu wichtigen Abschnitten zu begrenzen, indem der Weg durch große Erdhaufen versperrt wurde oder Brücken zerstört wurden.

Auf der winzigen Insel Norfolk Island rund 1300 Kilometer vor der australischen Ostküste haben Forschende und Bürger heldenhafte Anstrengungen unternommen, um den Kuckuckskauz zu retten, eine hübsche, kleine, schokoladenbraune Eule von der Größe einer Hand. »Das ist eine der bemerkenswertesten Geschichten über den Schutz einer Spezies, denn es handelte sich um einen einzigen Vogel«, sagt Rohan Clarke, Leiter der Forschungsgruppe für Ornithologie und Naturschutz an der Monash University in Australien. »Wir wussten, dass wir ihn retten müssen.«

Norfolk-Island-Kuckuckskäuze sind noch heute sehr selten – insgesamt gibt es höchstens rund 35 Vögel. Die dramatische Geschichte ihrer Rettung ist noch nicht zu Ende und umfasst die Anstrengungen einer großen Zahl von Menschen – Forschende, Parkranger und Einheimische tun sich zusammen, um ihre geliebten Eulen zu retten.

Norfolk Island ist eine Insel mit glitzernd blauem Wasser, zerklüfteten Klippen und großartigen Regenwäldern. Aber durch jahrhundertelange Waldzerstörung sind die großen, alten Bäume verschwunden,

Ein Norfolk-Island-Kuckuckskauz

die den Kuckuckskäuzen Nist- und Sitzplätze boten, und das hatte für die Population der kleinen Eulen verheerende Folgen. Als ein Ornithologenteam in den 1980er-Jahren auf die Insel kam und nach Kuckuckskäuzen suchte, fand man nur ein einziges Vogelweibchen, das von den Inselbewohnern den Namen Miamiti erhalten hatte. Die Arbeitsgruppe bemühte sich um die Unterstützung der Einheimischen und brachte dann zwei männliche Neuseeland-Kuckuckskäuze auf die Insel, die engsten Verwandten des Norfolk-Island-Kuckuckskauzes, die sie finden konnten. Ein Männchen verschwand auf rätselhafte Weise, aber mit dem anderen – es hieß Tintola – paarte sich Miamiti. Die Vögel bekamen Nachkommen, und auch wenn die Erholung langsam einsetzte – die Eulen paaren sich einmal im Jahr und legen dann zwei Eier –, hatte Miamiti bei ihrem Tod 1996 mit Tintola etwa 50 Eulen hervorgebracht, und alle verzauberten die Landschaft wie ihre Großmütter und Urgroßmütter bis zurück zu Miamiti.

Der Rettungserfolg war allerdings nicht von langer Dauer. Die Population, die von nur zwei Individuen ausgegangen war, litt unter starker Inzucht. »Soweit wir wissen, stammt der gesamte Eulenbestand auf

Norfolk Island von diesem einen Paar ab«, sagt Clarke. Es gab viele »Rückkreuzungen«, weil Tintola sich später auch mit seinen Töchtern paarte, und auch zwischen anderen eng verwandten Vögeln fanden Paarungen statt. »In einer derart kleinen Population gibt es nur wenige Paarungsmöglichkeiten, und deshalb erreicht das Ausmaß der Inzucht fast das Maximum.«

Hier kommt Flossy Sperring ins Spiel, eine Doktorandin, die unter Clarkes Leitung arbeitete. Auf Norfolk Island hatte sie die Aufgabe, so schnell wie möglich die Genetik, die Ökologie und das Paarungsverhalten der Eulen aufzuklären; sie sollte herausfinden, wie sie mit invasiven und einheimischen Arten interagierten, wo die Probleme lagen und wie man sie beheben konnte. Heute kennt Sperring jede einzelne Eule, die auf Norfolk Island lebt, einschließlich Alter, Geschlecht, Abstammung, Paarungspartner (wenn es einen gibt – es sind nur sieben Paare) und der Orte, an denen sie rasten, nisten und auf die Jagd gehen. Sie weiß, was sie fressen und wie sie heißen (Owlbert, Owlfonzo, Owlfreda, Owlex und so weiter). Im ersten Jahr ihrer Tätigkeit ereignete sich ein kleines Wunder: Zwei junge Eulen wurden flügge. Es war der erste erfolgreiche Brutversuch auf der Insel in fast zehn Jahren. Leider brüten die Vögel anscheinend keine neuen Jungen mehr aus; deshalb sieht ein neuer Rettungsplan vor, weitere Neuseeland-Kuckuckskäuze auf die Insel zu bringen.

Warum steckt man so viel Energie in eine gefährdete Population kleiner Eulen auf einer abgelegenen Insel? Die Antwort: aus den gleichen Gründen, aus denen man den Schutz der Eulen auf der ganzen Welt anstreben sollte. Um die biologische Vielfalt und das ökologische Geflecht auf der Insel zu erhalten, aber auch weil die Eule bei den Menschen der Insel so beliebt ist, dass diese Hunderte von Stunden ehrenamtlich arbeiten, um die Vögel zu überwachen und Entscheidungen über ihre Zukunft zu treffen. »Jede Spezies verdient Schutz«, sagt Sperring. Jede Spezies ist von Bedeutung für unsere Vorstellungen von Schönheit, ökologischer Unversehrtheit und der Heiligkeit des Lebendigen. »Außerdem«, fügt sie hinzu, »ist gerade diese so charismatisch und niedlich.«

WIR ALLE SIND also ein Teil des Problems, wir sind aber auch ein Teil der Lösung.

Was können wir als Einzelne tun?

Diese Frage stellte ich verschiedenen Eulenexperten. Ihre Antwort, auch hier wieder: Tut, was ihr könnt. Setzt euch für die Erhaltung wichtiger Lebensräume ein und widersetzt euch den Kräften, die sie zerstören – Holzgewinnung, Städtebau, landwirtschaftliche Erschließung. Schafft selbst Lebensräume für Eulen, sichere Orte, wo sie rasten und nisten können. Sucht an lebenden Bäumen nach Hohlräumen, bevor ihr sie fällt oder beschneidet, und lasst Baumstümpfe oder tote Bäume stehen, solange von ihnen keine Gefahr ausgeht. Stellt Nistkästen auf. Bekämpft Ratten und Mäuse nicht mit Gift, sondern mit Fallen. Bringt über die Eulen in eurer Umgebung so viel wie möglich in Erfahrung. Welche Arten leben dort? Und wo leben sie? Welchen Gefahren sind sie ausgesetzt? Sucht in eurer Umgebung nach Eulen, aber seid euch bewusst, dass das Auswirkungen hat. Eulen mit aufgenommenen Geräuschen anzulocken, kann die ohnehin bereits gestressten Vögel noch weiter stressen. Seid höflich und respektvoll. Arbeitet ehrenamtlich an Greifvogel-Rehabilitationsprogrammen mit, in Beringungsstationen oder im Freiland zusammen mit Forschenden. Eine internationale wissenschaftliche Arbeitsgruppe evaluierte 2019 die Greifvogelforschung und die Naturschutzanstrengungen rund um den Globus; dabei gelangte sie zu der Feststellung, dass Eulen die am wenigsten erforschte Gruppe der Greifvögel sind und deshalb für zukünftige Forschungsarbeiten höchste Priorität genießen. Dave Oleyar, der in der Gruppe mitarbeitete, fordert die Menschen zum Mitmachen auf. »Die Mitarbeit an einem Eulenprojekt wird deine Denkweise über Bäume, Wälder und die erstaunlichen Dinge, die nachts dort geschehen, ein für alle Mal verändern«, sagt er. Der gleichen Ansicht ist auch Jim Duncan. Lernt Eulen so gut kennen, wie ihr könnt, sagt er. »Das Leben dieser Tiere zu erforschen, ist immer eine bereichernde, lohnende Tätigkeit und steckt unter Umständen voller Überraschungen. Jungen Leuten, die sich für eine entsprechende Berufslaufbahn interessieren, kann ich sagen: Eulen sind weitaus komplizierter, als wir glauben, und weitaus toller, als wir uns vorstellen. Und es gibt noch so viel zu erkunden und zu entdecken. Das ist einfach spannend.«

LETZTEN SOMMER TAT die Artenschutzbiologin und Fotografin Day Scott das, was sie nach eigenem Gefühl für die Eulen tun konnte. Sie schloss sich einer Gruppe von Biologen und Bürgerwissenschaftlerinnen an, die den Langzeiteffekt des Klimawandels auf die kleinen Eulen in den Wäldern der Chiricahua Mountains im Südosten von Arizona erforschen wollten.

Der Bergzug gehört zu den »Himmelsinseln«, einzeln stehenden Bergen, die von atemberaubender Schönheit und ein Brennpunkt für den Artenreichtum der Eulen sind. Dort treffen vier geografische Regionen zusammen und schaffen eine ungeheure biologische Vielfalt nicht nur für Eulen, sondern für alle Wildtiere. »Für Tiere ist das ein Mekka«, sagt Scott, und für alle, die sie studieren wollen, auch. »Wir waren die Eulenleute, aber dann waren auch die Ameisenleute aus Deutschland da, die Kolibrileute, die Fledermausleute und die Eidechsenleute.«

Das Eulenprojekt, an dem Scott mitarbeitete, geht auf Dave Oleyar und ein Gemeinschaftsvorhaben von HawkWatch International und dem Earthwatch Institute zurück, das Freiwillige aller Altersgruppen und aus allen Lebensbereichen zur Mitarbeit motivierte. Ziel des Vorhabens ist es, die sechs kleinen, scheuen Eulenarten der Region besser zu erforschen: Wie wirken sich Klimawandel, Waldtyp und Forstwirtschaft auf sie aus, und wie kann man ihre Bestände aufrechterhalten? Einige dieser kleinen Eulen reagieren auf Klimaveränderungen besonders empfindlich: Das gilt insbesondere für die Ponderosaeulen, Zugvögel, die sich vorwiegend von Insekten ernähren, und für die Fleckenkreischeulen, für die der Bergzug das Nordende ihres Verbreitungsgebietes darstellt. Aber auch andere dürften gefährdet sein – Elfenkäuze, Sägekäuze, Kalifornienzwergkäuze und Westkreischeulen. In dem Projekt geht es auch um Baumhöhlen – wie viele gibt es in den verschiedenen Waldtypen, wie lange bleiben sie erhalten und wie wirken sich solche Faktoren auf die Eulen aus?

Unter der Leitung von Oleyar verschafften sich Scott und mehrere andere Biologinnen und Ehrenamtliche tagsüber einen Überblick über die Eulen und ihre natürlichen Nisthöhlen. Nachts fingen sie die Eulen mit Vogelnetzen ein und beringten sie. Sich in dem Gelände – einer Mischung aus Schluchten und Gebirgsnadelwäldern, steinig, uneben, an manchen Stellen steil, mit dichter Vegetation und Bächen – zurechtzufinden, war schon bei Tageslicht schwierig. Nachts, in tiefster Dunkelheit, konnte es heimtückisch werden.

Vor zwei Jahren – Scott arbeitete gerade als Umwelterzieherin in Wyoming – wurde sie bei einem Autounfall mit einer Gabelbockherde verletzt und behielt ein Hirntrauma zurück. Da sie durch die Behinderung in ihren Alltagstätigkeiten eingeschränkt ist, wusste sie, dass die Mitarbeit in dem Freilandteam eine Herausforderung darstellen würde. »Es macht aber auch Spaß«, sagt sie, und die gesammelten Daten würden ihr bei ihren eigenen Forschungsarbeiten an den Eulen des Waldes helfen und zu dem größeren Projekt zur Erforschung des Klimawandels beitragen. Scott hat auch ihren Einfluss als schwarze Frau mit Behinderung im Blick und hält es für wichtig, dass Minderheitengruppen in der Gemeinde der Naturschützer repräsentiert sind. »Menschen spielen für den Naturschutz eine gewaltige Rolle«, sagt sie. »Wir müssen zusammenarbeiten und alle Lebewesen retten.«

In diesem Sommer stand Scott sechs Wochen lang jeden Morgen um sieben Uhr auf und schloss sich dem wissenschaftlichen Team an, das den ganzen Tag die Gebirgslandschaft durchquerte, um nach Eulen und ihren Nisthöhlen zu suchen. Die Mitglieder des Teams notierten die Eigenschaften der Baumhöhlen – in welcher Höhe sie lagen, in welche Himmelsrichtung sie wiesen, ob sie natürlichen Ursprungs waren oder von Vögeln herausgehämmert wurden, um welche Baumart es sich handelte und ob der Baum lebte oder tot war. Sie sammelten Daten über die Pflanzenwelt der umgebenden Lebensräume, den Durchmesser der Bäume, ihre Dichte und das Kronendach. Im Rahmen ihres eigenen, unabhängigen Forschungsprojekts ermittelte Scott die

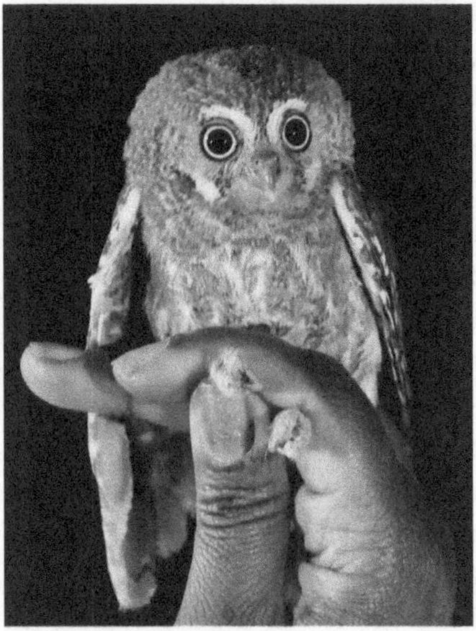

Ein Elfenkauz

Zusammenhänge zwischen der Höhenlage und der Artenvielfalt und Zahl der Eulen, die bei den nächtlichen Rundgängen zu hören waren. Jeden Abend von acht Uhr bis Mitternacht arbeitete sie daran mit, Vogelnetze aufzustellen, die Eulen zu fangen und auszuwerten – sie nahm Messungen vor, machte Fotos, beleuchtete die Flügel mit Schwarzlicht und beringte sie, bevor sie wieder in die Wildnis entlassen wurden.

Eines Nachts fing das Team einen Elfenkauz, die kleinste Eulenart der Welt. Während der Auswertung hielt Scott den Vogel fest. »Es war faszinierend«, sagt sie. »Wenn man an Eulen denkt, stellt man sich einen großen Vogel vor, beispielsweise einen Uhu.« Diese Eule dagegen war nicht größer als ein Spatz und passte leicht auf ihre Handfläche. Elfenkäuze zu fangen, ist am schwierigsten. »Wir konnten sie im Flug kaum sehen«, sagt sie. »Es war stockdunkel, und sie wiegen noch nicht einmal 40 Gramm. Sie fliegen über das Netz, unter dem Netz, um das Netz herum. Sie sind sehr schlau.« In der ganzen Saison gelang es dem Team nur vier Mal, eine der kleinen Eulen zu fangen.

»Als ich dieses winzige Lebewesen in der Hand hatte, habe ich neu über alles nachgedacht, was ich über Eulen wusste«, sagt Scott. »Zum Beispiel über das Gefieder. Dieser Vogel war ein Flauschball und in Wirklichkeit noch kleiner, als es den Anschein hatte. Wenn man auf den Bauch geblasen hat und den Brutfleck sehen wollte, erkannte man, wie winzig sie war. Stellen wir uns einmal vor, wir alle hätten solche Federn – um wie viel größer würden wir aussehen! Ich habe daran gedacht, wie die Federn ihr helfen, lautlos zu fliegen. Im Gegensatz zu einer Wilsonbekassine, die beim Abheben richtig Lärm macht. Und dann die Füße. So winzig, und doch tödliche Füße. Winzige Killerfüße.

Alle diese Gedanken gingen mir durch den Kopf, während ich den kleinen Vogel in meiner Hand hatte, und ich habe mich gefragt: Was denkst *du* eigentlich? Mir war, als wüsste ich es zum Teil. Sie war so winzig und empfindlich, und wir sind so groß (aber zumindest emotional ebenfalls empfindlich)«, sagt sie mit einem Lachen. »Ich habe sie angesehen und hatte das Gefühl, dass zwischen uns eine Art Verbindung besteht, denn ich war bemüht, mich so gut ich konnte um sie zu kümmern. Und welche Bedeutung Leben auch haben mag, in diesem Augenblick ging es nur um die eine Eule, die ich in der Hand hatte.«

DANK

Im Jahr 2020, auf dem Höhepunkt der Pandemie, fasste ich den Entschluss, an einem neuen Buch über Eulen zu arbeiten. Es war ein schwieriges Jahr, wir alle saßen zu Hause fest, und ich klinkte mich in eine Reihe hervorragender Online-Vorträge ein, die vom International Owl Center in Houston in Minnesota angeboten wurden. Betreut wurden sie von Karla Bloem, der Direktorin des Zentrums. Unter anderem hielt David Johnson, der Leiter des Global Owl Project, einen Vortrag über »Eulen in Mythos und Kultur«. Nach dem Vortrag fragte ich David in einer E-Mail, ob er bereit wäre, mir für das Buch einige Orientierungshilfen zu geben. Er antwortete sofort und schenkte mir im Laufe der beiden nächsten Jahre mit außerordentlicher Großzügigkeit seine Zeit und seine einzigartigen Fachkenntnisse. Er lud mich ein, ihm bei seiner Arbeit mit Kaninchenkäuzen in dem Depot in Oregon und in Brasilien zuzusehen, und traf sich hier in Virginia mehrmals mit mir, um Gespräche zu führen und mich zu beraten. Er stellte mir unzählige Bücher und Literaturangaben zur Verfügung, las das gesamte Manuskript in mehreren Stadien gegen und versorgte mich mit unschätzbar wertvollen Kommentaren und Vorschlägen. In der ganzen Zeit war David mit seiner Leidenschaft für Eulen, seinen weitreichenden Kenntnissen und seiner endlosen Großzügigkeit eine Anregung. Ich bin ihm zutiefst dankbar.

In demselben Atemzug möchte ich meinen großen Dank gegenüber Denver Holt zum Ausdruck bringen: Er nahm sich trotz seines vollen Terminkalenders die Zeit, mir seine Eulenforschung in Montana zu zeigen und mich an seinem gewaltigen Wissen und seiner Erfahrung teilhaben zu lassen. Wie ich dabei bemerkte, hat es einen stichhaltigen Grund, dass er als der »Eulentyp« bekannt ist. Zusammen mit seinem Team am Owl Research Institute mit Beth Mendelsohn,

Steve Hiro, Chloe Hernandez, Solai Le Fay, Lauren Smith und Jon Barlow nahm er mich eine ganze Woche mit ins Freiland um Charlo und Missoula; sie zeigten mir, was sie machen und wie sie es machen, außerdem beantworteten sie mit großer Geduld meine endlosen Fragen.

In Brasilien waren Priscilla Esclarski und Gabriela Mendes kompetente Ratgeberinnen, was die Kaninchenkäuze von Maringá anging; beide lieferten hilfreiche Ergänzungen für meine Geschichte. Ihnen gilt mein Dank ebenso wie den Teammitgliedern Thaís Raffaeli Raffaelli und Vinícius Bonassoli.

Danken möchte ich auch Raphael Sobania, der mich im brasilianischen Curitiba mit zu den neotropischen Kreischeulen und der Familie der Schreieulen nahm.

Karla Bloem, die Direktorin des International Owl Center, war für dieses Projekt eine tragende Säule: Sie verwies mich an Eulenexperten auf der ganzen Welt, nahm an zahlreichen Gesprächen teil und machte in allen Stadien hilfreiche Vorschläge.

Karla, David Johnson, Denver Holt und David Oleyar unterzogen das gesamte Manuskript einer gründlichen Lektüre und halfen mir, Patzer in Sachen Eulen zu vermeiden. Ihre scharfsinnigen Kommentare und Anmerkungen waren ungeheuer hilfreich. Alle im Text noch verbliebenen Fehler sind von mir und ausschließlich von mir.

Julie Kacmarcik, die mir die Zeit an der Berechnungsstation von Powhatan leichter machte, danke ich von Herzen für viele nützliche Gespräche und einen wunderbaren Ausflug zu der Schleiereulenfamilie in Linville in Virginia. Ebenso gilt mein Dank Kim Cook und Diane Girgente, die mich in die Kunst des Beringens von Sägekäuzen einführten.

Besonders dankbar bin ich Amanda Nicholson und Karra Pierce, die mir am Wildlife Center of Virginia ihre Zeit opferten und unzählige Nachfragen beantworteten. Ein besonderer Dank gilt dabei Papa G'Ho, dem unvergleichlichen Ersatz-Eulenvater in dem Zentrum, der leider im November 2022 starb. Sehr zu schätzen wusste ich auch Brie Hashem and Sarah Cooper vom Rockfish Wildlife Sanctuary, die in der Auffangstation mit mir einen wunderbaren Rundgang zu den Eulen und anderen geretteten Tieren machten und mir ihre Trainingsstrategien erläuterten.

Marco Mastrorilli und Stefania Montanino waren an drei bezaubernden Tagen mit Eulen und Eulengesprächen in der Nähe von Turin in Italien meine Gastgeber. Sie machten mich mit den Waldkäuzen bekannt, die in den Wäldern in der Nähe ihrer Heimat leben, und zeigten mir die beiden großartigen Sentieri dei Gufi, die »Eulenwege«, die Mastrorilli angelegt hat, um Menschen und insbesondere Kinder mit den Wundern der Eulen bekanntzumachen. Außerdem machten sie mit mir einen Abstecher in die französischen Alpen, wo wir dank der scharfen Augen von Stefania auch Gänsegeier zu Gesicht bekamen. *Grazie di cuore a entrambi.*

Ich sprach und korrespondierte mit einer Fülle von Ornithologen, Eulenexperten, Forschenden, Lehrkräften, Naturbegeisterten und Tierschützerinnen, und alle gewährten mir für das Projekt großzügige Hilfe. Mein besonderer Dank geht an Lori Arent, Rob Bierregaard, Rohan Bilney, Mark Bonta, Reed Bowman, Gail Buhl, Joyce Caldwell, Nicholas Carter, Christopher Clark, Rohan Clarke, Jonathan Clarkson, Raylene Cooke, Sergio Córdoba-Córdoba, Steve Debus, Jim Duncan, Laura Erickson, John Fitzpatrick, Robyn Fleming, Nicole Gill, Yoram Gutfreund, Jennifer Hartman, Jonathan Haw, Rob Heinsohn, Tomás Ibarra, Rod Kavanagh, Christine Köppl, Sean Larkan, Véronique Laroulandie, David Lindo, Pavel Linhart, Craig Morley, Beth Mott, José Carlos Motta-Junior, José Luis Peña, Niels Rattenborg, Bob Reilly, Nicole Richardson, Alexandre Roulin, Milan Ružić, Pertti Saurola, Marjon Savelsberg, Day Scott, Andrew Skeoch, Jonathan Slaght, Roar Solheim, Chris Soucy, Flossy Sperring, Rada Surmach, Jean-François Therrien, Carlos Mario Wagner-Wagner, Mark Walters, Scott Weidensaul, John White, Connor Wood, Felice Wyndham und William Young. Viele von ihnen verwiesen mich an andere Eulenspezialisten, steuerten Ressourcen bei, lasen Teile des Manuskripts und machten ausgezeichnete Vorschläge. Meine tiefste Dankbarkeit gilt ihnen allen.

Meine liebe Freundin Miriam Nelson las mehrere Kapitel des Buches und steuerte wie üblich ihre klugen Ratschläge bei.

Mehrere talentierte Fotografen, Forschende und Künstlerinnen steuerten als Bildungsbeitrag unentgeltlich Bilder zu diesem Buch bei, darunter Ambika Angela Bone, Nick Bradsworth, Lynn Bystrom, Jonathan Haw und owlproject.org, David H. Johnson, Julie Kacmarcik, Nathalie Morales, José Carlos Motta-Junior, Amanda Nicholson, Marjon Savelsberg, Flossy Sperring und Čeda Vučković. Ich danke euch allen, dass ihr eure wunderschönen Bilder zur Verfügung gestellt habt. Robyn Fleming setzte großzügig ihre Fachkenntnisse ein und half mir, im Metropolitan Museum of Art urheberrechtsfreie kulturelle Bilder von Eulen ausfindig zu machen. Andere professionelle Fotografen und Künstlerinnen steuerten ihre Arbeiten zu stark reduzierten Honoraren bei. Besonders dankbar bin ich Nick Athanas, Nathan Clark, Dan Cox von Natural Exposures, Melissa Groo, Jeff Grotte, David Lei, Matt Poole, Day Scott, Jonathan Slaght, Roar Solheim und Brad Wilson. Ein besonderer Dank geht an Dan Cox, der mir sein ungewöhnliches Bild von Kalifornienzwergkäuzen in ihrer Nisthöhle zur Verfügung stellte, und an Terresa White, die mir gestattete, ihre verblüffende Skulptur *Dependent Arising: Owl and Lemming* zu zeigen. Sehr dankbar bin ich auch Pete Myers, der mir half, die Fotos für das Buch auszuwählen, Donna Lucey, die mir mit ihrer Erfahrung in Fotografie und Layout zur Seite stand, und meiner lieben Stiefmutter Gail Gorham für ihre großzügige Unterstützung bei den Bildern.

Ann Godoff, meiner Lektorin bei Penguin Press, bin ich zu tiefem Dank verpflichtet, weil sie an dieses Buch glaubte und es in allen Stadien mit ihrer charakteristischen Intelligenz, ihrem Kenntnisreichtum und ihrer Liebenswürdigkeit betreut hat. Ich danke dir, Ann, dass du mich auf deine sanfte Art angetrieben und mir geholfen hast, die Eulen ans Licht zu bringen. Großer Dank gilt Casey Davis, die das Buch von der Konzeption bis zur Fertigstellung mit ihrer üblichen überragenden Kompetenz betreute und fachkundige Leitlinien für Fotos und andere künstlerische Darstellungen gab; außerdem Darren

Haggard für die großartige Umschlaggestaltung und Victoria Lopez für ihre kompetente Unterstützung während des gesamten Produktionsprozesses.

Großer Dank geht an Guilherme Weinhardt Minetto für seine ausgezeichnete Unterstützung im Frühstadium des Buches, für die Transkription und Redaktion von Gesprächsaufzeichnungen und durchdachte Ratschläge.

Melanie Jackson, meiner Agentin seit mehr als 30 Jahren, verdanke ich mehr, als ich zum Ausdruck bringen kann. Melanie hat mir im Laufe der Jahrzehnte geholfen, Ideen für meine Bücher zu umreißen und ihre Entstehungsgeschichte mit wahrhaft außergewöhnlichen Einsichten und Fähigkeiten zu leiten. Ich empfinde endlose Dankbarkeit für die hervorragenden Leistungen, die sie in unsere gemeinsame Arbeit eingebracht hat, und für das viele Gute, das sie für mein Leben und meine Karriere getan hat. Ich kann mich glücklich schätzen, sie meine Agentin und meine Freundin zu nennen.

Mein tiefer Dank gilt meiner Familie für Liebe und Unterstützung und insbesondere meiner Stiefmutter Gail für ihre Großzügigkeit und begeisterte Ermutigung sowie meinen Schwestern Kim, Sarah und Nancy. Nancy und ihr Mann Steve waren jahrelang in jeglicher Hinsicht der Wind in meinen Segeln. Für meine Dankbarkeit, dass sie zu meinem Leben gehören, fehlen mir die Worte.

Schließlich gilt meine tiefe Liebe und Dankbarkeit immer meinen Töchtern Zoë und Nelle, die mir mehr als alles andere beigebracht haben, in der Welt zu leben, und mir mit ihrer Klugheit und ihrem Licht den Weg gewiesen haben. Einst waren sie vielleicht kleine Eulen, aber sie haben sich in die Lüfte erhoben und sind jetzt auf einem wunderschönen Flug.

LITERATUR

Allgemein

M. Cieślak, *Feathers of European Owls: Insights into Species Ecology and Identification*, Uppsala: Oriolus 2017.

J. Duncan, *Owls of the World*, Baltimore: Johns Hopkins University Press 2016.

Ela Foundation, »Proceedings of the 6th World Owl Conference, Pune, India, 2019«, *Ela Journal of Forestry and Wildlife* 11, Nr. 1 (Januar–März 2022).

P. L. Enríquez (Hg.), *Neotropical Owls: Diversity and Conservation*, Cham: Springer 2017.

International Owl Center, internationalowlcenter.org.

H. Mikkola, *Handbuch Eulen der Welt. Alle 249 Arten*, Stuttgart: Kosmos 2013.

D. Morris, *Eulen. Ein Portrait*, Berlin: Matthes & Seitz 2014.

R. W. Nero, *The Great Gray Owl: Phantom of the Northern Forest*, Washington, DC: Smithsonian Institution Press 1980.

Owl Research Institute, *The Roost*, jährlicher Newsletter (Charlo, Montana), owlresearchinstitute.org/the roost.

J. C. Slaght, *Die Eulen des östlichen Eises. Die Suche nach der größten Eule der Welt und ihre Rettung*, Berlin: Matthes & Seitz 2023.

M. Unwin und D. Tipling, *Eulen*, Darmstadt: Theiss 2017.

1 Eulen verstehen

J. N. Choiniere et al., »Evolution of vision and hearing modalities in theropod dinosaurs«, *Science* 372, Nr. 6542 (Mai 2021), S. 610–613, doi.org/10.1126/science.abe7941.

A. Duhamel et al., »Cranial evolution in the extinct Rodrigues Island owl *Otus murivorus* (Strigidae), associated with unexpected ecological adaptations«, *Scientific Reports* 10 (August 2020), Nr. 14019, doi.org/10.1038/s41598-020-69868-1.

M. Hanson et al., »The early origin of a birdlike inner ear and the evolution of dinosaurian movement and vocalization«, *Science* 372, Nr. 6542 (Mai 2021), S. 601–609, doi.org/10.1126/science.abb4305.

D. F. Lane und F. Angulo, »The distribution, natural history, and status of the Longwhiskered Owlet (*Xenoglaux loweryi*)«, *Wilson Journal of Ornithology* 130, Nr. 3 (September 2018), S. 650–657.

A. Louchart, »Integrating the fossil record in the study of insular body size evolution: Example of owls (Aves, Strigiformes)«, in »Proceedings of the International Symposium ›Insular Vertebrate Evolution: the Palaeontological Approach‹«, hg. v. J. A. Alcover und P. Bover, *Monografies de la Societat d'Història Natural de les Balears* 12 (Januar 2005), S. 155–174.

G. Mayr, »Strigiformes«, in *Paleogene Fossil Birds*, Heidelberg: Springer 2009, S. 163–168.

G. Mayr, P. D. Gingerich und T. Smith, »Skeleton of a new owl from the early Eocene of North America (Aves, Strigiformes) with an accipitrid-like foot morphology«, *Journal of Vertebrate Paleontology* 40, Nr. 2 (Juli 2020), doi.org/10.1080/027 24634.2020.1769116.

G. Mayr und A. C. Kitchener, »Early Eocene fossil illuminates the ancestral (diurnal) ecomorphology of owls and documents a mosaic evolution of the strigiform body plan«, *Ibis* (August 2022), doi.org/10.1111/ibi.13125.

C. McGrath, »Highlight: Adaptations that rule the night«, *Genome Biology and Evolution* 12, Nr. 10 (Oktober 2020), S. 1909–1910, doi.org/10.1093/gbe/evaa199.

A. M. Patel und D. W. Steadman, »The Pleistocene Burrowing Owl (*Athene cunicularia*) from the Bahamas«, *Journal of Caribbean Ornithology* 33 (November 2020), S. 86–94.

M. Wink und H. Sauer-Gürth, »Molecular taxonomy and systematics of owls (Strigiformes) – an update«, in »World Owl Conference 2017«, hg. v. Inês Roque, Sonderausgabe, *Airo* 29 (2021), S. 487–500.

2 Wie es ist, eine Eule zu sein

M. L. Allen et al., »Scavenging by owls: A global review and new observations from Europe and North America«, *Journal of Raptor Research* 53, Nr. 4 (November 2019), S. 410–418.

T. Bachmann, H. Wagner und C. Tropea, »Inner vane fringes of barn owl feathers reconsidered: Morphometric data and functional aspects«, *Journal of Anatomy* 221, Nr. 1 (Juli 2012), S. 1–8.

A. D. S. Bala, »Auditory spatial acuity approximates the resolving power of space-specific neurons«, *PLoS ONE* 2, Nr. 8 (August 2007), e675, doi.org/10.1371/journal.pone.0000675.

A. D. S. Bala und T. T. Takahashi, »Pupillary dilation response as an indicator of auditory discrimination in the barn owl«, *Journal of Comparative Physiology A* 186, Nr. 5 (Mai 2000), S. 425–434, doi.org/10.1007/s003590050442.

A. Boonman et al., »The sounds of silence: Barn owl noise in landing and taking off«, *Behavioural Processes* 157 (Dezember 2018), S. 484–488.

D. F. Brunton und R. Pittaway, »Observations of the Great Gray Owl on winter range«, *Canadian Field-Naturalist* 85, Nr. 4 (Januar–März 1971), S. 315–322.

C. E. Carr und J. Christensen-Dalsgaard, »Sound localization strategies in three predators«, *Brain, Behavior and Evolution* 86, Nr. 1 (September 2015), S. 17–27, doi.org/10.1159/000435946.

C. E. Carr und J. L. Peña, »Cracking an improbable sensory map«, *Journal of Experimental Biology* 219, Nr. 24 (Dezember 2016), S. 3829–3831, doi.org/10.1242/jeb.129635.

C. J. Clark, »Ways that animal wings produce sound«, *Integrated and Comparative Biology* 61, Nr. 2 (August 2021), S. 696–709, doi.org/10.1093/icb/icab008.

C. J. Clark, J. Duncan und R. Dougherty, »Great Gray Owls hunting voles under snow hover to defeat an acoustic mirage«, *Proceedings of the Royal Society B* (November 2022), doi.org/10.1098/rspb.2022.1164.

C. J. Clark, K. LePiane und L. Liu, »Evolution and ecology of silent flight in owls and other flying vertebrates«, *Integrative Organismal Biology* 2, Nr. 1 (Januar 2020), doi.org/10.1093/iob/obaa001.

C. J. Clark, K. LePiane und L. Liu, »Evolutionary and ecological correlates of quiet flight in nightbirds, hawks, falcons, and owls«, *Integrative and Comparative Biology* 60, Nr. 5 (November 2020), S. 1123–1134.

A. Devine und D. G. Smith, »Caching behavior in Northern Saw-whet Owls, *Aegolius acadicus*«, *Canadian Field-Naturalist* 119, Nr. 4 (Oktober–Dezember 2005), S. 578–579.

L. Einoder und A. Richardson, »The digital tendon locking mechanism of owls: Variation in the structure and arrangement of the mechanism and functional implications«, *Emu* 107, Nr. 3 (2007), S. 223–230.

P. Espíndola-Hernández et al., »Genomic evidence for sensorial adaptations to a nocturnal predatory lifestyle in owls«, *Genome Biology and Evolution* 12, Nr. 10 (Oktober 2020), S. 1895–1908.

P. Espíndola-Hernández, J. C. Mueller und B. Kempenaers, »Genomic signatures of the evolution of a diurnal lifestyle in Strigiformes«, *G3 Genes|Genomes|Genetics* 12, Nr. 8 (August 2022), jkac135, doi.org/10.1093/g3journal/jkac135.

C. Gutiérrez-Ibáñez et al., »Comparative study of visual pathways in owls (Aves: Strigiformes)«, *Brain, Behavior and Evolution* 81, Nr. 1 (Februar 2013), S. 27–39, doi.org/10.1159/000343810.

W. M. Harmening und H. Wagner, »From optics to attention: Visual perception in barn owls«, *Journal of Comparative Physiology A* 197 (Juli 2011), S. 1031–1042, doi.org/10.1007/s00359-011-0664-3.

Y. Hazan et al., »Visual-auditory integration for visual search: A behavioral study in Barn Owls«, *Frontiers in Integrative Neuroscience* 9 (Februar 2015), S. 1–12, doi.org/10.3389/fnint.2015.00011.

J. Höglund et al., »Owls lack UV-sensitive cone opsin and red oil droplets, but see UV light at night: Retinal transcriptomes and ocular media transmittance«, *Vision Research* 158 (Mai 2019), S. 109–119.

J.W. Jaworski und N. Peake, »Aeroacoustics of silent owl flight«, *Annual Review of Fluid Mechanics* 52 (Januar 2020), S. 395–420.

E.I. Knudsen und M. Konishi, »A neural map of auditory space in the owl«, *Science* 200, Nr. 4343 (Mai 1978), S. 795–797.

E.I. Knudsen, M. Konishi und J.D. Pettigrew, »Receptive fields of auditory neurons in the owl«, *Science* 198, Nr. 4323 (Dezember 1977), S. 1278–1280.

K. Krishnan et al., »Turbulent wake-flow characteristics in the near wake of freely flying raptors: A comparative analysis between an owl and a hawk«, *Integrative and Comparative Biology* 60, Nr. 5 (November 2020), S. 1109–1122, doi.org/10.1093/icb/icaa106.

B. Krumm et al., »Barn owls have ageless ears«, *Proceedings of the Royal Society B* 284, Nr. 1863 (September 2017), 20171584, doi.org/10.1098/rspb.2017.1584.

B. Krumm et al., »The barn owls' minimum audible angle«, *PLoS ONE* 14, Nr. 8 (August 2019), e0220652, doi.org/10.1371/journal.pone.0220652.

K. LePiane und C.J. Clark, »Evidence that the dorsal velvet of barn owl wing feathers decreases rubbing sounds during flapping flight«, *Integrative and Comparative Biology* 60, Nr. 5 (November 2020), S. 1068–1079, doi.org/10.1093/icb/icaa045.

K. LePiane und C.J. Clark, »Quiet flight, the leading edge comb, and their ecological correlates in owls (Strigiformes)«, *Biological Journal of the Linnean Society* 135, Nr. 1 (Januar 2022), S. 84–97.

G.R. Martin, »Sensory capacities and the nocturnal habit of owls (Strigiformes)«, *Ibis* 128, Nr. 2 (April 1986), S. 266–277.

G.R. Martin, »What is binocular vision for? A birds' eye view«, *Journal of Vision* 9, Nr. 11 (Oktober 2009): S. 14, doi.org/10.1167/9.11.14.

I.A.W. McAllan und D. Larkins, »A feeding technique of the Powerful Owl *Ninox strenua*«, *Australian Field Ornithology* 22, Nr. 1 (März 2005), S. 38–41.

M. Mo et al., »Observations of hunting attacks by the Powerful Owl *Ninox strenua* and an examination of search and attack techniques«, *Australian Zoologist* 38, Nr. 1 (Januar 2016), S. 52–58.

J. Orlowski et al., »Visual pop-out in barn owls: Human-like behavior in the avian brain«, *Journal of Vision* 15, Nr. 14 (Oktober 2015), S. 4, doi.org/10.1167/15.14.4.

J. Orlowski, W. Harmening und H. Wagner, »Night vision in barn owls: Visual acuity and contrast sensitivity under dark adaptation«, *Journal of Vision* 12, Nr. 13 (Dezember 2012), S. 4, doi.org/10.1167/12.13.4.

R. Payne, »Acoustic location of prey by barn owls (Tyto alba)«, *Journal of Experimental Biology* 54, Nr. 3 (Juni 1971), S. 535–573.

J.L. Peña und M. Konishi, »Auditory spatial receptive fields created by multiplication«, *Science* 292, Nr. 5515 (April 2001), S. 249–252, doi.org/10.1126/science.1059201.

F.T.G. Rocha de Vasconcelos et al., »LWS visual pigment in owls: Spectral tuning inferred by genetics«, *Vision Research* 165 (Dezember 2019), S. 90–97, doi.org/10.1016/j.visres.2019.10.001.

I. Sazima, »Lightning predator: The Ferruginous Pygmy Owl snatches flower-visiting hummingbirds in southwestern Brazil«, *Revista Brasileira de Ornitologia* 23 (Dezember 2015), S. 12–14, doi.org/10.1007/BF03544283.

R. Solheim, »Caching behaviour, prey choice and surplus killing by Pygmy Owl *Glaucidium passerinum* during winter, a functional response of a generalist predator,« *Annales Zoologici Fennici* 21, Nr. 3 (Januar 1984), S. 301–308.

T.T. Takahashi, »How the owl tracks its prey – II«, *Journal of Experimental Biology* 213, Nr. 20 (Oktober 2010), S. 3399–3408.

J.R. Usherwood, E.L. Sparkes und R. Weller, »Leap and strike kinetics of an acoustically ›hunting‹ barn owl (*Tyto alba*)«, *Journal of Experimental Biology* 217, Nr. 17 (September 2014), S. 3002–3005.

A. Van den Burg und K. Koenraads, »Owls in the realm of avian anatomy«, Abstract, *World Owl Conference 2017: Book of Abstracts*, 51, woc2017.uevora.pt/wp-content/uploads/2017/11/WOC2017-ABSTRACTS.pdf.

H. Wagner et al., »Features of owl wings that promote silent flight«, *Interface Focus* 7, Nr. 1 (Februar 2017), 20160078, doi.org/10.1098/rsfs.2016.0078.

H. Wagner, T.T. Takahashi und M. Konishi, »Representation of interaural time difference in the central nucleus of the barn owl's inferior colliculus«, *Journal of Neuroscience* 7, Nr. 10 (Oktober 1987), S. 3105–3116.

J. Wang et al., »Aeroacoustic characteristics of owl-inspired blade designs in a mixed flow fan: Effects of leading- and trailing-edge serrations«, *Bioinspiration & Biomimetics* 16, Nr. 6 (September 2021), 066003, doi.org/10.1088/1748-3190/ac1309.

Y. Wu et al., »Retinal transcriptome sequencing sheds light on the adaptation to nocturnal and diurnal lifestyles in raptors«, *Scientific Reports* 6 (September 2016), Nr. 33578, doi.org/10.1038/srep33578.

Y. Wu und D.H. Johnson, »Evolution in gene sequences responsible for hearing, sight, and digestion in 99 species of owls, raptors, and passerines«, Abstract, in »Proceedings of the 6th World Owl Conference, Pune, India, 2019«, *Ela Journal of Forestry and Wildlife* 11, Nr. 1 (Januar–März 2022), S. 1215, elafoundation.org/ela/wp-content/uploads/2022/08/EJFW-11-1.pdf.

M. Zhao et al., »Optimal design of aeroacoustic airfoils with owl-inspired trailing-edge serrations«, *Bioinspiration & Biomimetics* 16, Nr. 5 (September 2021): 056004, doi.org/10.1088/1748-3190/ac03bd.

C. Zhou et al., »Comparative genomics sheds light on the predatory lifestyle of accipitrids and owls«, *Scientific Reports* 9 (Februar 2019), Nr. 2249, doi.org/10.1038/s41598-019-38680-x.

3 Eulenkunde

K.M. Dugger et al., »The effects of habitat, climate, and Barred Owls on long-term demography of Northern Spotted Owls«, *The Condor* 118, Nr. 1 (Februar 2016), S. 57–116, doi.org/10.1650/condor-15-24.1.

A. Grimm-Seyfarth, W. Harms und A. Berger, »Detection dogs in nature conservation: A database on their world-wide deployment with a review on breeds used and their performance compared to other methods«, *Methods in Ecology and Evolution* 12, Nr. 4 (April 2021), S. 568–579, doi.org/10.1111/2041-210X.13560.

R.J. Gutiérrez et al., »The invasion of Barred Owls and its potential effect on the Spotted Owl: A conservation conundrum«, *Biological Invasions* 9, Nr. 2 (März 2007), S. 181–196, doi.org/10.1007/s10530-006-9025-5.

J. Shonfield und E.M. Bayne, »Using bioacoustics to study vocal behaviour and habitat use of Barred Owls, Boreal Owls and Great Horned Owls«, in »World Owl Conference 2017«, hg. v. Inês Roque, Sonderausgabe, *Airo* 29 (2021), S. 416–431.

R. Surmach und P.G. Mametiev, »Contemporary technologies in Blakiston's Fish Owl research«, 2nd International Conference on Northeast Asia Biodiversity, Baishan, China, 27.–31. August 2019.

S.K. Wasser et al., »Using detection dogs to conduct simultaneous surveys of Northern Spotted (*Strix occidentalis caurina*) and Barred Owls (*Strix varia*)« *PLoS ONE* 7, Nr. 8 (August 2012), e42892, doi.org/10.1371/journal.pone.0042892.

C.M. Wood et al., »Early detection of rapid Barred Owl population growth within the range of the California Spotted Owl advises the precautionary principle«, *The Condor* 122, Nr. 1 (Februar 2020), S. 1–10, duz058, doi.org/10.1093/condor/duz058.

C.M. Wood et al., »Illuminating the nocturnal habits of owls with emerging tagging technologies«, *Wildlife Society Bulletin* 45, Nr. 1 (Februar 2021), S. 138–143, doi.org/10.1002/wsb.1156.

C.M. Wood et al., »Using the ecological significance of animal vocalizations to improve inference in acoustic monitoring programs«, *Conservation Biology* 35, Nr. 1 (Februar 2021), S. 336–345, doi.org/10.1111/cobi.13516.

C.M. Wood, R.J. Gutiérrez und M.Z. Peery, »Acoustic monitoring reveals a diverse forest owl community, illustrating its potential for basic and applied ecology«, *Ecology* 100, Nr. 9 (September 2019), e02764, doi.org/10.1002/ecy.2764.

C.M. Wood, S. M. Schmidt und M.Z. Peery, »Spatiotemporal patterns of the California Spotted Owl's territorial vocalizations«, *Western Birds* 50, Nr. 4 (Dezember 2019), S. 232–242, doi.org/10.21199/WB50.4.2.

4 Wenn sie schreien

M.M. Delgado und V. Penteriani, »Vocal behaviour and neighbour spatial arrangement during vocal displays in eagle owls (*Bubo bubo*)«, *Journal of Zoology* 271, Nr. 1 (Januar 2007), S. 3–10, doi.org/10.1111/j.1469-7998.2006.00205.x.

L.S. Duchac et al., »Passive acoustic monitoring effectively detects Northern Spotted Owls and Barred Owls over a range of forest conditions«, *The Condor* 122, Nr. 3 (August 2020), S. 1–22, doi.org/10.1093/condor/duaa017.

T. Grava et al., »Individual acoustic monitoring of the European Eagle Owl *Bubo bubo*«, *Ibis* 150, Nr. 2 (April 2008), S. 279–287.

L.A. Hardouin, P. Tabel und V. Bretagnolle, »Neighbour-stranger discrimination in the Little Owl, *Athene noctua*«, *Animal Behaviour* 72, Nr. 1 (Juli 2006), S. 105–112, doi.org/10.1016/j.anbehav.2005.09.020.

K.A. Kinstler, »Great Horned Owl *Bubo virginianus* vocalizations and associated behaviours«, in »Proceedings of the Fourth World Owl Conference, 31. Oktober–4. November 2007, Groningen, The Netherlands«, hg. v. D.H. Johnson, D. Van Nieuwenhuyse und J.R. Duncan, *Ardea* 97, Nr. 4 (Dezember 2009), S. 413–420.

P. Linhart et al., »Measuring individual identity information in animal signals: Overview and performance of available identity metrics«, *Methods in Ecology and Evolution* 10, Nr. 9 (September 2019), S. 1558–1570, doi.org/10.1111/2041-210X.13238.

P. Linhart und M. Šálek, »Acoustic methods for long-term monitoring of birds: Individuality and stability in territorial calls of the Little Owl (*Athene noctua*)«, Abstract, in »Proceedings of the 6th World Owl Conference, Pune, India, 2019«, *Ela Journal of Forestry and Wildlife* 11, Nr. 1

(Januar–März 2022), S. 1231, elafoundation.org/ela/wp-content/uploads/2022/08/EJFW-11-1.pdf.

V. Penteriani et al., »Brightness variability in the white badge of the eagle owl *Bubo bubo*«, *Journal of Avian Biology* 37, Nr. 1 (Januar 2006), S. 110–116, doi.org/10.1111/j.0908-8857.2006.03569.x.

V. Penteriani et al., »The importance of visual cues for nocturnal species: Eagle owls signal by badge brightness«, *Behavioral Ecology* 18, Nr. 1 (Januar 2007), S. 143–147, doi.org/10.1093/beheco/arl060.

V. Penteriani et al., »Owl dusk chorus is related to the quality of individuals and nest-sites«, *Ibis* 156, Nr. 4 (Oktober 2014), S. 892–895, doi.org/10.1111/ibi.12178.

V. Penteriani und M. del Mar Delgado, »The dusk chorus from an owl perspective: Eagle owls vocalize when their white throat badge contrasts most«, *PLoS ONE* 4, Nr. 4 (April 2009), e4960, doi.org/10.1371/journal.pone.0004960.

D. Stowell et al., »Automatic acoustic identification of individuals in multiple species: Improving identification across recording conditions«, *Journal of the Royal Society Interface* 16, Nr. 153 (April 2019), 2018094020180940, doi.org/10.1098/rsif.2018.0940.

S. Yamamoto, »Unusual behaviors by male Blakiston's Fish Owls: Rearing of unrelated offspring and simultaneous courtship feeding«, *Journal of Raptor Research* 56, Nr. 2 (Juni 2022), S. 253–255, doi.org/10.3356/JRR-21-11.

5 Wie man eine Eule macht

I. O. Adejumo, »Strategies of Owl Reproduction«, *Owls*, hg. v. H. Mikkola, London: IntechOpen 2019, doi.org/10.5772/intechopen.82425.

F. M. Baumgartner, »Courtship and nesting of the Great Horned Owls«, *Wilson Bulletin* 50, Nr. 4 (Dezember 1938), S. 274–285.

C. Deppe et al., »Effect of Northern Pygmy-Owl (*Glaucidium gnoma*) eyespots on avian mobbing«, *The Auk* 120, Nr. 3 (Juli 2003), S. 765–771, doi.org/10.1093/auk/120.3.765.

C. I. de Zeeuw und C. B. Canto, »Interpreting thoughts during sleep«, *Science* 377, Nr. 6609 (August 2022), S. 919–920, doi.org/10.1126/science.add8592.

P. Ducouret et al., »Elder barn owl nestlings flexibly redistribute parental food according to siblings' need or in return for allopreening«, *American Naturalist* 196, Nr. 2 (August 2020), S. 257–269, doi.org/10.1086/709106.

F. R. Gehlbach und R. S. Baldridge, »Live blind snakes (*Leptotyphlops dulcis*) in Eastern Screech Owl (*Otus asio*) nests: A novel commensalism«, *Oecologia* 71, Nr. 4 (März 1987), S. 560–563, doi.org/10.1007/BF00379297.

J. Hollingsworth und R. J. Bilney, »A possible case of infanticide and cannibalism in the Powerful Owl *Ninox strenua*«, *Australian Field Ornithology* 34 (2017), S. 129–130, doi.org/10.20938/afo34129130.

D. W. Holt, »Why are Snowy Owls white and why have they evolved distinct sexual color dimorphism? A review of questions and hypotheses«, *Journal of Raptor Research* 56, Nr. 4 (Dezember 2022), S. 440–454.

D. W. Holt et al., »Characteristics of nest mounds used by Snowy Owls in Barrow, Alaska, with conservation and management implications«, *Ardea* 97, Nr. 4 (Dezember 2009), S. 555–561.

D. W. Holt und M. Larson, »Natural nest-site characteristics of two small forest owls with implications for conservation and management«, Abstract, in »Abstracts from the 2014 annual meeting of the Society for Northwestern Vertebrate Biology, in cooperation with the Washington chapter of the Wildlife Society, Northwest Partners in Amphibian and Reptile Conservation, Researchers Implementing Conservation Action, and the Global Owl Project, held at the Red Lion Hotel, Pasco, Washington, 3–7. Februar 2014«, *Northwestern Naturalist* 95, Nr. 2 (Herbst 2014), S. 148–149, doi.org/10.1898/NWNAbstracts_95-2.1.

D. W. Holt und W. D. Norton, »Observations of nesting Northern Pygmy-Owls«, *Raptor Research* 20, Nr. 1 (Frühjahr 1986), S. 39–41.

M. D. Larson und D. W. Holt, »Rope dragging technique for locating Short-eared Owl nests«, *North American Bird Bander* 43, Nr. 2–3 (April–September 2018), S. 62–64.

M. Mo und D. R. Waterhouse, »Development of independence in Powerful Owl *Ninox strenua* fledglings in suburban Sydney«, *Australian Field Ornithology* 32, Nr. 3 (September 2015), S. 143–153.

C. O'Connell und G. Keppel, »Deep tree hollows: Important refuges from extreme temperatures«, *Wildlife Biology* 22, Nr. 6 (November 2016), S. 305–310.

J. Olsen et al., »Behaviour and family association during the post-fledging period in Southern Boobooks Ninox boobook«, *Corella* 44 (November 2020), S. 61–70.

M. F. Scriba et al., »Linking melanism to brain development: Expression of a melanism-related gene in barn owl feather follicles covaries with sleep ontogeny«, *Frontiers in Zoology* 10 (Juli 2013), S. 42, doi.org/10.1186/1742-9994-10-42.

A. Webster et al., »Diet, roosts and breeding of Powerful Owls *Ninox strenua* in a disturbed, urban environment: A case for cannibalism? Or a case of infanticide?«, *Emu – Austral Ornithology* 99, Nr. 1 (März 1999), S. 80–83, doi.org/10.1071/MU99009D.

6 Bleiben oder gehen?

S. R. Beckett und G. A. Proudfoot, »Large-scale movement and migration of Northern Saw-whet Owls in eastern North America«, *Wilson Journal of Ornithology* 123, Nr. 3 (September 2011), S. 521–535.

S. R. Beckett und G. A. Proudfoot, »Sex-specific migration trends of Northern Saw-whet Owls in eastern North America«, *Journal of Raptor Research* 46, Nr. 1 (März 2012), S. 98–108.

J. Bowman, D. Badzinski und R. J. Brooks, »The numerical response of breeding Northern Saw-whet Owls *Aegolius acadicus* suggests nomadism«, *Journal of Ornithology* 151, Nr. 2 (April 2010), S. 499–506.

M. Cheveau et al., »Owl winter irruptions as an indicator of small mammal population cycles in the boreal forest of eastern North America«, *Oikos* 107, Nr. 1 (Oktober 2004), S. 190–198.

T. Curk et al., »Winter irruptive Snowy Owls (*Bubo scandiacus*) in North America are not starving«, *Canadian Journal of Zoology* 96, Nr. 6 (Juni 2018), S. 553–558.

F. I. Doyle et al., »Seasonal movements of female Snowy Owls breeding in the western North American Arctic«, *Journal of Raptor Research* 51, Nr. 4 (Dezember 2017), S. 428–438.

P. Ducouret et al., »Elder barn owl nestlings flexibly redistribute parental food according to siblings' need or in return for allopreening«, *American Naturalist* 196, Nr. 2 (August 2020), S. 257–269, doi.org/10.1086/709106.

D. W. Holt et al., »Snowy Owl (*Bubo scandiacus*)«, Version 1.0, *Birds of the World*, hg. v. S. M. Billerman, Ithaca, NY: Cornell Lab of Ornithology 2020, doi.org/10.2173/bow.snoowl1.01.

I. E. Menyushina, »Snowy Owl (*Nyctea scandiaca*) reproduction in relation to lemming population cycles on Wrangel Island«, in »Biology and Conservation of Owls of the Northern Hemisphere: 2nd International Symposium«, hg. v. J. R. Duncan, D. H. Johnson und T. H. Nicholls, *General Technical Report NC-190*, St. Paul, MN: US Department of Agriculture, Forest Service, North Central Forest Experiment Station 1997, S. 572–582.

H. C. Mueller und D. D. Berger, »Observations on migrating saw-whet owls«, *Bird-Banding* 38, Nr. 2 (April 1967), S. 120–125.

C. M. Neri und N. Mackentley, »Different audio-lures lead to different sex-biases in capture of Northern Saw-whet Owls (*Aegolius acadicus*)«, *Journal of Raptor Research* 52, Nr. 2 (Juni 2018), S. 245–249, doi.org/10.3356/JRR-17-28.1.

Project Owlnet, projectowlnet.org.

M.L. Pruitt und K.G. Smith, »History of Northern Saw-whet Owls (*Aegolius acadicus*) in North America: Discovery to present day«, in »World Owl Conference 2017«, hg. v. Inês Roque, Sonderausgabe, *Airo* 29 (2021), S. 326–348.

W. Saunders, »A migration disaster in Western Ontario«, *The Auk* 24, Nr. 1 (1907), S. 108–110.

R. Solheim et al., »Snowy Owl (*Bubo scandiacus*) males select the highest vantage points around nests«, in »World Owl Conference 2017«, hg. v. Inês Roque, Sonderausgabe, *Airo* 29 (2021), S. 451–459.

P.A. Taverner und B.H. Swales, »Notes on the migration of the saw-whet owl«, *The Auk* 28, Nr. 3 (Juli 1911), S. 329–334.

J.-F. Therrien et al., »Irruptive movements and breeding dispersal of Snowy Owls: A specialized predator exploiting a pulsed resource«, *Journal of Avian Biology* 45, Nr. 6 (November 2014), S. 536–544.

J.-F. Therrien et al., »The irruptive nature of Snowy Owls: An overview of some of the recent empirical evidence«, in »World Owl Conference 2017«, hg. v. Inês Roque, Sonderausgabe, *Airo* 29 (2021), S. 527–534.

J.-F. Therrien, G. Gauthier und J. Bêty, »An avian terrestrial predator of the Arctic relies on the marine ecosystem during winter«, *Journal of Avian Biology* 42, Nr. 4 (Juli 2011), S. 363–369.

J.-F. Therrien, G. Gauthier und J. Bêty, »Survival and reproduction of adult Snowy Owls tracked by satellite«, *Journal of Wildlife Management* 76, Nr. 8 (November 2012), S. 1562–1567.

J. Wall et al., »Twenty-five year population trends in Northern Saw-whet Owl (*Aegolius acadicus*) in eastern North America«, *Wilson Journal of Ornithology* 132, Nr. 3 (September 2020), S. 739–745.

S. Weidensaul et al., »Use of ultraviolet light as an aid in age classification of owls«, *Wilson Journal of Ornithology* 123, Nr. 2 (Juni 2011), S. 373–377.

7 Eine Eule in der Hand

International Association of Avian Trainers and Educators, »Position Statement: Welfare of human-reared vs. parent-reared owls in ambassador animal programs« (März 2018), iaate.org/images/article-pdfs/Position_Statement_-_Welfare_of_Human-reared_vs_Parent-reared_Owls_in_Ambassador_Animal_Programs.pdf.

S. Lee et al., »The function of the alula in avian flight«, *Scientific Reports* 5 (Mai 2015), Nr. 9914, doi.org/10.1038/srep09914.

V. Nijman und K.A.-I. Nekaris, »The Harry Potter effect: The rise in trade of owls as pets in Java and Bali, Indonesia«, *Global Ecology and Conservation* 11 (Juli 2017), S. 84–94, doi.org/10.1016/j.gecco.2017.04.004.

Raptor Center, College of Veterinary Medicine, University of Minnesota, raptor.umn.edu.

Wildlife Center of Virginia, wildlifecenter.org.

8 Halb Vogel, halb Geist

N. Ashley und M. Sichilongo (Hg.), *Owls Want Loving: A Reader*, Lusaka: Zambian Ornithological Society 1999.

P. Benavides und J. T. Ibarra, »Uncanny creatures of the dark: Exploring the role of owls across human societies«, *Anthropos* 116, Nr. 1 (2021), S. 179–192.

M. Bonta, *Seven Names for the Bellbird: Conservation Geography in Honduras*, College Station: Texas A&M University Press 2003.

I. M. Braun, »Representations of birds in the Eurasian Upper Palaeolithic Ice Age art«, *Boletim do Centro Português de Geo-História e Pré-História* 1, Nr. 2 (November 2018), S. 13–21.

M. Cocker und H. Mikkola, »Magic, myth and misunderstanding: Cultural responses to owls in Africa and their implications for conservation«, *Bulletin of the African Bird Club* 8, Nr. 1 (März 2001), S. 30–35.

M. Cocker und H. Mikkola, »Owls and Traditional Culture in Africa«, *Tyto* 5, Nr. 4 (2000), S. 174–186.

J. A. Forsythe, »Owls & owl feathers in Native American culture«, *Whispering Wind* 48, Nr. 2 (2019), S. 16–24.

J. Haw et al., »Owl education and conservation in South Africa – successes of 20 years (owlproject.org)«, Abstract, in »Proceedings of the 6th World Owl Conference, Pune, India, 2019«, *Ela Journal of Forestry and Wildlife* 11, Nr. 1 (Januar–März 2022), S. 1209, elafoundation.org/ela/wp-content/uploads/2022/08/EJFW-11-1.pdf.

K. Hull und R. Fergus, »Birds as seers: An ethno-ornithological approach to omens and prognostication among the Ch'Orti'Maya of Guatemala«, *Journal of Ethnobiology* 37, Nr. 4 (Dezember 2017), S. 604–620.

E. S. Hunn und T. F. Thornton, »Tlingit Birds: An Annotated List with a Statistical Comparative Analysis«, in *Ethno-ornithology: Birds, Indigenous Peoples, Culture and Society*, hg. v. S. C. Tidemann und A. Gosler, London: Routledge 2010, S. 181.

S. T. Hussain, »Gazing at owls? Human-strigiform interfaces and their role in the construction of Gravettian lifeworlds in East-Central Europe«, in »Archaeo-ornithology: Emerging Perspectives on Past Human-Bird Relations«, hg. v. C. Kost und S. T. Hussain, Sonderausgabe, *Environmental Archaeology* 24, Nr. 4 (2019), S. 359–376.

S. T. Hussain, »The hooting past: Re-evaluating the role of owls in shaping human-place relations throughout the Pleistocene«, *Anthropozoologica* 56, Nr. 3 (Februar 2021), S. 39–56, doi.org/10.5252/anthropozoologica2021v56a3.

J. T. Ibarra et al., »Winged voices: Mapuche ornithology from South American temperate forests«, *Journal of Ethnobiology* 40, Nr. 1 (2020), S. 89–100.

J. Iskandar, B. S. Iskandar und R. Partasasmita, »The local knowledge of the rural people on species, role and hunting of birds: Case study in Karangwangi Village, Cidaun, West Java, Indonesia«, *Biodiversitas* 17, Nr. 2 (Oktober 2016), S. 435–446.

H. Kettunen, »Owls in Mesoamerica«, *Owls in Myth and Culture*, hg. v. D. H. Johnson (unveröffentlichtes Manuskript, 2020).

V. Laroulandie, »Owls and Hunter-Gatherers in the Upper Paleolithic of France: Evidence from Bone Remains and Art«, in *Owls in Myth and Culture*, hg. v. D. H. Johnson (unveröffentlichtes Manuskript, 2020).

K. Macintyre, B. Dobson und I. Hayward-Jackson, »Owl Voices as Night Spirits: An Ethno-ornithological Approach to the Understanding of the Significance of Night Bird Calls and Social Control in Traditional Nyungar Culture«, *Owls in Myth and Culture*, hg. v. D. H. Johnson (unveröffentlichtes Manuskript, 2020).

H. Mikkola, »Owl beliefs in Kyrgyzstan and some comparison with Kazakhstan, Mongolia and Turkmenistan«, *Owls*, hg. v. H. Mikkola, London: IntechOpen, 2019, doi.org/10.5772/intechopen.88711.

S. Molares und Y. Gurovich, »Owls in urban narratives: Implications for conservation and environmental education in NW Patagonia (Argentina)«, *Neotropical Biodiversity* 4, Nr. 1 (November 2018), S. 164–172, doi.org/10.1080/23766808.2018.1545379.

M. N. Muiruri und P. Maundu, »Birds, People and Conservation in Kenya«, *Ethno-ornithology: Birds, Indigenous Peoples, Culture and Society*, hg. v. S. Tidemann und A. Gosler, London: Routledge 2010, S. 279–289.

P. Nivedita et al., »Current perceptions of owls held by residents of rural Western Maharashtra, India«, in »Proceedings of the 6th World Owl Conference, Pune, India, 2019«, *Ela Journal of Forestry and Wildlife* 11, Nr. 1 (Januar–März 2022), S. 1182–1184, elafoundation.org/ela/wp-content/uploads/2022/08/EJFW-11-1.pdf.

G. Pam, D. Zeitlyn und A. Gosler, »Ethno-ornithology of the Mushere of Nigeria: Children's knowledge and perception of birds«, *Ethnobiology Letters* 9, Nr. 2 (2018), S. 48–64, doi.org/10.14237/ebl.9.2.2018.931.

S. Pande et al., »Owl education and conservation in India: Ela Foundation experience«, in »Proceedings of the 6th World Owl Conference, Pune, India,

2019«, *Ela Journal of Forestry and Wildlife* 11, Nr. 1 (Januar–März 2022), S. 1221, elafoundation.org/ela/wp-content/uploads/2022/08/EJFW-11-1.pdf.

S. Rajurkar et al., »Owls and cemeteries: Owls are not ghosts«, in »Proceedings of the 6th World Owl Conference, Pune, India, 2019«, *Ela Journal of Forestry and Wildlife* 11, Nr. 1 (Januar–März 2022), S. 1172–1173.

R. Rozzi et al., *Multi-ethnic Bird Guide of the Sub-Antarctic Forests of South America*, Denton: University of North Texas Press and Ediciones Universidad de Magallanes 2010.

N. Sault, »For the birds, part II: How birds show us the advantages of an ethnobiological perspective«, *Journal of Ethnobiology* 37, Nr. 4 (Dezember 2017), S. 601–603.

S. Tidemann und A. Gosler (Hg.), *Ethno-ornithology: Birds, Indigenous Peoples, Culture and Society*, London: Routledge, 2011.

M. Walsh, »Birds of omen and little flying animals with wings«, *East Africa Natural History Society Bulletin* 22, Nr. 1 (März 1992), S. 2–9.

D. Williams, *Ainu Ethnobiology*, Contributions in Ethnobiology, hg. v. M. Quinlan und J. Nolan, Tacoma, WA: Society of Ethnobiology 2017.

F. S. Wyndham und K. E. Park, »›Listen carefully to the voices of the birds‹: A comparative review of birds as signs«, *Journal of Ethnobiology* 38, Nr. 4 (Dezember 2018), S. 533–549.

9 Was die Eulen sagen

A. Agarwal et al., »Spatial coding in the hippocampus of flying owls«, bioRxiv.org, Vorabdruck, verschickt am 24. Oktober 2021, doi.org/10.1101/2021.10.24.465553.

R. J. Bilney, »Poor historical data drive conservation complacency: The case of mammal decline in south-eastern Australian forests«, *Austral Ecology* 39, Nr. 8 (Dezember 2014), S. 875–886.

R. J. Bilney, R. Cooke und J. G. White, »Underestimated and severe: Small mammal decline from the forests of south-eastern Australia since European settlement, as revealed by a top-order predator«, *Biological Conservation* 143, Nr. 1 (Januar 2010), S. 52–59.

P. Halme et al., »Do breeding Ural owls *Strix uralensis* protect ground nests of birds?: An experiment using dummy nests«, *Wildlife Biology* 10, Nr. 2 (Juni 2004), S. 145–148.

S. Herculano-Houzel, »Birds do have a brain cortex—and think«, *Science* 369, Nr. 6511 (September 2020), S. 1567–1568, doi.org/10.1126/science.abe0536.

M. D. Johnson und D. St. George, »Estimating the number of rodents remo-

ved by barn owls nesting in boxes on winegrape vineyards«, Proceedings of the Vertebrate Pest Conference 29 (August 2020), S. 1–8.
J. C. Mueller et al., »Evolution of genomic variation in the Burrowing Owl in response to recent colonization of urban areas«, *Proceedings of the Royal Society B* 285 (Mai 2018), 20180206, doi.org/10.1098/rspb.2018.0206.
S. Olkowicz et al., »Birds have primate-like numbers of neurons in the forebrain«, *PNAS* 113, Nr. 26 (Juni 2016), S. 7255–7260.
M. Stacho et al., »A cortex-like canonical circuit in the avian forebrain«, *Science* 369, Nr. 6511 (September 2020), eabc5534, doi.org/10.1126/science.abc5534.

Nachwort: Schützt die Eulen

E. Buechley et al., »Global raptor research and conservation priorities: Tropical raptors fall prey to knowledge gaps«, *Diversity and Distributions* 25, Nr. 3 (Februar 2019), S. 856–869, doi: 10.1111/ddi.12901.
J. R. Duncan, »An evaluation of 25 years of volunteer nocturnal owl surveys in Manitoba, Canada«, in »World Owl Conference 2017«, hg. v. Inês Roque, Sonderausgabe, *Airo* 29 (Juni 2021), S. 66–82.
S. T. Garnett et al., »Did hybridization save the Norfolk Island Boobook Owl *Ninox novaeseelandiae undulata*?«, *Oryx* 45, Nr. 4 (Oktober 2011), S. 500–504, doi:10.1017/S0030605311000871.
Government of Nepal, Ministry of Forests and Environment, Owl Conservation and Action Plan for Nepal 2020–2029, Kathmandu 2020.
D. F. Hofstadter et al., »Arresting the spread of invasive species in continental systems«, *Frontiers in Ecology and the Environment* 20, Nr. 5 (Juni 2022), S. 278–284, doi.org/10.1002/fee.2458.
E. Korpimäki, »Habitat degradation and climate change as drivers of long-term declines of two forest-dwelling owl populations in boreal forest«, in »World Owl Conference 2017«, hg. v. Inês Roque, Sonderausgabe, *Airo* 29 (2021), S. 278–290.
A. C. Lees et al., »State of the World's Birds«, *Annual Review of Environment and Resources* 47 (2022), S. 231–260.
P. D. Olsen, »Re-establishment of an endangered subspecies: The Norfolk Island Boobook Owl *Ninox novaeseelandiae undulata*«, *Bird Conservation International* 6, Nr. 1 (März 1996), S. 63–80.
P. D. Olsen, J. Mooney und J. Olsen, »Status and Conservation of the Norfolk Island Boobook *Ninox novaeseelandiae undulata*«, *Raptors in the Modern World*, hg. v. B.-U. Meyburg und R. D. Chancellor, Berlin: World Working Group on Birds of Prey and Owls 1989, S. 123–129.
P. Saurola, »Bad news and good news: Population changes of Finnish owls

during 1982–2007«, in »Proceedings of the Fourth World Owl Conference, 31. Oktober–4. November 2007, Groningen, The Netherlands«, hg. v. D.H. Johnson, D. Van Nieuwenhuyse und J.R. Duncan, *Ardea* 97, Nr. 4 (Dezember 2009), S. 469–482.

F. Sperring et al., *Ecology, Genetics and Conservation Management of the Norfolk Island Morepork and Green Parrot: Interim Report*, Brisbane: NESP Threatened Species Recovery Hub Project 2021.

D.J. Tempel et al., »Population decline in California Spotted Owls near their southern range boundary«, *Journal of Wildlife Management* 86, Nr. 2 (Februar 2022), e22168, doi.org/10.1002/jwmg.22168.

BILDNACHWEIS

Innenteil:
Seite 9: Copyright © Jeff Grotte
Seite 22: Mit freundlicher Genehmigung von Nick Athanas / Tropical Birding Tours
Seite 27: Mit freundlicher Genehmigung von Lynn Bystrom Photography
Seite 32: Mit freundlicher Genehmigung von Ambika Angela Bone
Seite 33: Mit freundlicher Genehmigung von Matt Poole
Seite 40: Copyright © Roar Solheim / Norsk Naturreportasje
Seite 53: Copyright © Melissa Groo
Seite 55: Mit freundlicher Genehmigung von Ryan P. Bourbour
Seite 57: Bild von Gary Gray von Pixabay
Seite 62: Copyright © Jeff Grotte
Seite 71: NASA
Seite 78: Mit freundlicher Genehmigung von Jonathan C. Slaght
Seite 83: Copyright © José Carlos Motta-Junior
Seite 93: Mit freundlichen Grüßen von David H. Johnson, Global Owl Project
Seite 97: Mit freundlicher Genehmigung von Nathalie Morales
Seite 104: Mit freundlicher Genehmigung von Lynn Bystrom Photography
Seite 123: Copyright © Roar Solheim / Norsk Naturreportasje
Seite 128: Copyright © Marjon Savelsberg, Reproduktion mit Erlaubnis
Seite 137: Copyright © Marjon Savelsberg, Reproduktion mit Erlaubnis
Seite 139: Copyright © Daniel J. Cox / naturalexposures.com
Seite 140: Mit freundlicher Genehmigung von Julie Kacmarcik
Seite 152: Copyright © Jeff Grotte
Seite 161: Copyright © Melissa Groo
Seite 171: Mit freundlicher Genehmigung von Nick Bradsworth
Seite 173: Mit freundlicher Genehmigung von Kurt Lindsay
Seite 179: Copyright © Daniel J. Cox / naturalexposures.com
Seite 190: Mit freundlicher Genehmigung von Lynn Bystrom Photography
Seite 192: Copyright © Melissa Groo
Seite 198: Copyright © Jeff Grotte
Seite 202: Mit freundlicher Genehmigung von Čeda Vučkovič
Seite 206: Mit freundlicher Genehmigung von Čeda Vučkovič

Seite 212: Copyright © Jeff Grotte
Seite 221: Copyright © Jeff Grotte
Seite 229: Copyright © Roar Solheim / Norsk Naturreportasje
Seite 232: Copyright © Roar Solheim / Norsk Naturreportasje
Seite 238: Tupfengravur von F. Holl, 1855, nach Parthenope Nightingale, Wellcome Collection
Seite 241: Copyright © 2006 by Laura Erickson
Seite 256: Mit freundlicher Genehmigung von Wildlife Center of Virginia
Seite 261: Mit freundlicher Genehmigung von Wildlife Center of Virginia
Seite 269: Schenkung von Mr und Mrs Nathan Cummings, 1964. The Metropolitan Museum of Art
Seite 274: Ankauf, Lila Acheson Wallace Schenkung, 1997. The Metropolitan Museum of Art
Seite 285: Schenkung von M. Knoedler & Co., 1918. The Metropolitan Museum of Art
Seite 288: Mr J. H. Wade, Schenkung an das Cleveland Museum of Art
Seite 289: Charles Stewart Smith Collection, Schenkung von Mrs Charles Stewart Smith, Charles Stewart Smith Jr. und Howard Caswell Smith, im Gedenken an Charles Stewart Smith, 1914. The Metropolitan Museum of Art
Seite 293: Mit freundlicher Genehmigung von Lynn Bystrom Photography
Seite 297: Mit freundlicher Genehmigung von Lynn Bystrom Photography
Seite 311: Copyright © David Lei
Seite 316: Copyright © Roar Solheim / Norsk Naturreportasje
Seite 324: Mit freundlicher Genehmigung von Jonathan Haw, owlproject.org
Seite 329: Mit freundlicher Genehmigung von Flossy Sperring
Seite 334: Copyright © 2022 Day Scott

Bildteil:
Seite 1: Mit freundlicher Genehmigung von Matt Poole
Seite 2 (oben): Copyright © Roar Solheim / Norsk Naturreportasje
Seite 2 (unten): Mit freundlicher Genehmigung von Matt Poole
Seite 3 (oben links): Mit freundlicher Genehmigung von Nathan Clark
Seite 3 (oben rechts): Copyright © Roar Solheim Norsk Naturreportasje
Seite 3 (unten links): Copyright © Roar Solheim / Norsk Naturreportasje
Seite 3 (unten rechts): Mit freundlicher Genehmigung von Nick Bradsworth
Seite 4 (oben): Copyright © Roar Solheim / Norsk Naturreportasje
Seite 4 (unten): Copyright © Jeff Grotte
Seite 5 (oben links) Copyright © Roar Solheim / Norsk Naturreportasje
Seite 5 (oben rechts): Copyright © José Carlos Motta-Junior

Seite 5 (Mitte rechts): Mit freundlicher Genehmigung von Čeda Vučkovič
Seite 5 (unten links): Copyright © Roar Solheim / Norsk Naturreportasje
Seite 6 (oben links): Schenkung von Judith H. Siegel, 2014. The Metropolitan Museum of Art
Seite 6 (oben rechts): Schenkung von Citizens' Committee for the Army, Navy, and Air Force, 1962. The Metropolitan Museum of Art
Seite 6 (Mitte links): Rogers Fund, 1907. The Metropolitan Museum of Art
Seite 6 (unten links): The Michael C. Rockefeller Memorial Collection, Vermächtnis von Nelson A. Rockefeller, 1979. The Metropolitan Museum of Art
Seite 6 (unten rechts): Rogers Fund, 1941. The Metropolitan Museum of Art
Seite 7: Copyright © Terresa White. Bronze, 91 x 93 x 46 cm. Verwendung mit Erlaubnis.
Seite 8 (oben links): Copyright © Brad Wilson Photography
Seite 8 (oben rechts): Copyright © Brad Wilson Photography
Seite 8 (unten links): Copyright © Brad Wilson Photography
Seite 8 (unten rechts): Copyright © Brad Wilson Photography

REGISTER

A
Acharya, Raju 322
Afrika 23, 85, 287
Alaska 228–231, 276, 315
• Utqiaġvik 315, 317
Arent, Lori 267, 303, 338
Argentinien 280, 306
Arktis 17, 35, 111, 146, 174, 230f., 233ff., 315f.
Augen 10, 13, 15, 19f., 37, 46–51, 198, 247, 260, 262, 265f., 306
Australien 23, 31, 106, 169ff., 191, 200, 272, 307f., 318, 328
Avdeyuk, Sergei 327

B
Baker, J.A. 32, 277
Bala, Avinash Singh 50
Barlow, Jon 161f., 172
Bartkauz 13, 15, 35, 37, 39ff., 43f., 53, 62f., 69, 72, 145f., 149f., 157f., 164–168, 172f., 176, 180–184, 191f., 199, 229, 231, 296f., 299, 302ff., 319f.
Beckett, Sean 226
Bennett, James Gordon 239
Beston, Henry 268
Bierregaard, Rob 24, 107, 300ff.
Bilney, Rohan 307f.
Biodiversität 77, 279
Bird Banding Laboratory 220
Blassuhu 21
Bloem, Karla 103f., 106–120, 124, 129f., 192, 243, 254, 302, 321
Bonassoli, Vinícius 98
Bond, James 82
Bonta, Mark 281
Bosch, Hieronymus 288
Brasilien 16, 23, 84f., 88, 100, 277, 281, 308, 314
Brillenkauz 14, 21, 85, 197
Brinker, David 214, 225
Buhl, Gail 261–268, 299, 301, 303
Burroughs, John 142

C
Charter, Motti 149
Chauvet, Jean-Marie 9, 269f.
Chile 85, 276, 278f., 306
China 85, 280, 346
Clark, Christopher 57–66
Clarke, Rohan 60, 328, 330
Clottes, Jean 270
Cocker, Mark 151
Cook, Kim 215–218, 220ff.
Cooke, Raylene 188
Córdoba-Córdoba 26

D
Debus, Steve 80, 169
Difficult Bird Research Group 73
Discover Owls 242
Dodson, Barb 272
Doerr, Anthony 307

Ducouret, Pauline 188f.
Duncan, Jim 40, 56, 62f., 66f., 149f., 177, 180–184, 188, 212, 242, 254, 302f., 319ff., 331
Duncan, Patricia 319

E
Eier 175ff., 180, 183, 186
Eigentliche Eulen (Strigidae) 19
Elfenkauz 21, 332, 334
Emotionen 11, 15, 242, 263f., 266, 294
Erickson, Laura 240f., 243ff., 255
Ernährung 32, 34f., 89, 146, 177, 182, 188f., 191, 210, 227, 263, 317
Esclarski, Priscilla 88f., 98f., 101, 308
Evolution 13f., 19, 23, 30, 48f., 53, 56ff., 64, 102, 121, 153, 155, 210, 271, 277, 305, 314

F
Fergus, Rob 273
Finnland 185, 227, 307, 319
Fitzpatrick, John 145
Fleckenkauz 25, 28, 64f., 70ff., 74ff., 210
Fleming, Robyn 284–287, 289
Flug 10, 13, 20, 36, 52ff., 56–61, 65, 126, 229, 306
- lautlos 58–61, 63f.
Forbush, Edward Howe 149
Forschung 70, 224, 295
- Audioaufzeichnungen 27, 75ff., 80, 125, 134
- Aufnahmen 65, 76, 122
- Beringung 26, 30, 189, 215, 219f., 226
- DNA-Analysen 22f., 86, 101
- Drohne 24, 77ff., 151
- Fallen 26, 80ff., 84, 90, 93, 96f., 222, 300
- Freiwillige 319f., 332
- Geolokator 94f.
- Hunde 25, 72ff.
- Infrarotkamera 26
- Mikrofone 65f., 116, 134
- Motus Wildlife Tracking 228
- Nestkameras 24f., 174, 186, 188
- Röntgen-Computertomografie (CT) 23
- Spektrogramme 76, 130
- Überwachung 25f., 75, 77, 122, 128, 134, 320
Frankreich 9, 118, 128, 239, 325

G
Gefangenschaft 11, 103, 109, 118, 137, 237, 242, 245f., 248, 254, 257, 262, 268, 301f., 327
- Bindungen 103f., 243
- Flugtraining 257
- Freilassung 29, 222, 254, 310
- Mäuse 257, 263
- Training 241, 263, 266f.
- Wildlife Center 248f., 251, 254, 260, 309f.
Gefieder 20, 29, 39ff., 44, 48, 52–56, 58–61, 98f., 101, 150, 153f., 178, 182f., 220, 240, 248, 256, 265f., 276, 287, 326, 335
- Farbe 53f.
- Körperwärme 200
- Mauser 54, 252
- Pennula 61
- Porphyrine 220
Gehör 13, 16, 20, 37, 39–47, 50ff., 62, 64, 66, 105, 306
- Geschwindigkeit 46
- Hörschnecke 41f., 46

Gewölle 13, 25f., 32f., 72ff., 145, 165, 179, 182, 230, 241, 326
• Antiperistaltik 33
Gill, Nicole 74
Gilot, Françoise 239
Girgente, Diane 215, 218ff.
Global Owl Project 17, 87f., 93
Graham, Robert Rule 60

H
Habichtskauz 185, 313, 319
Harry Potter 9, 202, 232, 237, 244, 246f.
Hartman, Jennifer 28, 70–73
Haw, Jonathan 283, 323f.
Herculano-Houzel, Suzana 298
Hernandez, Chloe 151, 157, 167, 174, 191, 196
Hiro, Steve 141–144, 146f., 162f., 173ff., 177f.
Holt, Denver 29f., 144–147, 153–158, 161–165, 173ff., 182, 184f., 188, 196, 198ff., 207f., 228, 230–235, 307, 315ff., 319
Hull, Kerry 273
Huys, Pieter 288

I
Ibarra, Tomás 276, 278f.
Intelligenz 11, 136, 296, 298ff., 303–306
• Brutpflege 138, 180, 186, 296f.
• Großhirnrinde 297ff.
• Hippocampus 294f.
• Sehen und Hören 299, 304
International Owl Center 104, 106ff., 112, 130, 192, 302
Italien 35, 106, 325
• Festival dei Gufi 326

J
Jagd 10, 13, 15f., 20, 28, 32–39, 41, 43f., 47, 49f., 61ff., 155, 183, 189, 193, 197, 199, 208, 225, 229, 233, 245, 257–260, 295, 302, 306, 310
• Beute 12–15, 20, 25, 34ff., 38–41, 43f., 46f., 50, 52, 58, 62–65, 67, 99, 126, 193, 195, 230, 248, 251, 258f., 287, 314
• Krallen 31, 35f., 99, 212, 259
Japan 9, 79, 247, 268, 318, 327
Johnson, David 17, 54f., 82, 84–96, 98–102, 112f., 148, 152, 154f., 159f., 191, 210, 227, 230, 272f., 278, 280, 290, 308, 318, 323
Jungvögel 24f., 92, 113–117, 132, 135–138, 140ff., 155, 158, 164, 170f., 173, 176–183, 185, 187–193, 222, 250, 252, 254–258, 297, 302f., 317
• adoptieren 138
• Ästlinge 189ff.
• Flüggewerden 178
• Geschwister 24, 136, 177, 187ff., 255
• Prägung 254f.

K
Kacmarcik, Julie 215–221
Kalifornienfleckenkauz 25, 75
Kalifornienzwergkauz 15f., 106, 139, 142f., 145ff., 156, 161f., 165, 169, 173, 175–179, 304, 332, 339
Kanada 37, 85, 181, 214, 221, 226, 228f., 231, 315, 320f.
Kaninchenkauz 12, 14, 21, 26, 33, 82–100, 102, 146, 149, 154, 156, 159f., 185f., 210, 220, 227, 304f., 315, 317, 336f.
• Bauten 82f.

Kavanagh, Rod 80
Klimawandel 26, 170, 225, 305, 314, 317, 332
Klump, Georg 42
Knudsen, Eric 45
Koenraads, Kas 51
Konishi, Masakazu 43ff.
Köppl, Christine 42, 46
Korpimäki, Erkki 227
Kreischeule 23, 27, 85f., 119, 121, 154, 156, 182, 188, 197, 218, 294, 304, 314
- Alagoas-Kreischeule 23
- Bänderkreischeule 21
- Ostkreischeule 27, 43, 69, 87, 106, 148, 182, 240f., 250–253, 258, 260f., 293, 313
- Xingu-Kreischeule 23

Kubaeule 21
Kunst 271, 284–287, 289, 291
- Ägypten 286
- Höhlenkunst 270f.
- Japan 289
- Mittelalter 288
- Moche 269, 287f.

L

Landwirtschaft 203, 314, 321, 331
Langemann, Ulrike 42
Laroulandie, Véronique 271
Lautäußerungen 29, 70ff., 74, 76, 86f., 90, 101f., 105–109, 111ff., 115f., 118, 121–124, 128–132, 134, 136, 142f., 147, 155, 242, 245, 254
- Gezwitscher 114
- Heulen 10, 106f., 114
- Kreischen 11, 106f., 113f., 116, 120, 149
- Rufen 11, 70, 73, 96, 99, 101f., 105, 107f., 110, 112, 118f., 121ff., 127, 129, 135, 141, 143f., 147, 150
- Schreien 21, 105ff., 109, 117, 119f., 132, 142, 273

Le Fay, Solai 165ff., 174
Lemminge 34f., 176, 182, 229ff., 234f., 296, 317
LePiane, Krista 58
Ligeti, György 129
Lindo, David 26ff., 202f., 205f.
Linhart, Pavel 120–123, 136, 299
Linkhart, Brian 106, 108f.

M

MacIntyre, Ken 272
Madhavan, Malavika 122
Martin, Graham 47, 50
Mastrorilli, Marco 283, 325
Maundu, Patrick 273
Mäuse 14, 34–37, 39, 42f., 62–66, 93f., 145, 148, 240f., 251, 257ff., 263, 300, 302, 331
Mendelsohn, Beth 157f., 164f., 167f., 172, 174f., 186f., 189, 191, 193
Mendes, Gabriela 88f., 98
Menjuschina, Irina 229
Mexiko 85, 101, 280
Montanino, Stefania 326
Motaung, Kefiloe 323
Mott, Beth 169ff., 192
Motta-Junior, José Carlos 13
Mowat, Farley 316
Muiruri, Mercy Njeri 273
Mythologie 88, 272, 274, 282, 284, 321
- Ainu 9, 272
- Algonquin 273
- Apurinã 277
- Athene 237, 287, 299
- Azteken 10

- Brasilien 88
- Folklore 204, 273, 275, 277, 279f., 290f.
- Griechen 10, 276, 287
- Hexerei 273, 281f., 290f.
- Indien 10, 283, 321
- Iroquois 276
- Kamba 273
- Magdalénien 270f.
- Maya 10, 273
- Navajo 10
- Noongar 272, 291
- »Owls in Myth and Culture« (Projekt) 272, 308
- Sambia 273, 281, 322f.
- Tod 10, 217, 272f., 281–284, 291, 325
- Yahgan 272
- Yup'ik 276

N

Nester 12, 79, 92, 112, 140, 146f., 149, 155–160, 162–165, 167ff., 174, 181, 183–186, 189, 229, 306
- Nisthöhlen 144f., 160ff., 170–173, 179, 314, 318, 325, 333
- Nistkasten 139, 149, 164, 169f., 187, 299, 318f., 323, 326f., 331

Nicholson, Amanda 248ff., 254, 256, 258–261, 266f.
Niederlande 124, 127, 130, 203, 306
- Naturalis Biodiversity Center 136
- Natuurmonumenten 125, 127, 130

Nightingale, Florence 16, 238, 255
Nikkola, Heimo 273
Norton, Bill 145
Norwegen 35

O

Oleyar, Dave 24, 80, 163, 170f., 181, 215, 331ff.
Oliver, Mary 21, 142
Owl Research Insitute 144, 146f., 151, 157, 161, 164f., 172, 186, 189, 191, 214

P

Paarung 12, 16, 26, 112, 115, 135, 139, 141–144, 147, 149f., 153f., 157, 160, 200, 317, 330
- Balzflug 151f.
- Balzgesang 105, 147ff.
- Futter 149f.
- Gefieder 149, 153
- Gelege 15, 99, 116, 158, 165, 173, 175ff., 180, 183, 186
- Nestbau 156, 160
- Schnäbeln 149

Park, Karen 275
Patinir, Joachim 286
Payne, Roger 38f., 43f.
Peña, José Luis 46
Pepperberg, Irene 45
Perukauz (Xenoglaux) 21f., 181, 314
Picasso, Pablo 9, 16, 239f., 284
Pierce, Karra 250–258, 310f.
Ponderosaeule 33, 69, 106, 108f., 146, 156, 181, 225, 304, 317, 332
Primoptynx 20
Project Owlnet 214, 219f., 222f.
Proudfoot, Glenn 226

R

Rafaelli, Thaís 98
Rattenborg, Niels 197f.
Raufußkauz 14, 39, 41, 144, 146, 227, 231, 319, 325

Reilli, Bob 216
Riesenfischuhu 39, 77ff., 81, 138, 272, 327
Riesenkauz 14, 21, 31f., 44, 48, 51, 80, 169ff., 188, 197
Robb, Magnus 107
Roosevelt, Theodore 16, 142, 238
Rowling, J.K. 237, 244f.
Rußeule 105, 200f., 308
Russland 121, 228ff., 315, 318, 327
Ružić, Milan 201–209, 265, 295, 305, 325

S
Sägekauz 16, 21, 35, 44, 146, 148f., 156, 162f., 195, 197f., 211–219, 221–228, 260, 262f., 293, 296, 313, 332, 337
Šálek, Martin 122
Salomoneneule 21
Sanders, Bernie 275
Saurola, Pertti 185, 319
Savelsberg, Marjon 124–136, 138
Schleiereulen (Tytonidae) 12, 19, 21, 23f., 34, 38f., 42, 44, 46, 48, 50, 54, 58, 60, 85f., 121, 135, 138, 140, 146, 149, 156, 169, 176, 186, 188, 197, 207, 247, 250, 294, 302, 306, 324
Schnabel 35, 56, 110, 113, 150, 185, 248, 256, 258f., 263
Schnee-Eule 14, 24, 26, 34f., 56, 145f., 153, 155, 174, 180, 182, 184, 188, 195, 199f., 207, 210, 228–235, 237, 244ff., 267, 270f., 296, 305f., 315ff., 326
Schokoladenkauz 21
Schreieule 85
Scott, Day 332–335
Scotts, Rodney 243
Serbien 201, 203ff., 306
• Kikinda 201–205, 208, 265, 295, 304
Slaght, Jonathan 39, 77, 81, 327f.
Sperbereule 15, 34, 86, 146
Sperring, Flossy 330
Sprenkelkauz 15, 85, 273, 277
Städtebau 304, 314, 331
Standvögel 195
Steinkauz 35, 39, 118, 121–124, 130, 178, 197, 204, 210, 237, 239, 284, 287, 299, 313, 325
Stoddard, Mary Caswell 176
Streifenkauz 24f., 34, 41, 71, 74ff., 107, 121, 152, 190, 193, 210, 250, 252f., 259, 261, 282f., 293, 300f., 303f., 309ff., 313
Styxeule 13, 85
Südafrika 283, 318, 323
Sumpfohreule 34, 41, 144, 146, 150ff., 155f., 158f., 175, 186, 207, 210, 231, 265
Surmach, Rada 77, 79, 327f.
Surmach, Sergej 77

T
Tarnung 11, 28, 41, 53, 56, 69f., 153, 158, 175, 264f., 294
Taverner, Percy 213
Therrien, Jean-François 231, 233
Thompson Seton, Ernest 111
Townsend, Kassandra 170

U
Umweltveränderungen 305, 308
Ungarn 122, 203

V
Verhalten 23, 76, 95, 109, 134f., 164, 192, 199, 233, 248, 254, 260, 262f., 268, 304f.

• Informationsaustausch 208f.
• lernen 209
• rasten 199ff., 203, 207
• schlafen 12, 191, 197f., 310
• spielen 300ff.
Verletzungen 216, 249, 252f., 268
• Blei 253f.
Virginiauhu 34, 39, 43, 53, 56, 66, 70, 103–106, 109–116, 119, 121, 124, 132, 153, 156, 169, 180, 187, 191ff., 197, 199f., 212, 229, 243, 247f., 250, 253–256, 293, 313

W

Waldkauz 26, 106, 119, 121, 186, 277, 319, 325f., 338
Waldohreule 9, 12, 15, 26, 28f., 34f., 41, 55, 107f., 114, 144, 146, 150, 152, 156, 180, 188, 195f., 199–203, 205–210, 242, 265, 270, 295, 302, 304f., 315, 325
Webb, Kinari 114
Weidensaul, Scott 34, 166, 210, 222–225, 227f., 234f.
Wood, Connor 75ff.
Wyndham, Felice 274–277, 282, 290f., 309

Y

Yamamoto, Sumio 138, 327
Young, John 187

Z

Zugvögel 12, 195, 210, 225f., 305, 317, 332
Zwergohreule 22, 86, 210, 247, 314